COOKED

A Natural History of Transformation

烹饪如何连接自然与文明

[美] 迈克尔·波伦 / 著
（Michael Pollan）
胡小锐　彭月明　方慧佳 / 译

中信出版集团 · 北京

图书在版编目（CIP）数据

烹：烹饪如何连接自然与文明 /（美）波伦著；胡小锐，彭月明，方慧佳译. -- 北京：中信出版社，2017.7（2022.1 重印）
书名原文：COOKED
ISBN 978-7-5086-6128-5

I. ①烹… II. ①波… ②胡… ③彭… ④方… III. ①烹饪－方法 IV. ①TS972.11

中国版本图书馆CIP数据核字（2016）第080051号

烹：烹饪如何连接自然与文明

著　　者：[美] 迈克尔·波伦
译　　者：胡小锐　彭月明　方慧佳
出版发行：中信出版集团股份有限公司
（北京市朝阳区惠新东街甲 4 号富盛大厦 2 座　邮编　100029）
承 印 者：鸿博昊天科技有限公司

开　　本：880mm×1230mm　1/32　　印　　张：14.25　　字　　数：330 千字
版　　次：2017 年 7 月第 1 版　　印　　次：2022 年 1 月第 3 次印刷
京权图字：01-2013-4985
书　　号：ISBN 978-7-5086-6128-5
定　　价：69.00 元

Cooked: A Natural History of Transformation

目 录

第三篇　空气：业余烘焙师养成记

第四篇　泥土：发酵的冷焰

推荐序

饭桌的宽度

无论饭桌是圆是方，是大是小，面对饭桌上的食物是每个人的日常，却又肯定超出了食物本身。拿中国的饭局文化举例，从古至今，这哪是一桌子的菜，这明明就是一桌子的人情世故，你来我往。房内人话天下事，由眼前美食引发心中感悟，一顿饭下来，吃没吃饱没关系，重要的是食者的关系。这还不够，如果我们将目光再放久远一些：现代社会中的食品是如何生产出来的？速食、慢食、各种吃的革命是如何改变我们的生活方式？在错综复杂的食品产业链中，我们是如何被欺骗，被抛弃，被迫反抗？

迈克尔·波伦让我们看到了一张浩瀚的桌面，这个饭桌的桌面从食物延伸到世界连锁企业、政治体制、历史习俗等更为广阔的维度，将几个人的饭桌扩大为整个人类的语境，从社会学、哲学的诸多角度让我们明白：从“吃”出发，我们能够看到的画面竟如此丰富。这位叱咤食评界多年的老江湖为我们展开了一幅幅恢宏的画卷：

食品健康安全、社会权力结构、资本主义中的各类关系……顶级吃货吃饭的嘴了得，说话的嘴更了得。

近来，我参加的饭局比吃的饭多。面对各式各样的美食，桌上人常常几句“好吃”敷衍带过。依我看，不认真吃是小事，不认真看待吃则是大事。因此，“今天去哪儿吃，吃什么”一定是一个哲学问题，我没有开玩笑。

知名媒体人、畅销书作家　韩国辉

前 言

我们为什么烹饪？

一

直到人过中年，我才意外而愉快地发现，我长久以来关注的一些问题的答案事实上是同一个答案。

那就是：烹饪。

这些问题中，有的是涉及个人的内容，比如，什么是对促进家庭成员的健康和幸福来说最重要的事？怎样才能和我那十几岁的儿子建立起更亲密的关系？（事实证明，要做到这一点，仅凭寻常的烹饪方式还不够，还得用上一些特别的烹饪手段，比如酿造。）有一些问题本质上有点政治化。比如，多年来我一直在思考（因为不断有人在问我这个问题）：作为普通人，我们最应该做点什么来改善美国的食物体系，使之更加健康，更加具有持续性？另一个问题就是在高度专业化的消费经济下，人们应该如何降低依赖感，提高自足性？还有一些问题比较富有哲理性，我从动笔写这本书开始就一直在思考：在日常生活中，我们要怎样才能更好地理解大自然以及人类在大自然中扮演的角色？你可以走进森林中去冥想这个问题。但是我发现其实只需走进厨房，我们就能找到更有趣的答案。

之前的我，从来没有想过烹饪会对我的生活产生如此大的影响。虽然一直以来，烹饪就是我生活的一部分，但是它的作用和家里的家具一样，是无须过多费心的东西，更谈不上对它有什么热情。我很幸运，我的母亲热爱烹饪，每天晚上都会为全家精心烹制可口的饭菜。成年后我有了自己的家，很快就掌握了厨房中的基本技能——这得益于之前总是在母亲烹饪的时候无所事事地在厨房里转悠。尽管我拥有了自己的厨房，闲时也会做饭，但是我并没有在上头花太多心思和时间。在 30 岁之前，我的厨艺一直在原地踏步。事实上，我那时候的拿手菜都在很大程度上依赖于别人，比如意式饺子，我做的工作无非就是从商店里购买饺子，然后浇上我那引以为豪的鼠尾草黄油酱汁。隔三岔五，我也会比照菜谱做菜，或者从报纸上剪下一个食谱，添加到我那薄薄的保留菜单中；有时候我也会添置新的厨具，不过大部分最后都束之高阁。

现在回想起来，当年对烹饪的淡漠真是让我吃惊。因为我对食物链条的其他每一环都有着浓烈的兴趣。我从 8 岁开始就热衷园艺，种植过很多蔬菜；我热爱农庄生活，并且撰写过关于农业的文章。而对于这个链条的终点——饮食以及它对我们健康的影响，我更是有过大量著述。唯独对链条的中部——将食材转化成我们饮食的过程，我却没有太多的关注。

直到有一天我在看电视的时候，我才发现并开始思考这么一个奇怪的悖论：为什么在美国人抛弃了厨房，把饮食问题交付给食品工业的这么一个时代，我们开始花大量时间思考食物并热衷于观看烹饪节目？似乎我们烹饪得越少，就越痴迷于这种对食物以及烹饪的间接体验。

我们的文化对烹饪体现出了一种模棱两可的态度。调查研究显示，人们更多地购买成品食物，花在烹饪上的时间逐年下降。自20世纪60年代（正是我在厨房观看母亲烹饪的那个年代）中期开始，美国家庭花在烹饪上的时间减少了一半，平均每天只有27分钟（美国人比世界上其他国家的人用在烹饪上的时间少，但是这种减少是全球性的趋势）。然而另一方面，我们越来越热衷于谈论烹饪，观看烹饪，阅读烹饪书，走进那些可以全程观看烹饪过程的饭店。我们这个年代，专业厨师可以拥有家喻户晓的知名度，他们中的一些人甚至可以和运动员以及电影明星比肩。这项在很多人看来烦闷无比的工作，被提升到了观赏性运动的高度。当你发现这可怜的27分钟还没有你花在观看《顶级厨师》（*Top Chef*）和《食品频道的下一个明星》（*The Next Food Network Star*）上的时间长时，你会进一步意识到，有成千上万的人花在电视机前观看烹饪节目的时间远多于自己动手烹饪的时间。我无须指出，在你眼皮底下完成的这些食物，最后进的甚至不是你的肚子。

这就是烹饪的独特之处。归根结底，我们并没有去观看或者阅读关于缝纫、补袜子、给汽车加油一类的节目或书籍，因为我们巴不得能把这些家务外包给他人，并迅速把它们从我们的头脑中清除得干干净净。但是烹饪给人的感觉不同。这项工作或这个过程，饱含了一种情感上或心理上的力量，我们无法摆脱，也不想摆脱。实际上，正是在观看了很长一段时间的烹饪节目之后，我开始在想，这项我一向视为理所当然的工作，是否值得我用一种更认真的态度去对待。

⊙

我发展了一些理论来解释这个被我称为“烹饪悖论”的问题。首先，也是最明显的一点就是，对我们人类来讲，观看烹饪并不是一项新鲜的节目。即使是在“全民烹饪”的时代，也有人袖手旁观，包括大部分男人和所有孩子。大部分人都有观看妈妈烹饪的愉快回忆：妈妈用精湛的手艺就像变魔术般做出可口的饭菜。在古希腊，“厨师”“屠夫”“祭司”都用mageiros来表示，而mageiros和表示魔法的magic出自同一词源。每当母亲用她神奇的魔力制造那些令人着迷的菜肴时，我总是全神贯注地在旁边观看。比如那紧紧包裹着的基辅煎鸡肉卷，一旦被锋利的刀切开，就会流淌出浓稠的黄油并散发出香草的浓郁芳香。哪怕是家常的煎鸡蛋，那一团黏稠的蛋黄变成美味可口的煎蛋的过程同样引人入胜。即使是最寻常的菜式也遵循着神奇的转变过程：最后的成品总是高于原料的简单叠加。几乎每一道菜包含的都不仅仅是烹饪的原料。每一道菜都是一个完整的故事，有开头、过程和结尾。

不能不提的还有厨师，他们就是这些故事的主角。尽管烹饪已经不再是我们自己生活中的一部分，我们仍然会被厨师工作中的那种节奏和质感所吸引。和我们日常面对的抽象空洞的工作相比，烹饪是那样生动直接。厨师手里摆弄的是蔬菜、动物、菌类这些实实在在的东西，而不是键盘和屏幕；他们还和水、火、空气、泥土这些原初的物质打交道，使用它们，掌控它们，来完成美味的魔法。当代人有多少能从事和物质世界直接打交道的工作呢，何况这个工作的成果还是如此的美味和愉悦（前提是你的基辅鸡肉卷里的酱料不会漏出来，又或是你做的蛋奶酥不会塌陷得一塌糊涂）。

所以，我们之所以喜欢看烹饪节目，阅读烹饪书，是因为烹饪里头有我们错失的东西。我们可能觉得自己没有足够的时间、精力或知识去亲自下厨，但是我们也同样没有足够的心理准备让它从我们的生活中彻底消失。如果像人类学家说的那样，烹饪是具有界定性的人类活动，根据克劳德·列维–斯特劳斯（Claude Lévi-Strauss）的说法，人类文化始于烹饪，那么当我们看着这一过程慢慢展开时，内心最深处被激起的那一份情感共鸣自然是不足为怪。

⊙

烹饪是具有界定性的人类活动这一观点并不新颖。早在 1773 年，苏格兰作家詹姆斯·博斯韦尔（James Boswell）就声称“野兽里不会有厨师”，并把智人（Homo sapien）称作“会烹饪的动物”（如果他看到今天沃尔玛里的冷冻食品，不知道会不会修改一下他的定义）。50 年后，《味觉生理学》（*The Physiology of Taste*）一书的作者、美食家布里亚–萨瓦兰（Brillat-Savarin）宣称“烹饪成就了今天的人类”，“通过教会人类使用火，烹饪最大限度地推动了人类文明发展的事业”。近一点的，像 1964 年，列维–斯特劳斯在他的《生与熟》（*The Raw and the Cooked*）当中告诉我们，世界上大部分的文明都持有类似的观点，即烹饪是“建立起人兽之隔的具有象征性意义的活动”。

对列维–斯特劳斯来说，烹饪隐喻着人类从茹毛饮血到文明开化的转变。但是从《生与熟》出版以来，越来越多的人类学家开始认真地对待这一观点，他们认为烹饪也许真的就是进化过程中开启人类文明大门的那把钥匙。就在几年前，哈佛人类学家和灵长类动物学家理查德·兰厄姆（Richard Wrangham）出版了一本有趣的书，名为《点火》(*Catching Fire*)。他在书中提出，是远祖们对烹饪的发现让他们脱离了猿类的行列，正式成为人类，而非食肉、制作工具或是使用语言。根据“烹饪假说”，熟食的到来改变了人类进化的进程。烹饪为我们的先祖们提供了能量更高、更易消化的食物，让他们的大脑能够进化得更大（大脑可是有名的高能耗器官），而肠道开始缩小。很明显生食需要消耗更多的时间和精力，去咀嚼和消化，难怪和我们差不多大小的其他灵长类动物长着比我们大得多的消化道，还得花比我们多得多的时间（一天多达6小时）去咀嚼食物。

烹饪究其结果也算是咀嚼和消化的一部分，借助外力在体外完成。此外，烹饪可以解除多种潜在食物源的毒性，因此新的烹饪技巧还为我们开启了其他生物完全不能使用的卡路里宝库。人们再也不需要寻觅大量生食然后（反复）咀嚼，因此可以把他们的宝贵时间和代谢资源用于其他目的，例如创造文化。

烹饪不仅为我们提供了美食，同时也为一些重大场合创造了条件——在特定的时间和地点一起进餐。这算得上是太阳底下的新生事物，以前的那些觅食者可是独自一人，沿路进食，与其他动物无异。(仔细想想，和我们今天这些越来越工业化的食客倒也颇为相似，他们也是不分时间地点，独自在沿途的加油站进食。) 但是即使是家常便饭，当中那些眼神的交流，食物的分享，自我行为的约束，点点滴滴都让我们变得文明开化。正如兰厄姆写道：“围坐在火旁，我们变得驯良。”

烹饪改变了我们，不只是让我们更友善，更文明。一旦烹饪扩大我们的认知能力，弱化我们的消化能力，就没有回头路了：我们的大脑和内脏都依赖于煮熟的食物。(请生食主义者注意了。) 也就是说烹饪是强制性的——这已刻入了我们的生物学。正如温斯顿·丘吉尔如是谈及建筑学——“首先我们塑造了房屋，然后房屋塑造了我们。”——这同样也适用于烹饪。首先我们塑造了美食，然后美食又塑造了我们。

⊙

如果烹饪真如兰厄姆所说对人类个性、生物学和文化如此重要，那么烹饪的退化就会顺理成章地对我们现代生活造成严重影响。事实也确实如此。不过，难道都是负面影响吗？也不尽然。把烹饪工作交给其他团体来完成，确实把女性从传统定义的专职为一大家人打理饮食的角色中解放出来，能够让女性更加容易地投入家庭以外的工作和事业中。这也成功地缓和了性别角色和家庭模式的重大转变必然会引发的矛盾和争议，因为它减轻了家庭的其他压力，包括缩减工作时间和缓解孩子们日程安排方面的压力，留出时间让我们投入其他工作。同时也让我们的饮食尽可能地多样化，即使是那些不会做饭或囊中羞涩的人也能在每晚品尝到不同的菜肴。所有这些，需要的仅仅是一个微波炉。

这些都是不小的福利。然而我们也为此付出了代价，尽管我们才开始认识到这一点。我们用自己的健康和幸福向产业化烹饪交付了重税。产业化烹饪与我们个人的家常做法是大不相同的（这也是为什么我们通常称其为“食品加工”而非烹饪）。相较于我们常人的烹饪手法，他们总是使用过多的糖、油和盐；他们总是使用一些罕见的新奇化学成分来使食物能储存得更长久，并且看上去比实际的要新鲜。因此随着家庭烹饪的减少，毫无疑问接踵而至的便是肥胖者的快速增加，以及因饮食引起的各种慢性疾病的增加。

快餐的崛起和家庭烹饪的锐减也破坏了共同进餐的惯例，而且鼓励人们独自进餐，选择不同的食品，有时还是边走边吃。研究人员称，人们现在把更多的时间花在“次餐”（即食用包装食品），花在“主餐”（这个令人沮丧的称谓指的是我们曾经珍视的传统用餐）上的时间越来越少。

共同进餐并不是小事。它是家庭生活的基础，是孩子们学习谈话的艺术和文明习惯的地方：分享，聆听，轮流谈话，交流差异，善意争论。我们曾经所称的“资本主义的文化矛盾”——资本主义对其赖以生存的稳固社会框架有加以破坏的趋势——现在在现代美国餐桌上鲜活地展现出来，伴随着食品加工厂成功地根植在餐桌上的鲜亮包装袋。

我知道，对于集中烹饪（而非烹饪本身）而言，这些要求有点勉为其难了，人们给出的辩解理由中有一两点也是非常合理的。是在家全手工烹饪还是选择快餐，对于今天大多数人来说，远非如我描述的那样非此即彼。我们大多数人都是在这二者之间游离，决定权在于当天是周几、当时是什么样的场合以及我们是什么样的心情。取决于当晚的状况：我们是决定留在家里亲手做出一顿美食，还是出去用餐，还是叫个外卖，或者来一次所谓的烹饪。最后这个选择就涉及产业化食品经济为我们准备的那些丰富多样又方便实用的捷径：速冻菠菜，冷藏野生鲑鱼罐头，从楼下或跑半个地球买回来的速冻水饺。所有这些活动都可称为“烹饪”，而且这样的状况已经持续至少一个世纪了。当包装食品第一次进入厨房，我们之前关于“亲手烹饪”的概念就开始转变了。（因此，请允许我把速冻水饺蘸鼠尾草黄油酱也当成厨房成果。）我们大多数人会发现，一星期下来，所有这些选择我们都用了个遍。有意思的是，很多人选择了这最后一个选项，他们大多数时候用餐都依赖于商家，而商家愿意帮助他们做完所有工作，仅把加热与进食这两个环节留给他们自己完成。一位食品市场顾问告诉我："我们已经做了上百年的包装食品，接下来，我们要让包装食品统治餐桌一百年。"

这已经构成了问题——不仅影响我们的健康、家庭、社会，还会影响我们赖以生存的土地。不仅如此，现状已经阻碍了我们通过食物与世界形成的联系。我们越来越远离亲手把大自然的原材料做成可口美食的烹饪过程，这也让我们脑海中对食物的概念越来越模糊。当加工成型的包装食物呈现在我们面前的时候，我们很难相信食物与自然、人类的劳作或者想象力之间有任何联系。食物变成了一种普通商品，一个抽象概念。这时候，我们轻而易举地沦为商家的俘虏，他们出售给我们各类化学合成食品——我称这个为可食用的类食物产品。我们最终靠一个个虚幻概念来果腹了。

⊙

现在，再来批评社会如此的发展多少会引来读者的反感。有的人一听到谈及烹饪的重要性，就马上会觉得作者是要反人类发展而为，是要把女性重新又送回厨房。这绝不是我想要表达的，我认为烹饪极为重要，不能由家庭中某个性别或某个成员独自完成；男人和小孩也都需要下厨，这并不是为了彰显公平或者平等，而是因为他们能在那收益颇丰。对于食品加工业来说，能够渗入我们这部分生活其最主要原因之一就是我们长久以来都给烹饪打上"女性专职"的标签，其重要性不足以吸引男人和孩子们。

到底烹饪是因为这个工作大多是由女性来完成而受到贬低，还是因为其被社会贬低而使得女性深陷于这项工作之中，这都不得而知了。我在后面第二章中不厌其烦地讨论的烹饪性别政治学非常复杂，可能一直以来就不是个简单的话题。事实上在古代，一些特别的烹饪方式还受到赞誉：例如荷马史诗中的英雄们自己烤肉吃也丝毫不会影响他们的英雄身份或男子汉气概。而且从此以后，男性为了赚钱而以烹饪为公开职业也是为社会所接受的（不过直到最近，专业厨师才赢得艺术家般的尊重）。但是在人类史上，大多数时候这个工作还是由女性在幕后完成的，并且也并不为公众所称道。除了那些由男性主持的重大时刻（比如宗教祭祀，7月4日的户外烧烤节，四星级酒店），其他时候的烹饪在传统上是女性的分内之事，是家务和照顾孩子的一部分，因此也无法引起人们（其实是男性）的重视。

烹饪没有得到它该有的尊重可能还有一个原因。最近有本书叫《文明的味道》，作者珍妮特·弗拉芒，一位女权主义学者，政治学者，她曾经雄辩地阐释“饮食工作”的社会意义与政治意义，认为这个问题可能与食物本身有些关系，在西方文化的思想—身体二元论中，食物的特性刚好偏向了错误的一边——女性这一边。

她讲道：“我们都是通过嗅觉和味觉来感知食物的，而这几项是相较于视觉和听觉略低级的感官，后两者通常被认为是我们积累知识的途径，在大多数哲学思想、宗教和文学作品中，食物通常是与身体、动物、女性和欲望联系在一起，是文明社会的男人力图通过自身的知识和理性来克服的对象。”

这是他们的重大损失。

二

本书有这样一个假设：烹饪——从广义上来讲，就是人们发明并使用的一系列方法来将生鲜食材加工成可口营养的美食的过程——是人类做的最有趣也最有价值的事情之一，在我开始认真学习烹饪之前也没能完全领悟这一点，经过3年的时间，在多位天才老师的指导下，我学习了4项重要的烹饪方法——烧烤，煮，烘焙，发酵——对烹饪的态度和认识较之以前大为改观。确实，在我结束学习的时候，已有几样值得炫耀的拿手菜了——尤其擅长烤面包和红烧，同时，也更了解自然界（以及我们与自然界的牵连），这些恐怕是通过其他途径和方法无法了解到的。我更能体会到工作的本质，健康的含义，传统与礼仪，自信与融入，日常生活的节奏，以及仅仅因为喜爱而非出于经济考虑，生产出以前不敢想象的产品时的那种无比满足感。

这本书所讲的是我在厨房——当然还有面包房、乳品店、啤酒厂、餐厅的厨房等等我们的文化中常见的烹饪场所——学习烹饪过程的一些故事。本书共分为四个部分，每部分对应一个我们称之为烹饪的由自然向文化转变的重要形式。我满心惊喜地发现，这四种烹饪形式分别依赖于火、水、空气、泥土这四个经典元素，构成了一一对应的关系。

我不知道为什么会这样，但是几千年来，多种文化都把这四大元素奉为构成自然界四大不可或缺、永不泯灭的元素。当然在我们的想象中，它们也是至关重要的。事实上，现代科技把这些经典元素又分解成更基本的物质与作用力——水被分解为由氢和氧构成的分子，火被认为是迅速氧化的过程——这也并没有从实质上改变我们通过生活或想象对自然的体验。科学也许能用包含118种元素的周期表来取代这四大元素，然后把它们分成更小的微粒，但我们的感知和梦想对此却迟迟不能适应。

学习烹饪的过程就是与物理、化学中的定理以及生物学和微生物学中的事实进行亲密接触。但是，我发现，在人们领会包括烹饪在内的主要转换形式这个过程中，从火开始，这些始自科学之前的古老元素分别扮演着极为重要的角色。它们在这个改变自然的过程中有自己特有的方法，特有的态度，特有的分工，特有的情怀。

火在烹饪中是第一要素。我学习烹饪时就是从火开始的，首先探究这个最基本，也最古老的烹饪方法：烤肉。我对用火烹饪的艺术探究颇费了一番周折，从我后院的烤箱到北卡罗来纳州东部地区的烧烤坑和烧烤大师们。在北卡罗来纳州的东部地区，人们说到肉类烹饪，仍然是指用木炭的文火慢慢地烤熟一头整猪。也正是在这里，在那些技艺高超同时也是派头十足的烧烤大师们的指导下，我掌握了烹饪的基本要素——动物，木头，火，时间——找到了一条深入了解这种史前烹饪技术的通途：了解了是什么让我们的原人始祖聚在火堆边烤食，这种体验又是怎么改变他们的。捕杀并烹饪一个庞然大物从根本上讲需要全身心的投入。供奉仪式从一开始就是这其中一环，直到今天，21 世纪的烧烤依然能寻到这古老的痕迹。无论当时今日，火的烹饪里都反射出充满阳刚之气的英雄剧的影子，带有夸张与反讽的情绪，还有一丝荒谬感。

我们的第二部分的主题是用水烹饪。用水烹饪的感觉与上述情绪正好相反。从历史上看，水在烹饪中的使用晚于火，因为直到距今一万年前，锅这种人造工具才在人类文明中出现，在此之前水无法在烹饪中派上用场。现在，烹饪走进户内，进入厨房。在这一章中，我将探讨日常家庭烹饪及其技巧和优缺点。为了呼应这一章的主题，这个部分的表现形式就是一个长长的食谱，以逐步展现这些古老的烹饪技术，看看祖母们是如何在家中利用这些最普通原料（一些芬芳的蔬菜，一点油，几小块肉，一个漫长的下午），摆弄出一顿美食的。在此期间，我也开始向一位派头十足的专业烹饪大师学习，但是我们没有去专业场所，而是在我家的厨房里完成了大部分的烹饪工作，我们常常像一家人一样——家和家人是这部分的主题。

第三部分就讲到了空气这个元素，正是因为它，面包才能发酵得非常松软，与一碗淡而无味的米粥大为不同。我们想方设法把空气导入食物，以自然通过大量种子赐予我们的各种植物为基础，不断超越，大幅改进，从而完善了食物，也善待了我们自己。西方文明与面包的故事是密不可分的，面包可能是人类第一项重要"食品加工"技术的产物。（啤酒酿造工艺可能出现得更早，因此啤酒酿造师并不认同这个观点。）在这一章，我们将走访美国各地的面包房（包括一家"沃登面包"工厂），去探究困扰我个人的两个问题：如何烤出最蓬松完美的面包，并准确查明烹饪发生重大错误转折的具体历史时刻——文明从何时起把烹饪变成了与营养渐行渐远的食品加工。

同前面这三种需要加热的烹饪过程相去甚远的是这第四种。就像泥土本身，各种发酵的手法都是依赖微生物，把有机物质从一种状态转换成更有趣更有营养的另一种状态。在这里，我遭遇了最不可思议的演变：真菌和细菌（很多生活于土壤之中）默默无闻地干着创造性的破坏工作，为我们奉献出富含回味的强烈味道与效果显著的酒精饮料。这部分我们又分为三章：包括蔬菜（制成德国泡菜、韩国泡菜及各种腌菜），牛奶（制成奶酪）和酒精（制成啤酒和蜂蜜酒）的发酵。整个过程中，我在众多"发酵发烧友"的指导下，领略了巧妙管控腐败过程的各种技术，现代人与细菌之战的荒唐，从丑恶之物中衍生出的欲望，还有一些反其道而行之的奇思妙想，比如我们发酵了酒精，酒精也发酵了我们。

我有幸得到天才老师们——厨师、面包师、啤酒师、发酵师和奶酪师的慷慨指点，他们在百忙中挤出时间，与我分享了他们的技术和食谱。他们比我想象的要阳刚得多，说到这里，读者也许会以为我也陷入了角色偏见。尽管我希望得到最为严格的培训，但是，只要我接受专业厨师而非烹饪爱好者的训练，就很有可能形成一些强烈的刻板印象。我发现，烧烤师傅，啤酒师还有面包师几乎都是男性（糕点师除外），而奶酪师倒是有不少女性。在学习用锅制作的传统菜式时，我选择了女主厨，如果说这样做再次触动了煮饭都是女性职责这样的陈词滥调，我并不否认这一点，因为我想去探究其中的深层次原因。要抛弃饮食烹饪方面关于性别的所有陋习，我们希望这个目标有可能实现，但是如果认为这个目标已经实现，那肯定是在开玩笑。

⊙

从整体上看，这就是一本颇为独特的生活指南类书籍。每个部分围绕着一种基本的烹饪方法——烧烤、红烧、烤面包，为数不多的几种发酵食品——看完本书，你应该学会自己动手了。（如果你想尝试其中任何一样，可参照附录中的详细食谱。）尽管我所列举出来的食谱都可以在家庭厨房中完成，但其中只有一部分是我们概念中的“家常菜”。其中有的食谱是大多数人未曾自己在家尝试过的——比如啤酒、奶酪，甚至还有面包。我希望他们看后能自己试试。因为我发现，尝试这些更加耗时费力的烹饪过程，哪怕只是一次，也会让人获益匪浅。从中学到的知识也许不见得立即能使用，但却能改善我们与食物之间的关系，拓展我们在厨房里的方寸天地中的作为。让我慢慢道来。

说到底，烹饪并不是一个简单的过程，而是包含了一系列的技术，其中有一些是人类最重要的发明。它们先是从种群上，然后从群体、家庭、个人的层面上改变了我们。这些技术从火的有限运用延伸至熟练运用微生物来发酵酒和面包，到最后的微波炉——这个最新的重要创新。所以说烹饪是一个从简单到复杂的连续性过程，而本书的目的之一是介绍这些转换过程自然和历史的变迁历程，有的转换过程还能在我们日常的生活看到，有的已完全消失。今天，我们都认为制奶酪和酿啤酒是烹饪的“极致”，其实我们不过是很少去尝试而已，但是在曾经的岁月里，这些都不过是每家每户厨房里的日常工序，基本上每个人都或多或少知晓它们的制作方法。而今天，只有一小部分厨技还在我们力所能及的范围内。这当中流失的不仅仅是知识，还有我们的力量。下一代人很有可能会发现，亲自动手做饭变得多么的新奇和有抱负——真的变成一种“极致”，就像现在的我们是如何看待酿啤酒、烤面包或制作一坛子德国泡菜。

等到那个时候，我们每个人不再知晓这些美食是怎样的伟大创作——是怎么样通过我们自己的劳动、想象力、文化、社区，从大自然中的植物、动物选材创作出来的。食物将完全从这些背景中抽象出来。事实上，食物已经开始抽象化，成为纯粹的养料和单一的概念。我们又如何让它回到本来的模样呢？

撰写本书是因为我深信，让菜品回归食物本身，回到我们生活中该有的位置，就必须重拾我们传统的最自然的做法。让人欣慰的是，无论我们的厨艺有多糟，这些都并不是遥不可及。我自己的学徒经历就迫使我不得不远离我自己的厨房（远离我温馨舒适的蜗居），去了解一些真正意义上的厨艺，期许能了解其本质，并真正理解它又是如何塑造我们的。而事实上我最大的惊喜也许来自这一发现：我们每个人都能在自家厨房里完成烹饪的一切魔法，不管它看起来有多么玄妙难测。

还有一点需要补充，来回奔波学习厨艺的过程是愉快的，可能最让我高兴的是表面上看这还是在“工作”。还有什么能更令人开心呢？是发现自己居然能亲手制作出那些曾以为只有在市场上才能买到的美味，还是沉醉于面包粉的松软和沸腾的麦芽汁中升起的迷人芬芳，以至忘了自己到底是在工作还是在消闲？

即使是在尝试一些表面上不靠谱的烹饪时，我还是能收获些出乎意料的有用价值。当你亲自尝试过酿制、发酵或慢慢烤过一只整猪，那么每天下厨房就变得简单多了。在我围着烧烤坑转的这些日子里，我自家的后院烧烤改进不少。在搓揉面包团的过程中，我学会了要相信自己的双手和对烹饪的直觉，而且有足够的信心不再依赖菜谱和量杯了。在手工烘烤坊和“沃登面包”工厂里，我对面包好坏的鉴定变得越来越精准。对于奶酪和啤酒也是同样的道理：曾经只是或好或差的产品，现在变得远远超出了这个定义，它代表了一种成就，一个表达，某种关系。而这些食品本身也通过被人们品尝时带来更多愉悦让所谓的劳作变得充满意义。

也许我在这个过程中最重要的收获，是了解了烹饪是如何影响我们与社会和生态网络中的其他人与物之间的关系：植物、动物、泥土、农民、我们体内外的微生物，当然，还有那些我们想要去滋养和取悦的人。所有这些，厨房便成了这当中的纽带。

烹饪，无论是家常的还是高级的，都让我们站在一个特殊的位置，一边是大自然，一边是人类社会。烹饪者不偏不倚地站在自然和文化中间，进行着翻译和谈判。自然和文化都在这之中改变了，同样被改变的，还有烹饪者。

三

随着我在厨房越来越游刃有余，我发现，就像园艺一样，大多数烹饪都是非常愉悦的过程，不需要耗费烹饪者太多脑细胞。也因为如此，我们在厨房里可以有足够的大脑空间去想象和沉思。而我思考的问题之一是：我为何要在烹饪上花时间？严格地说，在现代社会，它早已变得可有可无，甚至没有必要，何况，我并不擅长于此，甚至有可能永远都无法成为烹饪大师。这个无声的问题其实是现代社会每一个烹饪者所困惑的：何苦来哉？

通过某种纯理性的精确计算，我们每天都花一些时间在家烹饪是不明智的，至于烤面包或制作韩国泡菜就更是不明智了。不久前，我读了一篇《华尔街日报》上关于餐饮文化的头版文章，由创办《萨加特美食指南》的萨加特夫妇撰写，他们就秉持了这个观点。与其百忙之后还要回到家做饭，他们建议“不如让饭店来做他们最擅长的事，来让我们更好地投入工作中去”。

一言以蔽之，这不过又回到了那个经典争论——社会分工，正如亚当·斯密和其他无数人所说，它是文明带来的福音。是它让我能舒服地坐在电脑前写作，而有人帮我种食物，缝衣服，帮我照亮房屋，暖和房间。我写作或教书一个小时赚的钱都多过我做一个星期的饭。专业户毫无疑问是一种强大的社会经济力量，但是同时也会导致社会与经济的弱化。它会滋生出无助、依赖、无知，最终导致的是责任感的缺失。

我们的社会给我们每一个人都赋予了若干角色：我们工作时是某一事物的生产者，其他时间是众多其他事物的消费者，然后，一年一次或几年一次，我们会去投一下票，临时承担一下公民的义务。

我们把我们的需求交托给各个行业的专家们——食品业负责我们的饮食，医疗业负责我们的健康，好莱坞和媒体负责我们的娱乐，治疗师或药品行业负责我们的精神健康，环保人士负责照料大自然，政治家负责我们的政治行为，等等。很快，除了我们“赖以谋生”的工作，很难想象我们还能为我们自己做什么。对于其他事，我们也无能为力，或是有人做得比我们更好（最近我听说如果你抽不出时间回家看望父母，有的机构都能专门派人帮你关照一下他们）。似乎除了这些专业的机构、人士、产品之外，我们已经想象不出更好的选择来为我们排忧解难，满足需求。毫无疑问，这种习得性无助对他们来说是正中下怀——他们巴不得能对我们的所有问题大包大揽。

在我们这个复杂的经济中进行分工会带来一个问题：模糊了我们日常行为与真实世界所受影响之间的联系和责任。专业化让我们忘记了为了点亮我们显示屏而从燃煤发电厂上空升起的污浊空气，忘记了为装饰我们的餐桌而去辛苦采摘草莓的农民，忘记了为了让我们享受到美味熏肉而生存和死去的猪的痛苦。万里之外的专业人员们为保障我们的生活而付出，而专业化把我们与这一切的关系隐藏得干净利落。

把我推向烹饪的最重要原因，可能就是因为它能有效地矫正我们在这个世界的存在方式，也是我们每一个人仍能企及的方式。切下一块猪前胛肉，我们会强烈地意识到，它来自一头大型哺乳动物的肩胛，那里有一组组形态各异的肌肉，不管它们各自的用途为何，都绝对不是为了我的口腹之欲而生。这样的工作会让我对猪本身的故事产生更大的兴趣：它从哪儿来，是怎么到我家厨房的。肉在手中的触感会让我感觉到它不再是工业的而是大自然的产品，事实上，它已经不再像是任何一种产品。同样，搭配这块猪肉的蔬菜是我亲手种植，到春末的时候，它长得快到我割不过来，它们日日提醒着我大自然的慷慨，每天上演揉进日光变成美食的奇妙魔术。

自己养些蔬菜和动物，将食物（即便是部分食物）的生产和准备工作由自己来做，会收获到意想不到的效果。那些被超市和“新型家庭餐”模糊了的各种关联重新在我们眼前变得清晰，实际上它们未曾真的消失过。这样，我们还可以重新拿回责任心，在发表观点时至少不那么信口开河。

尤其在发表的观点涉及“环境”时更是如此。忽然之间，环境似乎不再遥远，它就在我们的家门前。如果不是我们生活方式的危机，那么环境危机又是什么呢？所谓的大问题不过是由我们每天做的无数个小选择累积而成，这些选择大多数是我们自己做的（据说美国四分之三的经济是依赖于大众消费），而剩下的选择则是别人打着满足我们需求的旗号而做的。如果正如温德尔·贝里在 20 世纪 70 年代所说，环境危机归根到底是人性的危机，那么迟早我们需要在人性这个层次加以解决，像过去一样在家中解决，在我们的后院中、厨房里和思想上加以解决。

顺着这个思路想下去，厨房这最普通的地方马上就熠熠生辉了，比我们想象的要重要得多。政治改革家们选择从厨房开始革命的原因是不言自明的。从弗拉基米尔·列宁到贝蒂·弗里丹都力图把女性从厨房中解放出来，因为他们觉得厨房里的工作一点都不重要——至少对于她们的才华、智力和信念来说都不重要。唯一值得全力以赴的竞技场就是工作场所和公开的广场。但这些都发生在环境危机出现之前，在食品产业化危害到我们的健康之前。要改变世界，就需要在公共场合的努力和参与，但是对于现在的我们这已经远远不够了。我们还需要改变我们的生活方式。也就意味着那些能让我们接触到大自然的场所——我们的厨房、花园、房屋、汽车，也同样以一种前所未有的方式与世界的命运紧密联系在一起了。

是否应该亲自下厨？这变成了一个重要的问题。尽管我意识到这个问题有些生硬。烹饪在不同的时间对不同的人意味着不同的情况，它不太可能是一个简单的是非命题。无论是比现在在一星期中多花上几个晚上来做饭，或花一个星期天来把一星期的饭菜全做好，或是时不时地做些以前只会从商场购买的东西——这些最平常的行为都算是投上了一票。那这一票到底是投给谁呢？在这个烹饪已不再是我们的必需的世界里，这么做只是为了向专业化提出抗议，对完全从经济角度考虑来安排生活这种做法提出抗议，也是抗议经济利益渗入生活的方方面面。为快乐而烹饪，抽出点空闲来做做菜，是在向那些企图让我们只要醒着就继续消费的商家们宣告我们的独立（说到这里，我发现我们在睡觉时好像也被算计了，比如安眠药，大家吃过吗？）。我们要对抗这种令人孱弱的观念——至少是在我们在家的时候，我们的食物最好由人代劳，休闲的唯一方式就是消费。营销人员把这种依赖性称为“自由”。

烹饪转变的不仅仅是动植物，它也转变了我们，把我们从单纯的消费者变成创造者。这种转变不需要太彻底，也不需要随时保持，我们只需把天平稍稍向创造者一边倾斜一点，就能收获到意想不到的满足感。本书是向读者发出的一份邀请，希望改变（哪怕是微小地改变）你的生活在生产—消费这个天平的位置。在生活中自己动手创造些生活的必需品，这样的一些日常简单技巧既能增强我们的自足感和自由度，也能降低我们对那些陌生的企业的依赖。一旦我们不能对我们自己日常的需求自给自足，流向这些商家的就不仅仅是钱，还有我们的能力。现在，只要我们担起自给自足的担子，这些力量又将回到我们和我们这个群体身上。其实，这和现在正蓬勃兴起的重建本地食品经济的运动传达的是一样的道理，但是这个运动的成败最终取决于我们是否能成功地把精力和脑力投入到自给自足中去。不是说我们每天、每顿饭都自己动手，我们需要做的只是比现在花多一点时间在烹饪上，在有时间的时候自给自足。

烹饪，在现代社会，为我们提供了少有的机会来为我们自己，为我们需要养育的人直接工作。如果不是“营生”，我也不知道这是什么。从经济学的精确演算出发，除专业厨师外，烹饪肯定不是最有效地利用时间的方式，但是从人类情感来看，这却是如此美好。与为自己爱的人准备一桌可口营养的菜肴相比，还有什么行为是更无私的，什么劳动是更贴心的，什么时间是更值得的呢?

那就让我们动手吧。

首先，从用火开始。

第一篇
火：激情的创造物

烘焙既什么都不是，又什么都是。

——马奎斯·库希 《烹饪的艺术》

当人类还处于同类相食的混沌时代，突然有个聪明人，第一次狩猎到动物，烤食了动物的肉，发现比人肉美味百倍，从此便不再食人。

——阿瑟那乌斯 《随谈录》

矿的艺术就是烟的帝国。

——德米特里厄斯 《法官》

第一章
木柴、火和鲜肉

一到南李大街，烤全猪的诱人香味就裹挟着柴火的气息扑鼻而来，尽管GPS（全球定位系统）显示烧烤地点还在半英里之外。南李大街是条主干道，正好穿过艾登这个繁华落尽的小镇。在大街两侧，一群群人（大部分是黑人，也有白人）坐在门廊里，悠然自得地啜饮着好像是茶的琥珀色液体。在5月的一个星期三下午，看到这么多人悠闲地品茶，的确令人意想不到。为什么艾登会颓败至此不难猜测。它距州际公路有一小时的路程，人迹罕至。各大全国连锁店盘踞在北边12英里外的格林维尔，这就击垮了艾登商业街的经济，很多店铺都已关闭。曾经在艾登有三家烧烤店，现在仅剩一家了，不过这家烧烤店颇有名气，仍能每日吸引来一群饥肠辘辘的过路食客。支撑当地经济的农业受到了烟草业下滑（在一大片毫无生气的麦田中还存活着那么几亩偶尔泛绿的烟叶地）和牲畜集中饲养业崛起的双重打击。现在猪都被提供给了猪肉食品加工业，而北卡罗来纳州的滨海平原也受到了这一工业的冲击，变成了工业化猪肉生产的肉猪基地。随着这个行业的发展，猪越来越多，农民却越来越少。在沿着灰蒙蒙的公路驶向艾登时，我还没有捕捉到一丝烧烤的气息。不时飘来一股动物散发出来的难闻气味，不断侵扰着我的嗅觉。

在这个阳光灿烂的5月下午，我驱车前往天窗客栈，这个如今仅存的烧烤旅馆。这家小旅馆本来就不难找，在橡木和山胡桃木浓郁香味的指引下，就更容易找到了。旅馆的建筑滑稽有趣。下面是砖石砌成的低矮八角形，上面是银色复折式屋顶，再上面是一个圆形结构，颇像国会大厦的圆形大厅。屋顶上还迎风飘扬着美国国旗。这个破败不堪的建筑就像是一个放大了的婚礼蛋糕，看不出任何建筑理念，而更像是酒足饭饱之余设计而成。这个银色屋顶是在1984年落成，就在《国家地理》杂志宣布这个天窗客栈是“世界烧烤之都”不久。（奇怪的是，天窗旅馆并没有天窗，除此之外，这栋建筑就没有什么独特的地方了。）停车场边高高立着一个广告牌，上面醒目地印有旅馆的一句座右铭“不用木烤算什么烧烤”，并附上了天窗客栈已故创始人皮特·琼斯的照片。琼斯是在1947年开始经营烧烤生意。但是这个广告牌却写道“始于1830年的家庭传统”，宣布这个家庭的烧烤史要追溯到更早的时间。根据该家族的传说，一位名叫斯基尔顿·丹尼斯的祖先在1830年开创了北卡罗来纳州第一桩，也可能是世界上第一桩烧烤生意，开始卖烤猪肉和炭烤面包，这些都是他在离这儿不远的一个大篷马车上烤出来的。皮特的孙子塞缪尔·琼斯（今天仍守护着这个家族传统的三琼斯之一）每次谈到这几位烧烤界的伟人，总是会真诚地称他们为“先驱”。

在到这里之前，我已经熟知天窗客栈的这段历史，我之前就阅读了不少相关的口头历史，也看了很多关于它的纪录片。如今，人们一丝不苟地记录南方烧烤界的几乎所有活动，并且不遗余力地大加赞赏。作为一度陷入沉寂的民间烹饪传统，烧烤业现在已经活跃起来了，而且有强烈的自我意识。大多数南方烧烤大师都有强烈的自尊心，与政客一样，他们也备有一套套朴素简单、老调重弹的说辞。而且，他们还能找到大量的展现机会，无论是面对来访的记者，还是在烧烤大赛或者在“南方饮食联盟”组织的学术会议上，他们都能侃侃而谈。

我来到北卡罗来纳州的目的不是听这些说辞，而是追寻一种味道，一种我从未品尝过的味道。同时，我还希望验证一个想法：如果说火是第一种，也是最重要的一种烹饪形式（在把自然界提供的食材转变成为我们提供营养、使我们感到愉悦的食物时，火是人们首先想到的也是最为重要的方法），那么，至少对于一个美国人而言，在柴火上烧烤整猪是这种烹饪形式最纯粹、最原始的体现。我希望尽可能了解烤全猪的做法，了解这种烹饪形式与一个社会、一个文化的契合程度，进而对烹饪这个人类特有活动的更深层次的含义有所了解。与此同时，我也希望自己可以更好地掌握用火烹饪的技术。如今，矫饰造作、五花八门的工具和天花乱坠的营销噱头给烹饪套上了厚厚的一层外壳，因此，要想重新掌握烹饪精髓，最好的办法似乎是想方设法剥离出最基本的元素，使其无所遁形，然后加以仔细研究。我有理由相信，天窗旅馆的烧烤店有可能帮我实现这一想法。

我知道，辨伪求真的道路不会一帆风顺，很多时候更是前程未卜。而在此时，美国南方烹饪正在强势觉醒，因此，要在这个南方小镇找到烹饪的真谛似乎尤为困难。我有个朋友在教堂山[①]当厨师，工作之余经常出去吃烧烤。在她发给我的电子邮件里充斥着强烈的失望：“我开着车跑遍了北卡州，希望能闯进一个世外桃源，找到一

① 教堂山（Chapel Hill，NC）是北卡罗来纳州奥兰治县的小镇。成立于1819年。北卡罗来纳大学教堂山分校位于该镇。——译者注

家中意的烧烤店，但是每次都扫兴而归。”不过，我的这位朋友还没来过艾登，因此，我对此次艾登之旅还是抱有希望的。

猪肉、柴火浓烟加时间，这些简简单单的元素却能创造出道道美味，要想揭开深藏其中的根本奥秘，天窗旅馆后面的烧烤地坑毫无疑问是关键所在，因此我必须认真考察。一位烧烤史专家（是的，现在已经有人专门研究烧烤发展史了）认为，琼斯一家是“烧烤原教旨主义者”，因为他们没有随意改变烧烤的简单性，而是就着“燃烧的”橡木和山胡桃木，心无旁骛、慢条斯理地烤着全猪，几代以来，一直如此。在现代烹饪中，木炭已逐渐退出历史舞台，而酱汁则沦落为“拙劣烹饪的掩饰手段”，但琼斯一家对此嗤之以鼻。从烟囱中飘出的阵阵诱人香味不难看出，琼斯一家坚守传统的做法给他们带来了丰厚的回报，也得到了食客们的认可。烧烤业已经深陷困境：卫生部门审查严格；消防部门越来越不耐烦；天然气与不锈钢炊具使烹饪变得极为方便；木柴短缺；快餐无处不在；而烧烤工人渴望能安安稳稳地睡一觉，不会因为梦到火灾而惊醒，也不会被消防车的警报声吵醒。我听说，天窗旅馆的厨房几乎每隔一段时间就会失火，而且不止一次被烧成灰烬。用火烹饪的人给你的第一条告诫就是：“管控”工作是重中之重。但是，管控工作比你想象的要难得多，即使在21世纪也是如此。因此，所有这些不利因素似乎正在一步步扼杀烧烤业。在这种情形下，琼斯一家的经营却大获成功，这也证明了他们为捍卫这个“垂死的烹饪艺术”而做出的英雄壮举是完全正确的。

⊙

对火的控制有着非常悠久的历史，是人类历史上具有划时代意义的里程碑，因此这种控制艺术得以传承的奥秘催生了大量神话和理论。但是不仅仅是那些古老的传说，包括后来的一些理论都是极为荒谬的。例如西格蒙德·弗洛伊德的理论。在《一种幻想的未来——文明及其不满》的一个脚注中，他指出，古时候人们一看到火就有将之熄灭的冲动，对火的控制应始于人们（确切地说是男人）第一次冲着火排尿将火浇灭的那个决定性时刻。几千年来，这种冲动显得是那么的不可阻挡，对文明造成了极大的破坏，文明的火种从诞生开始就面临着压制。或许用尿灭火这个事儿女人做不好，因此成了男性竞争的一个重要方式，在弗洛伊德眼中（弗洛伊德有这样的想法毫不奇怪），这种竞争本质上带着同性恋的色彩。如今用火烹饪在很大程度上依然是一项男性专有的竞争项目，我们从事这项工作的人确实该庆幸弗洛伊德不在身边，不需听他来唠叨我们到底在干什么。

一些有着非凡自制力、能够抑制那种冲动的人开始慢慢意识到他们无须用尿把火浇灭，而是可以把火保存下来发挥更大的用途：比如说取暖，还可以自己烹饪点吃的，从此以后，人类历史翻开了新的一页。弗洛伊德相信这一进步同人类文明的众多其他重要内容一样，归功于人类特有的驾驭和遏制内部冲动的能力，其他动物则是对其束手无策的。（没有报告指出其他动物会用尿来灭火。）他还认为，自我控制是控制火的前提，进而，也为上述重要发现推动文明发展创造了条件。“文化征服是对放弃本能的最大奖赏。”

当我和烧烤师傅一起坐在慢慢燃烧的木柴前时，什么弗洛伊德的火的理论早就被抛诸脑后了。我只是不太确定烧烤师傅们是否会愿意听。然而这时候，脑海里反倒泛起了另外一个理论，虽然听上去同样荒谬，但却和红彤彤的炭渣一样带着真实的诗意，不妨讲出来，为烧烤师傅那张密布着皱纹和汗滴的面庞上增加一点笑容。

这是英国作家查尔斯·兰姆（1775—1834）在他一篇随笔《论烤猪》中提出的观点。他写道，传说在中国古代，一个名叫何棣的养猪老农有个傻儿子叫波波，正是他这个傻儿子意外地发现了烧烤艺术，从此以后，人们就不再吃生肉了。一天，当何棣外出为他的猪采食时，他那个爱玩火的傻儿子一不小心一把火烧掉了房子，也烧掉了几头乳猪。在他边清理废墟边在思索如何向父亲交代时，"一种他从来不曾闻到过的香味钻进他的鼻子里"。当他蹲下来摸摸看一头烧得黑乎乎的猪是否还能存活时，不小心烫到了手指，他下意识地就把指头放到嘴边吮吸了一下。

"他的指头上沾上了烤焦的碎肉皮，由此他生平第一次（也是世人第一次，在他之前从来没人）尝到了脆皮的味道。"

波波的父亲回来一看，房子被烧成灰烬了，乳猪也被烧死了，儿子正在狼吞虎咽地吃着猪的尸体，他被这残忍的一幕吓呆了，直到儿子冲他喊"烧死的猪太好吃了"，他也被这迷人的香味吸引了，就撕下一块脆皮尝了尝，真是无与伦比的美味啊！这对父子不想让邻居们知道这个新发现。他们害怕邻居们会排斥他们，毕竟烧烤上天的成果意味着这个成果本身并不完美。但是经过一段时间后，一些奇怪的传闻传播开来。人们发现，从此以后，何棣的房子老是着火，只要他家的母猪下了一窝崽，那他家房子一定就要着火了。

这个秘密最终还是被大家知晓了，邻居们也开始尝试这种技巧，大家都被这个味道惊呆了，然后这种技术就传播开来。事实上，这个靠烧掉房子来吃到美味的烤乳猪的习俗广泛流传，于是人们开始担心建筑的艺术和技巧会迷失。（"房子修得越来越不牢靠，"兰姆写道，"现在一天看到的就是到处都在放火。"）幸运的是，一位聪明的人最后发现，要烤熟猪肉“不一定要把整所房子都烧掉”。这样烤架被发明出来了，紧接着烤肉叉也出现了。这就是人类如何意外发现用火来烹饪肉食的——或者说得更详细些，如何学会控制火的。

⊙

“欢迎来到地狱大厅。”塞缪尔·琼斯轻笑道，他带我走到天窗客栈后面去参观烧烤坑所在的厨房。实际上有2个户外厨房，跟农舍一般大小，由煤渣砖砌成，选址比较随意，与旅馆及彼此之间形成了奇怪的角度（“我祖父肯定是请了个醉汉来设计这里的一切。”塞缪尔·琼斯自嘲道）。大的一间之前由于其中一个灶台坍塌引起火灾被烧毁了，最近才被整体重建。“我们保持火24小时不灭，每过几年，烟囱的砖砌内侧的耐火砖都会报废。”他耸了耸肩，继续讲道：“我不得不承认这个厨房已经被烧过十几次了，但是要做出地道的烤全猪就得照这个方法做啊。”

有时候是淤积在烧烤坑底的猪油引起火灾，有时候是余烬随着烟飞出烟囱后掉到屋顶上引起的。就在某个晚上，才刚刚打烊几个小时，塞缪尔恰巧开车经过旅馆，就看到从烟房门缝下冒出了火苗。“那可真是千钧一发啊。”他笑着说。（户外厨房的摄像头表明，就在烧烤师傅下班仅仅4分钟就着火了。）

兰姆要是知道到现在，在北卡罗来纳州依然有人还保留着这个传统——把整个房子烧掉来烤出美味的猪肉，他一定很高兴吧。

塞缪尔29岁，笑嘻嘻的圆脸上留着一撮山羊须。他从9岁开始，就断断续续地帮忙打点家族生意。塞缪尔对他们家族所创造的这个传统非常引以为傲，自觉有强烈的义务传承它、保护它，使它免受现代改革（也就是所谓“捷径”）的影响。一直以来，南方烧烤看上去只是有些落后，但是随着时间的推移，现在越来越难以为继了。“事实上，我们家不能卖掉这个生意，”他解释道，可能还有点儿沮丧，“因为，你看，卫生部对我们有特殊照顾。除了琼斯家族的人，还有谁会买下这个地方？他们还会把这个地方规范化，到那个时候，一切都完了。”

当我们走进新厨房，我马上明白他的话了。事实上，第一眼我没看到什么：房间里浓烟滚滚，散发着木柴的香味，虽然从房间这头到那头不到 25 英尺，但我只能依稀辨认出对面墙上的那扇钢门。在房间的两头，分别有一个又大又深的砖砌壁炉，在壁炉里面放一个由汽车轮轴做成的巨大炉格，上面高高的一堆木柴正在燃烧。亮橘色的炭渣掉落到轮轴之间，接着人们把这些炭渣铲起，放到烧烤坑里。烧烤坑沿着两侧长长的墙壁一字排开，一个个就像砖砌的棺材，大概 3 英尺高。一根根铁钎从烧烤坑穿过，用来支撑烤猪。在每个烧烤坑上方，都有一张用缆绳悬挂的 4 × 8 规格的黑色钢板。这张钢板的作用是盖住烧烤坑，缆绳另一头是煤渣砖，用铰链连接，给钢板配重。这些烧烤坑一次性能完成一打 200 磅重的烤猪。烧烤坑内壁上沾了厚厚的一层黑色污垢，这一定会吓到那些卫生检查人员，当然北卡罗来纳州的卫生检查人员例外。似乎这个州对烧烤业制定了一套宽松的特殊卫生标准，这是保护这个行业免受外界谴责的挡箭牌。塞缪尔曾暗指这种不溯既往的保留条款是“祖父条款”。

“我们会视情况不时地清理烧烤坑，”当我提及一些卫生问题时，萨缪尔回答道，“但是又不能彻底清理，否则就收不到良好的隔热效果。”问题是，那厚厚的污垢（化学家们应该会认为，这些污垢中既有猪肉饱和脂肪，又有在柴火浓烟中悬浮的细小颗粒）是极易燃的。我们吸进体内的烟也含有同样成分，塞缪尔说，只要烟够浓，房间温度够高，确实是会着火的。他的这番话让我深感不安。“这被称为轰燃。”他补充道。萨缪尔就算不是一位操控火的专家，也已经非常接近了。他还提到他已加入了艾登志愿消防队。在这样的情况下，这更像是一种政治行为。

⊙

“地狱的门厅”：站在烧烤房更像是身处地狱，大多数人可能不会对烤猪有食欲。燃烧留下的大大小小的炭头到处都是，熏黑的砖，烤焦的房顶，烤皱的胶合板墙。就在我和塞缪尔交谈时，我越过他的左肩看到一个幽灵般的身影从浓烟中浮现出来。是一个黑人，他微微弯腰，慢慢地推着一个独轮车，血迹斑斑的车板上有一头淡红色的死猪，张牙舞爪，摇摇欲坠。我能看到这头猪的眼睛被挖掉了，猪头在独轮车沿上晃来晃去。车越来越近，这个男人的脸逐渐清晰，深深的皱纹，皮肤粗糙，缺了几颗牙。

他叫詹姆斯·亨利·豪厄尔，是天窗客栈老资历的烧烤师傅。萨缪尔给我介绍时，他立刻明确表示要把谈话时间留给琼斯一家，他还有工作要做，在这间餐馆里最需要体力的一份工作——下午晚些时候把猪架起来，第二天一大早第一件事就是把这些猪翻个面，午餐时间每头猪被卸成4大块，搬到厨房，然后剁成小块，放到一块大木砧板上调味——这些都是由詹姆斯·亨利·豪厄尔一个人独自完成，把时间留给琼斯一家出来侃侃而谈。这对我来说本也没什么，但问题是我就不能亲自体验一下，在艾登也学不到什么了。看来我还得等待。

豪厄尔先生在烧烤房来回穿梭，用独轮车不急不慢地搬运烤猪。他先是消失在冷库的雾气中取出下一头猪，接着把猪装到独轮车上推着车慢慢出现，然后把猪轻轻地倒在铁炉格上。豪厄尔有条不紊地忙活着，把猪装上烤架，倒也创造出一幅鲜活的画面：那一头头淡红色的猪四脚张开，在浓烟的掩映下影影绰绰的，就像一支康茄舞队伍，从猪头到臀部的皮肤都被烤得翻过来了。烤房当下的内景倒更像是一个工棚，那些猪仿佛是干了一天活之后睡得正香。我们食用的所有动物中，没有什么比猪更像人类了。成人般大小，光秃秃的没有一点毛，淡红色的皮肤，嘴巴朝上看上去像在调皮地微笑，在这弥漫着烟雾的地窖里，这半打猪让我联想到不少东西，但绝对没有想到午餐或晚餐。

很难把这个又脏又到处是炭渣的烧烤房看作是“厨房”。也正是因为这个原因，北卡罗来纳州十分为难，到底是要公正地执行卫生条例，还是保留烤全猪。烧烤是不可冒犯的地方传统，因此在这次竞争中顺利胜出，至少暂时没有危险。但是这个厨房又太不同寻常了，在这里，最重要的厨具就是独轮车和铲子了。食品储藏室（如果这算是的话）里除了猪、柴火和盐，其他什么都没有。事实上，这整个建筑都算是烹饪用具，用塞缪尔的话说：我们所处的环境，是一个用烟熏全猪的巨型低温烤箱的内部。这个屋子的密封性，包括房顶的倾斜度都影响着肉的烤制。

把猪架好后，豪厄尔开始往猪下面倒木炭。他走到房间另一头，从烧得红红的壁炉里铲起燃烧的炭渣，一次满满一铲，搬到烧烤坑旁边。然后他把这些烧得正旺的炭，从烧烤铁钎之间小心翼翼地倒进烧烤坑，在每头猪的周围大致地布置一圈炭火，有点像犯罪现场描绘尸体轮廓的粉笔线。因为猪的不同部位所需火候不同，所以两头放的炭多，而中间则少一些。“这只是烤全猪的难点之一，”塞缪尔解释道，“只烤猪前胛要好控制得多，就像列克星敦人做的那样。”

塞缪尔从鼻子里哼出“猪前胛”这个词，颇具嘲笑的意味，仿佛烹饪猪前胛简单得就像是把熏肠丢到烤架上，“当然，在我们眼里，那根本算不上烧烤。”

当他把炭都摆满意了，豪厄尔在猪背上洒了些水，又猛撒了几大把盐，撒盐不是为了调味，塞缪尔说，只是为了让皮干了好爆开，有助于烤出一层脆皮。

这个烹饪过程既漫长又辛苦。每半小时左右，豪厄尔先生就要在滴油部位的旁边，给每头猪添上一些炭，一直干到傍晚 6 点才能离开。几个小时后，接近午夜，合伙人杰夫 · 琼斯（周围的人都叫他杰夫大叔）还需要留下来值班，查看是否还需要继续加热。围着猪周身放置炭火的目的，是为了能持续地间接加热，这样能尽量慢地烤一整晚。同时，也希望这些炭火尽可能靠近油滴落的位置，这样，当猪背上的肥肉开始冒油时，能恰巧滴一些在炭火上。油一滴到炭火上就发出嘶嘶的声音，冒出一股独特的带着肉味的烟，为猪肉增添了别样的风情，和柴火的气息叠加在一起，也给周围的空气增添了一种特殊的香味。

这股香味，我在来时的路上就已经闻到过，现在又萦绕在我的鼻端。尽管现在我站在这个略微缺氧的阴森房间正中，两边是两排摆放紧密的死猪，我却惊讶地发现在胃的深处起了阵阵悸动，我竟然被激起了食欲！

⊙

篝火上烤肉的香味——那夹杂着动物脂肪燃烧香味的柴火烟的味道，是如此让人欲罢不能。曾经有一次我在前院生火烤猪前胛的时候，隔壁邻居家的孩子全都围过来了，都想凑近闻闻这香味。还有一次，一个6岁的小顾客特意坐到下风的位置，像个管弦乐队的指挥般把手举到半空中，然后深吸一口这夹杂肉味的柴火香，一口，两口，突然他停下来了，说："我可不想闻烟就闻饱了。"

明显神仙们也同样好这口。我们拿来供奉神的并不是鲜肉，而是烤肉的烟。我觉得其中有两个原因。人必须要吃东西才能活下去，但是不朽的神不需要吃肉。（如果他们吃了，那就必须要消化，就会有排泄物，这可实在没有神高高在上的样子。）不，只要有肉的概念，让带着动物肉香的烟慢慢飘到天堂，他们也就心满意足了。他们光是闻闻烟味就饱了，就满足了。还有，如果神们确实想要肉，我们又怎么给他们呢？带着香味的烟是我们能想到的唯一传输方式，它象征着联系天堂和人间的纽带，也是凡人与神之间交流的途径。所以说香味"只应天上有"，绝不仅仅是一句空洞的表达。

⊙

至少从创世开始，人们就知晓烤肉的烟气能讨神的欢心，听说当时的几次重大祭祀改变了人神关系，还揭示了神的嗜好。第一次重要的祭献其实有两样东西：该隐和亚伯的祭品。该隐，土地的耕作者，献给耶和华的是他收获的谷物；而亚伯，作为牧羊人，从他的羊群里选了一只作为贡品。而上帝明显更中意这个驯养的四足动物。[1]另外一次重大的祭祀是在洪水退去以后，诺亚终于爬上岸，马上就为耶和华献上燔祭品，就是献上一整头烧脆的动物，烤得冒烟了，这样上帝才尝得到。耶和华闻那馨香之气，就在心里说："我不

① 在《旧约》后面的《利未记》中，详细记载了管理祭献谷物的规则；根据《旧约》集注，在这样的仪式中，如果实在拿不出动物来祭献，那么谷物也是可以接受的。

再因人的缘故诅咒大地，也不再按着我才行的，灭各种的活物了。”（《创世记》8:21）。如果对祭献动物的功效还有任何存疑的话（且不说香气的强大力量），那诺亚的经历就证明一切了：烤肉的香气使上帝心情愉快，不仅平息了怒火，而且永远打消了毁灭世界的念头。

众多文化在不同时代举行动物祭祀都采用了某种形式的烤肉，众多的宗教仪式把烤肉的烟看作是联系神和人的纽带。人类学家称，这样的祭祀在各个传统文化中是非常普遍的；的确，你可能会认为，我们自己的文化中没有类似的仪式，实在是极为反常的现象。但即便在我们的文化中，我们仍然可以从烤全羊上瞥见一些古老仪式的痕迹。

烟在动物祭祀仪式中的重要性，让我们不得不在众说纷纭的烹饪起源中又加上一个：也许烹饪学就是起源于祭祀仪式，把肉放在火上烤，这就解决了如何把这些动物祭献给天上的享用者们的难题。

⊙

随着时间的推移，神对祭献的要求变得越来越简单。从某时起，这一神圣的愈合心灵的仪式演变成了一场仪式化的宴会。人类祭献变成动物祭献，经过令人愉快的简化过程，后来又变成只献上动物的一部分，最后（祭祀的味道逐渐消失），到今天演变成了后院烧烤，虽说宗教元素并没有完全消失，也已经遗失得差不多了。从发现上帝闻到肉烤出来的烟就会高兴，到意识到想要取悦神我们用不着拿一整头动物来做燔祭品，这可不只是观念上的一大飞跃。上帝能享用烤肉的烟味，我们能享用肉。多方便啊！

但是人类把祭品最好的部分自留享用也是来之不易的，至少在经典的神话故事中，首创者付出了惨重的代价。普罗米修斯的传说通常被解读为关于人的无知与傲慢，人竟想挑战神，盗取火种代表人类接管了神的无上特权，虽然代价惨重，但是确实恩泽了人类文明。这些解读都没错，但是希腊人赫西奥德的古老讲述中，故事就有点不一样了。根据这个故事，普罗米修斯不仅盗取了火，还盗取了肉。

在赫西奥德的《神谱》里，在一次墨科涅的公牛祭献仪式上，普罗米修斯玩的小把戏就第一次激怒了宙斯。他把最好的牛肉藏在了让人倒胃口的牛胃下面，然后用诱人的肥肉包住牛骨头。普罗米修斯把这两份分好的祭品端上来献给宙斯，奥林匹斯山上的众神都被闪着油光的肥肉误导了，选择了牛骨那一盘，因此那盘美味的牛肉留给了人类。这又为动物祭献开创了一个先例，从此以后人类都把最好的留给自己，把肥肉和骨头烧给神灵，在《奥德赛》(亨利·菲尔丁称之为荷马关于饮食的好书）中确实可以看到这样的习俗。

宙斯被激怒了。出于报复，他拒绝向人类提供火种，使他们无法享受到肉的美味（即使他们能够下咽）。确实，没有了火来烹饪，人比动物也好不到哪里去，也必须吃生肉[①]。接着，普罗米修斯又去盗取火种，把它藏在一根巨大的空茴香秆里。作为报复，宙斯用铁链把普罗米修斯永远囚禁在一块巨石上（他的肝成为另一生物食之不尽的美食——生肉），然后创造出第一个女人——潘多拉，给人类世界带来了无尽的纷扰。

在赫西奥德的故事里，普罗米修斯的故事成为烹饪起源的神话，

---

① 在希腊，这被认为是区分人和动物的重要特质，“生食者”是挖苦的词语，带有野蛮的意思。独眼巨人没有先煮就吃了奥德修斯的水手们，犯下了文明无法容忍的双重罪行。

记录下动物祭献仪式是如何演变成筵席的，把这个变化归功于普罗米修斯勇敢地重新分配祭品，让人类获益。这也是一个人类自我定位的故事，拥有火就能把我们与动物区分开来。这里说的火，使我们的地位得到提升的火，其实就是用来烹饪的火；我们以卑微的姿态把整头的燔祭品献给诸神，这个做法一度是严格的宗教仪式，现在也大变样了，变成人类的一种特权，变成一种把人们召集起来分享美食的仪式了。

⊙

天窗客栈的饭厅着实显得极为不讲究：荧光灯下的福米卡木纹餐桌散布于饭厅各处；柜台上摆着旧时的嵌入式塑料字母标牌，列出可选菜式；墙上是从报纸和杂志上剪下来的客栈照片，已经发黄了，还张贴着“先驱”们的肖像。门口的透明玻璃盒里陈列着这个客栈的骄傲，2003 年他们获得的“比尔德美食大奖”。

但是，餐厅里还有一件堪称讲究的装饰：就在点菜的柜台正后方，有一个巨型的砧板，从某种意义上说这可算得上是烧烤的一个圣餐台。每到午餐或晚餐的时候，在周围食客们的众目睽睽下，琼斯家的某个成员，或一个指定助手操把重刀把烤全猪剁成一块块。这个枫木砧板边上一圈有近 6 英寸厚，但是由于长年累月在中间剁肉，中间的厚度不到 2 英寸了。

“我们每年都翻一面使用，当那一面也坏掉了就只能换掉了，”塞缪尔讲道，从他眼底闪动的精光中，我知道他又要发表他的烧烤宏论了。“有的顾客看到我们的砧板，问我，嘿，你们的烤肉里肯定有很多木头，我会回答，‘是的，我们的木头也比别家的烤肉好吃！’”

那菜刀起起落落砍在砧板上的声音，既单调又颇有节奏，这

“咚—咚—咚”的声音是天窗客栈饭厅永不停息的旋律。（杰夫大叔说：“听到这种声音，就说明你们吃的是新鲜烧烤。”）在砧板的尽头，菜单板上列出了仅有的几个菜：烧烤三明治（2.75 美元）；烧烤拼盘（大中小盘价格在 4.5 美元和 5.5 美元之间）；称重（9.5 美元一磅）；最后，还承诺，“凡订餐附送一份卷心菜沙拉和玉米面包”。还有一些软饮料可点，这就是全部菜单了。自 1947 年以来，这个菜单上唯一变的就是价格，变得也不多。[客栈里牛里脊三明治的价格比麦当劳的巨无霸（2.99 美元）还要便宜，这是慢食在价格上击败快餐的少有例子。] 这时候，之前的自豪神情又浮现出来，萨缪尔说：“我们这只有烧烤、卷心菜沙拉和玉米面包，没其他的了。来到这里，就不是你想吃什么，而是你要吃多少。”

我在柜台边等着点单（烧烤三明治和一杯冰茶）的时候，就看见杰夫在那里剁烤肉、放调料。调料包括盐、红辣椒，洒了不少苹果醋，还有一点点得克萨斯皮特，这是一种极辣的酱汁，非常有意思的是，它产自北卡罗来纳。（我猜是因为“得克萨斯”更能代表辣，也更有说服力。）杰夫一手拿一把刀，很随意地从各个部位剁下大块大块的肉。这就是烤全猪的独特之处。

“看，这是你要的火腿，肉瘦但是有点干，这是前胛，虽然有点油腻，但是要嫩一些，肉汁也多；嗯，还有这肚皮肉，可能是汁最多的了。当然，烤肉少不了美味的老皮（bark）。”老皮在烧烤里是专业术语了，专指肉边上烤焦的那一圈。“然后还有肉皮，有它就多些盐味了。全部剁在一起，还不够，再撒上些调料，拌匀，这就够了：烤全猪完成了。”

由于杰夫大叔的坚持，我又端了一盘没有调味料的烧烤，他说这样我就可以看清天窗客栈烧烤的本质——烧烤的味道或者品质根本不依赖“酱汁”。他嘴唇上翘地说出“酱汁”的时候，露出了鄙夷的神情，告诉我们烧烤酱汁的使用往好了说是对烹饪的辅助，往坏了说简直就是破坏文化习俗。

我先尝了尝这没有调过味的烤肉，简直就是个重大发现：肉质丰富，朴实无华的外表，无法压倒又恰到好处的烟熏味。事实上，你无法想象这冒着烟的橡树枝和猪背肉能有如此细腻的香味。各种质地的烤肉——火腿、前胛、肚皮肉、老皮——都非常好吃，但是拌好的烤肉里偶尔还能吃到好像红木碎片的脆皮，就更加非同寻常了：有盐，有肥肉，还有柴火烟，齐全又香脆，一样都不能少。（熏猪肉的味道能给你点提示，但也就只是点提示了。）我突然深深体会到，到底是什么让波波如此的无法抗拒，把这样不可思议的美食拿到嘴边——猪肉脆皮的诱惑是无与伦比的。

但是我觉得我还是更喜欢三明治中调过味的烤肉。苹果醋的味道浓烈，刚好中和了烤肉中渗入的大量油腻和过重的木烟味。加入醋和红辣椒后，这道菜堪称色香味俱全了，否则未免太不起眼。

“这就是烧烤。”我顿时明白了，我之前从未真正尝过它的味道，现在可不一样了。这很可能是我吃过的最令人陶醉的、最入味的肉了，同时还是最划算的，我的三明治只花了2.75美元。“烧烤”：从咬下第一口开始，我就不无尴尬地意识到，作为一个北方人，我的前半生都在滥用这个奇妙的词，说白了我就是只会在后院用大火——是用熊熊燃烧的明火——来把牛排弄黑，最后只能可怜地完全依赖一些酱汁来做出所谓的烤肉。在吃完我的三明治之前，我就决定要弄明白如何在自己家里也能做出这样的烧烤，不再亵渎这个高贵的词。

这块三明治包含的东西太多了。不同部位的肉拼在一起，吃起来的确口口生香，但是这块三明治中包含的远非各种肉块那么简单，它还包含木柴、时间和传统。这就是北卡罗来纳州东部代代相传的独特烧烤方式。我阅读过烧烤的历史，能够真切地从这块三明治里品尝出它的地方文化和历史。如果像法国人认为的那样，红酒和奶酪是地方特色的最好体现，那么这块三明治里确实蕴含了丰富的风土人情，萦绕于舌尖的是地方的感觉、历史的味道。

⊙

自从欧洲人踏上这些海岸，猪肉就成为这一带的主要肉食。事实上，在大多数南部地区历史上，“肉”指的就是“猪肉”。在16世纪，西班牙殖民者埃尔南多·德·索托给美国南部带来了第一批猪。几个世纪以后，这些猪的后代已经遍布南北卡罗来纳州，以产量丰富的橡树和山胡桃果实为食。也就是说，在猪被圈养进农场之前，东部的阔叶林为猪肉增添了两种风味：一种是橡子和山胡桃的味道，另一种是柴火烟味。（如果说还有第三种的话，那就是砧板的味道了。）人们按需捕杀这些野猪，每到秋天，人们还会像牛仔一样围猎野猪。野猪实在太多，就连奴隶也能时不时地品尝到它的美味。由于单单一头猪就能提供如此多的肉，通常在南方“吃猪肉”就意味着集体性的聚会。

用柴火烤全猪的做法随着奴隶的到来而到了美国南部，他们中很多人在途经加勒比海时，发现当地的印第安人在火坑上铺上潮湿的树枝，然后把整只动物摊在树枝上烹饪。奴隶们在带来这项被当地印第安人称为“barbacoa”（至少那些非洲人和欧洲人听起来是这个发音）的烹饪技术时，顺带还把岛上的红辣椒种子也带过来了。后来，红辣椒便成了烧烤的主要调味品之一。

在南北卡罗来纳州，烤全猪的传统长久以来都伴随着烟草收获的节奏。每个秋季那关键的几周里，所有人都在忙碌。男人把烟草拖回晾烟棚后，就由女人来整理分类，然后把大叶子裹到竿子上，接着就用橡木点火来整夜地慢慢烤干烟叶。烤烟叶剩下的木炭被铲到坑里用来烤全猪，这成了秋季的一个传统，庆祝烟草收割的完成并款待工人们。这晾挂和加工烟草的缓慢节奏刚好和用木柴烤全猪的节奏吻合。我在北卡罗来纳州遇到过一个黑人烧烤师傅，在他的童年记忆中，烧烤总是伴随着秋天烟草的收割，一个难得的黑人和白人肩并肩共同工作、共同庆祝的时刻。

烧烤主要是美国黑人为美国文化做出的贡献，但是南方白人也同样功不可没，不过，大多数白人都非常坦率，认为最好的烧烤师傅都是黑人。（白人一般友好地称呼他们“烧烤仔”，直到最近这个称呼有点变味后，才不再使用这个称呼。）适合天窗客栈的这种模式——白人拥有所有权，黑人在后面当主厨，是很寻常的。“地道的烧烤”是黑人和白人难得能达成共识的东西，天窗客栈客人餐桌上椒盐的搭配比例就给出了证明。即使是在种族隔离最为严重的时期，黑人和白人依旧能共享一块烤肉，虽然在1964年《民权法》通过之前，黑人和白人是禁止在同一个饭厅用餐的。但是如果城里最好的烧烤是黑人做的，白人也会在外卖窗前排队购买，反之亦然。如今，用北卡罗来纳州著名烧烤历史学家约翰·希尔顿·里德和戴尔·夫德堡·里德的话说：“没有哪个朝圣的地方比烧烤店更和谐了。”

是的，每一盘菜都意味深长，但是我手中的这块三明治内涵尤其丰富：可爱的猪，带有本地森林气息的轻烟，南方不紧不慢的生活工作节奏，还有这纠结的种族关系，可能还有更多我不知道的东西，所有这些都为这块价格低廉、美味亲民的三明治增添了别样的风味。

⊙

但是，遗憾的是，我不得不说，我在天窗客栈看到的也不尽是甜美和阳光。是的，是很美味：雪白规整的卷心菜沙拉让人从嘴里甜到心里，茶也是如此。涂了油的玉米面包虽然也同样美味，却过于油腻（是猪油的缘故），给我留下了不好的印象。但是，还有一些东西给我的美餐留下了阴影，尽管味道不错，但却总使我想起杰夫·琼斯给我讲的关于在玉米面包中加猪油的小故事。从某个重要的方面来说，琼斯一家在引以为傲的对抗现代化潮流的战争中，其实早就落败了。从 1947 年起就发生了某些变化，虽然不易察觉，但却不容忽视。

当我们在厨房的时候，杰夫就跟我说过，过去，他会放个盘子在烤猪下面，接滴下来的猪油，等到第二天，这些油就足够他拿来做当天的玉米面包了。但这样的日子一去不复返了。现在的猪没多少油，根本不够拿来做玉米面包，没办法，他们只能出去买猪油。他想说的是，现在的猪都被改造成快速生长的瘦肉型猪了，不用一年，只需几个月就能长成，这就要归功于遗传学、现代饲养，还有药物了。但是杰夫一点都不喜欢这种现代猪，完全没有了他记忆中的香味，但是他知道我们别无选择。

“如今的猪，不得不被人类圈养起来，住在钢筋混凝土做的猪圈里，人类喂什么，它们就只能吃什么，所以猪肉的味道难免跟过去相差甚远。”塞缪尔插话进来：“而且还有大量的类固醇。”农民为了让猪尽快生长给它们添加了激素。

琼斯家族似乎非常清楚工业化猪肉生长的野蛮效率，其实生活在北卡罗来纳州这样一个海滨平原的人，几乎都知道这些。如今工业化牲畜饲养业在艾登迅速崛起，成千上万只猪被圈在铁栏中饲养（脚底下就是猪粪池），让这些猪一个赛一个地飞速生长。这种生物和狗一样，有着同样的智商和敏感性。为了让母猪更容易受精，成年母猪都只能圈在一个极小的铁笼子里，转身都非常困难。按照标准的工业化饲养法，农民会用钳子把小猪的猪尾巴剪短，这样留下来的断尾会非常敏感，当某个同类因不堪忍受狭小的生存空间而开始撕咬自己的伙伴时，那点残留的尾巴还能刺激这个极度沮丧的生物奋起反抗。我曾经参观过一个类似的饲养场，其实离这并不远，那实在是个让人无法轻易忘却的地方：一个深深的猪圈，简直就是猪的地狱，充斥着熏人的臭味和猪的尖叫，至今这一画面还历历在目。

我想这对于琼斯家族来说是个考验。他们把早期的传统精心保留下来，因此，我可以忘却这些烦心的想法和画面，尽情享受我的烧烤三明治，但是现在，这些传统也面临着严峻的考验。我们现代人个个都擅长避重就轻，尤其是饿了以后。自从我来到天窗客栈一直都不想去面对这个问题，他们使用的是商品猪：如果他们如此尽心加工的对象不过是被人类重新改造、残酷对待的动物，是现代科学、工业化和人性残暴的共同作品，那这种“地道的烧烤”能有多地道呢？天窗客栈对传统如此虔诚，通宵不灭的柴火，精心布置的燃煤，历史悠久的烤法，是否已沦为对某些截然不同的东西的掩盖？无论从道德上还是美学上来衡量，它们又能比烧烤酱汁高明多少呢？

琼斯对于猪肉的现状也无计可施，从这个角度来讲，他们落入与现代化烧烤同流合污的境地：到目前为止，使用“商品猪”成为南方烧烤的一个行规，只有像杰夫·琼斯一辈的老人还记得曾经的美味，这样的人也已经不多了。当然，在北卡罗来纳州依然有少数农民用传统的户外放养式方法来饲养猪，而且，我也发现，这种猪肉的美味是商品猪从各个方面都无法企及的（包括猪油的产量）。但是，餐馆绝不可能购买那样的猪肉，然后每份烧烤三明治仍然只售2.75美元。今天，揭开最亲民三明治的这层面具，你看到的就是现代农业最残酷的一面。

⊙

但是我想，只要经过足够长时间的烟烤，再撒上一些烧烤酱汁，也许你就不会在乎吃的到底是哪种猪肉了，因为这个三明治的味道实在是棒极了。这让我不禁有了这样一个想法，烹饪（或者直接说是肉的烹饪）其实就是：一个心理上和化学上的转换过程，把原本让人（至少是大多数人）"反胃"（不论是生理上的还是比喻性的）的东西转换成我们欣然接受并喜爱的。烹饪让我们根本无法把铺着松软亚麻布、摆着光亮银质餐具的餐桌同事物的残酷本质联系起来。（我们吃的都是死去的动物。）从这方面来讲，工业化集中饲养不过是这众多事例中的一个比较极端的例子罢了，烹饪从来都是不光彩的。拉尔夫·瓦尔多·爱默生曾经写道："你刚用过晚餐，无论屠宰场多么完美地隐蔽在远处，你都是它的共犯。"

这并不是什么新鲜的话题。如果你以为你是第一个为了这样的事（为了自己的晚餐而杀死动物），而在道德上和精神上感到不安的话，那就太自以为是了。古老的动物祭献仪式广泛流传，说明这种不安长久以来就困扰着人类。在拿刀割断动物的喉咙之前，希腊牧师都会在这头即将被祭献的动物额头撒上几滴水，然后它因此而甩头的动作就被解读为同意。事实上，我们冷静地想一想就会发现，其实祭献仪式中的众多元素更像是一整套便捷程序，通过这套程序，人们把本来需要做或想做但又觉得心有不安的事情变得合理化。这个仪式让我们告诉自己，我们宰杀动物不是为了满足口腹之欲，而是神需要它；我们用火来烹饪它们的肉不是为了吃起来更可口，而是为了让烟把贡品送到天上去供神享用；我们吃掉最好的肉不是因为它们最美味，而是因为神要的只是烟。

我们人类一直坚持一个原则：我们吃食物不仅要追求“可口”、美味、安全、营养，而且还要“可心”（借用一下列维–斯特劳斯的话），因为在我们摄入众多食物的同时，我们摄入的还有想法。在这方面，人类与其他所有动物都不同。动物祭献绝对是个敬畏和矛盾相互交织的重要场合，也是让动物的肉变得“可心”的手段，让人们在杀戮、烹煮、食用动物时心里好受点。这或许就能解释为什么在《荷马史诗》和《利未记》中，屠夫、肉贩和厨师的工作最后都落到了神父身上；这些工作都被镀上了一层神圣的色彩。如今，我们把祭献看作是原始的礼仪，还躲在理性的外衣下暗自窃笑。但是在我们动口之前履行这样的仪式，至少是在告知某件重要的事情正在上演，我们应该凝神以对。现代人食肉时的满不在乎，不代表进食动物（实际上仍是某种形式的祭献）就丧失了其天然的神圣性。我们必须好好思考一下，到底谁更“原始”？我们现代人不参与肉进入餐盘的过程，因此，与古代人相比，我们的吃相与动物更为接近。

从这就可以看出，宗教形式的祭献对我们来说还意味着更多：不仅把人和动物明确地区分开来，也把人和神清楚地区分开了。其他动物就不会为它们的杀戮和吃食披上神圣的外衣，也不会操控火来烹饪食物。当人们进行着这个神圣的祭献仪式时，其实就是在浩渺的宇宙中为自己精确定位：他们没有神那般强大，所以就为神虔诚地供奉上祭品。同样，他们对于动物如此讲究的杀戮，也不过是证明了他们有着绝对的优势，如神般强大。这张仪式的菜单清清楚楚地告诉我们，人到底处于什么位置。

⊙

从事任何形式的烹饪时，都可以将它看作世俗化和简单化的祭献，可以帮助我们找准自己在自然中的位置，并解决食用其他物种带来的矛盾心理。就如火本身，摧毁了那些通过光合作用形成的产物，所有的烹饪活动也都是从或大或小的破坏行为（杀、切、砍、磨）开始。从这个意义来说，它的本质确实是祭献。烹饪在食者和被食者之间插进了爱默生所说的“优雅的距离”，或者时间、炊烟、调料、砧板、酱汁，各种烹饪形式帮我们遗忘或压制这笔交易背后的暴力。同时，厨房里的各种神奇魔术足够证实人作为一个物种已经走得很远了，证明我们已经脱离茹毛饮血的原始境界，成了一种超越性的存在。烹饪在我们和自然界的其他物种之间划上了清晰的界限，除了人，其他物种都不会烹饪。

“我对‘人’的定义就是‘会做饭的动物’，”詹姆斯·博斯韦尔如是写道，“兽类也有记忆，有判断力，有一定的思维和情感，但是它们绝不会做饭。”博斯韦尔绝不是唯一一个把烹饪看作人类的特有技能的人。在列维–斯特劳斯看来，“生”与“熟”的区别在很多文化里都暗指“动物”与“人”的差异。在《生与熟》一书中，他写道：“烹饪不仅仅意味着从自然到文化的飞跃，更是准确定义出了人的所有属性。”烹饪转化了自然产物，同时，通过烹饪，我们升华了自己，让我们成为人。

如果人类的事业包括把自然界的生鲜转化为文化的熟食，那么迄今为止人类创造出来的各种各样的烹饪手法都代表了在“大自然——文化”这个天平上，人类所站的不同位置，所持的不同态度。在了解了全世界上千个民族的烹饪手法之后，列维–斯特劳斯（这个狂热的二元论者）把从生到熟的转换，这个让食物变得更为可口、更易消化，也更加文明（即“可心”）的过程，分成最基本的两种手法：一是直接在火上烤，一是放在锅里用水煮。

是烤还是炖？是烘还是煮？这显然是个问题，而且对很多方面（诸如我们如何进行自我定位）有直接的影响。相较于在火上直接烤，炖或蒸都意味着我们在转化自然这条道路上朝文明更进了一步。用炖或煮的手法来加工肉，效果较为彻底，相较于直接在火上烤，让我们从动物（或者说我们人格里的兽性）中更彻底地升华了。烧烤只是部分破坏甚至根本不会破坏动物尸身，往往还带着几滴血迹，这让我们实实在在地意识到，我们这会儿嚼在嘴里的东西刚刚还活蹦乱跳呢。当然，这若隐若现的野蛮痕迹对于烧烤来说倒也无伤大雅。刚好相反，有的人就是相信一块渗着血的牛排能让食之者变强。罗兰·巴特在他的《神话》一书中写道：“谁能吃光一块渗着血的牛排就能拥有公牛般的神力。”炖或焖就不一样了，尤其是炖肉或是焖肉，先是把肉切成有形的小块，然后放到锅里，在火上慢慢炖上数小时，这意味着进一步的升华，也让我们忘却了这个物种转换形式下面掩盖的野蛮本质。

当然，忘掉这些肯定是有好处的，尤其在我们日常生活中，我们都是用锅来烹饪。关于生命的意义，死亡，还有人的自我定位，谁会在日常生活里面对这些问题？但是我们仍旧会在某个时刻想起，我们到底在追寻什么；也希望有人来提醒我们，在文明这层薄薄的外衣下到底隐藏着什么。哪怕这种机会并不多见。这就有点像有的人就是有种冲动要跑进深山老林里去尝试一下那里难熬的漫漫长夜，还有的人非要大费周折地自己去打猎，自己种西红柿。所有这些不过也就是些仪式性的成人游戏，为了追溯我们是谁，我们从哪儿来，大自然是什么样的。（也许还包括对那个“男人的力量”统治一切的时代的追忆。）直接在火上烧烤，无论是丢几块牛排在自己后院的烧烤架上，还是更为壮观的，把一整头动物架在柴火上彻夜慢慢烤，都是这种仪式性行为中最刺激的。烧烤通常都是在户外进行，在某个特殊场合，大家聚在一起时，由男人们来完成的活动。到底这样的烹饪是为了纪念什么呢？毫无疑问，很多东西，比如男人的力量（庆祝狩猎的成功不是最直接的暗示吗？），还有祭献仪式（这样一次表演性质的烹饪，拥有巨大的魔力，让人们走出家门，聚在一起来欣赏）。但是我认为，除了这些之外，今天在火上烤肉还赞美着烹饪本身的伟大力量，当木柴、火、鲜肉被放到一起，笼罩在馨香的烟雾之下时，这种强大的转换性力量以极致的面貌，光亮而鲜活地呈现在人们眼前。

第二章
烹饪假说与人类起源

“智人是唯一……的生物。”不知道有多少哲学家试图找出一些赞誉之词，把这个伟大的句子补充完整，结果都失败了。一次又一次，我们曾以为经过科学证明的某种能力是我们人类特有的标签，最后却发现其他动物也同样具备。隐忍？理性？语言？计算？笑？自我意识？所有这些我们曾以为是人类的专利，随着科学的发展，随着我们对于动物大脑和行为进一步理解，最后发现这些特点都不再专属于人类。詹姆斯·博斯韦尔提议从烹饪的角度来定义人类似乎更经得起推敲，当然它还有一个同样强有力的对手：“人类是唯一急切要证明自己独享某些能力的物种。”

虽然是个无聊的游戏，但是烹饪这个答案优于其他答案还是有道理的：只有对火的控制以及烹饪的发明，才能促进我们人类大脑进化，脑容量增加，拥有自我意识，进而构思出“智人是唯一……的生物”这样的句子。

最近兴起的“烹饪假说”至少就是这样产生的。该假说是对进化论的一大贡献，彻底嘲弄了人类的自以为是。这个假说指出，烹饪不仅仅是象征文明的产物（如列维-斯特劳斯所说），更是其进化的前提和生物学基础。我们远古的祖先如果不会控制火来为自己烹饪食物，就无法进化成智人。我们把烹饪当成帮助我们凌驾于自然界的文化创新，以此来证明我们的超凡绝伦，但是事实却更有意思：烹饪已经深深地融入我们的生物特征，如果我们要供养我们如此巨大、精力旺盛的大脑，我们就不得不烹饪，除此之外别无他法。对于人类来说，烹饪并不是让人远离自然——它是我们的天性，就像鸟必然要筑巢一样。

我第一次接触这个烹饪假说，是读了由理查德 · 兰厄姆与他的四位同事合著的一篇文章《生的和被盗的：烹饪和人类起源的生态学》，发表在 1999 年《当代人类学》上。后来，兰厄姆在 2009 年又出版了一本精彩的著作《点火：烹饪是如何让我们成为人的》，在这本书里，他又充实了这个理论。从本书面世，我们就开始用电子邮件进行交流，最后终于见了面，在哈佛的教授俱乐部共进午餐（吃的是生菜沙拉）。

这个假说试图解释在 190 万~180 万年前，发生在灵长目动物生理学上的一次重大变化：我们进化的前身，直立人的出现。与进化之前长得像猿猴的哈比林斯人（habilines）相比，直立人下巴更小，牙齿更小，内脏也更小，但是大脑却要大得多。直立行走并生活在陆地上，直立人是比猿猴更具人类特征的第一种灵长目动物。

人类学家长久以来提出的理论是：开始吃肉才导致了灵长目动物大脑的发育，因为动物的肉能提供的能量比植物要多得多。但是正如兰厄姆指出的，直立人的消化器官并不太适应吃生肉，甚至更不适应吃生的植物类食物，尽管植物依然是他们饮食的一个重要部分，因为灵长目动物还无法只靠吃肉为生。咀嚼和消化任何生食都需要更大的内脏，更有力的下巴和牙齿，所有这些工具都在我们的祖先获得更强大的大脑时丢弃了。

兰厄姆认为，火的使用和烹饪的发现是这两大发展的最好解释。烹饪让食物易于咀嚼和消化，这就不再需要有力的下巴或强大的内脏了。从新陈代谢的角度看，消化活动需要付出昂贵的代价，对于大多数物种来说，消化食物所需的能量和运动所需的能量是一样多的，坚韧的肌肉纤维和肌腱，植物细胞壁里坚韧的纤维都需要咀嚼消化后，小肠才能吸收锁在这些食物中的氨基酸、脂肪和糖。烹饪帮助我们把大量的消化工作在体外就完成了，用火的能量来取代（或部分取代）我们身体的能量，分解复杂的碳水化合物，并且让蛋白质更易于消化。

通过火的加热来转化食物的方式有很多种，有的是化学的，还有的是物理的，但是最后的结果是一样的，让食用者摄取了更多的能量。利用加热来使蛋白质“变质”，用加热的方式展开它的折纸结构（origami structure），这样就把它的表面尽可能地暴露在消化酶之下。只要加热的时间够长，即使是肌肉结缔组织中顽固的胶原蛋白也能被转化成柔软的、易于吸收的胶质。在烹饪植物时，火把淀粉先凝成“胶状”，再把它们分解成简单的糖。很多植物生吃是有毒的，比如木薯等块茎，加热后毒性解除而且更加有营养。还有些食物加热后可以杀死其中的细菌和寄生虫，还可以减缓肉的腐烂。烹饪提高了食物的质地和口感，让很多食物吃起来更柔软，还有的更甜或是不那么苦。不过对熟食的偏好，究竟是与生俱来的口味还是两百万年来的习惯，这就不得而知了。

确实，烹饪也会带来一些消极的、看似不适应的后果。高温加热某些食物会产生致癌物质，但是烹饪可以给人类带来更多的能量，因此这些有毒物质的危险可以忽略不计，生活的本质就是能源的争夺。总的来说，烹饪为我们的祖先大大拓宽了可食用的范围，跟其他物种相比，拥有了绝对的竞争优势，至关重要的是，让我们在寻找和咀嚼食物以外，有更多时间来做其他事情。

这可不是件小事。在对差不多体型的其他灵长目动物进行仔细观察后，兰厄姆推断，在我们的祖先学会烹饪他们的食物之前，除睡觉外，一半的时间都拿来咀嚼食物了。非洲大猩猩喜欢吃肉，也善于狩猎，但是它们花在咀嚼食物上的时间太长了，每天就只剩下 18 分钟去狩猎，所以肉根本无法成为它们的主食。兰厄姆还推论烹饪就为我们人类每天节约出 4 个小时。（这刚好和我们现在每天看电视的时间差不多。）

“贪吃的动物……总是在不停地吃，同时又在不断地消耗，”帕加马的古罗马医师迦林指出，“正如柏拉图所说，它们的生活中不可能存在哲学和音乐，只有高贵的动物才不会不停地吃，又不停地消耗。”把我们从不停的进食中解放出来，烹饪让我们变得高贵了，才让我们踏上了通向哲学和音乐的道路。很多神话都试图追溯人类如神灵般强大的智慧源于何处，有的说来自神的恩赐，有的说来自火种的盗取，它们中可能暗含着我们不曾意识到的更大真相。

然而，一旦跨过卢比肯河，用强大的内脏换回强大的大脑，我们就再也没有回头路了，不管那些崇尚生食的人多想回去。兰厄姆引用了几项研究来暗示实际上人类已经无法再吃生食：因为这无法维持他们的体重，半数靠生食为生的女性都出现了停经现象。生食爱好者过多地依赖榨汁机和搅拌机，否则他们就得花同黑猩猩一样多的时间来咀嚼食物。从未加工的植物中即使可以摄取足够的能量来维持这个巨大的、饥饿的大脑（我们的大脑虽然只占体重的 2.5%，但是就算在休息的时候，它也会消耗掉 20% 的能量），难度也不小。如今，“人类已完全习惯吃熟食，就像牛习惯吃草一样，”兰厄姆说道，“我们被束缚在早已习惯的饮食（熟食）里，它影响着我们生活的方方面面，从身体到思想。我们人类就是会烹饪的猿，是善于用火的生物。”

我们如何证明这个假说的真实性呢？答案是没有办法。这就是个假说，无法轻易证实。从直立人开始在大地上行走起，人类就开始烹饪了，能够证明这个假说的化石证据仍未出现，尽管近来发现了一些蛛丝马迹。在兰厄姆的新书刚面世的时候，已知的最古老的化石也只能证明人类开始控制火大约是在公元前 79 万年，而兰厄姆的假说认为，烹饪的起始比这至少要早 100 万年。针对这方面的质疑，兰厄姆指出，能证明如此古老的火种的证据恐怕早就不存在了。再说，吃烤肉也并不一定要留下烤焦的骨头。但是最近，考古学家们在南非的一个洞穴内发现了一个灶，这就把烹饪起源的可能时间又往前推了一大步[①]，到了大约公元前 100 万年，而且寻找更久远烹饪火种的行动还在继续。

至少到目前为止，兰厄姆最具说服力的几个论点都来自演绎推理。200 万年前，自然选择出现了一些新的因素，改变了灵长目动物的进化历程，大脑容量扩大，内脏缩小了；新的因素可能就是高质量新食物的出现。这种食物不可能是生肉，灵长目动物不能像狗那样有效地消化掉生肉来给身体提供足够的能量。唯一能满足这急剧增加的能量需求的就是熟食了。他最后总结道：“与其说我们是肉食动物，不如说我们是厨师。”

---

① 弗朗西斯卡·贝赫那等，“奇迹洞中阿舍利岩层关于原位火的微地层学证据：来自南非北开普省”（*Microstratigraphic Evidence of In Situ Fire in the Acheulean Strata of Wonderwerk Cave, Northern Cape Province, South Africa*），《美国国家科学院院刊》，109 卷，第 20 期，2012 年 5 月 15 日。

为了证明烹饪可以为我们的进化提供足够的热量，兰厄姆引用了几项关于动物饲养的研究，来比较生食与熟食（或其他加工过的食物）。当研究人员把蟒蛇吃的生牛肉换成汉堡，这条蛇的消化代谢成本就降低了近25%，这就让它有更多的精力去做其他事。把肉煮熟后喂给老鼠，老鼠也比吃生肉时长得更快、更肥。[①]这或许就能解释为什么我们的宠物都有变胖的趋势，因为大多数现代宠物的粮食都是熟食。

卡路里生来不平等。我们引用一句布里亚–萨瓦兰在《味觉生理学》一书中提到的一句谚语："老话说，人不是靠吃了什么活着，而是靠消化了什么。"烹饪让人用较少的能量就能更好地消化吸收他吃下的东西。[②]非常有意思的是，动物好像也本能地知晓这个理论：在可以选择时，很多动物都会选择熟食而不是生食。这其实也没什么好奇怪的，兰厄姆说，"熟食本来就比生食好，因为生命本身关注的就是能量"，而熟食肯定能提供更多能量。

似乎动物是本能地偏好熟食的气味、口感和质地，这就让它们的器官变得越来越适应这种蕴含丰富能量的食物。熟食那诱人的口感，甜、软、润、油，这些都蕴含着丰富的、更易吸收的能量。对高能量食物的本能偏好很好地解释了我们进化中的祖先为何会对熟食一见钟情。我们还可以猜想一下早期的人类是如何发现用火来加工食物的。关于这一点，兰厄姆指出，很多动物都喜欢清理被烧过的地方，尤其喜欢吃烤过的动物肉和种子。他以塞内加尔的黑猩猩

---

① 卡莫迪、雷切尔等，"食品热加工与非热加工产生的能量不同"，《美国国家科学院院刊》108卷，第48期（2011年11月）：19199—203。

② 煮熟的鸡蛋90%的成分都能被吸收，而生鸡蛋只有65%能被吸收；牛排越生，通心粉越硬越不易被吸收。节食者们要注意了。

为例，只有火灾之后被烤过的缅茄木种子，它们才会吃。我们的祖先可能也喜欢清理森林大火后的残局，看看能不能找到吃的东西，也许在某个偶然的机会，同波波一样幸运地经历这种转变，这位养猪农夫的儿子第一次尝到还在嘶嘶冒烟的烤肉。

就跟其他理论一样（包括进化论本身），烹饪假说无法找到绝对的科学证据。因此，毫无疑问，在有些人看来，这不过又是个“假设的”理论，不过是让普罗米修斯穿了件现代科学的伪装。那么关于探究我们从何而来这个问题，我们到底又能抱有多大期望呢？烹饪假说不过是个动人的现代神话，一个用生物进化语言而非宗教语言讲述的神话，即把发现用火可以烹食同人类的起源联系起来。说它是个神话毫无贬低它的意思。就像其他类似的故事一样，不过是用同时代最强势的话语来解释它的来历，而当代最强势的话语莫过于生物进化论。非常有意思的是，无论是经典神话还是现代进化理论都关注了这用来烹饪的火，也都发现了一件事——人类的起源。也许这种巧合就是最有力的证明吧。

第三章
猪对烧烤的看法

以我个人的经验我敢断定，和人以及神一样，动物同样对烹煮于火上的食物香味着迷，尤其是烧烤。这个故事可能听上去令人难以置信，但是从很多细节来看确实如此。第一个故事：当我十多岁的时候，有一段时间我养过一头猪。这是一头白色的小母猪，名叫“寇丝（Kosher，在犹太教里意为干净）。是我的父亲送给我的，这个不太合适的名字也是他取的。我到现在也不太确定我的父亲为什么要送我一头猪。我们住在曼哈顿 11 楼的一套公寓里，而且我也绝对没向他要求过。自从我读了《夏洛特的网》，我就喜欢上了猪，还收集了一些关于猪的书和工艺品。有时候你的一些小小的、无足轻重的嗜好，在别人眼里就变得比你想象的要重要得多。不久，我就发现我的卧室里到处都是关于猪的东西，那时候我还不到 16 岁，多多少少有点漫不经心。

但是，到我父亲那就没这么简单了，他深信我是想要一头真正的活猪，然后他就嘱咐他的秘书在新泽西州的一个农场给我弄来了一头小猪。在某个晚上，父亲把它装在一个鞋盒里送给了我。这可不是一头圆肚猪，也不是什么小型猪。寇丝就是一头标准的约克郡母猪，如果不出什么意外的话，它一定会长到 250 千克。那时候，我们住在一栋有看门人的楼里，是上东城的一栋合作公寓。这个公寓是允许养宠物的，但是一头已经长成的猪恐怕就不在其中了。

幸运的是，我和寇丝在一起的大部分时间是在夏天，我们住在海滩边的一个小屋里。小屋的几根柱子深深地插在沙里，而寇丝就住在地板下面；猪是很怕被晒伤的（所以它们非常喜欢泥），于是我就在房子下面的阴凉处围上一圈栅栏来做它的猪圈。在我拿到它之初，它才足球般大小；那个时候还挺适合装在鞋盒子里。但是，好景不长。仿佛是为了证明伽林医生的话，它非常的贪吃，不停地吃，不停地消耗。经常到半夜的时候，它早就吃完它碗里的猪食，然后“啪”的一声把碗打翻过来，还发出哼哼唧唧的声音来跟我报告它饿了。如果我还没有拎一桶消夜到它的门前的话，寇丝就会开始用它有力的猪鼻子撞柱子，小屋被它撞得像发生地震般晃动，这时候我就不得不起床了。有几个晚上，实在是没有猪食了，我就只好把冰箱的所有食物一扫而空，全部装进它的碗里，不只是蔬菜以及剩菜剩饭，而是所有食物，鸡蛋、牛奶、苏打水、泡菜、番茄酱、蛋黄酱、冷切肉，有一次（不好意思，真的只有一次）还有一小块弗吉尼亚火腿。寇丝会欢快地全部吃完，每次看到我都惊讶不已。它吃东西的样子确实像头猪。

不过，接下来发生的事才是重点。每到傍晚，寇丝那法尔斯塔夫式的胃口实在是让邻居们麻烦不断。每当它感到有点饿了或是闻到什么好吃的，它都会拼命用猪嘴拱围栏，试图把它那肥胖的身体挤过围栏的缝隙逃出来。它通常都是冲到垃圾桶边，掀翻垃圾桶，然后开始大吃特吃。邻居们也慢慢习惯它的这些荒唐行为，我也习惯了挨家挨户道歉，然后回来善后，再把寇丝重新关回猪圈，并许诺给它些可口的点心。但是在某个夏天的傍晚，太阳下山前，寇丝仰起它的鼻子，在微风中嗅到了一阵它从未闻到过的比垃圾美味百倍的香气：烤架上烤肉的阵阵香气。它再一次跑出去了，沿着海滩慢慢搜索每一家农舍，直到发现了香气的源头。

我听了那位遭殃的邻居的诉说，才知道在寇丝造访他家的那几分钟里到底发生了什么。故事发生的时候，这位老兄正坐在地板上，沐浴在落日的余晖中，悠闲地品着金汤力鸡尾酒，等着他的晚餐，正在烤架上嘶嘶地冒油的烤肉。同这一带居住的其他人一样，他是位生活优裕的纽约人或波士顿人，可能是个律师或商人，但基本上没和猪打过交道，除了吃火腿、猪排或培根这些东西的时候。听到蹄子敲击木头的声音，他从夏日冥想中回过神来，突然看到一头和拉布拉多犬差不多大的粉白色短腿生物，正站在门前台阶上，愤怒地冲他呼气。这绝不是狗。寇丝明显是被烤肉的香味吸引过来的，当它终于找到这个源头，马上拿出突击队员的速度和魄力，撞翻了烧烤架，把架上的牛排叼上就跑。

早在几分钟前，我发现寇丝失踪了，当时我出来给它喂食，却发现它不见了。我在海滩边发现了它的踪迹，这会儿大多数邻居都在甲板上，看到它朝北边去了。当我到达“犯罪现场”时，寇丝已在几分钟前叼着烤得半熟的牛排逃之夭夭了。走运的是，被害人倒极富幽默感，或者就是那杯金汤力起了作用，让他高度兴奋，所以在跟我讲述寇丝的荒唐行径时，他还笑得前仰后合。我毫不吝啬我的道歉，还请他去市区吃一顿作为赔偿，他拒绝了，还说这个故事比一块上等的牛排有意思多了。我跟他挥别去找寇丝时，他还在笑个不停。

这算不算是猪对烧烤迟到的报复呢？我不由得想，如果猪也有它们自己的神话，来代代相传一些英雄事迹的话，我们家英勇的寇丝一定是其中之一：寇丝，猪中的普罗米修斯。

第四章
从农场开始

当然，对于一个南方人来说，寇丝偷的不是烧烤，至少不是真正意义上的烧烤：只有那些不了解情况的北方人才会认为把牛排放到户外的火上就算是“烧烤”了。南方人一定会为了精确定义这个词跟你争论不休，对于如何定义它一直争议不断，没有人能成功地给出一个广泛定义来说服众人，但是有资格称得上“烧烤”，至少要包括：肉、柴火烟、火及时间。除去这些，烧烤的定义州与州不同，甚至县与县都不同。我的桌上摆着一张地图，被我称作“烧烤的巴尔干群岛”。我描绘出了南北卡罗来纳州每个风格迥异的烧烤地区，而且还大致分出了5个富有特色的烧烤行政区：这边是烤全猪，那边是专烤猪前胛，这条线以东喜欢蘸醋，以西喜欢蘸番茄酱，以南和以北喜欢蘸芥末。

这还只是南北卡罗来纳这两个州的情况。以烤肋条著称的田纳西州和以烤胸脯肉闻名的得克萨斯州还没有被包含进来，因为他们烤的是牛肉，卡罗来纳人是不屑于称这些为烧烤的。每个烧烤王国都对他人的烧烤形式深恶痛绝。你就可以想象，这些烧烤大师之间的闲谈是多么富有创意。讽刺中隐隐夹杂着赞赏是大家惯用的手法。有一次，我请一位得克萨斯的烧烤师傅评价一下他的一位本地同行烤的牛胸肉如何，他拖着长音慢条斯理地说：“很——好——”

在我听说过的关于烧烤的定义中，最为兼容并包的一个或许就是在试图消弭因地域差异而产生的鸿沟。这个定义是由亚拉巴马州一位名叫厄斯金的黑人烧烤师傅提出的，省去了引发“外交争端”的酱汁，同时还突显出烧烤的神圣。他告诉一位作家，烧烤就是“火、烟和时间之间的神秘交流，这之间水绝不能参与”。[①]我不确定这个定义是否能让所有南方人心服口服。但是除此之外，还能有其他争议更小的定义吗？作为一个北方人，我对烧烤的理解根本不对，我甚至不清楚烧烤一词指的到底是这个烹饪过程，还是烹饪时所用的器具，还是最后烤出来的成品，还是最后放的调料。在北卡罗来纳州待了足够长的时间之后，现在我至少弄明白了一点：“烧烤”是个名词（不是动词），既可以指这个社会活动本身，也可以指为这个活动而准备和享用的食物。

到目前为止，我对南方烧烤的经验还仅限于旁观和食用。尽管我已经尝到了它的味道，但是我还没有亲历过真正的烧烤。所以当我离开艾登的时候，萌发出一个强烈的愿望：我要找一个烧烤大师学艺，看看自己能否掌握一些烧烤的诀窍（当然不是在厨房，而是真正的烧烤）。我不再满足于旁观了，我要自己动手。

在我来北卡罗来纳州之前，我自认为我做过而且多少知道怎么做烧烤，因为我经常在家做。和大多数美国男人一样，在户外生个火烤肉成了我最得意的家务活之一。也和大多数美国男人一样，我把这个原本很简单的过程表演得高深莫测，以至我的妻子朱蒂丝到现在都深信在火上烤牛排同更换车子的同步齿带一样复杂。

---

① 我也不明白他为什么要提到水，难道是因为水火不容？还是因为水象征着女性特质，而烧烤是男人的专有领域？

事实上，无论是南方还是北方，围绕着烧烤这个话题都有各种纯粹的废话。这是其他烹饪方式都没有的。到底是为什么，我也不清楚。我想有可能是在火上烹饪实在是太直白了，人们觉得有必要为这个过程抹上一层厚厚的神秘色彩。也有可能烧烤被这些喜欢自编自导的人们搞得更莫名其妙了。比如说我就创造出了一套检验烤肉几分熟的“独门秘籍”：先用手感受一下烤肉的柔软程度，同自己脸不同部位的手感来对照一下，如果肉的弹性同我的脸颊一样，那么这块肉还生着呢；如果和我下巴差不多，那么半熟了；如果跟我的前额差不多，那就差不多烤好了。我在电视上看到有厨师演示过同样的方法，好像还挺管用，这不仅仅是个便捷的检测方式，更重要的是，这让我的烧烤技艺显得更神秘了。朱蒂丝一直都怀疑她的脸能否胜任这个工作。

这其实是个拿来哄人的托词。直到后来有人告诉我一个小秘密，很多女人凡是遇到需要用到火的时候都故意装傻，不过就是要确保男人至少承担一部分的烹饪工作而已。

但是天窗客栈的三明治让我不得不承认，我给烧烤所下的定义是错的，它所包含的比我知道的要多得多——比如说最基本的，如何把肉摆放在烧红了的烤盘里，之后，又要如何翻动它。我最需要的就是一位烧烤大师的指导，让我做他的副厨也好，或烧烤里类似于这样的角色也好。詹姆斯·豪厄尔显然不是个好老师，他太沉默寡言了，也太不好接近了，而且琼斯一家也不想让我在他们厨房弄脏（或烧伤）了手。

非常凑巧的是，就在第二天我就找到了我正苦苦寻找的烧烤大师。我刚好要去采访著名的北卡罗来纳州烧烤大师——埃德·米切尔，他在罗利有一家餐馆，名为“烧烤坑”。在我飞去北卡罗来纳州之前，我就听说过关于他的很多传闻了——事实上还在《纽约时报》的头版见过他的照片，那是在2003年纽约的第一届大苹果烧烤派对上，他的烤全猪当时就惊艳全场。现在他已经闻名全美，上过各种各样的电视节目，南方饮食联盟还记录下了他的口述自传，此外，这几年来，多个国家杂志刊登过他的传略，这其中包括《美食家》。

尽管有了这么多的铺垫，他那富有磁性的沙哑嗓音还是出乎我的意料，那些照片上的他一看就是个爱出风头的人，穿着一身牛仔服的黑版圣诞老人，还戴了一顶棒球帽。另外值得一提的是，他的烧烤餐馆提供红酒，还有专人指引停车，曾有一篇博客把这个餐馆蔑称为“烧烤动物园”。不过我得知，那个周末，米切尔要去威尔逊（他的老家）的一个慈善烧烤上烤全猪，这可跟罗利的那个“动物园”有点距离。所以我决定给他打个电话，只要有点希望，我就要请他带上我去给他打下手。

⊙

埃德·米切尔恐怕是有史以来第一个有自己经纪人的烧烤大师，我必须要先通过他在“帝国餐饮”的经纪人才能联系到他。“帝国餐饮”是罗利的一个餐饮集团，是“烧烤坑”的所有者，拥有它51%的股份。我很快就知晓了这背后的故事。埃德·米切尔自己曾经在威尔逊经营过一家自己的餐馆——米切尔猪排鸡肉烧烤店，在2005年被银行和北卡罗来纳州政府以偷税漏税罪起诉，最后虽然只被判为“逃税”，米切尔依然为此度过了一段时间的牢狱生涯，在这次纠纷后，作为抵押的餐馆也被银行没收。（在后来同米切尔谈及此事时，他把这次法律上和经济上栽的跟头称为“有预谋的捣蛋”。）在他出狱以后，格雷格·哈顿，一位当地有名的年轻房地产开发商，因振兴了颓败的罗利商业中心而闻名，主动联系上他。哈顿指出，要想把人们重新吸引回商业中心，就要先开几家像样的餐馆。现在，在埃德·米切尔身上，他看到了这个绝佳的机会：这位全美闻名的烧烤大师正处于人生低谷，而且还没有找到新的平台。哈顿提出了各控股51%和49%这样的伙伴关系；埃德经营好烧烤和前台，格雷格的人管理好商业这一块，商业运作明显是埃德的“阿喀琉斯之踵”（致命的弱点）。“烧烤坑”将成为一个全新的烧烤餐馆，一个有着迷人灯光、各种美酒，还有专人停车的高级场所。

这对于烧烤界大多数人来说，最多也只能算是一次有风险的尝试，我在网上见过的最恶毒的评价是“南方最伟大的黑人烧烤大师被关进了烧烤动物园的笼子”。还有人说埃德·米切尔成了烧烤界的“桑德斯上校”（肯德基炸鸡的创始人）。关于“地道”这个问题（长期以来都围绕着烧烤，而且从未停止过争论），“烧烤坑”又把它变得疑云重重。当然，毫无疑问，这个冒险尝试奏效了。“烧烤坑”被包装成提供午餐、晚餐的高级餐馆，烧烤三明治10美元封顶的传统也被打破了。①

当我最终电话联系到埃德的时候，我立刻感受到跟其他老练的烧烤师傅聊天时同样的气氛——我一打开这个话匣子，他们就开始喋喋不休地高谈阔论。这位同样是个不用引导就可以自己鼓吹半天的家伙。米切尔对烤全猪有着信徒似的狂热，而且严格遵守他自己的一套烤法，每三四句话之间至少会冒出一次“地道”这个词。在

① 在2011年，埃德·米切尔离开了“烧烤坑”，同格雷格·哈顿的餐饮团队分道扬镳，报道称是友好散伙。但是埃德·米切尔告诉我双方在哲学和经济理念上分歧太多，最终他“无法把埃德·米切尔的脸面和荣誉都赌在无法掌控的东西上”。埃德·米切尔打算在北卡罗来纳州的杜拉姆市重新开一家烧烤餐馆。

北卡罗来纳州我已经习惯这个说法了，但是有个不太愉快的想法会冒出来：刻意为之的“地道”还是否地道呢？

我开始怀疑烧烤已经变成一面镜子墙。米切尔似乎成了南方烧烤文化的标志性人物，映射在众人对南方烧烤的阵阵吹捧中，有来自北方美食作家的，研究文化的教授们的，甚至还有米切尔身后的南方美食联盟的。这可能就是埃德为什么总是喜欢用第三人称来描述自己了（“这是在埃德 · 米切尔的人生开始走上坡路之后的故事了……”）。米切尔认为“烧烤坑”是他人生的一个新台阶，在这儿，他和格雷格把烤全猪包装得更高级，既保持了“它作为烧烤的本质”，又变得“有点潮”。“烧烤坑”有一位行政主厨，这就让我觉得现在的埃德动口大大地多于动手。

仿佛是自动转换为推销人员或是传教士模式一般，埃德滔滔不绝地向我宣讲他的那套烧烤“圣经”。同时，我却发现了这个男人真正可爱的一面——为他人烹饪的热情以及深埋在那些关于“地道”的宏论之下最地道的本质。

我问起了他在威尔逊的活动，餐馆里的公关人员之前就建议我不要参加。或许这个活动确实如他们所说的那样无趣（“我只想提醒你，那个活动是在停车场举行，天气又热，时间又长，周围坐着一圈圈的人”），又或许他们想让人们对餐馆保持关注，但是对于我来说，这听起来很有意思。埃德将在他的家乡亲自动手烤一批全猪，由他弟弟奥布里打下手。他打算周五晚上在他的老餐馆的烧烤坑上开始烤，周六在停车场用便携式炊具来结束对它们的烹饪。我问埃德我是否能一同去帮忙。

“为什么不呢，来吧，我让你也参与进来，让你瞧瞧老埃德是怎么烤全猪的。”

⊙

我在星期五下午前去“烧烤坑”同埃德·米切尔会合，准备驱车前往威尔逊。这位烧烤大师不在厨房，而是在餐厅同一位客人合影留念，这事随时都能看到。埃德行动缓慢，有着后卫的身材（事实上，他还获得过费耶特维尔州立足球奖学金）。但是，这位63岁的后卫现在已是大腹便便。他的肤色黑如炭，那张如满月般的大圆脸留着一圈颇有灵气的雪白胡子。埃德一身标志性的打扮——牛仔服加棒球帽。在接待完这位顾客后，他让服务生也给我俩合了一张影，我俩互相攀着肩膀，就像一对老朋友。

我们坐着一辆“烧烤坑”餐车前往威尔逊，一路上，我终于完完整整地听了这个“埃德·米切尔的故事”。听着他讲故事，往事一幕幕浮现在眼前。我发誓，不止一次地觉得有的句子似曾相识。是的——在我来北卡罗来纳州之前就听过他的口述自传。这个他曾口述的自传版本（尤其是南方美食联盟所做的版本）和我与他面对面的采访不谋而合了。

做烧烤从来都不是埃德人生规划的一部分，只不过因为他是家中的长子（还有两个弟弟），他的母亲多罗莎坚持让他学学怎么烹饪。在他还小的时候，他母亲就外出工作了，最开始是在一家烟草公司，后来去其中一位烟草业高管家里做佣人，这位高管在威尔逊的西边有处豪宅。“我就只好留在家里为两个弟弟做饭了，我讨厌做饭！极其讨厌！做饭哪里是男孩子该干的事。但是我是妈妈的乖儿子，一直都是，而且她又坚持让我做。”

但是烧烤就不同了。这是男人们在特殊场合才做的事：比如圣诞节，或其他一些节日，还有就是一季度一次的家庭聚会。埃德记得他第一次烤全猪是在他 14 岁的时候，那是他第一次享受到同家里其他男人一起围坐在火堆边畅聊好几个小时的特权。

“美酒通常都是烧烤中重要的一环。因为，你知道，男人是不许在家里喝酒的，所以像烤全猪这样的活动必须在户外完成，而且一搞就是通宵。这个时候，大家就着一坛酒，你一口，我一口，真是太棒了！”对于埃德来说，烤全猪最大的吸引力不是来自烤肉本身，而是来自火堆边的时光、开怀的畅聊、男人之间的情谊。烤猪肉反而成了这个仪式性活动的副产品。

在费耶特维尔州立大学打了几年橄榄球后，他应召入伍在越南服役，在那里度过了悲惨的 18 个月。回国后，他完成了学业，在 1972 年毕业后应聘进入福特汽车公司，并加入了一个“精英经销商发展项目”。在密歇根接受了一些培训后，福特公司把他派到马萨诸塞州沃尔瑟姆市担任了 12 年的客户服务部的片区经理，直到他听说威利（他的父亲）病倒了。埃德决定回到威尔逊帮助他的父母渡过难关。

那个时候，埃德的父母在这个小镇东边经营了一家“老妈老爸杂货铺”，但是在他父亲于 1990 年去世以后，生意就更惨淡了。埃德每天都接送母亲去杂货铺，他记得有天下午，他看到母亲沮丧极了。他问母亲怎么了，母亲说：“我在这里待了一整天，只赚了 17 美元，其中有 12 美元还是食品救济券。”

“我想让她高兴点，就问她中午想吃什么？她想了想说‘想起来了，我想尝尝老式烧烤’。我知道她想吃什么，我马上跑到都彭大市场买了头小乳猪，大概有 32 磅，还买了 5 美元的栎树枝来烤出我想要的香味。我把桶锅搬到棚外面，把猪放在上面烤了 3 个小时。烤好以后，我把它剁成一块一块的，由妈妈来调味，然后我俩就坐在铺子后面开始享受我们的午餐了。

“当我们正在享用时，有人进来买热狗，这是我爸妈那个店一直在卖的食品。但是当他瞧见烧烤后，他说：‘米切尔夫人，你们还卖烧烤吗？’妈妈看向我，我那会满嘴含着肉，根本说不出话来，但是我立马‘嗯嗯’地点头。我想她不就是来赚钱的吗，为什么不卖给他？于是她给那个小伙子做了几个三明治。

“那天晚上我又来接母亲回家，看到她乐不可支，自从父亲去世以后还是第一次见到她如此高兴。我问她，心情怎么变好了？‘我今天赚到些钱了，’她说道，‘烧烤都卖光了。’怎么可能啊！原来，那人拿着三明治回到小区，告诉了另一个人，那人又告诉了下一个人，就这样像野火蔓延一样一下子传开了，很快烧烤就卖光了。

“就在我们晚上打烊的时候，突然有个陌生人走进来了。

“‘是米切尔先生吗？’我还以为这人是来打劫的，就把嗓音压低问道：‘是的，你是谁？’

“‘哦，我来看看还有没有烧烤啊？’

“‘没有了，今天的已经卖光了，但是明天我们还会做。’就这样，埃德·米切尔开始了他的烧烤生意。仁慈的主又让我回到了原点，为母亲烹饪。”

短短几个月内，他们关掉了杂货铺，建了几个烧烤坑，埃德还说服了詹姆斯·科比，镇上一位上了年纪已经退休的烧烤师傅，重新回来帮他，教授一些老方法。“因为到20世纪90年代后期，你已经找不到那些传统烧烤了，那却正是我们想做的。随着人们开始使用燃气，这些传统做法就彻底被淘汰了。但是用木头或木炭烤出来的烧烤跟用燃气烤出来的是完全不一样的。你一尝就知道。”科比先生绝对是个追求老派做法的完美主义者，坚持要用明火来烤，还教给埃德一些小技巧，包括“堆炭”。

当他跟科比先生第一次烤全猪的时候，埃德以为他们需要通宵对着火堆，所以他还特意准备了三明治和咖啡。“当我们把猪架好，我也严阵以待准备通宵的时候，科比先生站起来走向门口去拿他的帽子。我问他要去哪儿。

“‘如果你愿意你可以在这儿坐上一整晚，我可不行，我要回家了。’他跟我解释，只要你正确堆放木炭，把它们有技巧地围着猪堆放一圈，然后关掉所有的通风口，猪就会一整晚好好地在那自己慢烤，根本不需要你再加炭。

“但是那一晚我没有合眼，生怕烤猪会把整个店都烧掉，当我早上4点又回来查看的时候，我一打开烤盘，完全不敢相信自己的眼睛。这绝对是你见过的最完美的猪了。完美的蜜色，肉已经完全烤好，跟骨头自然分离。”科比先生教会了埃德如何堆放炭火，还教他怎样才能烤出脆皮。

不久，米切尔猪排鸡肉烧烤店就声名大噪了，来自全国各地的美食作家，甚至学术界人士纷纷慕名前来，大家都聚到了威尔逊，这个人口不到4万，位于I–95大道上，用旅游局的话说，“位于纽约和迈阿密中间”的小镇。这些关注对米切尔本人也产生了一些意想不到的影响，这种影响对于一个进入新环境的局外人尤其深刻，他对于“我是谁”“我在做什么”有了新的认识。转折发生于2001年，那时的埃德读到了一篇由一位名叫戴维·塞西莉厄斯的历史学家写的一篇口述历史，主角就是埃德自己。这是埃德自己的历史，塞西莉厄斯也只是列出你所读到的关于埃德故事的梗概，但是读到这些别人记录下来的他的历史，还是让埃德以全新的视角审视了自己的人生。

“对于之前的我来说，这不过就是旧式烧烤，是我生活的一部分，没什么特别的，现在我慢慢意识到我所做的是美国黑人历史的一部分，美国黑人的重要贡献之一，这让我感觉好极了。”

埃德·米切尔的烧烤开始自成一派，在2002年这个过程得到深化，南方美食联盟公认米切尔为北卡罗来纳州东部烧烤界的领军人物，是烤全猪大师，还邀请他在烧烤专题讨论会上大显身手。这个联盟是密西西比大学在1999年创立，由历史学家约翰·埃奇（John T. Edge）来主持，旨在记录、歌颂同时保留南方美食传统。埃奇发现，对美食的讨论是解决南方历史中比较复杂的问题的良好切入点，南方人任何时候都愿意讨论或争辩关于美食的话题，即使是在其他话题都陷入僵局的时候。“美食，”埃奇告诉我，“是南方解决种族问题的有效途径之一。”

在埃奇的邀请下，米切尔参加了2002年10月在牛津大学举行的烧烤专题讨论会。米切尔告诉我：“就这样我们去了牛津大学，还有密西西比大学，这让我大开眼界。”在那里他见到了来自不同地区和不同文化的烧烤大师们，还有学者和记者，大家分组讨论了烧烤的历史、技巧，还有烧烤的地域差异。“这个讨论会让我大开眼界。我意识到影响范围远不止威尔逊，也不止北卡罗来纳州。我想说的是，这是个关于烧烤的全国性活动，我真的认为就应该有这样的活动。但是我也明白我为这份大业做出了什么样的贡献，烧烤是美国黑人的重要贡献之一，而我是这个古老传统的一分子。这让我激动不已，让我非常非常自豪。”

南方美食联盟想把烧烤描述成美国黑人对美国文化的重要贡献之一。但问题是现在南方烧烤的大多数代表人物是白人，例如艾登的琼斯一家（虽然是像詹姆斯·豪厄尔这样的黑人在实际操作）。埃德算是个例外：他拥有他做主厨的烧烤店（至少那个时候是如此，当时他还没惹上麻烦）。因此埃德·米切尔对南方美食联盟相当重要，不亚于联盟对埃德自己的重要性。

作为讨论会的一部分，烧烤师傅们受邀秀出他们的拿手好菜，然后由美食作家们来评头论足，最近几年厨艺比拼成为烧烤文化中非常重要的一部分。埃德说，有一次，载着他的烧烤装备的卡车在图珀洛走岔了路，最后迟到了好几个小时。“其他人都架好了豪华装备，你知道的，华丽的盖子还有锃亮的油漆。他们有的人甚至花了上万美金在设备上！所以每个人都想看看埃德·米切尔是什么样的装备，但这些设备就是迟迟不到。这辆18个轮的大卡车终于到场了。当我们打开门的时候，大家都在看是什么样的豪华装备。然后我把我的装备滚下来了，就是3个生了锈的桶锅，仅此而已！然后大家都笑了。

“但是你知道的，这确实就是我需要的啊。然后我就开始烤全猪了，比平时稍微快了些，谁让我们到得太晚了，当我完成后，把肉剁成一块块调好味，再把猪皮又拿回火上烤脆，最后把皮剁好放进之前剁好的肉里拌匀。然后，你都想不到，当他们一开始尝到我的烤猪时就开始评论个不停，然后所有人都跑过来品尝。我们这边简直炸开了锅。我们用最不起眼的设备做出了最美味的烧烤。

“从那以后，老埃德的励志故事开始了。”埃德离开牛津专题讨论会后就成了美国最有名的烧烤大师。

⊙

那个时候，埃德和琼斯一家一样，是以商品猪为原材料，但是他开始明白猪肉本身的来源其实也至关重要。他在专题讨论会上认识的一位美食作家——彼得·卡明斯基，这位作家当时正在专注研究一本关于猪的古老蓄养方法的书——《猪如何完美》。来自布鲁克林的卡明斯基委婉地告诉埃德·米切尔，他的烧烤还可以做得更地道。

“彼得·卡明斯基告诉我人们追求的最地道的烧烤需要3个要素：传统的做法，黑人创办，还有就是老式喂养的猪，而我的‘米切尔猪排鸡肉烧烤店’只拥有三者之中的两样。”卡明斯基想办法找来了一头在野外放养的土猪，让埃德来烤。“告诉你，咬下第一口，我就着迷了。这是我童年记忆里的味道，鲜嫩多汁，不用调味就已经相当可口。”

卡明斯基介绍埃德认识了几位来自格林斯伯勒北卡罗来纳农工州立大学的学者，他们正组织成立一个黑人农民组织（其中很多农民以前是专门种植烟草的）。目的是要重新恢复猪的老式蓄养法，人道地善待猪，不使用激素，不使用抗生素。在目睹了一次猪的分娩手术后，埃德不仅大开眼界，还下定决心，要支持在北卡罗来纳州推广新的（其实是老式的）猪饲养法。在约翰·埃奇的帮助下，埃德在牛津大学发起了一次活动，专门烧烤了两种不一样的猪——商品猪和老式喂养猪，让大家来品尝比较。埃德意识到，如果在自己的烧烤店里推广这种老式喂养猪，再让其他餐馆同样参与进来，他就能为本州农民做点什么——这些农民在烟草业衰败后一直生活窘迫。

“是彼得让我走上了这条路。”埃德说道。又一次，美食联盟的反馈回路起了作用，就是靠这个，这位布鲁克林的犹太作家帮南方烧烤回到了最初的真实模样。现在埃德已经收购了这个项目，而且对这个项目有自己的一番见解：“烧烤让你看到，我们的社会是由一个个相互依赖的群体组成，是农民为我们提供了食物，而农民也依赖于那些小屠宰场。这种相互依存的关系，是我们所丢失的。”

我们之所以会提到屠宰场，是因为我们在锡姆斯下高速去乔治·弗劳尔斯屠宰场取回猪。乔治·弗劳尔斯是一家小型定制肉类加工厂。当我们开到那里的时候，弗劳尔斯先生正在外面一棵大树下抽烟。这是位上了年纪的瘦高白人，脸上那不同寻常的胡子实在抢眼。说是胡子吧，又不是那么分明——这些曾经的白胡子早已被烟草熏得发黄，和胸口露出的同样壮观的黄白胸毛连成了一片。我实在不想直视，但它们似乎已经融为一体，这样的装饰确实大胆前卫。

弗劳尔斯先生热情地跟埃德打招呼，还嘲弄了一番他最近在电视上的表现——埃德在美食频道的一个《放倒》的节目中完胜了巴比·福雷。（对于这个史诗般的对抗如此深入北卡罗来纳州的东部偏远地区，我惊讶不已。）过了一会儿，弗劳尔斯带我们进到他的屠宰场，这个地方不比老式的带车库的加油站大多少。装货台上张贴着服务项目和收费标准：处理一头鹿100美元，一头牛150美元，烧烤用的猪18美元。我们到的时候，猪已经处理好了，弗劳尔斯先生的几个儿子正用扫把把血扫进地上的下水道。各种各样的头——猪头、羊头、牛头——被堆放在门口的一个桶里。弗氏兄弟把我们要的猪扛出来，丢进车的后备厢。

我有时候会疑惑一个问题——从哪个步骤就算是开始烹饪了呢？当我们把需要的食材从冰箱里取出来就算是呢？还是从切菜开始？还是从更早的步骤——从你去买食材算起？或是更早一点，从喂养和屠宰场开始算起？在古希腊，厨师、肉贩、屠夫都统称为“magerios”，因为这些都是这个神圣过程中不可或缺的一环。埃德·米切尔最终认为他的烹饪从农场就开始了。他说，要想做出真正地道的烧烤，对猪本身的关注绝不比调料或酱汁少。

第五章
生与熟的混合

曾经的米切尔猪排鸡肉烧烤店[1]依然待在威尔逊的黑人区，301高速公路以南，新格尔特里的一个小角落。我们在餐馆后门停下，埃德的弟弟奥布里早已在那等得不耐烦了。埃德给我解释道："奥布里总是会早到，对于他来说，准时就是提前到。"（第二天早上我就深刻地体会到了这一点，按计划奥布里本该在6点来我的假日旅馆叫我起床；我发现他5点就已经在大厅等得不耐烦了。）奥布里是个非常认真的人，他比埃德小十几岁，身板更为结实，胸前金质十字架闪闪发光，十分抢眼。埃德给我介绍他这位不可或缺的副手，"成功男人背后的男人，我的副总统，我的'斯科蒂·皮蓬'"——而他自己就是迈克尔·乔丹。奥布里看上去毫不在意，显然已对这样的恭维习以为常。

烧烤工作开始了。在埃德的指挥下，奥布里和我一起把劈成两片的猪放到一个个巨型盘子里，然后像抬担架般把猪抬进厨房。厨房的水槽足够长，可以装下一整头猪。我们首先用水重新清理猪，

---

① 这个店名本身就体现了大家对烧烤定义的争议。因为"烧烤"就只是指烤猪肉，这是显而易见的；至于烤猪排或是烤鸡肉，还是其他什么肉类，都不算是烧烤。至少在列克星敦东部的北卡罗来纳州是这样。

去掉零星的脂肪，还要把血清理干净。（“你不会想要吃到血的，”埃德为我解释道，这是《圣经》里禁止的事情，“血是动物的灵魂，只能属于上帝。”）猪非常重——每半边都差不多有 75 磅——而且打湿后非常滑。洗干净后，我提起猪靠近我的这一头，想把它拉出水槽，结果手一滑，猪掉在了地板上，没办法，我们只好重新清洗一遍，我的烧烤事业就这样灰头土脸地开始了。

厨房里有 4 个用砖头砌成的烧烤坑，沿着一面墙一字排开，和在艾登看到的烧烤坑很像，不过外面裹上了一层光滑的不锈钢外壳，另外不同的一点就是这儿还有一套巧妙的排烟系统。埃德对他的厨房设计是非常自豪的，包括那其实多余的排烟系统和好几个喷头，正是这些设施让他安全又合法地把他的烧烤坑装进了厨房，据他称，这在北卡罗来纳州可是首创。

埃德扬扬得意地发号施令，指挥我干这干那。不知道是因为他发现了我身上具有烧烤工的潜质，还是因为乐得让别人干重活。他递给我一把铲子，吩咐我把烧烤坑底部的炭灰清理掉，这些炭灰恐怕是 2004 年烧烤店被银行没收前最后一次烧烤留下的。但是他接下来指挥我做的事情让我大跌眼镜，甚至有点儿瞬间幻想破灭的感觉。他让我把两包 20 磅重的木炭分别倒进这四个烧烤坑中央。难道他要用金斯福特来烤！那一小块一小块的长方形的黑色压缩木炭，这里面就是些锯末，天知道还有没有其他什么东西。这就是他的“地道”吗？埃德解释说，木炭燃烧得够慢够久，“这样我晚上就能睡个好觉了。”但是会影响味道啊！为什么不用木柴火烤呢？“到时候你就知道了。”

在我把这些木炭一一放进每个烧烤坑中央，奥布里往这些炭上浇了大量的打火机油，等这些油都渗入炭里后，他划了根火柴丢进去，轰的一下火苗就蹿出来了。这绝不是我一直想追寻的原始火种。更像是我童年时期在市郊的后院用来烧烤的火焰。似乎大家都在向现实妥协，要么是图便利，要么是为了降低成本，却又觉得别人的妥协行为非常卑劣。但是在这一点上，琼斯一家和米切尔都显得非常“尊重”对方，前者认为米切尔的木炭是可悲的退化，后者同样为琼斯一家的商品猪感到悲哀。（埃德曾告诉我：“我不得不说他们那样的烤法最多能成功八成。”）

当我们在等木炭烧透的间隙，埃德领我参观了一下他的老餐馆，这个地方的一部分已经出租给一位女士开自助餐厅。由于这些房间是在原本的老爸老妈杂货店基础上一间一间添加的，结构显得有些零乱。之前的杂货店其实是很小的一部分，位于正中，没有窗户，而四周则是杂乱无序的由煤渣砖砌成的房屋。埃德带我上楼，自豪地向我展示他的演讲大厅，他曾经打算在这里办个烧烤大学来培养烧烤大师；在“猪肉吧”，客人们在等埃德或奥布里剁烤肉的同时还能点上一杯酒；餐厅四周的墙上覆盖着一幅巨型壁画，描述着烧烤在南方历史上扮演的角色。壁画确实是件民间艺术杰作，至少有15英尺长，据说是一位自闭的洗碗工花了好几年时间完成的。（我花了好长时间才意识到埃德口中的画作者不是“艺术家”，而是“自闭症患者”，不过这一点从画风就可看出端倪。）“当他完成画作以后，他只要10美元，”埃德告诉我，“但是我觉得不够，最后我给了他20美元，买下了这幅画。”

埃德希望我看清画上的每个场景。这幅壁画描绘的是伴随着烟草丰收的烧烤起源，表现的主题是欢聚一堂。你能看到满载烟草的手推车，男人们正在扯大烟叶，女人们把烟叶裹到竿子上，再把竿子递给男人们，挂到晾烟棚里；木柴在棚中间慢慢燃烧，烤干烟叶；

男人们在外面把猪宰杀好，挂在树上；女人们在一起做腊肠，把猪油拿来制成肥皂；然后男人们又开始挖烧烤坑（这看上去有点像新挖的坟），端着一坛坛美酒轮流喝。然后是最重要的一幕：在一栋白色豪宅前面的大草坪上，一张长长的桌子摆在大橡树下。这是一场庆祝丰收结束的盛宴。

“你看桌边这些人的脸：有黑人也有白人。当时，一年就这唯一的机会，大家能聚在一起。我们每个人都清楚我们需要彼此，哪怕事后又恢复原样，你走你的阳关道，我过我的独木桥。但是，无论你是在采棉花还是种烟草，大家都一起劳作，然后在烧烤会上庆祝一番。”

埃德谈起这烟草丰收盛况就像是他自己的童年亲身经历一样，其实早在他小的时候，他所怀念的这一幕就烟消云散了（他的父母在 1946 年就离开了那里，也是在这一年他出生）。但是这样的记忆无须亲自经历，也会对我们的生活产生深刻的影响。对于埃德来说，这幅壁画所描绘的正是他心目中烧烤的真正意义所在：让人们欢聚一堂，超越了种族的界限，即便只是暂时忘记彼此间的隔阂。在他看来，即使在今天，烧烤仍然魔力依旧。

“烤一整头动物总是能让大家很兴奋。这通常代表了一个特殊场合，或是某个庆典，从来都是这样。烧烤总是能如愿以偿地把大家聚在一起。即使是在 20 世纪 60 年代种族运动期间，烧烤也是少有的能缓解紧张关系的东西之一。围坐在烧烤旁，没人在乎你是谁。

“在我的经历里，只有两样东西能超越种族：越战和烧烤。没有其他任何一道菜有如此魔力。不要问我为什么，我也不知道。”

埃德领着我在他的老餐馆里转悠，他的情绪变得很伤感。这栋房子有很多地方已经破败不堪了。我请他给我讲讲他是怎么失去米切尔猪排鸡肉烧烤店的。

虽然没有证据，但是他坚信正是由于他对工业化的养猪方式直言不讳的抵制招致了祸端。

“2004年，我们在这里召开了一次新闻发布会，约翰·埃奇也过来发了言。我们公开了在农工州立大学同几位农民合作的项目，而且呼吁烧烤用回老式饲养猪。那个时候我没有想更多，但是有两个我不认识的人突然非常生气地站起来质问我，‘你是想挑起事端吗？’”

“‘不，我不想挑起任何事端。’”

“‘你分明就是，你是在鼓吹大家不要来买我们的产品，这可不好。’”

然后埃德所说的“精心策划的骚乱”接踵而至。埃德一直声称，在发布会后短短几个星期之内，州政府突然来查账，然后很快就正式立案调查了。后来银行突然宣布剥夺他的抵押品赎回权。很快他就以挪用公款的罪名被起诉。是的，埃德确实拖欠了银行和州政府一些钱，但是针对他的这些行动都太快、太严厉，这实在让人不得不起疑。

“在新闻发布会后不到30天，我的生意垮了，还被起诉‘挪用公款’。我被传讯的事也被各大媒体报道。我想这些肯定是经过精心策划，为的就是破坏我的名誉，因为我又为大家提供了一种新的可选食品。”埃德威胁到了北卡罗来纳州的支柱产业之一——工业化猪饲养业，同时还引发了一系列的麻烦，对于“地道”烧烤的质疑，这又影响到了北卡罗来纳州引以为傲的传统之一：烤全猪。

但是真是如此吗？我在罗利采访了一些本地人，有的说法跟埃德的版本大相径庭，有些人认为他的麻烦纯粹是由他自己经营不善引起的，没有其他原因。有些人则不大确定。在约翰·埃奇看来，埃德完全是这一系列动作的受害者，为的就是诋毁他的名誉。“作为北卡罗来纳州的一名黑人，他告诉大家他是全美最棒的烧烤大师，而且还挑衅了商品猪产业。我敢肯定在北卡罗来纳州有人认为他太自负，需要灭一灭他的威风。”

自从惹了麻烦后，埃德有所收敛，不再那么尖酸刻薄地评论商品猪产业了。他更多地使用“厨师的个人偏好”这样的字眼来描述猪肉，而非之前的“农商企业的罪恶”。他得到了一定程度的平反：法官最后宣布银行剥夺米切尔的抵押品赎回权不合法，而且使用了一些“暗箱操作手段”。这个判决来得太晚了，对埃德的店已经于事无补。米切尔猪排鸡肉店已成过往。烧烤总是能让人欢聚一堂，然而埃德这段心酸的历史却似乎并不符合这个美好的法则。

当我们回到厨房的时候，炭已经烧好了，红彤彤的，上面还蒙了一层薄薄的白灰。埃德又把铲子递给我，然后教我怎么正确地堆炭：沿着猪的大致轮廓堆上一圈，大致 6 英寸宽，但是头和尾除外，在屁股和前胛的位置要多放些炭，因为这些部位的肉要多些，这些地方大概要堆 12 英寸宽。然后埃德又取来一根浸过醋的橡树枝，扔到烧着的炭上。烤一整头猪，这一根橡树枝也就够了。现在我和奥布里一人抓住炉格的一头，把它放到烧烤坑上，再把劈开的猪并排放在炉格上；我们明天早上再来翻面。我正准备把盖子放到猪上面，埃德却抓住了我的手。

“这个时候，我通常都会停下来向它们致敬。它们为了人类的口福做出了极大的牺牲，我们至少应该表示一下谢意。”他在每头猪的大腿上都轻轻地拍了一下，就像队员们上场前互相拍一下屁股以示亲密。然后才把不锈钢盖子慢慢地放下来，把猪都盖住，关掉排气孔。行了，晚上的工作就算是完成了。

在我们的谈话中，埃德总是翻来覆去地讲他的烧烤艺术是多么难，多么神秘。几次三番对他的“商业机密”欲言又止，但是其他时候谈起这个话题，他又极力否认，说根本没有所谓的机密。有一次，他说：“烧烤就是个辛苦活儿，要做好其实也没有多复杂的秘诀。”这恐怕才是终极的“商业机密”。

⊙

当我们三人第二天早上七点再次回到厨房的时候，马上就感觉到了这里发生的变化。打火机油那令人讨厌的化学气味早已消失殆尽，取而代之的是烤肉的诱人香气。还有什么奇妙的东西隐藏在那不锈钢盖子下。我掀开一只盖子，顿时被这神奇的景象迷住了：之前那松弛的泛白的猪已缩水一大圈，涂上了一层丰富的深色，看上去有些肌肉张力。猪皮极为诱人，像涂了一层光亮的深棕色油漆，有点像浓茶的颜色。虽然摸起来还有些韧劲，但是肉已经有弹性了，好像已经熟了。虽然烤猪还没完全做好，我都忍不住想要尝一口了。

昨晚到底发生了什么，把一块毫无生气又松弛的猪肉变成如此色香味俱全的美食？那些木炭和那根橡树枝是如何把那块你根本不想下口的死猪变成让人迫不及待想要咬上一口的美味呢？

昨晚确实发生了很多变化，既有化学变化，也有物理变化。慢慢加热蒸发掉了肉里的水分，改变了它的质地，也让香味更浓郁，还融化了大量皮下脂肪。有的脂肪变成油滴到木炭上，变成芳香族化合物，又回到肉上，为它穿上一层与众不同的美味外衣。因为是在低温下长时间烤制，后背上的很多脂肪融入了肉中，这样就让肉的口感更温润，而且也让本身没有多少味道的肉更鲜美了。肌肉纤维也发生了变化，随着慢慢加热，其中的胶原蛋白被破坏，变成了凝胶，这让肉吃起来更嫩、更温润了。

从化学的角度来看，通过在火上慢慢烤制，一些简单的结构变得复杂了。我曾咨询过一位调香师，通过烟熏和加热肉中的蛋白质、糖和脂肪，从糖和氨基酸的简单结构中会产生 3 000~4 000 种新的更复杂的化合物，通常都是芳香族化合物分子。“这些还只是我们能叫得上名字的化合物，可能还有成百上千种成分是我们未知的。”这样看来，烹饪先是破坏了原本的结构，然后又重新建构起更复杂的分子结构。

这种重新建构是在多个不同的化学反应作用下完成的，但是其中最重要的一个反应是在 1912 年被一位法国化学家路易斯 · 卡米尔 · 美拉德发现的。美拉德发现氨基酸与糖一起加热时会发生一系列复杂的反应，反应过程中产生的成百上千种新分子可以为食品提供独特的色泽与气味。正是有了美拉德反应，炒咖啡、面包皮、巧克力、啤酒、酱油和烤肉才有了如此迷人的香味，仅仅是少量的氨基酸和糖，就可以转化成种类如此繁多的化合物，更不用说给人类的感官带来愉悦了。

昨晚发生在烤猪上的第二种重要反应是焦糖的生成。将无味蔗糖持续加热直到变成深棕色，这个过程会生成上百种化合物，它的味道不仅能让我们联想到焦糖，还有坚果、水果、酒精、绿叶、雪利酒和醋。

在这两种反应的作用下，产生了纷繁的香气和口味。问题来了，为什么我们就是喜欢这混合了各种香味的熟肉，而不喜欢味道单一的生肉呢？理查德 · 兰厄姆会说，这是进化让人类选择了混合了各种香味的熟食，让人们吃得更多、生育更多后代。食品科学作家哈罗德 · 麦吉在他 1990 年出版的《奇异烹调》一书中提出了一个有趣的理论。他指出这两个反应中生成的多数芳香族化合物和在植物界发现的味道极为相似甚至相同，比如我们能想到的：坚果的、绿色蔬菜的、泥土的、鲜花的、水果的香味。焦糖生成过程中会产生和成熟水果相似的化合物，这毫不奇怪，因为水果也含有糖分；奇怪的是，在烤肉中居然也能找到如此多的植物化学成分。

“这种动物与植物的混合，生与熟的混合，看似一个非凡的巧合。”麦吉写道，也确实如此。这种特别的香味之所以能打动我们，是因为人类在学会烹饪之前，总是围着可食的植物转悠，每天都和这些气味打交道。在没有烹饪的时代，这些独特香味成了超越物种的通用语言，植物与动物之间的重要交流途径。在熟悉了植物的香气和味道之后，就能循着这些气息找到宜于食用的食物，而远离不可食用的，因此人类对这些气息的关注不无道理。

植物不可避免地成了自然界伟大的生物化学家。动物拥有移动能力、发声系统以及意识，而植物虽然固定在一个地方，但是进化出生产大量芳香族化合物的能力，通过化学作用，也能实现同样的效果。植物能生成一些化学成分来警告、击退或毒害其他物种，还能生成一些特别的分子来吸引动物协助自身繁殖，比如通过昆虫传播花粉，或是通过其他哺乳动物和鸟类把它们的种子带到远方。当它们的种子已经成熟需要被带走时，它们就会散发出浓郁的香味或结出成熟的果实吸引哺乳动物前来，我们对这种感官语言已经变得尤为敏感，它提示我们植物能量的存在——糖，还有其他我们同样需要的化学成分，例如维生素C。所有动物都要生活在植物提供的这个信息丰富的化学环境中。随着农业的发展，我们的饮食范围就局限在自己种植的极少数物种之中。但是在此之前，能熟练掌握各种植物的分子语言对于人类来说至关重要。当时，我们的食物包含成百上千种植物，我们就是依赖嗅觉和味觉游走在一个比现在复杂得多的植物世界里。

所以这一类烹饪（例如在火上烤肉）所产生的香气和味道，正是借用了植物界的丰富化学语言（尤其是熟透了的水果各自特有的语言）刺激了我们。这又唤起了农业产生之前的记忆，那时候我们的饮食要丰富得多，而且更有意思、更有营养。

“我们对这些气味之所以反应如此强烈，可能正是因为史前时期这些气味对动物来说至关重要，动物要靠这些气味来回忆和吸取经验。”麦吉写道。这些植物的香气和味道会如此触动我们绝非巧合。他认为，熟食是彻头彻尾的普鲁斯特式体验，为我们打开了感官的宝库，让我们暂时从纷扰的现实中抽离出来，回到过去，回到我们自身，回到我们这个物种本身。“轻轻抿一小口咖啡，咬一口烤脆的猪皮，都能品尝到花与叶的香气、水果和泥土的味道，这都是动物和植物之间长篇对话的再现时刻。”事实就是，我们本来就是杂食动物，我们需要消耗各种不同的物质才能保持健康的体魄，这也让我们更眷恋口味更复杂的食物。这是生物化学上多样性的体现。

也有可能是，除了食物之间的特定参照不谈，熟食中所蕴含的隐喻本身就对我们有着强烈的吸引力，与诗歌、音乐、艺术对我们的吸引力并无二致。用火来烤肉，发酵水果和谷物，这些都迎合了我们对复杂和隐喻的喜好，为我们提供了更多的单纯感官信息，尤其是像隐喻那样让我们的感官超越当时当地的信息。这感官的隐喻，说此实彼，是烹饪产生的最重要转换之一。一块烤脆的猪皮就能酝酿出美味的诗篇：有咖啡和巧克力的味道，有木烟的味道，有苏格兰威士忌的味道，还有熟透了的水果味道，还有培根上枫蜜（这是我小时候的最爱）那又甜又咸还有些许木香的味道。还有其他很多东西，看来我们人类真的希望我们的食物丰富多彩。

⊙

不过，我们正在烤着的这些猪还没有完全烤熟，按计划，是要在烧烤会上才大功告成，烧烤地点选在商业中心的一个停车场，对面就是一个歌舞杂耍老剧院，剧院还指望这次活动赚点钱呢。奥布里和我一起把这些猪滚到从餐馆带来的浅盘上，然后搬到外面的平板货车上。猪体内的水分蒸发得差不多了，猪油也剔除干净了，因此重量轻多了。有三口专门用来烹饪猪的大锅被拴在平板货车上，就跟埃德带到牛津市密西西比大学、引起众多烧烤师傅们哄堂大笑的锅差不多。这些锅其实就是三个常见的275加仑的钢制油罐，被横向切割成两半，然后用链条连在一起。锅上面还有个醒目的矮烟囱，一头的底端装了个两轮的轮轴，另一头装了个拖车挂钩，这样就能被拖走了。

威尔逊闹市的商业区其实也就是几条网状分布的商业街而已，倒也显得很漂亮，其中比较引人注意的就是那几栋经过修缮的学院派（Beaux Arts）建筑了。这些冷漠的石灰岩银行建筑和办公大楼建于20世纪的头几十年，当时这个城市风头正劲，是这个地区最大的烟草市场，但是如今，市中心显得冷清了许多，至少星期六看不出多少人气，因此我们的烧烤活动不会打扰到任何人。空荡荡的停车场上支起了一顶大大的白色帐篷，我们晃晃悠悠地把这三口大锅拖过去，摆放在帐篷一侧。

我惊讶地发现每个锅的挂钩上都挂了丙烷罐。埃德把它们点燃，我们把猪放上去进行最后的烤制。埃德本来对于烧烤使用丙烷是深恶痛绝的，但是一夜之间，他的态度似乎发生了很大的转变，接受这种方便之举了。当我问起这件事时，他解释道（我认为是狡辩），他不是拿丙烷来烹饪，仅仅是为了保温而已。

烧烤还有几个小时才完成，但是这几口壮观的烧烤锅，还有弥漫着的香气，一下子就把人们聚集起来了。很显然，光是埃德老兄还有那冒烟的烧烤锅，就已经给威尔逊的人们带来了异常的好心情。在这样一个星期六,一个烧烤会马上就要拉开帷幕了。

实际上安排了两次烧烤：一次午餐，一次晚餐。花 15 美元就能买到一份烧烤、卷心菜沙拉、面包卷，还有香甜的茶。到中午的时候，首轮就已经有 200 多人聚过来了。当这些挑剔的食客们坐好后，我和奥布里打开锅，戴上厚厚的黑色防火手套，捞出第一头猪并放在砧板上。埃德同聚过来的食客们又聊起来了。我们马上就要在大庭广众之下开始我们的烹饪。

奥布里把前半截猪递给我，他自己去处理后半截了。第一步是把肉从猪皮上扯下来，猪皮等会儿还要放回锅里烤脆。戴着肥大的手套，只能完成最粗略的手上工作：从前胛的骨头上扯下大块大块的肉，挖出软骨组织，掰下肋骨，把肉里的各种管腔和从结构上看不像肉的部分全部去掉。即使戴上又大又厚的手套，冒着热气的肉也太烫，我不得不频繁地取下手套歇一歇，让手凉一凉。基本上肉还是很轻易地就从骨头上脱落下来，很快我们面前就摆了一大盘猪肉——有腿肉，有腰柳肉，有前胛，还有猪肚。

接下来就该奥布里上场剁肉了。他一手拿一把大大的剁肉刀，钢刀落在砧板上“咚咚咚”的声音把更多的人吸引过来了。如果奥布里觉得肉太瘦了，他就让我丢几块前胛或猪肚给他，如果觉得太油了，就让我丢几块腿肉或腰柳肉给他，最终他把这些肉弄得肥瘦正好。接下来就是调味了。奥布里依旧戴着手套来拌猪肉，他要什么调料我就递给他：差不多一加仑的苹果醋，再撒几大把糖、盐、红辣椒和黑胡椒。我把这些调好的干调料用埃德教给我的手势，轻甩手腕，均匀地撒在猪肉上，就像播种一样。奥布里把调料揉到肉里，一遍遍来回揉搓，直到他点头让我过去尝尝。有点油，看来还要加点醋。我又倒了三分之一加仑的醋，再加上一把红辣椒面，我认为没什么大碍，因为埃德喜欢烧烤带些辣味。这部分就完工了。

现在埃德开始教我如何烤脆猪皮，这会儿的猪皮一面已经是漂亮的深棕色，但是另一面还有些黏黏的泛白的脂肪。我在肥的那面撒了几把盐，然后把猪皮丢进烤盘里，埃德也把火重新打开了。“不停地翻动，不然容易烤焦，”他警告我，“等猪皮卷成一团，表面起泡，就差不多了。”我用一个很长的夹子一遍又一遍地翻动这一大块猪皮。烤脆皮需要不短的时间，而且温度越来越高，太阳越来越毒，但最让我讨厌的就是每次一打开烤盘的盖子扑面而来的热浪。然后一瞬间，猪皮就失去了它的柔韧性，变得跟玻璃一样。脆皮烤好了！

我把它夹到砧板上，等皮稍微冷却一下后，我拿起了刀。这时候人们一窝蜂拥了上来，他们非常清楚刚刚那“啪啪啪”的声音是什么，实在等不及我们切好端出来。“给我来块脆皮！”接下来一个小时萦绕在耳边的都是这句话，在卖完之前我都听了上百遍了。“来了来了，不要急。”脆皮一碰到刀子就破了。我抓了几把砧板上的小碎皮撒到烤肉里，又尝了一口：完美！奥布里也表示赞许。这样烧烤终于弄好了。

现在我的衣服已经被汗水湿透了，我一直不停地在擦额头上的汗水以防它们滴到肉里，但是这种肾上腺素飙升的感觉还是非常有意思。人们把我们三个团团围住说个不停（不只是埃德），我们也受到了摇滚明星般的待遇。他们实在喜欢烧烤，而我们有烧烤（还有那美味的猪皮），因此我们可以满足他们的渴望。烧烤者既周旋于火与野兽之间，也周旋于野兽与其食客之间，而这些烧烤者自己也能感受到某种原始的动力：这是最基本的人类学知识，现在我切切实实地感受到了，那感觉真是妙不可言。

⊙

前一个晚上，我一人待在假日旅馆的房间里，睡前读了一本由一位法国人和一位比利时古典学者合著的《希腊人的祭献菜肴》（*The Cuisine of Sacrifice Among the Greeks*）。整本书里都没有出现过“烧烤”的字样，但是越看这古希腊的祭献仪式，越觉得它展示的就是埃德口中“烧烤的力量”。这让我不得不相信，即使是在今天，当我们生火烤肉时，周遭的空气中仍然飘着几缕祭献仪式上的烟雾，尽管它们已变得非常稀薄。

我不知道你是否也有我这样的感受，我总是跳过荷马描写的盛大用餐场景，甚至没有想过荷马为什么愿意费如此多的笔墨来描写看似烦冗的细节：屠宰场的里里外外（“他们先剥掉皮……再分成一块一块的”），事后的消防手段（“当火熄灭以后，普特洛克勒斯扒开余烬，把口水吐在上面”），各自分到的食物（“阿喀琉斯端上了肉”），餐桌礼仪（“和他尊贵的客人奥德修斯面对面坐下，……他让他的朋友为诸神献礼”），等等。但是据《希腊人的祭献菜肴》所言，荷马如此的不厌其烦是有原因的。在古希腊，共同分享烤熟的肉是一种社交行为，事实上，还有很多其他文化里也同样如此。而且，要做好的话并不容易。关于它的精神方面的意义先不提，这个祭献仪式本身就有三大世俗目的，在烧烤活动中担任过厨师工作的人都非常清楚这些目的：让吃肉这种行为显得不那么野蛮，把人们聚到一起，拥护并提高主持祭祀活动的祭司的地位。

食用其他动物一直都是件大事，至少对人类来说是这样。肉食是如此的诱人，又如此地难以获取，因此它通常都和地位和声望联系在一起。因为这其中包含了杀戮，所以肉食行为在道德伦理上总是显得有些模棱两可。对肉的烹饪不过是让这变得更复杂了。在我们学会用火来烤熟肉之前，我们所认为的“用餐”基本是不存在的，因为就像其他动物那样，到处寻觅生肉来填饱肚子就已经让人无暇他顾。他们也可能会分享多余的食物，但是你觅到的食物就属于你，饿了就会把它吃掉。然而，是火改变了这一切。

凯瑟琳·佩莱斯（Catherine Perlès），一位法国考古学家，称“烹饪行为从一开始就是一项伟大的事业，它结束了人类个人自给自足的历史”。对于初学者来说，光是要保持火不熄灭，就需要大家的合作。用火烹饪本身就能把大家聚集起来，紧挨着一起坐下来，共同用餐的过程营造出前所未有的社交和政治气氛，这就需要大家表现出从未有过的自控能力：在烹饪的过程中要有耐心，在切分的时候需要大家合作。对熟肉的分配更是需要严格的调控。

这或许就能解释为什么在古希腊和《旧约全书》中，只有在严肃的法定宗教庆祝仪式上才能吃肉。在祭祀仪式中可以吃肉，否则晚餐只能多吃点坚果和浆果。虽然仪式规定在不同文化甚至同一文化的不同场合都存在差异，但是其中有一条是普遍适用的，那就是烹饪和吃肉都必须遵守一些规定，而且规定得越详细越好。这些规定如同盐一样，是不可或缺的佐餐调料，因为肉食行为总是笼罩在可怕的意象之下，吃肉说到底就是动物与动物之间相食：是无法无天、贪得无厌、野蛮的行为，而最可怕的是同类相食。

利昂·R. 卡斯（Leon R. Kass）是一位医生，同时也是一位哲学家，在提到犹太教的饮食教规，或者说是犹太教教规时指出，“虽然并不是所有的肉食都不能吃，但是凡是禁止食用的都是肉食”。他们的教规严格规定哪些动物是禁止食用的，能吃的动物身上有哪些部位是禁止食用的，在食用被允许的部位时哪些食物是不能够同时食用的。是的，这些教规也限制了对植物的食用，但是没有任何一条是绝对禁止的。希腊人对于吃肉也是同样在法律上给出了严格限制：只能祭献家禽，禁止食用血（这在犹太教中也是同样被禁止的），而且还严格规定了该如何分配各个不同部位的肉。

祭献仪式上的各种规矩不仅能杜绝各种形式的野蛮行为，同时也能促进人类集体交流。在《希腊人的祭献菜肴》一书中，作者就把希腊的仪式描述成一个“营养的圣餐仪式”。大家共食同一动物，而这些食物又是根据所有人都认同的方法烹饪出来的，这就把大家紧密团结在一起了。[①]而祭献仪式的真正核心就是分享，其他很多形式的烹饪也都是为了分享。

同大多数人类学家一样，很多《旧约全书》的现代解说者都认为犹太教那特别的饮食教规或多或少有些武断。和我从小接受的教育不同，他们认为吃猪肉并不比吃其他肉食危险。且不论这些教规有多武断，它们仍然可以把我们牢牢联系在一起，给我们贴上一个共同的标签：我们是不吃猪肉的民族。在《利未记》中，那些看上去毫无意义的仪式规矩从这个角度就容易理解了，它们是一种社会性黏合剂。例如，某些祭献仪式规定必须在前两天之内把所有的肉吃完，这其实也就是为了确保大家一起来分享这些肉食，而不让某个人独吞。

也许这是对南方烧烤各种无休止的复杂规定的最好诠释：这些

① 基督教的圣餐也极为相似，圣餐礼是领用耶稣的血和身体的象征。

规定在本质上与“营养圣餐仪式”上的那些规矩一样，都是为了巩固和团结它们的社群。烤全猪更是这一类社会性活动中最有力的形式之一，在这个仪式上，完全是按民主的原则把肉分给各个食客。每块肉大家都能品尝到，人们不仅同食了这一只动物，而且共同品尝了它的每一个部位，包括品质上好的和次一点的。但是骨子里，大多数烧烤的规定都和犹太教规一样，是为了规定而规定，毫无逻辑可言，不过就是让自己这个社群显得与众不同罢了，比如哪些动物才能吃，这个动物哪些部位才能吃，酱汁，燃料，火，关于这些的规定都是非常武断的。“我们只能吃猪前胛，而且必须用山胡桃枝来烤，还一定要在酱汁里加些芥末。”禁令如杂草般层出不穷：不能用丙烷，不能用木炭，不要番茄酱，不要肋排，不烤鸡肉，也不烤牛肉。

在我费尽心机想给我一个朋友解释清楚那些南方烧烤各个流派之间的细微差别时，他冒出一句，“所以说烧烤就是这些非犹太教徒的‘犹太教饮食教规’”。在我采访诸多烧烤大师时，从南北卡罗来纳州到得克萨斯州再到田纳西州，当他们谈及其他流派的烧烤规矩时，听到最多的就是：“怎么说，那都不算是真正的烧烤。”不管那算是什么食品，反正不符合我们这个流派的传统规定，是我们这个“犹太教”不允许的。

祭祀仪式的第三个功能就是抬高和拥护主持这个仪式的祭司或是贵族。从这个意义来说，这个仪式和其他任何一个政治性活动无异。在这样的仪式上，主持者最关心的就是自己权力的巩固。主持祭献仪式的人通常是被赋予极高地位的人，由他们来安排动物的屠宰、切分、烹饪，还有最后的分配。在古希腊，日常的烹饪大多是由女人和奴隶来完成。但如果是圣餐，通常是某个军事活动的发起或结束，或是欢迎某个尊贵的客人，或是纪念历史上某个特殊的日子，这时候就只能由男人来担任这个非凡的角色。奥德修斯、普特洛克勒斯，甚至阿喀琉斯都担任过这样的烹饪角色，这种盛大的烹饪工作丝毫不减他们的英雄气概，反而凸显了他们的英雄本色。《利未记》的各种规定都是为了渲染主持仪式的牧师的权威，就连哪块肉该留给牧师都被规定得非常精确。那些注释家们认为，仪式伴随的肉食活动的众多意义之一就是确保这个社群会供养他们的祭司，为他们提供食物。

烧烤大师在圣坛的砧板上调味，包括丈夫们在自家的后院主持他的烧烤，都是利用了那个古老年代遗留下来的文化资本。这种资本持续了两千多年，这既让我觉得不可思议，也让我觉得有点儿荒谬。为什么要把这种资本赋予当代这些能够控制火、烟、肉和社群的大师们呢？这些烧烤师傅们运用他们高超的手法，让这个古老的表演长盛不衰。

⊙

那天晚上，在威尔逊的第二轮品尝上演时，烧烤舞台成了我的个人专场秀。好像只给奥布里付了 12 小时的出场工钱，等到 6 点钟时，他突然消失了。我都来不及跟他说再见。因为晚上的一部分活动就是由这位本地英雄埃德 · 米切尔来做一个烧烤讲座，还有现场示范，所以在他拿着麦克风夸夸其谈的时候，我就只能独自一人搞定砧板上的活儿了。对于这个突然的形势变化，埃德表现得出乎意料的淡定，而我则根本没有时间紧张，因为没有人事先告知我奥布里会在这个时候离开。

对我来讲，地道的烤全猪（如果我能用这个词）可不是个可以按小时付费的工作。事实上，你都很难想象这样一个工作，一个需要付出的时间比精力多得多的工作，是如何在如今这个实行雇佣劳动制度的社会扎根的。烧烤这个节奏更适合现代化前的雇农经济或奴隶经济。只有在这样的经济形势下，结合持续的温度，只要猪肉和柴火够多，就能形成南方烹饪甚至南方普遍文化下的这种显著特色——慢条斯理。“南方人就是以做事慢著称的，”一位亚拉巴马州的烧烤大师塞·厄斯金（Sy Erskine）这样告诉记者，“这一传统也延续到烹饪上来。他们自己坐下来，不急不忙，就让肉自己在火上慢慢烤，不会围着火忙上忙下。这是南方特有的一个传统。”

我现在深切体会到他所说的了。埃德和我度过我有生以来最懒散、最无聊的一个下午，我们围着烧烤锅不是站就是坐，基本上就是什么都没做，还打着“正在烤肉”的幌子。我们确实是“就让肉自己在火上慢慢烤”，小火，确实很慢，也确实没什么好做的。

但是现在客人们都到了，埃德也上台了，所有事情的节奏突然加快了，事实上都有点忙得不可开交了。在我面前的砧板上摆着半只正在冒着热气的烤猪。当埃德在台上向大家讲解整个过程的时候（少不了又把在美食频道中完胜巴比·福雷的故事炫耀一番），我正忙着把肋骨和其他骨头扯下来，再从有点硬的猪皮上把猪肉撕下来，手指头沾上了黑色的丙烯，仿佛一幅漫画，我也没时间擦掉。接着，我一手拿一把剁肉刀，开始把这一大块一大块的猪肉粗粗地切成小块，但是要先把猪肚肉拿出来，等会儿好把肉搭配得更润、更油一些。剁肉刀比看上去要重得多，剁了一会儿以后，我前臂的肌肉很快就酸软无力了。奥布里切得更碎，大小均匀。我决定切得稍大一些，一方面是我更喜欢这样的质地，一方面是我的胳膊都快累断了。现在，伴随着埃德的解说和众人的目光，我开始给这巨型肉堆调味。

先是一加仑的醋，再是几把糖、盐、黑胡椒、辣椒，就像播种一样撒在摊开的肉堆上。

一个声音突然从人群中冒出来：“你是不是忘了烤猪皮？”马上就有人开始附和了：“是的，给我们来点脆猪皮！”幸好埃德在登台之前就已经烤好了半边猪的猪皮，光听他们的声音，就知道饥肠辘辘的人群肯定是等不及让我慢慢烤好了。我用刀把这块脆猪皮切碎，丢了几把在肉里，其他的我都放到盘子里，让服务生分给了围观的人，这些人为了这块皮都快发疯了，现在他们已经不再关心啤酒和葡萄酒，所有的注意力都在这块猪皮上。我简直不敢想象要是我把脆猪皮遗漏了或是烤焦了会发生什么。恐怕连上帝都不会放过我！

第六章
当猪遇上柴火和时间

在威尔逊的烧烤秀的几星期后，我得到一个机会参加烧烤巡回演出的最后一场，这次可是个大得多的舞台。埃德和奥布里还有“烧烤坑”的伙计们正驱车前往曼哈顿，参加第八届大苹果烧烤街区年度聚会，埃德也邀请我前去纽约帮忙。在经历了北卡罗来纳州威尔逊的活动之后，我感觉这次活动就好像是在百老汇参加首演一样。

在曼哈顿拥有好几家成功餐馆的老板丹尼·梅尔新开了一家高档烧烤会所“蓝烟”，但是他很快发现，曼哈顿根本就不像一个烧烤的城市。纽约客们对烧烤一无所知，那些稍微懂点烧烤的人也怀疑像这样的地方能做出地道的烧烤吗？所以梅尔和“蓝烟”的行政主厨肯尼·卡拉汉想出了一个点子：挑选一个6月的周末，把美国最好的烧烤大师全都邀请到纽约来。希望通过这样的活动教会这些人均拥有最少烧烤架的纽约客们什么是“最地道的烧烤”，同时希望让“蓝烟”自己的烧烤师傅能与最杰出的烧烤大师同台展示一番，例如来自亚拉巴马州迪凯特的克里斯·利利，来自南卡罗来纳州查尔斯顿的吉米·哈古德，来自得克萨斯州达拉斯的乔·邓肯，来自密苏里州圣路易斯的斯基普·斯蒂尔，还有来自北卡罗来纳州罗利的埃德·米切尔。组织这个活动的本意是希望与这些烧烤大师们接触，从而帮助“蓝烟”制作出地道的烧烤。作为回报，这些来访的烧烤大师们也大卖一番，并且能获得很多全国性的媒体曝光机会。经过7年的努力，组约终于见识到了烧烤的美味。在两天的时间里，125 000人都在翘首以待麦迪逊广场上这一年一度的盛会，他们穿梭于各家烧烤之间，尽情品尝8美元一个的三明治。

我星期六一大早就赶到了，此时埃德和他的伙计们已经在临近第五大道的26号街南边搭好了帐篷，烧烤锅和砧板都已经就位。一辆白色18轮大拖车停在第五大道的一个转角，差不多占了半条街，车身上还有一个印有埃德·米切尔笑脸的巨型广告牌。早在昨晚，这辆车就运来了8个275加仑的烧烤锅，16头猪，好几张桌子，几大块砧板，剁肉刀，铲子，一袋袋“金斯福特”木炭，还有大量烧烤酱汁（都是之前已经调好的）。埃德和奥布里昨晚6点就已经把猪架在火上开始烤了，从“烧烤坑”带过来的几个伙计整晚守在烤猪旁边。麦迪逊广场从来没有如此美味过，在这初夏的夜晚，15种不同的烧烤香味汇集在了一起。

这伙人动用了两个砧板同时开工，奥布里邀我接管了其中一个，埃德的儿子赖恩则负责另外一个。这才上午11点，人群已经开始聚过来了，既是奔着这迷人的香味来的，也是奔着埃德的名气来的。自从在第一届大苹果烧烤街区聚会上大显身手之后，埃德就成了烧烤界的大腕。他是活动上唯一一个做烤全猪的烧烤师傅，也是唯一一个黑人烧烤大师。看到人潮都朝埃德·米切尔的这个转角涌过来，我脑海中涌现出一个词语：“地道”。

现在，我已经通晓烧烤技法了，至少我自认为是这样。奥布里把半边猪放在我的砧板上。猪肉已经烤出漂亮的深棕色。于是，我操起刀，开始干活。在曼哈顿的大街上烤全猪，这景象着实令人叹为观止，既是地域的碰撞，也是时代的碰撞。不过曼哈顿是个兼容并蓄的地方，这个场景没多一会儿就显得不那么突兀了。我对自己的胸有成竹颇为自得，但很快就意识到了我不是在威尔逊，不是北卡罗来纳州——事实上，我自己也感到有些恍惚。到11点的时候，“烧烤坑”的伙计们开始卖三明治了，第一批马上就抢购一空，做三明治的几个伙计开始扯着嗓门催烤肉。我已经尽量切得快了，但是速度毕竟有限，不仅是因为我已经累得快要抬不起胳膊，而且我必须确定这块肉里一点骨头或软骨都没有，才能递给服务生。要是因为我的粗心，有人一口下去咬到一块骨头怎么办？曼哈顿的人均烧烤架虽是最少的，但是人均律师数肯定是最多的。但是那群做三明治的伙计的喊叫就没有停过。“烤肉！再来点烤肉！”我已经尽己所能地加快速度，然后在肉堆上泼上几加仑的酱汁，迅速扫一眼看肉中白色的地方是否是骨头。就在我刚把这满盘的烤肉递给三明治制作组的时候，奥布里马上又在我的砧板上放上一块正在冒着热气的烤猪，我又开始重复之前的过程。

（那烤猪皮呢？很遗憾。我们的流水线作业太快了，根本没时间来烤猪皮，更别说加到肉里去。但是，幸好这群人里没多少人知道这个，即使有少数知道的也没耐心等待。所以，今天没有烤猪皮。）

就在我埋头剁肉的间隙偷偷抬头看一眼，发现埃德·米切尔花白头发的圆脑袋正对着人群夸夸其谈，周围的听众似乎很开心，但似乎透着一种欲壑难填的气息。可能有好几千人沿着26号街上蜿蜒曲折的天鹅绒引导绳排队，等着买三明治。人数之多，大大超出了我们的想象。我再次加快了动作，用近乎疯狂的节奏投入工作，热乎乎的油溅了一身（在质量上也放松了把关）。突然，我注意到了我的脚又湿又烫。我朝下看了一眼，发现滚烫的猪肉油汁正沿着砧板流下来，漫过了我的鞋面，所以当奥布里提议将我替换下来的时候，我感到了一种如释重负的畅快。

我带着感激远离了炙热的烧烤锅，躲到弥漫的烤烟、四溅的油脂、饥肠辘辘的人群以及三明治师傅的声声吆喝（再来一点烤肉！这里还需要烤肉！）之外，大口呼吸着周围的冷空气。我能看见埃德沉着地穿过纽约的人潮，接受采访，但是实在无法靠近他道声“再见”。人群已经为埃德的噱头所陶醉，曼哈顿的热情显然不是其他地方可以比拟的。埃德明显很享受他的角色，纽约的烧烤摇滚明星。但是在如此欢乐的场景下我依然感受到了一丝悲凉。这里的烧烤明显不够分给每一个人，也不知道那些白白等到最后的人们会做何反应。

之后听说到下午 1 点烧烤就已经售罄。8 头整猪，2 000 个三明治在不到两个小时就被抢购一空。埃德承诺明天还会来卖烧烤，再来 8 头猪，人群最终散去，到别的摊位去购买他们的三明治。而我那时早已离开，逃离了这样的人群和热度。

我绕着麦迪逊广场公园闲逛了一圈，看了看其他的烧烤大师们还有他们的烧烤。这简直就是个烧烤联合国，几个主要流派都出席了：南卡罗来纳州神奇的芥末味酱汁，孟菲斯的烤肋排，得克萨斯的熏猪胸肉和熏蹄筋。所有的烧烤师傅都是男性，都有着一流的口才，其中很多人也有着同样一流的设备。到目前为止，最好的设备要数来自查尔斯顿的吉米 · 哈古德那辆消防车般的红色的双层带轮烧烤车：一个全尺寸的厨房，底层还有半打烤猪锅，沿着一圈环形的楼梯到达上层，还摆放了几张桌子。从与吉米的闲聊中了解到，他之前在查尔斯顿做过保险代理人，生活平淡无奇，直到他发现了内心那个烧烤大师的召唤。他给我的印象是还在完善目前的工作，过去室内（甚至是办公室）工作的气息尚未消失殆尽。“你必须扮演好自己的角色，”他继续解释道，“这就是市场营销。”

站在吉米·哈古德的烧烤车二层，广场的盛会一览无余。我找了个位置坐下，小小地呷了口冷饮，深吸了口气。烧烤，这就是烧烤的魅力，一眼望去，上万人穿梭在徐徐升起的美妙山胡桃木烟中，每人手上都端了个小碟子，上面装满了烤肋排和烤三明治。有多少年没有在曼哈顿见识到这么多猪肉了。我想这个周末的烧烤盛会至少会消耗掉300头猪，还有如此多的木柴火。

这些天的曼哈顿就是全球美食中心，但是这些烧烤师傅的形象同那些典型的纽约大厨大相径庭。这里的厨师们都把自己当成了艺术家，食客们追求的是新奇的味道和体验。而烧烤师傅们仿佛来自古代，他们的世界犹如史诗般直白，既不懂得委婉，也不擅长反讽。他们追求的是地道而不是新意，新意对于他们来说就是天方夜谭。你能怎样改进烧烤呢？这是个袒露无遗的户外世界，所有的一切就摆在眼皮底下，同时烟雾缭绕，但是没有任何阴暗的死角，没什么精致可言，也没什么层次感可言。烧烤大师们唯独钟爱烹饪的古老原色，木、火、烟，还有肉，不求创新，不求发展，只求原汁原味。

与同时代的厨师比起来，烧烤师傅更愿意扮演牧师而不是艺术家，每个烧烤师傅都有他自己的一群会众，独具特色的礼拜仪式，自己的一套工作方式，一丝不苟地传承而非创新。什么样的大厨会吹嘘“我们的烧烤就是《英王詹姆斯钦定本圣经》”呢？这是塞缪尔·琼斯在艾登接受我的采访时的原话。他们个个把自己放大成英雄人物，而这些夸耀并不见得是出于自我内心的膨胀，更多是刻意为之。他们的自吹自擂也可以理解，他们代表的并不单单是自己，而是一个理想，他们的背后是整个群体，以烧烤风格来划分的群体。“我是火焰操控人。”埃德在与南方美食联盟的口述历史学家交谈时如是称自己，还真的很有英王詹姆斯的味道。“我希望大家记住，我们不能认为把猪肉做成香肠，然后烤一下就算是烧烤，再从那头猪身上取下几根肋排烤一下也算是烧烤，再把那头猪的前胛烤一下也算是烧烤。烧烤首先就得是烤全猪，这些都是从烤全猪开始才有的。”

这就好像在动笔写小说之前，其中的人物就已经定型了。还有比 21 世纪的曼哈顿更好的舞台吗？在这个舞台上，人物形象个个鲜明，共同演绎了“当猪遇上柴火和时间”这样一曲自然剧。站在吉米 · 哈古德这辆红色双层烧烤车顶，凝视着麦迪逊广场公园，最后瞥了一眼埃德 · 米切尔，他那颗圆圆的大脑袋如一轮黑白相间的满月从人群中浮现出来，点亮了整个纽约客人海。

第七章
火的社会凝聚力

直到我回到家试验了几次之后，我才体会到我在北卡罗来纳州学到了多少用火烹饪的技巧。我在艾奥瓦州一个名叫裘德·贝克尔的养猪农那里订购了一个整猪前胛。裘德是用传统的方法户外放养猪，一直用橡子饲养到秋天。我还订了一捆木柴，有橡树枝还有杏树枝，开始拿它们在我家前院的烧烤坑生火烹饪。惭愧的是，一开始我就犯了个错误。当时，我点了一大堆木柴来烤，现在我才明白烧烤真正需要的不是火，而是燃烧过后的余烬，也就是燃烧剩下的木炭来慢慢熏烤。（尽管如此，埃德·米切尔还是偷工减料地选用了金斯福特。）一块肉都还没有烤，我用掉的木柴都够拿来烘干一屋子的烟草了。无论是南方的烧烤师傅们，还是我曾遇到的其他用火来烹饪食物的厨师们，包括那些想秉承传统做饭方式的人，甚至在那遥远的巴塔哥尼亚和巴斯克地区，他们都教会我一个最简单的道理：要想做饭必先做炭。

我订的猪前胛是装在一个巨大的盒子里送到的，根本就不是我所期望的前胛。跟肉铺师傅说你想要块“猪前胛”的时候，他通常会给你切下一块5~6磅重的肉，也就是前胛的一部分，或是砍下猪前腿的上半截，有时候这被称作“肩肉火腿”或“波士顿猪肩胛肉”，的确让人迷惑。但是你如果是在批发商那里下同样的单，那指的就是一整个猪前腿，既有猪皮也有美味的猪蹄，我打开盒子时看到的就是这样的整个猪前腿。我也算是烤过整个猪前胛，但还是没太有信心（还有就是因为食客不多），于是打电话请来一位厨师朋友帮我把这个前胛分切一下。她向我演示了一番如何把前胛里的骨头挑出来，再分成三大块，以便于处理。从整的前胛分切，好处就是每块肉都带皮。也就是说我可以尝试一下烤脆皮。我用一把尖刀在皮上划出“井”字形的纹路，这样让肥肉更容易出油，让皮更好烤脆。

我的烧烤坑就是个直径4英尺的旧浅底锻铁碗；卖给我这个碗的小伙子说他是在印度淘到的，那里的人就是拿这个来做街边小吃。我这个烧烤坑底部够宽，我可以在一边生火，在另一边架上烤盘，等炭烧透以后将其铲到烤盘下。但是，用什么来盖住这么宽的一个烧烤坑就成了大问题。到目前为止，大家能想出的办法就是（虽然不太雅观）：拿几根钢筋弯出一个圆顶框架，再用我们通常拿来包热水器和发动机组的隔热毯铺在上面。弄好后烧烤坑看上去就像艘老土的火星飞船，不过拿来烹饪大块的肉还是很有用的。

在我家的前院做烧烤，先生火，然后等火苗灭了，木柴烧成能拿来烤肉的木炭，再把这些炭铲到猪肉下面，这就花了我们很长时间。盯着火堆上的火苗就像是一种神奇的催眠术。火焰似乎能控制你的思想，所有的直线思维到这里都被折射了一番。一位性格怪异的法国哲学家加斯顿·巴什拉（Gaston Bachelard）称，哲学本身就起源于置身火前的想入非非。

巴什拉倒也没有极力去找些证据来证明他的说法，不过这其中确实暗含了某种颇具诗意的真实，这才是巴什拉所追求的。他在1938年写了一本薄薄的晦涩难懂的书——《火的精神分析学》，旨在抗议现代科学对火的忽略。[①]火也曾经让科学家们着迷，就像诗人一样神魂颠倒。火似乎是所有转变的关键所在。但是好景不长，自从人类有信仰以后，人类就相信火有着强大的魔力，是世界的构成元素之一。但是现在科学告诉我们，这不过是个纯粹的偶发现象：一个直观的化学过程，也被称为“剧烈氧化”。

尽管火早已不再是“科学的实体”，但是在我们的日常生活中，还有我们的想象中，我们依然秉持着两千多年前恩培多克勒的想法：同土、气、水一样，火是构成世界的元素之一，既不可派生，也不可分割。现代科学早已用包含118种元素的周期表取代了经典的四元论，然而，依然有像贝蒂弗莱这样的文学评论家会写道，“对于诗人来说，构成世界的元素永远都只有土、气、火、水”（在为巴什拉的书写的序言里提到）。

但是，对于火是否构成了我们的物理世界，我们只能说（就连科学似乎也承认）对火的控制塑造了我们，塑造了我们人类。理查德·兰厄姆在《点火》一书中写道，“动物需要食物、水和居所，我们人类同样也需要这些，但是我们还需要火”。只有我们人类依赖火来取暖，也只有我们依赖火来烹饪食物。现在，对火的控制能力已经融入了我们的基因，既写进了人类的文化，也融进了人类的生物特征。如果烹饪假设成立，那么正是火为我们最大限度地释放出食物中的能量，也把我们一部分的消化程序外置，才得以帮助人类大脑如此神速地成长。所以至少从这方面讲，巴什拉把哲学的起源归功于火也是对的。不过他还可以加上音乐、诗歌、数学，还有关于火的书籍。

---

① 在书的前言里，巴什拉就善意地提醒我们“就算读完整本书，也不会对你的知识增长有任何益处”。

用于烹饪的火，正如我在前院生的这一堆，还促成了人类的社会属性。正是历史学家菲利普·费尔南多·阿梅斯托所说的，“火的社会凝聚力”把我们聚集在一起，加快了人类进化的进程。善于用火烹饪的人更易包容别人——通过眼神交流、合作还有分享。费尔南多·阿梅斯托写道：“当火遇到食物，自然而然就成了社交生活不可回避的焦点。”（事实上，“focus”这个英文单词就是起源于拉丁语里的“hearth”，也就是壁炉。）每当看到我的客人们忍不住走出来，看看他们那被烤得嘶嘶冒油的晚餐是如何变成深棕色，还有邻居家的孩子们时不时造访我的院子来查看是什么东西那么香的时候，我都能体会到火带来的巨大社交魔力。

随着火在我们日常生活中出现得越来越少，它的社会凝聚力似乎反而越来越强大。烹饪的历史也同样是火的历史。我们人类驯服火来为自己烹饪，然后又让它渐渐从我们的生活中消失。从最初被关在石头壁炉中得以登堂入室，后来被装进铁的或钢的罐子里，到我们这个时代，已经完全被那些玻璃或塑料盒子里看不见的电流或微波所取代。微波炉绝对是站在基于火的厨房烹饪的对立面的，它代表了一种“反引力”，它无火无烟无味，那冷漠的温度也让我们感到一丝隐忧。如果说烹饪之火代表的是社会性、团体性，那么微波炉就是反社会性的。谁会聚在一个松下微波炉旁边？机械发出的嗡嗡声能激发人们什么想象？透过那块双层防辐射玻璃能看到什么？只能看到里面缓缓地转着专门为一个形单影只的人单独准备的“一人份速食”。从某种程度来说，还要感谢微波炉的出现，用火烹饪开始复兴，它又把人们拉回户外烧火烹饪的轨道，让人们重新聚到一起……

⊙

还是回到我家前院的这堆火上吧。

我要等着火焰熄灭，树枝也烧尽了，然后才能将肉放上去烤。无论是用明火敞着烤，还是在室内用文火慢慢烤，都需要这样。木炭释放的烟要比燃烧木柴释放的烟温和得多，淡到根本看不见，也没有木柴刚开始燃烧时的那股刺鼻的柏油味，剩下的只是淡淡木香。我把它称为“第二道烟”。

对于烧烤来说，最好就是在烧烤坑把火生起来，再把炭铲到一个有盖的烧烤桶里。我把所有的出气孔堵住，这样就能让温度维持在 200 华氏度（约 93 摄氏度）~300 华氏度（约 149 摄氏度），温度太高会把肉烤焦，温度太低肉烤不透。最理想的状态是能一直保持最初的那堆火不熄灭，因为你后面还需要加炭。在我放上肉之前，我在炭堆上清理出足够的空间，以便我在肉的正下方放置一个一次性锡箔纸盘来接住滴油。我还在盘里倒了大概一英寸深的水，既能防止着火，也能保持一个温润的环境。

现在就到了袖手旁观的时候了，你会有大把的时间无所事事，只需要偶尔查看一下烤肉就行。（因此，人也不能离开。）如果你是一个人，就可以自己在那想入非非；如果是和朋友一起，就可以聊聊天、喝喝酒。在整个下午的时间里，火有时过大，有时过小，这也是不可避免的。我所遇到的每一位烧烤大师都告诉我，此时的诀窍就在于控制好火候。控制火候本身并不难，但是要长时间保持却不大容易。打开或关上排气孔能起到一定的作用，当只靠排气孔仍不能控制的时候，你就不得不要么加点炭，要么铲走点炭，这可是个既脏又危险的活儿。

这是最考验人的时候，很多人会因此选择妥协，改用燃气或者木炭。

事实上，我必须承认，到目前为止我取得的最好结果，是因为我用到了一样东西：丙烷。一个猪前胛至少需要 6 小时才能烤熟，要说理想的话，当然是再多花上几小时，但是要保持如此文火慢慢烤制实在不易。与其要一直保持最初那堆火不熄灭，然后还要提起滚烫的炉格，把新烧透的炭加到烤猪下面，我还不如等烤炉的温度降到 225 华氏度（约 110 摄氏度）时就把烤肉从烤炉里取出来。我估计，此时这块肉已经吸收了足够的木烟香味，而且也无法再吸收更多的木烟香了。现在这块肉需要的只是时间和更多的热量：保持 120~150 摄氏度再加热几个小时就够了。而且，我已经开始采用埃德·米切尔他们那群人更灵活、更包容的“地道”概念。

我把前胛移到了燃气烤盘里，保持里面的温度在 70 摄氏度左右，猪皮已被扯下来，切成小方块，虽然摸起来还有些弹性，但已经有浓浓的木烟香了。在这个温度下，肉虽然能烤透，但是会烤得很干也很韧。如果我现在把前胛拿出来，那我做的就不是烧烤了，而是块烤老了的猪肉。

但是当烤肉温度达到约 90 摄氏度时，奇妙的化学反应马上就发生了。如果你一直在戳着试的话，一定能感觉到的。之前还摸起来比较紧实的肌肉突然软下来了。缓慢的、稳定的热量将胶原蛋白融化，使其变成了温润的凝胶，肌肉纤维也变得柔软多汁，都可以牵起丝了。如果一切都是按计划进行的，猪皮现在应该已被烤成了一块块美味的脆皮。

地道的烧烤即将完成，只差切块和调味。虽然不是烤全猪，但是前胛富含丰厚的肌肉组织和脂肪，是仅次于烤全猪的绝佳美味。这是我第一次做出如此美味、几近地道的烧烤，连烤脆皮都做出来了，我差点就给埃德打电话报告这个消息，顺便还打算吹嘘一番，其实我现在就是在自吹自擂了，再看看要不要比试一番。但是最终我还是平静下来了。我打电话邀请几个朋友出席这顿即兴的晚宴，我们一起分享了我做得比较成功的烧烤三明治。毫无疑问，这是我最引以为傲的。

第八章
烟，第六种味

还有最后一个烹饪之火我必须讲讲，就是它让我看到，就算再过 200 万年，用火烹饪的做法可能仍不会消亡。我是在西班牙巴斯克地区一个名叫亚克斯比的小镇上发现这神奇之火的。亚克斯比位于塞巴斯蒂安和毕尔巴鄂之间的岩石山区的高处，小镇的广场上有一栋普普通通但是非常古老的石砌房子，一位 50 多岁自学成才的厨师就住在这里。他叫比特·哈金索尼斯（Bittor Arguinzoniz），曾经做过伐木工，还做过电工。就是这样一位厨师，他默默地、一心一意地开创了 21 世纪用火烹饪的新纪元。

我第一次遇到哈金索尼斯，是在同埃德一起参加的曼哈顿那个 24 小时烹饪盛会上。这两个人，还有他们的世界都相差太大，迥然不同。比特不喜欢接受采访，甚至勉强接受也不愿多说，至少在他烹饪的时候是这样。烹饪是一个要求注意力高度集中的过程，期间任何走进他厨房的人都会觉得自己就是个擅自闯入者，一定会被彻底地无视。他是个谦虚的苦行者，又高又瘦，却有个结实的啤酒肚，皮肤就像烟一样发灰。比特在工作时不喜欢与人为伴，他极少离开亚克斯比（他住的房子既没有自来水，也没有电；他的母亲只用烧木柴来取暖和做饭），也不喜欢发表意见，除了一句：“Carbón es el enemigo”（木炭是敌人）。他坚信烹饪就是一种祭献，但很快我就明白，他所谓的祭献不是指烹饪之物，而是指烹饪之人。

阿莎道尔·伊特克斯巴里（Asador Etxebarri，在巴斯克语里是“新房子”的意思）烧烤店的厨房里布置着闪闪发亮、形状规整的不锈钢烧烤用具（在其中一面墙边一字排开了6个由比特自己设计的烧烤架），但同时又使用木柴火这种原始力量。在另一面墙上齐腰的位置，有两个开放式的炉子，里面都燃烧着一堆木柴。每天早上，比特和他的副厨，一位健谈但又谨慎的意大利人，名叫伦诺克斯·黑斯蒂，就在这两个炉子里点着大量的当地盛产的橡树枝、柑橘枝、橄榄枝，还有葡萄藤，以便烧出足够的炭专供比特使用。

比特就是靠这些木柴来给他的菜调味。每道菜他都会使用不同的木柴，甚至使用不同温度的余火（有的菜需要烧得正旺的炭，有的菜需要已蒙上一层白灰的余炭，有的菜要用到烧得越来越旺的火，有的菜需要慢慢熄灭的火）。葡萄藤烧起来温度高，而且还带着芳香，他用来搭配牛肉，而一根快要燃尽的橡树枝就能烤出扇贝那种更为细腻的美味。这两个木柴炉子上面都配了一个黑色活塞，这样他就可以准确控制供氧量，从而控制木炭的温度和燃烧寿命。

厨房后面的纱门旁边有一间小披屋，里面整齐地放着一堆堆各种各样的柴火，在这些柴火堆上面还放了几箱农产品，有西红柿，有韭葱，有洋葱，有蚕豆，还有洋姜。这些大多是比特89岁的父亲安杰尔在几英里外的山上种的，因为比特在超市找不到他认为可以拿来烹饪的食材。（“所有的东西都被化学物质玷污了。”他带着一丝厌恶的鼻音告诉我。）他做的海鲜，有龙虾，有鳗鱼，有海参，有牡蛎，有蛤，还有各种鱼，基本上都被放在一个水槽内，用盐水养着（这在山上可是件极具挑战的事）。水槽放在厨房外面的一个房间里，到了预定的时间，火准备好了，才会把它们从水里捞出来现做。

我造访他的厨房的那个下午，比特穿了一件黑色T恤和一条灰色长裤。他没有穿围裙，但身上还是非常整洁：他的烹饪似乎不用任何液体调料。我本打算问问我是否能加入他的烹饪，就像我在北卡罗来纳州那样，但是我马上意识到在这里是行不通的，就仿佛是在问一个脑外科医生我能不能协助他做手术一样。伦诺克斯早就告诉我，我能进到厨房就已经是万幸了。

在伊特克斯巴里，所有的菜都必须提前预订，不容丝毫仓促。当第一张菜单进来时，我看到比特用一个不锈钢小铲子取出了一堆拳头大小的橡树余炭，这是要用来烹制白海参。白海参是一种细长的软软的白色海产品，身上有很多条纹，有点像生活在海底的鱿鱼。做海参需要用短时间的高温加热，这样才能煮透它外面那层坚韧的皮。在他把白海参放到烧烤架上之前，比特专心致志地盯着他的炭，耐心地等着它们烧透，每个烧烤架上方都有个不锈钢滑轮，还连着缆绳和配重物，这样他就可以精确地控制食物与火之间的距离了。当比特觉得炭烧好了，（他完全是凭肉眼判断，我从来没看到他把手伸过去试试火的温度，）他才把白海参放上去。现在他在白海参身上喷了薄薄的一层油，他坚信这样能帮助食物更好地吸收木头里的芳香分子。然后他又开始静静地等，两眼盯着白海参，就好像睡着了一样。他是在等着烧烤架在白海参身上沿纵向留下淡淡的印痕，这时候就该翻面了，就只翻一次。

我看到比特做的第二道菜是“烤”牡蛎，先挑选一块完美的余炭，再用火钳把它夹到那个呈鸽子灰色、胖乎乎的卵形牡蛎的正下方，仅此而已。看到这一幕，我脑海里马上闪现出艾登的詹姆斯·豪厄尔把冒烟的炭火铲到猪下面的情景。这也是同样的一个基本步骤，比特的烤法还有什么不同之处吗？火的使用似乎千变万化，烟也同样如此。比特并没有真正地“烤”这个牡蛎，只是把它包裹在一缕柑橘枝烧出的木烟中，这个过程也仅仅持续了30秒。整个过程中，比特似乎就只是死死盯着牡蛎而已。他在观察牡蛎表面发生的变化，当它表面泛起不一样的光时，就表示烤好了，也就是说，可以上桌了。这也只是我的推断，因为他根本就不讲话，完全没有碰一下牡蛎。然后，比特把牡蛎交给伦诺克斯，伦诺克斯轻轻地把牡蛎装回它的壳里。比特弯下腰，撒了一些海盐在上面，再浇上一勺灰白的泡沫。这是不久之前，牡蛎被去壳之后，伦诺克斯搅拌剩下的水，制成了这些泡沫。

我品尝了比特前前后后做的12道菜，所有这些，包括黄油和甜点，都要在这木烟里走上一遭。听上去这些菜的烹饪方法都差不多，对我来说也没什么神秘可言。那道烤牡蛎如何？它吃起来比我之前吃过的任何一道牡蛎都更原汁原味。烟的味道并没有混杂在牡蛎的味道中，而是两者同时存在，达到了完美的平衡，这样就突显了牡蛎那带着海水咸味的肥美肉质，也为我们打开了一扇窗，让我更深刻地省视一下可能曾经被我们忽视的东西。很多菜似乎都遵循了这个做法，木烟的种类和量都用得恰到好处，章鱼或金枪鱼本身的香味被完美地突显出来，就同盐的使用一样，把握得当就能充分地引出食材的美味，且不会彰显盐本身的咸度。

这顿饭吃到最后，我不禁想起比特之前所说的，把烟列为除了咸、酸、甜、苦、鲜以外的第六种味道。也许烟本身确实是味道不可或缺的基本特色之一。至少我们可以赋予烟这样的地位，可能因为柴火烟是熟食的第一层味道，当我们把火引入生鲜世界之时，便给了它们这个味道。这是我在看了比特的烹饪过程之后产生的思考，因为他的烹饪是如此的质朴，却又无比微妙，这个过程本身就是一种冥想，对烹饪本质的冥想。

我和比特走出来，在一张野餐桌边坐下开始攀谈起来。他说用木柴来烹饪是“对食材最好的尊重”。对他来说，火不是用来改造大自然的。包括动物、植物，还有他做的菌类，而是为了更加突显自然，把食物做得更像它们自己而不是其他东西。

“烧烤架不过是用来展现食材的美好与平凡的工具。”比特解释道，这也是为什么他如此地大费周折，确保使用最新鲜、最好的食材。对他来说，烧烤架是用来探索自然界的工具，包括海洋里和草地上的生物，也包括他拿来烹饪的各种木柴（他给我烤的那块牛排真是说不出的美味：是一块从大约14岁的奶牛身上取下的牛排，他利用葡萄藤的大火，迅速把两面都烤黑）。对这位前伐木工来说，树肯定是他的最爱，从它们的味道就能嗅到他所碰触过的所有东西。但是让我意外的是，他坚持认为他的烹饪媒介不是烟，烟的气息和味道在他看来过于粗糙；他是用木头的“芬芳”或“香味”来给他的食物调味。难道这些“芬芳”或“香味”不是借由烟来传递给食物的吗？“不，不，不，不是烟。”他依旧坚持。这让我有点儿迷茫了，也不知道是由于翻译不畅还是对木柴燃烧的原理缺乏了解。

在比特看来，火能够借由他口中的非烟物质升华一切食物，但是怎么达到这种升华却是说不清道不明的。“我的烹饪技艺还在改进中，我自己也还在试验。”这段时间，他正在摸索怎么烤蜂蜜。比特可以说是个金属制造工，他曾经用不锈钢筛子做了几个盘子，这样就连像鱼子酱那样精致细小的东西也能拿来烤了。伦诺克斯说看比特的试验让他非常心疼，比特曾经用几千克的鱼子酱来做试验（一千克鱼子酱要卖3 200美元），到最后才把烤鱼子酱加到菜单里去。为了烤蚌类，他自己做了个类似Bundt蛋糕盘的东西，让烟从中间的烟道通过，给咸咸的酒调味，这样就一滴都不会洒出来了。他做的黄油和冰激凌，都是用没有上釉的陶罐装着奶油稍稍加热，不让烟或者木头的香味直接接触到奶油。

事实上，我在伊特克斯巴里的这一餐开始于也结束于各种不同的烤奶油，它们的味道就算不是我在探究火的整个旅程中最难忘的，至少也是在那个下午令人印象最深刻的。比特自己搅拌制作黄油，而且从来不配面包。也就是说，他的黄油是可以直接吃的，有点像上好的奶酪，而且他的黄油中既有以牛奶为原料，也有以羊奶为原料制作而成的，这样我们就能仔细比较两种黄油有哪些不同，同样是被大自然经由青草变出的乳脂，两者在口味上会有什么区别呢？而那一缕柴火烟（不论你管它叫什么）又为它们添上了一些别的味道，那种感觉有点出人意料，甚至有点辛辣。

乳脂，奶里面最丰厚最甜美的部分，当然是我们每个人生下来尝到的第一种味道，舀一小勺，轻轻尝一口，你品出来的便是生命最初的鲜美和纯粹，许久以后，我们才尝到熟食的味道。烟如果不是站在这鲜美的对立面又算是什么呢？（还有烟灰，有块黄油就是沾上了灰。）答案就是那一勺冰激凌当中交织的纯真与经验。谁都不会说比特是个阳光的人，但他却巧妙地扫去了笼罩在冰激凌上面的阴影，它所代表的那种鲜美和纯粹总是转瞬即逝。

你可能会说这是一道颇为神秘的甜点，也确实是，但有谁能像他那样用如此少的原料就做出如此的美味呢，就只需要上好的食材和柴火，这对于我来说绝对是个最愉快也最给我希望的发现。在比特的厨房里，我见证并品尝到了他如何将火运用到极致。烹饪之火在北卡罗来纳州显得那么古老，但是在这里——西班牙，却又获得新生，充满了各种可能。

你也别指望在现在的西班牙能处处看到这样的情形，这个国家现在是以“分子美食学”著称。这种烹饪手法极其复杂，更多依赖的是科技而非自然，或者就如很多厨师所称的那样，做出来的是“产品”。在这种情况下，有个人必须提一下，费兰·阿德里亚，可能是最有名的“分子美食学”倡导者。这位厨师因为在烹饪中使用液态氮、黄原胶、人工合成调料和现代食品科学的炊具而闻名，但是同时他却对比特的烹饪法倍加推崇，经常造访亚克斯比的伊特克斯巴里餐厅。《美食家》杂志曾经引用他的一句话：“没有我的烹饪法，就没有比特的烹饪法。”这绝对是个狂妄自大的宣言，当我把这句话念给比特听的时候，他有点儿动怒，然后就像赶苍蝇一样挥了挥手。

“费兰是朝着未来在烹饪，而我则更愿意往回走。但是越往回走，我们越能进步。”

“现在，有的人在烹饪中尝试不使用任何天然产品。”凡是取之于自然的食材都不使用。关于这一点，他坚信这根本就是条死路。他说：“你能糊弄你的舌头，却糊弄不了你的胃。”

费兰·阿德里亚将自己的烹饪法置于比特·哈金索尼斯的烹饪法之前，在某种意义上倒也不无道理：我们的文化利用所谓的“分子美食学”、人工味道和色素，还有各种合成的食物，甚至包括微波炉，不断尝试将烹饪凌驾于自然之上；而正是因为这些尝试，促使比特以固执到近乎疯狂的态度将烹饪回归到对木材、火以及食物本质的探究中。对于全世界来说，这都是个味觉疲乏的时代，我们总是渴求新的味道、新的感觉，希望调和不同的体验。我们并不清楚这样的探索能带我们走多远，也不知道，何时它也可能让我们感到厌倦。但是有一点是可以确定的：每次当我们在自己的创造和自负中迷失方向的时候，我们都想要回到最初那个坚实的岸边——自然。就算这个岸边已不复从前，但是它从来不曾让我们失望。

当我问比特·哈金索尼斯，为什么在当今这个世界，用木柴来烹饪食物依然具有如此魅力，总能轻而易举地抓住我们的灵魂。原因并不复杂。他告诉我："这种烹饪法同人类的历史一样悠久，已经融入我们的基因之中。当你走进一个房间，或是一块空地，你注意到一阵木烟香，它是如此强大。你就会问，在烤什么啊？顿时胃口大开！"

第二篇
水：汤锅菜谱是一部个人史诗

“鼎中之变，精妙微纤，口弗能言。”

——*伊尹*，中华厨祖，公元前239年

“水是H_2O，氢原子占两份，氧原子占一份，可是还有一样东西，使它们结合成了水，没有人知道这到底是什么。”

——戴维·赫伯特·劳伦斯，诗集《三色紫罗兰》（*Pansies*）

第一章
从切洋葱看做饭的义务

有没有人是真心喜欢切洋葱的？噢，或许有些信佛的人静得下心来干这份苦差事，就算切到泪流满面也在所不惜，因为他们心里有这样的原则："切洋葱的时候，只管切洋葱就好。"言下之意是，不要有抵触情绪，也不要抱怨，专心做好眼前的事情就好。但是我们大多数人没有达到这个境界。切洋葱的时候，我们总是憋着一肚子火。无怪乎每天做饭时，厨房里都是一团糟。现在，有许多下厨房的活儿都可以外包，既省事又不贵，切菜也不例外。要是完完全全自己做饭，往往要从切洋葱开始，而洋葱往往做出防御反应。

事实上，在我们常吃的东西中，洋葱的防御机制几乎是最有效的。菜刀的刀锋在洋葱看来也可能是啮齿动物的门牙：在面对死亡威胁的情况下，它会释放化学物质，这是一种聪明的防御机制，能够让潜在的攻击者知难而退。为了让切洋葱的活儿多一点乐趣，少一点痛苦，我研究了这个防御机制，结果意外地发现，洋葱只有在被猎食者的牙齿或尖锐的刀锋刺穿细胞壁的那一刹那，才会启动防御机制。

如果你能把自己缩小到线粒体或者原子核那么大，然后在完好无损的洋葱细胞里游泳，你就会惊讶地发现，洋葱细胞的内部环境其实很宜人，细胞液甜丝丝的，肯定不会让人流泪。虽然有四种不同的防御分子漂浮在你的周围，但是你可能不会注意到它们的存在，只会注意到周围漂浮着一些看起来很像气球的液泡。气泡中存储着酶，而这些酶的作用就好比一台触发器。一旦刀锋或者牙齿穿透了液泡，里面的酶就会逸散出来，找到任意一种防御分子，将其一分为二。新生成的不稳定化合物，使生洋葱散发出了浓烈而刺鼻的硫黄味。其中最不稳定的化学物质之一有个很贴切的名称，叫作“催泪剂”（the lachrymator）。它会从被破坏的细胞中逃逸出来，扩散到空气中，进而攻击哺乳动物的眼睛和鼻腔神经末梢，最后分解成一款“毒性鸡尾酒”——二氧化硫、硫化氢和硫酸。“这是非常厉害的分子炸弹！”美国知名的食品科学作家哈罗德·麦吉如是评论道。麦吉所言不虚。洋葱就好比一棵“食用植物”喜欢用硫酸和催泪瓦斯来招待它的猎食者。

最近，我经常切洋葱，因为我正在学做一些汤锅菜肴——比如，汤羹、炖菜、焖菜，而且不管这种菜品源自哪个国家的饮食文化，似乎都免不了要在一开始做准备时，切一两个洋葱备用。这就是用火烧菜与用水烧菜的诸多区别之一，把水换成任何羹汤也是一样：汤锅菜肴能够更好地保留蔬菜、香草、香料等食材的营养价值。而且菜肴的风味也往往取决于素菜与素菜，或者素菜与荤菜在热汤的媒介中所发生的相互作用。洋葱往往会构成这些菜肴的底料，而且底料当中通常还会加入少量其他的蔬菜，比如胡萝卜、芹菜、辣椒或大蒜，它们虽然和洋葱一样其貌不扬，但是也能起到提香增鲜的作用。汤锅菜肴大多是普普通通的家常菜，其烹饪美学在于多种食材的兼容并蓄，而不是单一食材的一枝独秀。

事实上，正是多种食材切碎后做成的大杂烩赋予了汤锅菜肴独特的风味和文化身份。举个例子，如果你做某道菜时，第一步是将洋葱、胡萝卜、芹菜切丁，用黄油嫩煎（有时黄油也用橄榄油代替），煎出来的就是“mirepoix”[①]，说明这是道法国菜。如果你做菜的第一步是将洋葱、胡萝卜、芹菜切碎，用橄榄油嫩煎（可能再加点大蒜、茴香或香菜），这样煎出来的是“soffritto”[②]，说明这是道意大利菜。不过，如果把“soffritto”中的f和t各去掉一个，变成“sofrito”，就是西班牙菜的调料，采用的是切丁的洋葱、大蒜和西红柿，而不放芹菜。卡真人[③]（Cajun）做菜时，第一件事情通常是将洋葱、大蒜和灯笼椒切丁，这三种蔬菜在卡真人看来，是神圣而不可拆解的“三位一体”。如果你在一份食谱中看到底料一栏写着“切碎的葱、大蒜和姜”，那么你所看到的就不是西方菜系了，这种什锦蔬菜丁有时被称为亚洲调味蔬菜（Asian mirepoix），是远东地区众多菜品的常见底料。在印度，做汤锅菜肴时一般要放“tarka”，“tarka”指的是用过滤的黄油或印度酥油嫩煎的洋葱丁和香料。就算我们不懂这些专业术语或烹饪技术，只要闻到了一道菜的底料散发出来的香气，我们就能立刻判断出这道菜源自哪个国家的饮食文化。

不过，无论是做哪个地方的汤锅菜肴，都得先从切菜开始。切菜也不是没有好处，你可以有充足的时间一边干活，一边想事情。我曾经在切菜的时候思考过天天做饭的“麻烦”之处，“麻烦”这个词用来形容天天做饭的感受，确实很贴切。说来也奇怪，从来就没

---

① mirepoix，用作焖肉、鱼等的菜底或调味汁原料。——译者注

② soffritto是指焦糖洋葱番茄酱。——译者注

③ 卡真人是法裔加拿大人的后裔，靠饲养牲畜，种植玉蜀黍、薯蓣、甘蔗、棉花等为生。——译者注

有人觉得烧烤很麻烦。人们聚在一起进行户外烧烤，一般都是在比较特殊的场合，因此从定义上看，这不是什么“麻烦事”。烧烤本身也不那么枯燥：不需要讲究那么多（不用看食谱），也更多地带有社交性、公开性和表演性。炉火！熏烟！烤肉！——这是一出扣人心弦的戏剧，跟麻烦完全沾不上边。将食材切丁、切碎之类的杂活，以及需要动手指的细活都不用你去操心。唯一需要你动刀子的地方是在这场表演结束时，将烤肉切开或斩开，分给客人，而这项活动可以被视为一种仪式。

相比之下，在厨房操作台上切蔬菜，将它们放在平底锅里小火慢煎，加入汤水、盖上盖子焖煮，再在锅边照看好几个小时，这个过程没有一点仪式性。一方面，根本没什么值得一看的。（而且千万不要抱有这样的念头，俗话说，心急锅不开。）另一方面，这种烹饪活动是在室内进行，你得闷在厨房里埋头干活。这就是纯粹的劳动。

⊙

既然下厨做饭没什么意思，也没必要亲自动手，那么我们为什么还要下厨做饭呢？毕竟，下馆子、叫外卖，或者买些熟食和速冻食品回来，放到微波炉里加热，不也是很好的选择吗？当然，这也是越来越多现代人为图省事而做出的选择。下厨做饭已不再是义不容辞的义务，这标志着人类发展史上的一大变革，而这种变革造成的影响目前已初露端倪。没有人需要再亲自动手切洋葱了，就连穷人也是一样。食品公司更乐意为我们代劳，而且价格往往很优惠。从很多方面看，这是个福音，对女性来说尤其是这样。毕竟，在大多数文化中，女性都得担当起下厨做饭的任务。如今，美国人每天一般只花 27 分钟的时间准备伙食，再花 4 分钟的时间“打扫战场”。

这比 1965 年我还是个孩子的时候减少了一半。从市场调研的结果来看，从某种程度上讲，美国人吃的晚餐当中，有一大半还可以算得上是“自家的饭菜”。看上去似乎有不少人亲自下厨，但其实你会发现，“做饭”这个定义在近些年来已经大大降低了标准。

上述调研结果是我从一位从业多年的食品工业调研员那里得知的。这位调研员名叫哈利 · 巴尔泽尔（Harry Balzer），是一名性情坦率的芝加哥人，我对他进行了好几个小时的采访，我们一起探讨了烹饪的未来，这次谈话具有启发性，同时也令人气馁。巴尔泽尔研究美国人的饮食习惯已经三十年有余。他从 1978 年起一直效力于市场调研公司尼尔森集团（NPD Group），该集团从 2 000 份饮食日记中收集数据，跟踪调查美国人的饮食习惯。几年前，巴尔泽尔注意到，他的受访者对“烹饪”这个词的理解已经变得过于宽泛，以至这个词已经不具备实际意义。

“我们祖母那一辈人要是得知现代人对‘烹饪’这个词的理解，他们都会惊讶得从坟墓里跳起来。”他表示，“在现代人眼里，就连加热食品罐头、用微波炉将速冻比萨饼解冻，这样的活动都可以算得上是‘烹饪’。”因此，尼尔森集团决定稍微限定一下“烹饪”这个词的范畴，以便于掌握美国家庭厨房里的真实状况。调研人员规定，所谓“从头开始”准备一顿饭的过程，必须包括“收集食材”的步骤。因此，用微波炉加热比萨饼不能算是“烹饪”，但是洗一棵莴笋，然后淋上瓶装的调味料却可以算是“烹饪”。按照这个宽泛的定义标准（烹饪的过程不一定要包括切菜），你把蛋黄酱浇在一块切片面包上，放上几片冷肠或者一块汉堡肉饼，也能算是“烹饪”。（不管是在家吃还是下馆子，三明治已成为美国人最喜欢的餐食。）至少按照哈利 · 巴尔泽尔的这套不算严苛的标准，我们美国人依然算是勤于下厨的人：我们的晚餐有58%可以算是“亲自下厨准备的伙食”，只不过即便如此，这一比例自20世纪80年代以来一直在稳步下降。

与大多数研究消费者行为的人士一样，巴尔泽尔对于人类的天性或多或少已经不抱希望，他的研究结果显示，人类的天性在于不断地追求省钱、省时间或两者兼顾的方法。他毫不留情地表示：“面对现实吧：我们基本上就是偷懒耍滑的贱骨头。”有好几次采访时，我不断地问他一个问题，想知道现在有很多人开始亲自下厨，从头开始（也就是从切洋葱开始）准备伙食，他的研究对于这样的现象得出了什么结论。谁知道他压根儿就不提“从头开始”这个词。为什么？显然，真正意义上的、从头开始做饭的活动在他看来已经少之又少，不足以作为研究的样本了。

“打个比方吧，”巴尔泽尔提出，“100年前，你要是想在晚饭时吃上鸡肉，就得自己出去逮鸡，然后宰杀，开膛破肚，去除内脏。现在还有谁会这样做？这样做会被人当成笑话的！你的孙辈就是这么看待做饭问题的。这就和缝纫、补袜子一样——以前的人都是别无选择，所以才自己做。现在还是省省吧！”

或许我们真该省省心。不过在此之前，有一个现象值得思考：当切洋葱不再是一种义务时，这种琐碎的活儿偶尔为之，反而让人觉得新鲜而有意思，只不过天天为之又让人无法忍受。当做饭不再是一种义务时，人们可以选择不做，这样的选择或许反映了一种价值观，认为做饭并不是那么有意义的事情，还有一种可能就是，当事人只是想省下时间来，做点其他的事情。然而，还有一些人认为，亲自下厨依然有其价值，对于这些人来说，下厨作为一个可有可无的选项，必然会与他们想做的其他事情发生冲突。以前，一家人要想吃上饭，必须有人下厨，因此根本不会有这样的冲突。一旦我们能够选择如何支配时间，时间反而变得紧缺起来了。能够静下心来待在厨房里的人已经少了许多。走捷径似乎一下子变得更有吸引力。（我完全可以买一瓶现成的蒜蓉，或者一包切好的mirepoix！）因为这样一来，你就能省下时间，做点更加紧急的事情，或者干脆放松一下。我切洋葱的时候常常会这么想。

不过，同样的道理，既然下厨已经变成一个可有可无的选项——这还得拜食品制造商和快餐店所赐，人们完全可以为了享受下厨的乐趣而下厨，这在人类发展史上还是头一遭。原本纯粹的“劳动”如今可以当成一种“休闲活动”。不过哈利·巴尔泽尔并不愿意认真考虑这个选择。这要么是因为，他认为我们太懒，凡是不必要的事情坚决不做；要么是因为，他终究是业内人士，他的职责是帮助食品公司从家庭烹饪的衰落中牟利。又或者，原因仅仅在于，他认同现代专业化消费文化的主流理念，认为“休闲活动”就应该涉及消费。而任何涉及生产的活动都与之相反，应被视为劳动。换句话说，休闲活动是你不能花钱请人代劳的。（比如，看电视、看书，或者玩填字游戏。）除此以外的所有事情——凡是市场没有办法替我们代劳的事情——都属于劳动，凡是明事理的人，只要出得起钱将它们外包出去，就坚决不会亲自动手。

至少经济学家这么看待劳动与休闲的问题。在他们看来，劳动与休闲就好比生产与消费，泾渭分明，彼此相反。不过这种观点可能更适用于经济学或者消费资本主义，而不适用于日常生活。因为现代意义上的烹饪（作为一个可有可无的选项）最有意思的一大特点在于，它使劳动与休闲、生产与消费之间原本泾渭分明的界线变得模糊不清。关于切洋葱的问题，佛家的思想可能是对的：切洋葱是否有意思，完全取决于你怎么看待和体验这个过程，你可以把它看作一种杂务而加以抗拒，也可以把它看作一种修行，甚至磨炼。在不同的情境下，同一种行为可能会有截然相反的含义。烹饪是否真如20世纪60年代的许多女性主义者所说的那样，是一种对女性的压迫？（老实说，我觉得这样说也并不是毫无道理。）20世纪70年代，肯德基的炸鸡全家桶广告牌上公然打出了“女性解放”的口号。或许这样的口号名副其实，即使时至今日，对于许多女性来说依然如此，尤其是在夫妻双方都需要外出工作的家庭。不过，即使快餐的需求强劲，如今依然有越来越多的人（无论是男性还是女性都不例外）戴着政治眼镜来看待下厨做饭的问题。在他们看来，亲自下厨做饭，能够防止肯德基这样的企业影响人民的生活和饮食文化，连自己养鸡、杀鸡都有这样的效果！这就带来了一个很有意思的问题：作为一种政治行为，如今的家庭烘焙究竟是进步还是倒退的时间安排方式？

到目前为止，这些问题依然值得商榷。这也是我现在如此热衷于下厨的原因之一，我想学做一些特别的菜肴，以探讨这些问题的答案。所谓特别的菜肴，就是指“外婆菜”，以前它们都是些稀松平常的家常菜。做菜的过程往往要从切洋葱开始，而且要在锅里烹制20分钟以上才能上桌。不过现在，这些菜已经带上了特殊的印记。我严重怀疑自己能否达到顿悟的境界，能够真正做到静下心来切洋葱。（如果以下的页面都是空白的，那就表示我成功了。噢——还是算了吧。）不过我至少能够静下心来待在厨房里做饭了，不管做出的是什么菜，都更能吸引人们的眼球。

⊙

我学到的第一件事情是：总的看来，烧烤无非就是将肉放在烤架上，用柴火炙烤足够长的时间。同样的道理，各种各样的汤锅菜肴也可以简化为一种基本的做法。如果你去翻翻食谱，就会发现，不管是哪种饮食文化，其菜品的花样似乎都是无穷无尽的。尽管炖菜、焖菜或汤羹的做法有数百万种之多，这些菜肴的“底层结构”基本都是通用的。我来总结一个简化版的底层结构，可以说，汤锅菜肴基本上都是以此为样板：

将芳香蔬菜切丁

将蔬菜丁用油脂嫩煎

给肉片（或其他主料）上糖色

将所有食材倒入锅中

加点水（或高汤、红酒、牛奶等等）

小火慢熬，将水温保持在沸点以下，熬煮很长时间

从实际意义来讲，这种精简版的食谱至少能让我不再对那些纷繁复杂的菜品望而生畏——因为我一看到步骤多的食谱就发怵。不过，一旦你把握住了其中的精髓，那么无论怎么变换花样，你学起来都会轻松许多。

这种提炼精华的做法还有一个好处，那就是，我们可以通过某种特定的烹饪方式来了解自身及世界。烹饪就是将自然界的物质转化为美味佳肴的过程。只要我们摆脱那些繁杂步骤的干扰，长此以往，你渐渐就会发现，烧烤与熬汤代表着两种截然不同的叙事体系。烧烤一方面涉及自然界的美食，另一方面涉及人与人之间的社交，它讲述的是群体的故事，或许还能揭示人类在宇宙秩序中所处的位置。与烤架上升腾的熏烟一样，这是一个沿着人物的纵轴展开的故事，烤炉边流传着各种各样的英勇事迹。这里有“布道师”，有仪

式，甚至还有祭台。宰杀牲口就好比祭献，火的元素得到控制。

如果说，在阳光明媚的户外烧烤，给人的感觉就像身处荷马史诗中的世界，那么，走进厨房，照看盖锅熬煮的热汤，仿佛一下子就从史诗中脱离了出来，进入了一部小说的世界。如果说每一份食谱都讲述了一则故事，那么，汤锅菜谱所讲述的，又会是什么样的故事呢？

第二章
蔬菜的煎与熬

我知道，我需要找一个专业人士把自己领进烹饪艺术的大门，为此，我找到了当地的一名年轻女厨师。她叫萨曼·努斯拉特。碰巧的是，我以前做过萨曼的老师，现在反过来了。我们是五年前认识的，那时候，我在加州大学伯克利分校（University of California, Berkeley）教授食品写作课，她提出要来我的班上听课。当时她已经从这所大学毕业好几年了，虽然在当地一家餐馆做厨师，但有志于写作。萨曼个性很要强，很快就成了班里的风云人物，经常分享她在食品和烹饪领域的渊博知识。每个星期都会有学生为全班人带一份小吃——可以是儿童最喜欢吃的饼干，也可以是从农贸市场买来的家庭秘制小吃，然后分享一则关于这个小吃的故事。轮到萨曼来做“小吃进课堂”的项目时，她带了几大盘热腾腾的意大利面，其中番茄酱和意大利面完完全全是她自己做的，她把做出来的意大利面用瓷盘盛好，还给班里人准备了银质餐具和布餐巾。萨曼给我们讲述的是她学厨的故事。她一开始就职于潘尼斯之家（Chez Panisse）餐厅，先后担任过服务员和厨工，接着在托斯卡纳（Tuscany）花了两年的时间学做新鲜意大利面、学习屠宰牲口、学做她钟爱的“外婆菜”。萨曼亲手做的意大利面或许是那个学期最令人怀念的食物了。

我记得，那是我第一次听到“外婆菜”这样的字眼。对萨曼来说，母亲亲手做的饭菜就属于这类传统菜肴，虽然一家人住在圣迭戈，但家里的饭菜却带有德黑兰的地方特色——尤其是口味和香味。1976 年，也就是在伊朗伊斯兰革命爆发的三年前，萨曼的父母从伊朗移民到了美国；作为巴哈伊信仰[①]（Baha'i faith）的追随者，她的父亲害怕遭到势力日益强大的什叶派人士的迫害。萨曼于 1979 年出生于圣迭戈，但她的父母梦想着有朝一日能够回到伊朗，因此把家里布置得像是伊朗的主权领土似的。一家人在家里说波斯语，而努斯拉特夫人平常只做波斯菜肴。萨曼到现在还记得父母在她小时候叮嘱她的一句话：“记住，你从放学回家、踏进家门的那一刻起，就相当于回到了伊朗。”

有些移民家庭的孩子到学校后，不敢把家里准备的、带有民族特色的便当拿出来，因为觉得尴尬，但萨曼肯定不是这种类型的人。恰恰相反，她非常喜欢波斯食物，喜欢香气四溢的白米饭和烤肉串，以及加了甜香料、坚果和石榴的香浓炖菜。“我有一次在学校被同学取笑了，他们觉得我的便当看起来很怪。但是我的便当比他们的好吃多了！所以我根本没把他们的话当回事。”她母亲“在家里肯定（按照习俗）穿长裤”，有时候，她母亲开车把加州南部跑个遍，只为寻找特定的家乡食材：比如，做某道菜必须要用的、特殊品种的甜青柠，还有一种时令宴会必备的酸樱桃。从小到大，萨曼没怎么操心过做饭的事——只不过母亲时不时会让她帮忙做一点厨房杂务，比如，挤柠檬汁、剥蚕豆壳等等——“不过我对吃很感兴趣，喜欢吃妈妈做的菜。”

---

① 巴哈伊信仰的最高宗旨是实现人类大同和创建世界文明，其基本教义为上帝唯一、宗教同源和人类一体。——译者注

正是在加州大学伯克利分校读书期间，她萌生了当厨师的想法，产生这个想法的契机是在潘尼斯之家的一次难忘的用餐体验。萨曼在一天下午跟我讲述了事情的来龙去脉，当时我们正站在我家厨房的操作台边切蔬菜。此前我已邀请她担任我的烹饪教师，我们每个月都会上一两天的课，每堂课持续四五个小时，每次都是在厨房的操作台边开始上课，我们在一块砧板前，一边切菜，一边交谈。我很快就意识到，要想排解切洋葱时的无聊，聊天是最好的方法。

和往常一样，萨曼腰上系着白围裙，一头浓密的黑发向后梳。她个子高，体格壮，相貌很有特色，黛眉高挑，肤色为暖色调的橄榄棕。如果要用一个词来形容她，“热情上进”比较合适。萨曼说话时经常带感叹语气。总是有连珠炮似的话语从她口里迸出，她很喜欢大笑；她那双深邃的棕色眼睛十分灵动。

“我当时连潘尼斯之家餐厅都没有听说过！实际上，我对‘知名餐厅’这种地方根本就没有概念，因为我们全家人从来不去豪华餐厅。但是我大学时的男朋友是在旧金山长大的，他经常跟我提到艾丽斯·沃特斯（Alice Waters）和她创立的潘尼斯之家餐厅。我当时听了，心里就想，天哪，这个地方我们得去见识一下！于是，在整整一个学年里，我们把钱通通存进了一个鞋盒子里，存的都是些零钱、洗衣房的找零，还有我们互相打赌时从对方那里赢来的钱。就这样攒了200美元，刚好可以在一楼吃一顿套餐。于是，我们定了星期六早晨的闹钟，以便赶在他们正好开始接电话时打进去。就这样，我们预订了两个席位，时间刚好是在一个月后的星期六晚上。

“那次经历太令人难忘了。餐厅里温馨舒适，灯火辉煌，服务细致周到，没有人因为我们只是学生而怠慢我们！服务员给我们上了一道皱叶甘蓝沙拉配‘培根片’——我记得我当时还在想，这是什么东西！第二道菜是浇汁大比目鱼，我从来没有吃过大比目鱼，所以真的很紧张。不过我记得最清楚的是甜点：巧克力舒芙蕾配覆盆子酱。服务员不得不手把手地教我们，怎么在舒芙蕾的圆顶上戳一个洞，把覆盆子酱倒进去。这道甜点太美味了，但我觉得配上一杯牛奶会更好。于是我跟服务员说要一杯牛奶，结果她笑了起来！我现在知道了，点一杯牛奶是有失礼仪的——那种场合应该喝甜点酒的，哎——不过服务员人太好了。她给我拿了杯牛奶，然后又拿了杯甜点酒——而且还是免费的！

“那里的食物太美妙了，但是我觉得，真正使我爱上那家餐厅的，是店员无微不至的服务。我当下就决定，以后一定要在潘尼斯之家餐厅工作。它看起来比一般的工作要有意思得多。再说了，你还可以随时享用那里的美味佳肴！

“于是我坐下来给经理写了封长信，讲述了这次改变我一生的用餐体验，同时恳请对方给我个机会在店里当服务员。这个疯狂的想法获得了命运女神的眷顾，他们把我叫了过去，我当场就被录用了。”

萨曼重新规划了学习的时间安排，以便每周都能在餐厅工作好几个班次。第一天上班的情形她记忆犹新：“他们带我进厨房里转了一圈，所有人都穿着洁白无瑕的工作服，他们所做的，是世界上最美妙的食物。有人告诉了我老式吸尘器的放置位置，于是我开始给餐厅除尘，我记得当时心里是这么想的，‘真不敢相信他们竟然这么信任我，肯让我给潘尼斯之家一层的餐厅除尘！’我觉得很自豪。每天我都是带着这样的感受上班的。

“我有点儿强迫症倾向，不知道你有没有注意到，这里所有人都跟我一样，我还是第一次发现这样的地方。所有人都在追求完美，不管做什么都是一样。扎垃圾袋一定要扎得漂亮，做舒芙蕾一定要尽可能做到最好，银质餐具一定要擦得锃明瓦亮。”不难看出，每一项任务——不管它看起来多么微不足道——都得到了最认真地执行，也就是这时，我在这里开始有了家的感觉。

“我第一次学习如何使用传菜升降机时，就被震撼到了。摆放菜品的时候必须做到几点要求：要把热盘和沙拉分开放置，充分、高效地利用空间，合理安排碗筷的摆放，最大限度地减少瓷器碰撞造成的声音。餐厅坐落在一栋历史悠久、风雨飘摇的小楼里，每天都要招待500名客人，尽可能给他们营造最好的用餐体验，因此，这么多年来，每一项安排和服务都经过了深思熟虑，现在已经发展成了一套完整的体系。这也就意味着，如果你想图省事、走捷径，可能就会把整套体系打乱。

“等到我最终开始掌勺时，这些经验自然而然全部派上了用场。对我来说，烹饪就是尽可能地把每道菜都做出最美妙、最浓郁、最有层次感的风味，尽可能地把每一种食材的原味都发挥到极致，不管它是一块上好的三文鱼，还是一颗不起眼的老洋葱。打从我第一次学习使用传菜升降机时，就被灌输了这样的食品加工理念。”

⊙

萨曼一般星期天来我家教课，每次都是下午三点钟左右急匆匆地冲进厨房，一进门就把几个棉布购物袋甩在操作台上，然后从袋子里取出一整套装备——有菜刀、围裙，还有根据当天要做的菜品而准备的大量香料。其中有一种香料比较特别，叫作藏红花，它们装在一听咖啡大小的罐子里。萨曼的母亲给了她一大堆藏红花，只要有菜式需要用到这种香料，她就会毫不吝惜地撒进去，就像撒盐一样。

“我真是太兴奋了！”每次开工时，她都会一边系上围裙，一边抑扬顿挫地说出这句开场白，“今天，我们来学习如何上糖色。”有时候是“做soffritto”“把鸡肉切成蝴蝶翅形”，或者“熬鱼汤”。就算是最平淡无奇的步骤，也会让萨曼充满干劲儿，不过她的工作热忱很有感染力，后来我几乎把这种热忱当成了职业道德的一部分。像上糖色这种步骤即使不说它无聊，也算得上是一看就能学会的，但即使这么简单的步骤，也值得你付出最大的专注力和热忱。毕竟，你的投入会影响用餐者的体验。而且你还需要考虑食材本身的价值是否得到了有效的利用。只有将其原味充分释放出来，才不至浪费食材。萨曼给每一堂课都设定了一个主题，比如，美拉德反应（给肉上糖色），鸡蛋及其神奇的特性，乳化作用的奇迹，等等，不一而足。在一年的时间里，我们做了各种各样的主菜，也做了五花八门的沙拉、配菜和甜点。不过主菜似乎大多都是汤锅菜肴，而且焖菜可能是做得最多的菜肴种类。

焖和炖很像，具体做法都是将肉放在液体介质中慢火熬制，可以加蔬菜，也可以不加。不过在炖菜当中，主料一般都切成可以直接入口的小块，而且加进锅里的汤水要没过食材。而在焖菜当中，主料一般都不切，或者切成大块（肉最好不去骨），而且只有一部分浸在汤水当中。这就相当于肉的底部浸在水里炖煮，而未浸入水中的部分可以上糖色。由此一来，肉的口感就会更丰富，更有层次感，而汤汁也会更浓稠，做出来的菜品更美观。

萨曼和我红烧过的食材包括：鸭腿和鸡大腿、公鸡和兔子、随手切下来的猪肉和牛肉、羊小腿和羊脖、火鸡腿，以及各种各样的蔬菜。其中每一道菜都需要加一种红烧汤汁，我们有时候一次加好多种，比如，红葡萄酒和白葡萄酒、白兰地和啤酒、各种高汤（鸡汤、猪肉汤、牛肉汤、鱼汤）、牛奶、茶、石榴汁、出汁[①]（dashi）、泡香菇水、泡豆水，以及自来水。我们还做了一些菜，比如波隆那肉酱（ragù或ragoût）、马赛鱼汤（bouillabaisse）、意大利炖饭（risotto）和西班牙海鲜烩饭（paella）。它们从严格意义上讲，并不算是炖菜或者焖菜，但是基本套路都是一样的。

做这些菜的基本套路一般是要先切底料，也就是要把洋葱这类芳香蔬菜切丁。这些材料我一般会尽量在萨曼来之前先准备好。我会把洋葱、胡萝卜和芹菜切成整整齐齐的小丁，堆在砧板上（这三堆蔬菜的高度比是2∶1∶1），但是萨曼看了之后，往往会让我重新切，因为她觉得我切的蔬菜丁不够小。

“做某些菜的时候，像这样草草了事的切丁方法是够用的。”我试图不去计较她所说的话，但是我觉得自己切的蔬菜丁已经很整齐了，根本就不是“草草了事”。“但是做这道菜的时候，你不一定要让别人吃出soffritto的味道来，”她解释道，“你得让这些食材彻底融进汤里，化成汁，变成一种无形的美味层次。所以……接着切！”于是我照做了，学着她的样子拿一把大菜刀在蔬菜堆中剁来剁去，把细小的蔬菜丁一遍又一遍地切碎，直到它们变成几乎看不见的小点。

嫩煎洋葱这个步骤也被我想得太简单了。萨曼的观点很明确：“大多数人烹制洋葱的时间都不够久，过程也不够慢，总是太心急。”这对她来说，显然是一大禁忌。“洋葱应该煮到完全软烂，晶莹剔透，没有丝毫嚼劲。要把火调小，至少熬上半个小时。”萨曼曾在当地一家意大利餐厅当过副厨师长，手下管理着16名年轻的男员工。“我总是巡视手下的工作，不停地把他们的炉火调小，他们总是把火开

① 一种日本高汤，由海带和鲣鱼片熬制而成。——译者注

太旺了。我估计男生可能都喜欢把火开到最大吧。但是你做mirepoix和soffritto的时候就得用文火。”

你可以用文火让洋葱“出水”，也可以用大火将洋葱煎成焦黄色。采用的方法不同，菜品的口感也会截然不同，萨曼如是解释道。在这些问题上，她的终极权威是贝娜蒂塔・维塔利（Benedetta Vitali），此人是萨曼在佛罗伦萨期间曾经效力的厨师，她专门写了一本书来讲soffritto，至于书名——还能有什么，就叫《Soffritto》。“贝娜蒂塔会做三种不同的soffritto，具体做哪种soffritto，取决于做什么菜——无论是做哪种soffritto，都要准备好洋葱、胡萝卜和芹菜。不过这些蔬菜的色泽可以更深、更焦黄，也可以更浅、更贴近原本的色泽，这完全取决于火候和烹制速度。”（事实上，“soffritto”这个词语的含义当中就包含了烹饪的要诀：“不煎透”。）

如果你花了半个小时的时间看着洋葱在平底锅里出水，那么你要么会惊艳于洋葱缓慢的转化过程（从不透明到透明，从散发出硫黄味到散发出甜味，从硬脆到软烂），要么会因为不耐烦而躁狂到失控。不过这也正是萨曼想给我上的一课。

“做好菜的要诀无非就是三个：耐心、定力和熟练。”有一次她对我说。萨曼是个虔诚的瑜伽学生，她认为做菜和练瑜伽都能磨炼人的心性，这是两者的一个重要共同点。处理洋葱似乎是一个磨炼心性的好方法——经常切洋葱就会熟能生巧，等待洋葱出水的过程能够考验耐心，而始终站在锅边观察情况，能够培养定力，就算电话突然响起，你也不会因为一时分心而导致煳锅。

不幸的是，上述三点对我来说都很难。我是个没耐性的人，在与物质世界打交道的过程中，这一点表现得尤其明显；况且，我很少能做到一次只专注于一件事情，或者说，很难把注意力集中到

“现在时”上。将来时+条件式才是我的常态，我总是会莫名其妙地感到焦虑，这是一种慢性的煎熬。如果这是生活的常态，我就无法静下心来冥想。（相信我，其实我心里很明白，自己完全走入了误区。要想达到冥想的境界，就不能顾虑太多。）尽管我非常喜欢“心如止水”这个概念，它说明一个人完全沉浸在他所做的事情当中，以至忘记了时光的流逝，但是我很少有这样的体验。在我沉入心湖的路上，总是横亘着一颗又一颗的巨石，它们扰乱了平静的心湖，制造出了许多令人烦扰的噪声。我偶尔能在写作的时候，享受片刻心如止水的时光，有时候在阅读时也能达到这种境界。当然，睡觉的时候也行，只不过我怀疑这是否算数。至于下厨做饭、看着洋葱出水的时候能不能达到这种境界，我觉得这些活儿的要求都不够高，不足以让我全身心投入进去，结果导致我原本就容易走神的精力像猫一样活脱，根本无法集中起来。

在将胡萝卜丁和芹菜丁倒入平底锅之前，先将洋葱的水分煎出。在看着洋葱出水的过程中，我又想到一个问题：为什么洋葱在汤锅菜肴当中这么常见？除了盐以外，我找不出比洋葱更常见的烹饪原料了。在全世界范围内，洋葱是排名第二的重要蔬菜作物（排名第一的是西红柿），只要是能耕种的地方，基本上就能种洋葱。那么，洋葱在菜品中到底发挥着怎样的作用？萨曼认为，洋葱等常见的芳香蔬菜之所以风靡全球，是因为它们价格低廉，种植范围广，而且能给菜肴增添些许甜味。我继续追问了几句，想让她给出更具体的解释，结果她说：“这是一种化学反应。”我很快就发现，凡是遇到与厨房科学有关的问题，这就是她的首选答案。备选答案是：“这个问题得问哈罗德！”她说的那个人是哈罗德·麦吉，一名厨房科普作家。虽然萨曼从来没有见过他，却把他当成了自己心目中的神。

但是她所说的化学反应，究竟是什么样的化学反应？现在看来，人们对于mirepoix还有待进行全方位的科学调查；就连哈罗德·麦吉在回复我的咨询邮件时，也对这个问题语焉不详，这不像他的作风。他给出的答案比较浅显，但不是我想要的。他认为，洋葱和胡萝卜中的糖在煎锅里熔化，变成了焦糖，为菜肴的口味增添了丰富的层次感。但是萨曼（以及大多数其他权威人士）建议，在做mirepoix的时候尽量不要让食材变焦黄，无论是把火关小，还是加盐，都能够使蔬菜中的水分析出，从而防止焦糖化反应的发生。况且，焦糖理论也无法解释芹菜在mirepoix和soffritto中的重要地位，毕竟，它并不是特别甜的蔬菜，放进锅里只会增加菜肴中所含的水分和纤维素。这些情况都表明，当我们把带有香味的蔬菜放进平底锅里嫩煎时，锅中发生的化学反应肯定不只焦糖化反应（也就是美拉德反应）这一种，还有其他的变化为菜肴增添了风味，只不过其中的机理究竟是什么，我们尚不得知。

有一天下午，我在小火慢煎mirepoix的过程中，冒着煳锅的危险，上网搜索了一下这方面的资料。我知道自己是在一心多用，完全没有通过定力的测试，可能也没有通过耐性的测试。我在网上发现有不少人对这个问题心存疑惑，拿捏不准，不过我们可以从足够的线索中推导出一个可能的结论，至少这个结论看起来有一定的道理：小火慢煎能够使蔬菜中的蛋白质长链分子分解成氨基酸分子，其中部分氨基酸（比如谷氨酸）具有众所周知的作用——它们能够赋予食物咸香的肉味，也就是日语中所说的鲜味。现在人们普遍认为，鲜味是除酸、甜、苦、咸以外的第五种味觉，它和其他四种味觉一样，在舌头上也有专门的感受器，可以让人们甄别出这种味道的存在。

至于看似毫无用处的芹菜，可能也在汤锅菜肴中发挥了提鲜的作用，而不仅仅是在mirepoix中释放了大量加固细胞壁的碳水化合物和水分。在网上搜索的过程中，我最终点开了《农业和食品化学》(*Journal of Agricultural and Food Chemistry*)上的一篇文章，作者是一队日本食品科学家，标题很有吸引力，为“水煮芹菜成分对鸡汤的提味作用”(Flavor Enhancement of Chicken Broth from Boiled Celery Constituents)[①]。这些化学家报告称，他们在芹菜中找到了一种挥发性化合物，叫作苯酞，虽然它本身完全没有味道，但是加进鸡汤里之后，既能增甜，也能提鲜。恭喜你，芹菜。

对于习惯抽象思维的我来说，耐着性子烹制mirepoix的过程变得更有趣了，至少已经不再是一种煎熬，因为我已经能站在理论的高度看问题。现在，有了知识储备，我观察问题也变得更有针对性了。我更加仔细地注意蔬菜入锅时发出的、令人愉悦的嘶嘶声(发出这种声音就说明，水分正从植物细胞中逸散出来)，接着我注意到，随着嘶嘶声的减弱，蔬菜正在变软，这说明，支撑细胞壁的碳水化合物支架正在分解，变成糖，而我需要做的，就是避免这些糖熔化成焦糖。我现在已经明白，即使我还没有往锅里加肉或者汤水，单单是焖制的蔬菜就已经风味非常浓郁了，其鲜味在于小火慢熬的洋葱、胡萝卜和芹菜之间形成的微妙的平衡。

研究发现，将洋葱入菜——尤其是入荤菜，能够使食物吃起来更加安全。和许多最常用的香料一样，洋葱(以及大蒜)当中含有作用强大的抗微生物化合物，它们在烹饪的过程中不会分解。微生物学家认为，洋葱、大蒜和香料能够防止肉中滋生有害细菌。这或

① 第56卷，2008：512–16。

许能够解释为什么在越接近赤道的地区，这些植物的使用就越普遍。毕竟，在低纬度地区，肉类防腐的难度会显著增大。在冰箱问世以前，食物（尤其是肉类）容易被细菌污染，给人类的健康带来严重威胁。（在印度菜系中，素菜中的香料一般比荤菜中放得少。）我们的祖先通过反复的摸索，终于在机缘巧合之下，发现了能够防止人类生病的植物化学物质。洋葱刚好是最有效的抗微生物食用植物之一。至于这些植物为什么会给人以"美味"的印象，说不定只是因为，人类在漫长的进化过程中，对于有助于维持生存的食物培养出特殊的喜好罢了。得知这个科学事实之后，我不仅对mirepoix和soffritto好感倍增，而且对洋葱的反感也减少了很多。

综上所述，将芳香植物入菜，或许不仅仅是为了打破食材本身的化学防御机制，使人类能够摄取其他生物无法取食的卡路里。真正的作用机理比这精巧得多。将洋葱、大蒜等香料入菜，是一种生物化学柔道，它的第一步是打破植物的化学防御系统，方便我们取食；第二步是将植物用来对付其他物种的防御机制为我们所用，帮助我们保护自己。

⊙

我开始领略到用汤锅烹饪的好处。将荤菜与素菜搭配起来，放在汤水的介质中烹制，与单纯将其中一种食材放到火上烤制相比，好处非常多。用汤锅烹饪时，掌厨的人可以将洋葱、大蒜、香料等芳香植物加进肉汤中，增添菜肴的风味（也增强抗微生物的特性）。如果采用烧烤的方式，则很难做到这一点，即使有可能。在小火慢熬的热汤中，蔬菜与肉类交换分子和味道，由此生成的产物往往比二者的简单叠加更有价值。酱汁就是一个典型的例子，它或许是一锅焖菜中最浓郁、精华的部分。

汤锅烹饪的最大特点就是经济划算。肉中的每一滴油脂和肉汁都与植物中的所有营养成分一起，被保留在了锅里。如果直接放在火上烤，这些成分很容易流失。用汤锅做菜时，即便是质量一般或者不怎么新鲜的肉，也能做出美味的菜肴。肉不需要多放，配上蔬菜和酱汁，其分量就比单独的肉菜要大很多，足够更多的人食用。而且汤锅菜既可以配肉，也可用作调味品。

“以前，这是穷人吃的食物。”一天下午，萨曼对我说。那时候，我们正在切一块表面特别粗糙的羊前胛肉。“焖是一种神奇的烹饪方法，它可以让你用相对廉价的食材做出风味浓郁的菜肴。”事实上，最美味的炖菜和焖菜都是用“等级最次”的肉做出来的。肉质越老，风味越浓。此外，质地最硬的肉都是动物利用最多的肌肉，因此肉里的结缔组织也是最多的，经过长时间的慢火熬煮，这些结缔组织就会化成凝胶，融在肉汤里。

用汤锅做菜时要盖上锅盖，以便在长时间的熬煮中保持锅内的温度和湿度。这种做法彰显了汤锅烹饪的朴实和经济。相比之下，用明火烤肉（荷马史诗式的烹饪方法）给人以奢侈、铺张的印象：它明目张胆地炫耀了一个人的财富、慷慨和狩猎技巧，至少在以前肉类比较金贵的时代是这样。历史上的英国人喜欢用明火烤大块的关节肉，他们一向鄙视只会用“寒酸的”汤锅做菜的法国人，在他们的眼里，法国人切起肉来太小家子气，肉块都浸没在汤里，根本看不见，而且汤里放了什么，也看不出来。历史上的英国国力强盛，牧草丰美，全年都可以放牧牛羊，人人都吃得上优质肉，这些肉不需要加什么调料，直接放在火上烤就很美味。相比之下，法国人财力不那么雄厚，粮食供应也不那么充足，只能在厨房里绞尽脑汁、想方设法地开发各种技术，以最大限度地利用零零碎碎的肉末和根茎类蔬菜的价值，将能用上的汤水统统派上用场。

如今，人们的观念完全反过来了。以前农民吃的东西，现在变成了精英阶层的高端食品；以前价格高昂、块头很大的烤里脊肉，现在地位一落千丈，变成了平民阶层的“粗茶淡饭”。食材的品质总是与烹饪时间和技巧互相矛盾。前者的改善，必然伴随着后者的减少。但是这种情况反过来也成立。用汤锅做菜，只需要一点点技巧，再多花一点时间，就能用最普通的食材做出最美味的菜肴。这一久经考验的规律表明，要想花较少的功夫做出美味的菜肴，或许还得从学习厨艺做起——要懂得如何处理皮糙肉厚的食材，学习怎样自制mirepoix，尝试用汤锅烹制更多的菜肴。厨艺在一定程度上可以帮助我们摆脱对食材的依赖性。

不过，我们食用动物的方式也会涉及伦理问题和环境问题。如果我们只食用动物幼崽最好的部分，就必须饲养、捕杀大量动物，那势必会造成大量的浪费。但是，这已经成为常态，给动物和土地造成了灾难性的影响。如今，下蛋的老母鸡已经没有市场了，因为很少有人知道怎样用它们来做菜，因此，很多老母鸡的肉最终流向了宠物食品市场和垃圾填埋场。既然我们吃肉，就有义务尽可能地减少浪费，而一口普通的汤锅就可以帮助我们做到这一点。

第三章
盐、糖、脂

还有个步骤我一般也会在星期天萨曼来我家之前做好，那就是腌制当天要做的肉。萨曼把这个步骤视为重中之重，督促我一定要早做准备，放盐的时候一定不能省。“我来告诉你放多少盐：你觉得应该放多少，把这个分量至少增加两倍就可以了。”她建议道。（我咨询的另一位权威人士采用了同样的做法，只不过把分量中的“两倍”换成了“四倍”。）和许多厨师一样，萨曼认为，如果一个人已经学会放盐，那他就掌握了烹饪的精髓；而像我这样的新手放盐时太小心了。

人类在学会使用汤锅做菜之前，从来没有想过要在食物中放盐。动物的肉中含有人体所需的所有盐分，烧烤能够保留肉中的大部分盐分。后来，人类发展了农业，开始依赖以谷物和其他植物为主的膳食结构，很多食物都会煮熟以后再食用（在这个过程中，盐分会被过滤掉），于是，缺钠成了一个严重的问题。也就是在这时候，盐作为人类有意食用的唯一矿物质，变成了一种珍贵的商品。不过，在现代人的饮食结构中，钠元素普遍饱和，基本上不存在缺钠的问题了。既然是这样，为什么我们还要在肉里放盐呢，而且分量还这么大？

对于这个问题，萨曼的回应是，与一般人从日常膳食中摄取的盐相比，我们在菜里放的这点盐是微不足道的。我们摄入体内的盐大多来源于加工食品。一般来说，美国人每天摄入的钠元素中，有80%来源于加工食品。“所以说，如果你不吃那么多加工食品，就不用担心。也就是说：千万不要害怕吃盐！”

萨曼解释道，放盐的时候只要拿捏得当，就能将很多食物的内在风味释放出来，改善它们的质地和卖相。不过，需要拿捏的不仅仅是分量；把握好时机也很重要。有的菜（比如荤菜）应该早放盐，有的应该中途放盐，有的只能出锅前放盐，还有的必须在每一个步骤中放一点盐。如果是炖肉或者烧肉，你不能太晚放盐，分量也不能太少。下锅前至少提前一天放是比较好的，提前两三天甚至更好。

不过，肉在腌制的过程中不会脱水变干吗？的确，如果你没有预留出足够的时间腌肉，就会出现这个问题。盐在一开始会使肌细胞脱水，也正因为如此，如果肉在入锅前腌制的时间不够，那还不如干脆省掉腌肉的步骤。不过，盐将肉中的水分析出后，会在肌细胞内形成真空渗透。一旦盐被析出的水分稀释，形成的盐水就会重新被细胞吸收（同时被吸收的，还有腌肉用的香料等调味品），从而极大地丰富了肉的风味。简而言之，及时腌肉有助于使肉在后面的阶段中吸味，而且吸入的风味不仅仅是盐的咸味。

萨曼用盐的方式太随心所欲，我花了好一阵子才适应。“撒盐”这个词用来形容她的动作幅度，实在是太轻了，只不过说她在“倒盐”又夸张了点儿。她给我演示了放盐的方法：将五个手指全部扎入盐袋中，就像起重机一样，抓起适量的犹太盐[①](Kosher Salt)，然后有节奏

---

① 犹太盐也叫祝祷盐、洁净盐，是依据犹太人的饮食而做成的盐。跟一般食用的海盐或岩盐是一样的，但因为含碘量较低且较不易潮湿，深受多数厨师喜欢。——译者注

地将大拇指与其他四个手指摩擦（这个动作有点像播撒细小的种子）。我小心翼翼地照葫芦画瓢。我发现这样做确实能在肉上均匀地撒上一层盐。老实说，放了这么多盐，心里确实没底，但是后来菜做好之后，我发现肉并不是太咸，所以就放心了。现在我放盐也变得大胆起来。

⊙

在将所有的原料倒入锅中炖煮或焖烧之前，还有一个重要的步骤：用少量的油脂将肉略煎成焦黄色。这样做有两个原因：肉在油煎的过程中会发生美拉德反应和焦糖化反应，产生成百上千种不同气味的化合物，使菜的味道更加丰富；此外，这一做法还使这道菜的卖相更好——金黄油亮的色泽比暗淡的灰色更有吸引力。萨曼表示，如果不上糖色，肉的风味和色泽都会逊色不少。

问题是，在以水为主要成分的液体中，肉根本上不了糖色。为了触发美拉德反应，就必须把肉加热，温度至少要达到 120 摄氏度，超过水的沸点 100 摄氏度。要想使肉中的糖分焦糖化，还得把温度升到更高，要超过 160 摄氏度。因为油的沸点比水的沸点高，因此给肉上糖色的最好方法是将肉放在平底锅里，放上一点油脂煎。（把平底锅换成热炉也行，饭店里一般会用热炉，不过这样做也有风险，可能会使肉质干透。）

很多方子上推荐了一个小窍门：可以将肉的表面擦干，这样上糖色的效果会更好。有些方子对油脂的选择非常讲究，比如茱莉亚·蔡尔德（Julia Child）喜欢用培根油，用这种油做出来的菜肴口感更丰富。有时候，萨曼和我会同时开两个灶，一个灶煎肉，另一个灶做mirepoix或soffritto；有时候，我们会先煎肉，然后用平底锅里的余油和上色的肉末做mirepoix，这样可以起到提味的作用。

萨曼也有一些把肉煎成褐色的小窍门：肉切大块比切小块要好，不去骨比去骨要好。油要适量，在平底锅上均匀地铺开薄薄的一层，以便均匀导热；要是油太多，那就跟炸肉没什么区别，要是油太少，那你还不如直接把肉放在平底锅上干煎。锅具最好选择铸铁锅。煎肉的时候要在旁边小心看着，以免煳锅，使整道菜变苦。肉的表面全部都要上色，侧面也是一样。不要心急，要慢火煎透。一旦肉的表面煎出“诱人的烤焦色”，就马上收手。

简而言之，这又是一个考验耐性和定力的步骤，只有经得起考验，才能收到理想的效果。

不管我们煎的是鸭腿肉、羊脖肉，还是猪前胛肉，每到上糖色这一步，厨房里就会夹杂着好几种诱人的香气：香草味、肉香、泥土香、花香，还有甜味。至于具体是哪几种组合、彼此之间的平衡怎样，还取决于锅里在煎什么肉。从表面上看，上糖色似乎是个很简单的步骤，但是从分子的水平看，这个过程大大加深了菜肴的复杂程度，生成了成百上千种新的化合物，它们混合在一起，为菜肴增添了一层全新的风味。接下来还要再添加一层风味：我们把煎成褐色的肉从平底锅里盛出，然后往锅里倒上一点红酒，一边加热，使酒精挥发，一边用刮刀将锅底残留的肉铲起。铲起的肉和涮锅的红酒都不用倒掉，等到时候一起加进焖菜当中，“再增添一点美味的层次”——这样一来，我们的菜肴就已经添加了三个层次的美味，第一层是mirepoix，第二层是煎过的肉，第三层是掺杂着肉的红酒。萨曼曾经说过，她要在简单的菜肴中“构建”出不同凡响的风味，即使是最普通的食材，也要做出最美妙、最浓郁、最有层次感的风味。现在想想，我有点明白她说这句话的意思了。到目前为止，我们还没有往汤锅里加任何东西。

第四章
一锅乱炖就是一次探险

卡尔·弗里德里希·冯·鲁莫尔男爵（Baron Karl Friedrich von Rumohr）是一名德国艺术史学家和美食家。1822年，他出版了一本新书，名为《烹饪的本质》(*The Essence of Cookery*)。他写这本书的目的之一，就是要提升“寒酸的”汤锅在烹饪界的地位，向世人宣扬，汤锅的问世是人类发展史上的变革。“烧烤的时代终结了。”鲁莫尔男爵做出了这样的断言。“随着烹饪锅具的发明，数之不尽的天然产物一下子变得可食用了。”他写道。他认为，用汤锅做菜是一种比烧烤更高级的烹饪形式，其中蕴含着更广阔、更丰富的变化。“人类终于掌握了炖煮的艺术，能够将动物产品与营养、植物王国的芳香化合物结合起来，创造出一种全新的成品。有史以来，人类第一次有望将烹饪的艺术全方位地发展起来。”

或许是因为在美食领域，德国人注定没有法国人有说服力，鲁莫尔男爵在当今社会的知名度和读者数量远远比不上同时代的一颗耀眼的明星——布里亚-萨瓦兰。不过从某些方面看，《烹饪的本质》比《味觉生理学》更加经久不衰，毕竟，《味觉生理学》中所讲的科学理论和历史故事有很多纯粹是编造出来的。与布里亚-萨瓦兰相比，鲁莫尔男爵说话更有依据。更确切地说，他写的书更加贴近普通人家的厨房里每天发生的情况，在那里，水的作用和火一样重要。事实上，他对烹饪的定义当中包含了这么几句："有些天然物质营养丰富，令人神清气爽。所谓烹饪，就是在加热、加水、加盐的情况下，将这些天然物质的营养、美味和提神作用充分发挥出来。"鲁莫尔男爵之所以撰写《烹饪的本质》一书，其最终目的就是为了倡导返璞归真。他觉得，在他生活的时代，烹饪已经落入了"过度精致与浮夸"的怪圈，亟须回归本真。而没有什么比汤锅更能贴切地演绎烹饪的本真境界了。

从历史上看，汤锅烹饪比烧烤产生的时间要晚得多，这是因为，要想实现汤锅烹饪，首先必须要发明防水、防火的容器。不过，这种容器具体是什么时候发明的，我们不得而知。有些考古学家认为，早在两万年前，亚洲人发明的陶器是人类历史上最早的汤锅。世界上有很多地方都出土了远古时代的汤锅，这些地方包括尼罗河三角洲、黎凡特（Levant）、中美洲等等，出土文物的年代距今7 000~10 000年，距离人类第一次掌握生火技术的时间已经过了几十万年。学术界的主流观点认为，汤锅烹饪是到新石器时代才普及开来的，那时候，人类已经定居下来，开始围绕农业生产来安排自己的生活方式。事实证明，农业和泥质陶技术都是利用特别的方式对土地和火加以利用，二者存在着紧密的关联。

不过，我们仍有理由相信，早在汤锅发明之前，人类就已经采用过烹煮的方式来加工食物。在世界各地不计其数的远古遗址中，考古学家发掘了大量烧过的石头和陶土球，这些东西的用途曾经困扰考古学家多年。20世纪90年代的某一天，一个名叫索尼娅·阿塔莱（Sonya Atalay）的美国印第安人作为考古人员，正在加泰土丘（Çatalhöyük）上考察，加泰土丘是已知人类最早的城市中心之一，位于土耳其，距今有 9 500 年的历史。她在这里找到了成百上千个拳头大小的陶土球。她一时不知道该如何是好，就拿着几个陶土球回到了她的部族——奥吉布瓦族（Ojibwa），找到了一名老人，希望他能给出答案。老人拿起一颗陶土球，告诉她："你不需要读博士就能知道，这些是烹饪石。"

考古学家认为，远古的人类首先会将这些石头用火加热，然后扔进装满水的兽皮或防水篮里。炽热的烹饪球会使水温上升到沸点，同时又避免了容器直接接触到高温的火焰。这种方法时至今日被某些土著部落沿用下来。在锅具问世之前的漫长岁月里，远古的人类通过这种方法软化了种子、谷物和坚果，将许多有毒或带苦味的植物变成了果腹之物。

沸水大大扩展了人类的食物范围，尤其是植物类食物范围。经过水煮，各种原本不可食用的种子、块茎、豆类和坚果都能被加工成质软、安全的食物——正因为如此，形成了智人独有的营养特性。随着时间的推移，烹饪石渐渐被陶罐取代，这一变迁在阿塔莱考察的加泰土丘上留下了证据。防火、防水锅具的发明，使食物的烹煮变得更安全、更方便，标志着人类历史上的第二次美食革命，第一次革命是将火驯服用于烹饪。第二次革命的掀起，缺少一个普罗米修斯似的人物，或许这也在情理之中，毕竟，在大多数人看来，烹煮并不是一种带有英雄色彩的烹饪方式，相反，它带有朴实的居家气息。

不过，如果没有汤锅，农业究竟能走多远？许多重要的农作物都需要煮沸（或者至少需要浸泡）才能食用，尤其是豆类和谷物。汤锅就好比人类的第二个胃，一种消化植物的体外器官，没有它，许多植物根本无法食用，就算食用，也必须经过深度加工。正是由于这些“陶土胃”的辅助消化作用，人类才得以采用以储存的干种子为主的膳食结构，并在此基础上繁衍壮大，进而导致了财富的积累、劳动的分工和文明的兴起。人们一般把这些发展进程归功于农业的兴起，这本身没有错，但是汤锅发挥的作用和犁一样重要。

用汤锅烹煮食物的方式还促进了人口的增长，它使幼儿的断奶时间更早（从而提高了生育率），也使老人的寿命更长，因为幼儿和老人都可以吃锅里煮出来的软质食物和营养汤，不需要动用牙齿。（从这个意义上讲，汤锅充当着人类的外部口腔。）综上所述，汤锅的问世，使人类得以掌控水，进而脱离了狩猎生活，定居下来。根据历史学家费利佩·费尔南德斯–阿梅斯托（Felipe Fernández-Armesto）的说法，汤锅（以及它的“近亲”煎锅）的发明，标志着古代烹饪史上的最后一次创新，到了近代，微波炉的问世又给人类社会带来了一场革新。

⊙

烧烤和烹煮是两种主要的烹调方式，法国人类学家克劳德·列维–斯特劳斯曾将它们分别定性为“exocuisine”和“endocuisine”——也就是“开放式烹饪”和“封闭式烹饪”。列维–斯特劳斯希望我们能从字面意义和引申意义两个方面来理解这两个词，因为他认为，烧烤和烹煮的内涵远远超越了烹调的范畴，它们从完全不同的视角诠释了人与自然、人与人之间的关系。具体说来，烧烤之所以被称为“开放式烹饪”，主要表现在两个方面：第一，烧烤的场所是在户外，在开阔地上，烤肉会直接接触明火；第二，这个过程本身暴露于一个大的社交环境下——它关系到人与人互动的公共礼仪，是对外人开放的公共活动。与此形成鲜明对比的是，封闭式烹饪是在封闭的环境下进行，食材密闭于加盖的锅内，做饭的人往往待在自家厨房的私密空间里。汤锅本身是一个凹形的空间，放进食材、盖上盖子之后，就无法从外部观察到内部的情况。这就象征着一所房子，里面住着一家人。锅盖象征着房顶，下面是家庭主妇打理的空间。据列维-斯特劳斯描述，在新大陆有些部落，“男性从来不煮东西”，而在其他部落，下厨煮菜往往会巩固家庭纽带关系，而烧烤则会削弱家庭纽带关系，因为除了客人以外，陌生人也往往会受邀参加烧烤活动。

烹煮还是一种比烧烤更为开化的烹调方式，因为烧烤只需要有火就行了（可能再加上一根烧烤钎），而煮菜不仅仅需要火，还需要一种诞生于文明社会的人工制品——锅具。此外，烹煮涉及的介质不止一种，而是两种——在食材与火之间，还有一层陶土、一锅汤水。烹煮还能让食物熟得更彻底，也正因为如此，亚里士多德将它视为比烧烤更“高级”、更开化的烹调方式，“因为它能更有效地避免肉质半生不熟”。（显然，他不知道美国南部有一种烧烤方式叫作小火慢烤。）如果说所有的烹调方法无非都是将天然状态的食材转变为文化，那么，烹煮对肉类的转化更加彻底，例如，煮熟的肉当中没有一丝血迹。

列维-斯特劳斯指出，煮菜的汤锅用完之后就会被清理干净，保存起来，而烧烤用的木框架在用过之后，传统的做法就是直接拆掉。为什么？因为人们害怕遭到报应，被死去的动物反过来扔到木框架上烤。这种迷信的思想说明，烧烤在人们的眼里，是一种更暴力、更危险的烹饪方式，这或许能够解释为什么在许多文化环境下，女性作为生育者而非杀生者的角色，是不允许烧烤的。“煮熟的食物象征着生，”列维-斯特劳斯写道，“烤熟的食物象征着死。”他表示，许多地方的民俗传说中都描绘过“不朽之鼎”，但是没有一个地方的民俗传说中提到过“不朽的烧烤钎”。

有没有人像珍惜旧炖锅或者儿时用过的汤勺那样，专门清洗、保养过烤架或者其他烧烤器具的？户外用的烤架和煮菜用的汤锅之所以在使用寿命上天差地别，并不仅仅是因为它们的组成成分有所不同。烤架一旦积攒了太厚的油污，马上就会被扔掉；而汤锅则会被当作传家宝一样精心保养。

小时候家里的厨房是什么样子的，我已经记不太清了。但是有一样东西我记得特别清楚，那就是母亲使用的绿松石色砂锅，她经常从炖锅里舀出炖牛肉和鸡汤来。这口锅由知名餐具公司Dansk生产，设计带有斯堪的纳维亚特色，表面呈流线型，锅壁较薄，虽然看上去非常精巧，但是拿在手里却格外地重。显然，砂锅的内层采用了钢铁材料，只不过表面上了一层海洋色的珐琅。炖锅的盖子上有个细长的X形把手，揭盖的时候可以抓住它；把手的设计独具匠心，如果把顶部倒置，还可以当三脚架用。亮色珐琅上的每一块缺口、每一道刮痕我都记得很清楚；我敢肯定，就算现在你把这口锅和一堆看起来差不多的炖锅混在一起，我也能一眼就把它认出来。

每当炖锅里散发出诱人的香味时，这就意味着一家人又有风味浓郁的美食可以享用了。因此快到饭点时，家里人一闻到香味，就会从各自的房间里出来，跑到厨房去打探情况。在20世纪60年代典型的全电气化现代厨房里，那口古朴的砂锅成了凝聚全体家庭成员的纽带，它就像壁炉一样，飘散着热气，让人感觉到家的温馨。

这些都是50年前的事了。实际上，我之所以会回想起小时候家里的厨房，是因为看到了一张老照片，照片中，那口海蓝宝石色的砂锅就坐在灶台上。我的思维渐渐由此发散开来，想起了那个黄色的陶瓷水槽，厨房的角落里放着一张富美家（Formica[①]白色方桌），旁边摆着几张《杰森一家》[②]（*The Jetsons*）风格的波浪椅，墙上挂着一部旋转号盘的褐色电话机，旁边挂着一个鸟笼（这实在不是个明智的选择）。透过落地窗，可以看到一棵树干分叉的大橡树矗立在前院，为我们的房子提供了宝贵的庇荫。到饭点时，母亲会把砂锅从灶台端到方桌上，放在三脚架上，然后将绿松石色的盖子揭开，给我们一个一个地盛菜。每次揭开盖子，砂锅里都会飘散出一阵氤氲的香气。

像这样一口令人赏心悦目的旧砂锅，里面盛满了风味浓郁的炖菜，刚上桌时热乎乎的，浓汤的表面还冒着些许气泡，给人的感觉就像个迷你厨房。原本生冷的食材杂烩在一起，在密闭的容器中转化成了一顿热腾腾的大餐，可以让全家人围坐在一起共享美味。有了这些，夫复何求？你做过的所有菜肴都会在锅里留下痕迹，正如饭菜的余香会萦绕在厨房里一样。虽然这样说纯粹是迷信，不过，从某种程度上讲，每做一道菜，其风味都会沉淀在锅里，融入日后的菜肴中。一口好锅是有记忆的。

它也使我们一家人聚在一起，至少我是这么希望的。吃同一锅饭的人，共享的不仅仅是一顿大餐。对于古希腊人来说，“在同一

---

① 美国知名企业，生产美耐板。——译者注

② 《杰森一家》是20世纪60年代制作的动画片，以30世纪为舞台所展开的一部太空家庭喜剧，剧情以搭乘自家用火箭上班，以及由金星发行的乐透彩等超现实的内容所展现的未来世界为主。——译者注

个锅里吃饭”是一种修辞说法，用来比喻同舟共济：大家都在一条船上。炖锅一方面将不同的食材杂烩在一起，使不同的风味浑然一体，相得益彰，另一方面也使家庭成员聚在一起。（至少以前是这样，后来我的姐妹们宣布她们要做素食主义者，于是大锅饭时代结束了，代之以各种不同的菜式。）这听起来可能略有矫情之嫌，不过我们来比较一下大锅饭和微波炉快餐这类方便食品吧：微波炉快餐一般有好几道菜，你得把它们分别加热，每一道菜都是一个人的分量，它们彼此分属于不同的菜系，面向不同的人群，没有哪两道菜是可以配在一起吃的。如果说，第一次美食革命的口号是集体主义，倡导一群人围坐在篝火边烤肉；那么第二次美食革命的口号就是家庭主义，倡导一家人围坐在炖锅边共享美食。现在正在发生的第三次美食革命似乎宣扬的是个人主义：坚持自己的饮食习惯。而大锅饭的寓意和印在美元硬币上的那句座右铭一样，那就是：合众为一（Epluribus unum）。

大锅饭的象征意义（浑然一体，兼容并蓄）或许一开始只是体现在家庭的内部，但后来渐渐推广到了社会生活的其他领域，比如政治领域。在古代中国人的眼里，三足鼎象征着治理良好的国家。执鼎者运用高超的执政智慧，协调各种不同的利益群体，使之和谐共存，这就好比一个厨师运用精湛的厨艺，将风味各异的食材烹制成一道口感丰富的菜肴一样。将家庭的大锅饭推及社会的大熔炉，我们就会发现，不同民族的文化不断地相互影响、同化和融合，形成了一种新的文化共同体。共性的增强，往往会削弱个性，正因为如此，随着微波炉的普及，吃大锅饭的人越来越少了。

不过，凡事也不能一概而论，像“大锅饭”这样的词语也可能带有消极的意义，比如“一锅端”就不是什么好事情。而且民间传说中的女巫也喜欢用锅，只不过锅里煮的根本不是愉悦味蕾的美食。谁知道那口可怕的大锅里究竟放了些什么稀奇古怪的东西呢？或许，在那冒着气泡的乌黑浓浆里，熬煮着蝾螈的眼睛、老鼠的尾巴。从某种程度上讲，用汤锅煮菜的做法带有神秘的色彩，因为所有的食材都混在一起，呈现出软烂的糊状，难以辨认具体的成分。现在年轻人的那句流行语"神秘的肉[①]"（Mystery meat）说的就是这种情况，而且很贴切。

有一位古典主义学者曾经提到，荷马在他的作品中表现出了"对混沌状态的恐惧"，怪不得除了烧烤以外，他从来没有在作品中描述过其他的烹饪方式。汤锅菜肴的做法都是盖上盖子，一锅乱炖，不像插在烧烤钎上的烤肉那么一清二白。它背离了阿波罗式[②]的光明世界，将原本色泽鲜艳、棱角分明、清晰可辨的食材融化成了色泽浓暗、浑浊混沌的流质物。汤锅里煮出来的菜肴大多卖相不足，鲜香有余，可以说是狄俄尼索斯式的汤羹，只不过，熬煮是一个解构、消融的过程，并不是创造的过程。从某种程度上讲，每享用一次汤锅菜肴，就是对未知领域的一次探险。

⊙

我家里没有气锅，这一点挺遗憾的，不过我们倒是有好几口耐

---

① 这是一种嘲讽的称谓，指的是可能掺了许多虚假成分，但是从外表看不出来的肉饼。——译者注

② 酒神与太阳神是一种哲学的、文学的概念，一种二分法。此理论描述的两个极端均是以希腊神话的神祇命名的。一个是太阳神阿波罗，另一个是丰收之神和酒神狄俄尼索斯。他们均是天神宙斯的儿子。阿波罗代表诗歌、预言、俊美整齐和光明；狄俄尼索斯则代表生命力、戏剧、狂喜和醉酒。文学评论家以他们对比的性格描述不同的艺术风格，但希腊神话中他们并非相反的象征或仇敌。——译者注

用的铸铁砂锅（锅壁上喷了一层蓝色珐琅），还有一口红色的瓷质塔吉锅（tagine）——这是摩洛哥特有的一种锅具，锅盖的形状就像顶大礼帽。最近，我又买了两个陶土砂锅：一个是La Chamba牌的手工锅具，哥伦比亚产，由黑陶土制成，锅壁没有上珐琅；另一个为托斯卡纳产，红陶土材质，锅身较宽，上了一层冬小麦色的珐琅。我喜欢把这些新买的锅具想象成未来的传家宝，只要平常使用的时候轻拿轻放，终究能等到它们身价倍增的那一天。这种锅具可能一开始买回来的时候，还只是普通的日用品，但是随着时光的流逝，凡是经得起时间考验的锅具，就会因为家庭历史的沉淀而独具韵味，成为家庭财产中不可多得的纪念品。

从重量和厚度上看，这些容器最适合做小火慢熬的菜肴，比如炖菜、焖菜、汤羹和豆类。它们升温慢，传热均匀，没有过热区，不会造成部分食材熟得太快或者烧焦。使用铸铁砂锅的好处在于，你可以把它直接放在火上煎肉或者soffritto收水。大多数陶瓷锅都只能放进烤炉里加热，这就意味着你在预先处理食材的时候，还得再动用一口汤锅或者平底锅，不能直接放进陶瓷锅里。不过陶瓷锅是性能最理想的厨具，无论是保温效果，还是“记忆力”，都是锅具当中最好的：许多厨师宣称，随着时间的推移，锅身的陶瓷就像老汤一样，积累了丰富的风味，无论做什么菜，都很美味。此外，陶瓷锅还能直接上桌，不管客人愿意逗留多久，锅里的菜都是热腾腾的。

制作炖菜时，蔬菜要先下锅。将mirepoix或者soffritto（以及/或者方子里要求的其他蔬菜）均匀地铺到锅底，形成一个牢靠的缓冲层，垫在稍后下锅的、块头较大的食材下面。肉片不能直接放在锅底，要不然可能会粘锅或者烧焦，也不利于肉味充分地与其他食材的风味融合。只有把肉稳稳当当地放在蔬菜垫上之后，才能淋入焖烧汁：这是最关键的介质，它能将所有食材的风味融合起来，经过小火慢熬，其本身也会浓稠许多，由此形成一个新的产物，其整体的力量大于各个部分之和。这个新产物就是——酱汁！

第五章
焖烧汁：增强版的水

焖烧汁可以是红酒、高汤、菜泥（purée）、肉汁、牛奶、啤酒、鱼汤，也可以是普通自来水。具体选择哪一种，一方面取决于你采用的配方，另一方面取决于你想尝试哪种饮食文化的菜肴。不过老实说，上面列举的五花八门的焖烧汁，都只不过是增强版的水罢了。用化学家的话说，水分子发挥的是“连续相[①]”的作用，它将各种其他的分子分散，进而触发一系列反应，达到提味的效果。

如果把炖菜比作一部小说，那么汤锅就是故事发生的舞台，而水就是主人公（确切地说，应该称作“主角”，毕竟水只是化学物质，不过称呼并不重要），它将不同的角色串联起来，引发了各种各样的事件。诚然，有些焖菜根本不需要加水，不过，只要盖上锅盖，小火焖煮，肉和菜用不了多久就会出汁，无论是肉汁还是蔬菜汁，都能发挥水的作用。

人们在烹饪过程中使用的水是变幻莫测的：它既有创造性，又有破坏性，这两种性质最终又可以归结为水对其他事物的塑造力。

---

① 在分散体系中分散其他物质的物质称为连续相。——译者注

天然状态的水能够雕琢出峡谷和海岸线，与此相比，老老实实待在汤锅里的水或许没有那么大的威力，但即使如此，它的威力也依然不容小觑。设想一下，将水装入锅中，再将锅置于火上，这时，这些水能有哪些作为呢？

首先，水能均匀而高效地传导火的热量，它能将锅壁上的热量传导到每一块食材上。如果食材当中刚好包括晒干的种子，那么水就能激发它们的活性——有时候，真的是字面意义的活性，因为水能使种子萌发；有时候，是引申意义的活性，因为水能将种子泡软、泡胀，使之更易于食用。不过，水在经过充分加热的情况下，还具有灭活的效果，能够杀灭食物中的危险细菌，从而为肉类、蔬菜和菌菇消毒。它能沥滤盐分和苦味成分。锅里的水能将种类相差甚远的食材结合起来，使蔬菜、肉类和菌菇融为一体，互相作用——进而达到调剂风味、改变质地的效果。只要给予充足的时间和恰到好处的火候，水就能分解蔬菜和肉类中最坚韧的纤维，将它们转化为食物。如果进一步延长熬煮的时间，水就能将这些食物融化成浓稠的凝胶状，最后变成美味而营养的酱汁：这是一种分散相[①]，分散它的介质正是水本身。不过，无论水分解了什么物质，都会将其中的成分重新组合，生成新的物质。

水会将不同食材中的分子溶解，使之与其他食材的分子相互接触，发生反应，原有的某些化学键断裂，生成新的化学键，新产物的功能分为三种：增香、提鲜、增强营养。在锅中，水是传导热量和风味的介质，它能使香料等调味品散布均匀，进而使食材充分入味。它还能减少辣椒等香料的刺激性，使之口感更加柔和。只要慢

---

① 在胶体化学中，被分散的物质叫作分散相。——译者注

火熬煮足够长的时间，水就能软化、融合、平衡，并结合众多食材，使多种多样的风味浑然一体，和谐共存[①]。

既然水有这么多好处，你可能会觉得，用普通的自来水来做焖烧汁就已经绰绰有余了。有时候确实是这样。事实上，萨曼认为，人们普遍低估了自来水作为焖烧汁的价值，而鸡汤作为大多数人的首选调料，已经被严重滥用了。

“我就不明白了，为什么所有的煨菜都非得做成鸡肉味呢？又不一定是要煨鸡。”一天下午，萨曼对我说。当时我们正准备将一锅摩洛哥羊肉煲放进烤炉里。这道菜看起来风味已经很足了。底料有mirepoix和大蒜，里面加了点烤香的摩洛哥香料，又铺了层陈皮、杏子干和香菜梗，羊肉块摆在最上面，糖色上得很漂亮。于是我们没有加高汤，而是加了点水，又加了几滴白葡萄酒。“这锅汤熬到最后，肯定会变得很浓稠、很美味——不一定非得做成鸡肉味！”

在我们做的羊肉煲里，水作为一种连续相，其作用是混合与平衡一些人们不怎么适应的风味，将它们融合成一种令人熟悉的感官体验：也就是摩洛哥美食所特有的风味。大多数人都能轻而易举地分辨出一个菜系的标志性特色，并以此为依据，判断自己正在品尝的菜肴出自哪个菜系。如果吃出了自己熟悉的味道，他们就会放心地大快朵颐。如果说，杂食动物的困境在于，不知如何从大自然的食物宝库中甄别出有益健康的安全食品，那么，记忆中那些熟悉的

---

① 意大利美食作家玛塞拉·哈赞（Marcella Hazan）就持这一观点。她在著作中说：“水在很多意大利菜式中发挥了神奇的作用。有一次，我的一个学生对此提出了异议，他说：‘加水等于什么也没加！’其实，这正是我们加水的原因。意大利菜追求的是原汁原味。在很多菜中，过多依赖高汤、葡萄酒等提味品，会给菜式套上虚幻的光环。”

味道就能提供有用的参考，这种感官信号能够帮助我们找到曾经品尝过的、安全可靠的食物。从某种程度上讲，这种感官记忆取代了人类与生俱来的口味偏好，成了人类选择食物的主要依据，这一点也是人类有别于其他动物的地方。其他动物的择食依据是本能，我们依靠的则是经验。

至少，这是美食作家伊丽莎白·罗津（Elisabeth Rozin）和她的前夫——社会心理学家保罗·罗津（Paul Rozin）共同提出的、有关美食风味的理论。“比方说，用酱油提鲜的做法，基本上可以立刻确定这是东方美食的特色。”她在自己的专著《民族特色美食：从调味原则的角度看食谱》（*Ethnic Cuisine: The Flavor-Principle Cookbook*）中如是写道。不过，在幅员辽阔的东方版图上，有许多国家消费酱油。“如果你除了放酱油以外，还加入了大蒜、糖蜜、花生碎和红辣椒，那么，你做出来的菜就会带有典型的印尼风味。”伊丽莎白指出。如果你加的是鱼露和椰奶，那么这道菜就变成了老挝菜。类似的例子还可以举出很多。罗津认为，每个菜系都有其标志性的“调味原则”，比方说，无论是希腊菜、墨西哥菜、匈牙利菜，还是萨曼做的摩洛哥菜，都有其特色的调料组合，它们分别是：西红柿—柠檬—牛至[①]、莱姆果—红辣椒、洋葱—猪油—红椒粉、小茴香—芫荽—肉桂—姜—洋葱—水果。如果你要问美国菜有哪些标志性的调料，我只能说，我们有亨氏番茄酱（Heinz ketchup）。现在的小孩和家长对这种瓶装调料依赖得不得了。凡是你能想得到的菜，他们都能搭配番茄酱来吃。此外，美国人也已经习惯了快餐的咸鲜味，我

---

① 牛至是唇形科牛至属中的一种植物。牛至全草可提取芳香油，也可作药用；做烹调用时，常与西红柿、乳酪搭配；牛至与罗勒是赋予意大利菜独特香味的两大用料。——译者注

估计，制造这种咸鲜味的基础调料是盐、大豆油和味精。回到正题，一旦我们从某道菜肴中发现了自己熟悉的调味原则，那就说明，这道菜肴的做法经过了时间的考验，应该不会有致病或者致命的危险。

从上面列举的调味原则当中，我们可以看出，做一道菜往往需要两种芳香植物来调味，经常还不止两种。这或许是因为，要想将生鲜食材转化成安全食品，单靠一种调味品是不行的。有意思的是，在远古时代，只有智人经过长时间的摸索，开发出了因地制宜的调料组合。这些调料组合之所以在我们的眼里独具美感，是因为它反映了平衡与调和的美学，比如酸与甜的互补、苦与咸的交融。这一点和人类社会的其他文化产物（比如花瓶、曲调等）非常相似。

水元素是贯彻调味原则的最重要载体，尤其是在做调料组合较为复杂的菜肴（比如摩洛哥羊肉煲）时，水元素能够将层次不同的美味融合在一个令人熟悉的体系中，使它们兼收并蓄，相得益彰。从某种程度上讲，食用油也能实现类似的功效（而且它本身也往往是调味原则当中的一个重要元素），不过，水是味觉的重要媒介；要想使舌尖感知到某种分子的味道，就必须先将其溶入水中。（从严格意义上讲，“味觉”仅限于舌尖能够感知到的五种味道，也就是：酸、甜、苦、咸、鲜。而风味的范畴更加宽泛，既包括嗅觉，也包括味觉，由此造成的结果是，我们对风味的感知更多地取决于遗传，而非体验。）

不过，既然普普通通的自来水就能做出美味的焖烧汁、汤汁或酱汁，为什么还会有那么多菜系常常要求采用高汤呢？当厨师的人会告诉你，高汤能使做出来的焖菜、炖菜或酱汁风味更浓郁，更厚重，更有“深度”，使菜肴的咸香度更上一层楼。它还能增添“内容物”，使菜肴食之有物。“高汤是烹饪的一切，”法国烹饪大师奥古斯特·埃斯科菲（Auguste Escoffier）曾经说过这样的名言，“没有高汤，什么菜也做不了”。正因为如此，许多大餐馆都专门招聘了“酱汁师”，其工作职责就是熬煮高汤。像这种至关重要的底料是根本买不来的。

有趣的是，一道完整的菜肴竟然也可以充当另一道菜肴的成分之一，这个成分本身有着自己的配方，其准备过程需要动用专门的锅具，配置专门的料汁，添加专门的底料——也就是我们熟悉的那几种芳香蔬菜（洋葱、胡萝卜和芹菜）。有好几次，萨曼和我为了配置焖烧汁和酱汁，专门熬煮了高汤。我觉得这就是一个不断磨炼烹饪基本功的过程，你需要不断地切洋葱、上糖色、加料汁。无论是熬高汤，还是熬焖烧汁和酱汁，都是一个去粗取精的过程，水分一而再再而三地被蒸发，留下的都是最浓郁、最纯粹、最精华的部分。

说到这里，你可能会想，究竟是什么原因使得高汤如此不可或缺？所谓的增添“内容物”和增加“深度”，究竟指的是什么？为什么高汤能够使菜肴更加“咸香”？换句话说，究竟是什么原因，使得人称“高汤”的液体如此特殊？

我怀疑高汤的特殊之处不仅仅表现在它带有肉味（或者蔬菜味）。从萨曼对鸡汤的观点来看，鸡肉味并不一定是个加分项，而且混到菜里之后不一定尝得出来。当然，人们之所以选用鸡肉或者小牛肉来做高汤，一个很重要的原因就是它们比较清淡，至少没有牛肉汤和猪肉汤的味道那么重；而且鸡骨头比较嫩，无论是入菜还是入酱，都能提供较多的胶质，进而丰富菜肴和酱汁的内容物。但是高汤肯定还有其他的特殊之处。为解开其中的奥秘，我专门研究了肉汤的化学性质和人类的味觉生理学。功夫不负有心人，答案终于像清炖肉汤一样一清二楚了（请原谅我打了这个比方）：小火慢熬的高汤对于菜肴的最大贡献在于增鲜提味，而鲜味作为愉悦味蕾的第五种味觉，至今还带有些许神秘的色彩。

鲜味作为第五种基本的味道，直到 1908 年才得到人们的承认。那一年，日本化学家池田菊苗（Kikunae Ikeda）发现，干昆布（一种在日本养殖了上千年的海带，主要用于熬汤）表面的白色结晶中含有大量的谷氨酸盐，这种分子的味道比较特别，有别于酸、甜、苦、咸。池田菊苗决定将这种味道称为“うま味”，这个日语词指的是“美味”。如今，大多数人都在商品成分表上见过谷氨酸盐，它们通常以谷氨酸钠的形式出现，谷氨酸钠也就是人们通常所说的味精①。

西方科学家一直对鲜味是否能够算作基本的味道存在争议。2001 年，美国科学家发现，人的舌头上存在专门负责感知鲜味的味觉感受器，至此，有关鲜味的争议才得以偃旗息鼓。如今，鲜味已被普遍视为一种独特的味道，除了谷氨酸盐以外，至少还有两种分子能够使人感觉到鲜味，它们分别是次黄嘌呤核苷酸（nucleotides inosine）（可在鱼肉中找到）和鸟嘌呤核苷酸（guanosine）（可在蘑菇中找到）。这些化学物质配合使用时，似乎具有协同作用，能够显著增强食物的鲜味。

鲜味和其他四种人类已知的哺乳动物味觉一样，其实也是一种独立的感官。它们都有各自的味觉感受器，这些感受器与大脑皮层的特定区域相连，会对特定的刺激做出特定的反应。也就是说，味觉是与生俱来的，不是“后天学习的”。你不需要专门去了解甜味究

① 谷氨酸钠（MSG），即味精，是一种食品添加剂，由微生物利用各种天然材料合成。谷氨酸钠在成分标签上还被表示成“水解植物蛋白”“分离蛋白”“自溶酵母”及“酵母提取物”。

竟是什么，就能把它分辨出来，而且你天生就知道，甜食一般是可以放心吃的。嗅觉的机理则截然不同：人的鼻子能分辨出一万多种气味，至于我们对特定的气味会做出怎样的反应，很大程度上取决于后天学习的经验、文化环境和个人喜好。同一种食物的气味，可能你觉得很香，但是外国人就不这么认为，比如中国的臭豆腐。这完全是因为各地的饮食文化不同。味觉和嗅觉的区别也反映在我们日常的语言表达当中，我们一般在形容某种特定的气味时，喜欢拿一种气味相似的东西来打比方，说它闻起来和某个东西很像；而在形容特定的味道时，则会直接说它很甜、很苦之类的——不会想到去打比方。

这五种味觉都是在进化过程中自然选择的结果，具有适宜人类生存的价值。它们能够引导人类在猎食的过程中趋利避害，选择营养丰富的食物，对可能危及生存的食物敬而远之。比方说，对甜食的偏好有助于我们寻找自然环境中能量特别丰富的食物，糖类就是这样的供能物质。盐也是人类在漫长的进化过程中渐渐爱吃的一种必需营养素。苦味恰好是许多植物毒素的味道，或许正因为如此，婴儿吃到苦的东西之后，会本能地皱眉。（这也能解释为什么孕妇吃到苦的东西之后，会特别容易呕吐。）酸味也会引发本能的抗拒反应，这或许是因为食物腐败之后会变酸，而腐败的食物有害健康（臭豆腐除外）。不过，尽管人对苦味和酸味的抗拒是与生俱来的，但是这种本能也不是不可逆转，现在已经有很多人开始学会欣赏带酸味和苦味的食物了。

那么，人体会对鲜味产生怎样的反应呢？与盐和糖一样，鲜味也能给人带来积极的感受，它意味着食物中富含某种必需营养素，对人类来说，这种营养素就是蛋白质。有意思的是，鲜味的感受器既存在于舌头上，也存在于胃部。其作用很可能是使人体做好消化肉类的准备，促使机体分泌必要的酶、激素和消化酸。目前人类已知的、刺激鲜味感受器的化学物质主要有两种，一种是氨基酸——谷氨酸盐，另一种是核苷酸——次黄嘌呤核苷酸和鸟嘌呤核苷酸，这两种化学物质都是蛋白质分解的副产物。

这正是小火慢熬的高汤中所发生的化学反应：肉类中的蛋白质长链被分解成各种氨基酸，其中以谷氨酸盐为主。实际上，鸡汤当中富含谷氨酸盐，其来源不仅仅是高蛋白的鸡肉，还包括慢火烹煮的芳香蔬菜。肉汤中还含有肌苷酸盐，它与谷氨酸盐结合后，产生的鲜味远远大于二者之和。

尽管鲜味能够让一道菜尝起来“有肉味”，但是肉类其实只是谷氨酸盐的众多来源之一。成熟的西红柿、干蘑菇、帕尔马干酪[①]（Parmesan cheese）、腌制的鳀鱼，以及许多发酵食物（包括酱油和大酱）都富含谷氨酸盐，可以加进菜里，提味增鲜。正因为成熟的西红柿具有这样的作用，我和萨曼做过的许多煨菜都需要加“番茄产品”——西红柿罐头或西红柿酱，它们是除高汤或红酒以外不可或缺的调味汁。有时候，我们还会在锅里撒上一小把帕尔马干酪碎、脱水的美味牛肝菌[②]（porcini）或者鳀鱼酱。此外，我们时不时还会像茱莉亚·蔡尔德那样，用培根油来煎肉。这是因为，培根真的可以算得上是一颗鲜味炸弹，人类已知的所有鲜味化合物都可以在培根当中找到。不过，我和萨曼在做这些事情的时候其实不明就里，只

① 一种意大利产硬干酪。——译者注

② 美味牛肝菌是一种可食用的蘑菇，也称大腿蘑、网纹牛肝菌，属于真菌类。美味牛肝菌的子实体为肉质，伞盖呈褐色，最大直径可达25厘米，1千克重，菌盖厚，下面有许多小孔，类似牛肝，可生食，也可制成干制品。——译者注

是单纯地想要增鲜提味罢了，并没有想过这背后有什么复杂的机理。而且我们每次放的鲜味食材都不止一种，一般会把西红柿和帕尔马干酪、高汤和干蘑菇搭配着放。这样做无疑是为了利用这些食材的协同作用，达到显著的提鲜效果。我意识到，鲜味是几乎所有焖菜、炖菜和汤羹的秘密武器和灵魂所在。

我之所以用到了“秘密武器”这个词，是因为鲜味的作用机制带有些许神秘的色彩，至少与酸、甜、苦、咸这几种味觉相比，显得难以捉摸。鲜味本身其实并不是特别美味，纯粹的谷氨酸钠品尝起来其实没什么味道。要想发挥鲜味的魔力，就必须将不同的食材加以搭配。谷氨酸盐能够提味，这一点和盐有几分相似，但是和盐不同的是，它本身并没有什么明显的味道。

鲜味的另一大神秘之处在于，它能改变许多食物的质地和味道——或者说，其实把“味道”换成“口感”更加贴切。一旦汤里加入了鲜味食材，喝汤的人会觉得，汤的味道不仅更丰富了，而且更厚重了；鲜味似乎具有联觉的特性。它能使液体更浓稠，更像固体。或许，香味化学物质不仅刺激了人的味觉，还迷惑了人的触觉，制造了“充盈感”的错觉。

了解了鲜味的性质之后，我打算尝试一下日本的经典高汤——狐鲣鱼汤。这种不经意间发明出来的高汤最大限度地保留了鲜味的精华，而其他的成分则少之又少。看起来非常值得一试，就像是为我量身打造的。因此我自然而然地想要亲手尝试一下狐鲣鱼汤。

至少，如果你不了解鲜味背后的科学道理，你很可能会觉得狐鲣鱼汤这种高汤实在是令人匪夷所思：它的原料是干海带、腌鱼片，有时可能还加上一两块儿干蘑菇。不过这三种原料当中恰好各自包含了一种主要的鲜味化学物质。将三者混合在水里，就会发生协同作用，使做出来的高汤鲜味大大增强。狐鲣鱼汤在日本已有上千年的历史，是人类烹饪智慧的结晶，它使我们看到了传统料理文化的巨大能量：古人经过长时间的摸索，在不经意间提炼出了最精华的鲜味物质，而鲜味物质的作用原理直到近代才完全揭晓。

我想尝试的狐鲣鱼汤并不在萨曼的烹饪知识范围内，她对东方的烹饪技艺不太了解。不过，她把我介绍给了一个懂行的人：一名年轻的日裔美国厨师，他的名字很独特，叫作西尔万 · 三岛 · 布拉克特（Sylvan Mishima Brackett）。我给他发了封邮件，告诉他我想学煮狐鲣鱼汤。于是西尔万邀请我来到了他的小厨房，这间厨房是由车库改造而成，就在他住的地方后面，他用的厨具基本上只有电炉。

不过，西尔万使用的材料中有一样在美国很难找，那就是干制鲣鱼块，那是他最近去日本带回来的。这块干鲣鱼看起来就像一座木刻的玩具潜水艇，材质很像胡桃木之类的硬木。而且它的硬度和细密的纹理也跟胡桃木很像，不用木匠的刨子那么尖利的刀是根本切不开的。事实上，传统上人们就使用刨子来削鲣鱼片。

西尔万去过日本的一家生产干制鲣鱼的工厂，他跟我描述了干制鲣鱼的繁复流程：首先将鲣鱼切成四等分，入水煮两个小时，然后放在烤架上，用橡木火烤，每天烤一会儿，至少烤十天。刮掉鲣鱼块表面烤焦的部分，放到阳光底下晒，然后在上面接种日本酒曲（koji）——米曲霉（Aspergillus oryzae），转移到霉菌培养室里再放10天，等待它长出优质霉。上述三个步骤——刮擦表面、晒太阳、接种——重复三次以后，鲣鱼块就会充分脱水，变得像石头一样硬，可以直接使用了。由此我们可以看到，出汁是一道极端复杂的高汤，它的成分之一鲣鱼片本身就称得上一道复杂的菜肴，其制作流程繁复得令人叹为观止。

西尔万用磨石将刮刀的刀锋磨利，然后手把手地教我削鲣鱼片。我感觉鲣鱼块比木头要坚硬得多，费了很大的力气才片了一小碟下来。鲣鱼片的纹路呈现出三文鱼的粉色，非常漂亮。我一边切，一边想，为什么一条鱼身上的纹路会和树木如此相像？与此同时，西尔万打开电炉，放上一锅水烧热，并在锅里放了一段一英尺（约合30厘米）长的昆布。昆布是一种风干的海带，是自然界中谷氨酸盐含量最丰富的食物之一。昆布的表面有白色结晶，其主要成分是谷氨酸钠。西尔万表示，最极品的昆布产自北海道东北海岸的一处沙滩（这一点想必很多人都知道）。他还提到，软水[①]能够最大限度地提取食材的原味，而且“出汁”这个词实际上就包含了“提取”的意思。

不过，如果说，制作出汁前的原料准备是一个很费事的过程，那么，熬煮出汁本身其实并不需要花什么功夫，在高汤当中，这已经是一道难度很低、耗时很短的菜肴了——10分钟之内就可以做好。西尔万将一片昆布投入一锅凉水中，将水加热到临界沸点的状态，然后用夹子把已经变软、变绿的昆布取了出来。他解释道，如果等到水沸腾再拿出昆布，做出来的鱼汤会变苦。目前，锅里的水只散发出了非常淡的盐味。和昆布不一样，鲣鱼片必须放在沸水中才能释放出它们的风味，因此，锅里的水一沸腾，西尔万就扔进了一大把鲣鱼片。粉色的鲣鱼片在水面上疯狂地翻滚，接着，它们吸收了水分，开始沉入锅底。过了五六分钟，西尔万就把高汤用粗棉布过筛，滤去了残渣。过滤后的汤汁感觉就像非常清淡的茶水，呈现出

① 软水是指水的硬度低于8度的水。软水中含有的可溶性钙、镁等化合物较少。——译者注

近乎透明的淡金色。在放凉的过程中，你可以往汤里加一块干椎茸。但是除此之外就不能加别的东西了。

我弯下腰，闻了闻鱼汤的香味。它使我联想起了一片潮池[①]：咸咸的，有种微腐的气息，像是低潮时的海滩。我用手指蘸了点凉汤尝了尝。感觉它没什么明显的味道，有点盐味，但是不重——感觉像是稀释的海水。与真正的高汤相比，它太淡了；你根本不会把它当成汤来喝。不过，这锅清汤当中含有大量的鲜味化学物质——有昆布中的谷氨酸盐、鲣鱼片中的肌苷酸盐，还有蘑菇中的鸟苷酸，每一种都是用水提取出来的。

西尔万给了我一些鲣鱼片和昆布让我带回家。之后的那几天里，我自己做了鱼汤，还在此基础上尝试了些新的花样。我先试做了蘸酱——取一小碗鱼汤，放入酱油、味啉、白米醋各一汤匙，然后又加了一小把青葱碎和姜末。这小小的一碗蘸酱实在是很神奇：无论是鸡胸肉、荞麦面，还是肉片，什么菜放进去蘸一下，都会风味大增，感觉颇具日本特色。接下来，我先后用鱼汤焖制了牛仔骨和猪里脊肉，跟之前一样，鱼汤里还是加了少许酱油、味啉、醋、日本清酒和大酱。结果做出来的两道菜都很美味，虽然颜色可能比萨曼和我做的焖菜要浅一点，但是风味丝毫不差。我还没有试过用鱼汤来做亚洲以外地区的菜肴；这个想法可能太疯狂，我不知道我要是把这个想法提出来的话，萨曼会不会抓狂。不过鱼汤本身并不是重口味的高汤，它更像一种提味剂，因此或许能搭配其他的菜系。如果单独品尝鱼汤，你可能不会想到，它与别的菜肴搭配时，会发挥如此神奇的效果。我渐渐开始觉得，鱼汤是一种“魔水”，里面包含着氢原子、氧

---

① 潮池乃海岸地形较低陷的地方，当涨潮时海水进入其间，退潮时则封闭成一个水池。——译者注

原子、氨基酸，还有一些谁也不知道的成分。

我在研究鲜味的过程中，发现了一个有意思的事实：人的乳汁富含鲜味，其中谷氨酸钠的含量较高——刚好接近鱼汤中的谷氨酸钠含量。乳汁中的化学物质都是在漫长的进化过程中自然选择的结果，由于每一种成分都是以母亲的代谢消耗为代价，因此，凡是不利于胎儿生存的物质都不会成为乳汁的成分。那么，谷氨酸盐究竟对胎儿有哪些益处呢？

关于这个问题，有好几种可能的解释。加州大学戴维斯分校的食品化学家布鲁斯·格尔曼（Bruce German）曾对人的乳汁成分进行分析，以了解人类的营养需求。他认为，谷氨酸盐能为胎儿的成长提供重要的营养物质。这种氨基酸不仅能提味，还有助于胎儿胃、肠部位的细胞生长和分子构建。正如葡萄糖是大脑的理想食物，谷氨酸盐也是肠胃的理想食物，这或许能解释为什么人的胃部天生就有能够感知鲜味的味蕾。

乳汁中的谷氨酸盐可能还有一个作用：培养宝宝的口味，使宝宝喜欢上鲜味，毕竟，母乳中浓郁的鲜味（和甜味一样）是新生儿降生后接触到的第一种味道。这种口味偏好是智人在进化过程中培养出来的一种生存机制，它有助于我们找到蛋白质丰富的食物。

不过，有没有这样一种可能：鲜味浓的食物能够满足人们心中的普鲁斯特情结，使人依稀地回想起那令人怀念的、人生第一口乳汁的味道？许多“可口的食物”（无论是冰激凌还是鸡汤）都富含甜味和鲜味，也就是乳汁中的两种主要味道，这究竟是否纯属巧合？

最近一个星期天的下午，我一直在想这个问题。当时我正在和萨曼一起做一道古罗马的菜肴，菜名叫作maiale al latte——牛奶焖猪肉。我觉得这道菜令人匪夷所思，不仅仅是因为它与犹太教的教规有剧烈的冲突。作为犹太人，我现在已经能吃猪肉了，不过把它放在牛奶里煮，总觉得有点儿难以接受。《旧约》中规定，奶和肉不可以同煮、同食。我在想，这样的规定究竟有没有道理。答案显然是否定的：拉比派的《旧约》集注认为，这条禁忌属于“hukkim”的范畴，也就是说，它并没有明显的依据。

我对这个问题有着自己的猜测：犹太教的教规就是要在各种各样的领域之间划清界限，而生与死是世界上不可逾越的界限。你不能把象征生命的事物（母乳）与象征死亡的事物（动物的肉）混合在一起。此外，用牛奶煮肉也意味着将男性的领域（狩猎）与女性的领域（哺乳）混同起来——这在许多国家都是禁忌。正如人类学家玛丽·道格拉斯（Mary Douglas）所言，禁止奶肉同煮（同食）的规定也是“对生育功能的尊重”。

不过，现在就没有这么多讲究了。“这是我一直很喜欢吃的一道菜，”听了我的疑惑之后，萨曼说，“我知道，菜名可能听起来真的很怪，而且我必须给你打个预防针：这道菜在做的过程中，看起来会有点儿恶心。不过我保证，它会是你一生中吃过的最美味、最多汁、最令人享受的食物！”

作为一种烹调汁，牛奶给厨师出了很大的难题。跟我们做过的其他汤锅菜肴相比，这道菜在烹制的过程中需要更加小心，以免奶中的糖分在锅底焦化。不过，另一方面，牛奶煨猪肉的做法也是最简单的。实际上，用一句话就可以总结出来：用牛油嫩煎猪肉块，加少许牛奶、几瓣大蒜、一小把鼠尾草、少许柠檬汁（和柠檬皮），熬煮几个小时。这样就行了。我问萨曼：不用加soffritto？也不用加洋葱丁？

“不用。我知道这很怪。不过我觉得这道菜肯定比soffritto的历史还要早。它甚至可以追溯到伊特鲁里亚时期[①]。”

做这道菜最大的挑战在于，要用小火熬煮，将水温刚好保持在将沸未沸的状态——用法国人的话说，只能让汤水表面“稍有波动”，不能冒气泡。因此，我们每隔一小会，就会看一看锅里的情况。俗话说得好，心急锅不开。（这或许是因为，在照看的过程中，你得时不时揭开锅盖，这样就会降低水温。）过了一会儿，牛奶开始微微变黄，凝结成一个个小块——看起来很像婴儿的呕吐物。这其实跟呕吐物也没什么区别，因为温热的牛奶在接触到酸的情况下会凝固。这也正应了那句老话，汤锅就好比人类的外部消化器官。而现在锅里发生的化学反应与人体的消化反应如出一辙：牛奶中的蛋白质被分解，生成的产物在酸的作用下被重新组合。

“我知道，这看起来有点儿恶心，”萨曼坦言道，“不过这正是我们想要的效果。待会儿你就知道了。这些凝固物会变得超级好吃。”

她说得没错儿。经过好几个小时的熬煮，牛奶表面泛起了一层养眼的赭石色，金黄色的凝固块看起来也不再令人反胃了。猪肉中的蛋白质在柠檬味牛奶的作用下，已经分解，肉质变得非常软嫩，用叉子一戳就会分开，口感正如萨曼所说的那样，鲜嫩多汁，美味无比，不过最让人惊艳的还是汤汁——汤汁奶香浓郁，口味鲜甜，层次丰富，口感丝滑。事实上，五种基本的口味都已经融入其中：除了猪肉的咸鲜和牛奶的甘甜以外，汤汁中还有一丝来自柠檬皮和鼠尾草叶的酸味和苦味，所有的口味完美地融合在一起。少量简简

---

①　伊特鲁里亚文化于公元前8世纪显示出先进的文明，这种文明持续了四五百年，后来在北方被凯尔特人摧毁，在南方被罗马人战胜，最后为罗马人控制。——译者注

单单的日常食材（猪肉、大蒜、柠檬、鼠尾草、牛奶）竟然做出了如此丰富的口味，这不能不说是一种奇迹。正如公元前239年的中国厨师伊尹所言："鼎中之变，精妙微纤，口弗能言。"

法国哲学家加斯顿·巴什拉曾就元素问题提出过一些晦涩的理论。在其著作《水与梦》（*Water and Dreams*）中，巴什拉尝试对水等液体进行"精神分析"，就像他之前对火做过的精神分析那样。他在"母性的水与女性的水"（Maternal Water and Feminine Water）这一章中写道："在人们的想象当中，任何流动的事物都是水。"他认为，在人们的想象当中，水往往是带有女性色彩的事物，而与之相反的是，火往往是带有男性色彩的事物。不过，他在此基础上，又进一步提出，"所有的水都是一种乳汁"。只不过，他紧接着就对这句话中的"水"做出了限定，将其范围缩小到人类爱喝的水。"更确切地说，凡是让人觉得美味的水都可以视作乳汁。"此后，他又进一步表示，"一旦被升华到很高的地位，水就变成了乳汁。"

巴什拉用滋养万物的海水举例，他说，海水中散布着大量的脂肪粒子和营养物质，因此鱼在水中很容易就能喂饱自己，就好像羊水中的胎儿一样无忧无虑。"在物质想象①当中，水和乳汁一样，是一种完美的食物。"

巴什拉在《水与梦》一书中几乎没谈到食物，也完全没有提到炖菜和汤羹，不过我估计，这些菜肴依照他的观点来看，都可以视为"乳汁"——和滋养万物的海水一样。海水就像乳汁一样，包含鱼类所需的所有营养物质。汤锅菜肴中的滋补汤水一开始就像白开水一样，味道平淡，透明澄澈。之后，汤水开始从食材中吸味，渐渐

---

① 巴什拉物质想象理论的基本内容是，物质培育并规定着想象，物质赋予想象以实质、规则和特殊的诗学。——译者注

变得浓郁、浑厚，最终变成了像乳汁一般的美味佳肴。至少，在人们的想象中，这种烹调汁发生了质的转化，从水转化成了乳汁，虽然不是以水变酒的神迹，但其神奇程度丝毫不亚于此。

“石头汤”的古代寓言说的就是将水变成食物的奇迹。几个世纪以来，这个故事在世界各地的文化环境中广为流传（有的版本称为“钉子汤”“纽扣汤”或“斧头汤”）。故事说的是，有几个外地人饥肠辘辘地来到一座村庄，他们除了一口空锅以外，别无他物。村民们不肯给他们食物，于是这些外地人将锅里装满了水，扔进一块石头，将锅架在广场上加热。好奇的村民纷纷上去问他们在做什么菜。

“石头汤，”外地人解释道，“它很美味，你很快就知道了。不过，如果你能丢一点小配菜进去，它会更美味。”于是，有一位村民给了他们一小棵欧芹。这时候，有一名妇人想起家里还剩了点儿土豆皮，于是兴冲冲地把土豆皮拿来，扔进了锅里。后来，又有两个村民先后给了他们一个洋葱、一根胡萝卜和一块骨头。就这样，在锅里的水煮沸的过程中，不断地有村民前来加入一点配料，最终这锅石头水变成了风味浓郁、营养丰富的美味佳肴。村民们和这些外地人围坐在一起，共同享用了一场盛宴。

“这是你们带给我们的最宝贵的礼物，”一位年长的村民表示，“是你们让我们学会了用石头熬汤的秘诀。”

第六章
专心致志地搅拌

“焖”的英文是braise，这个单词的读音很有意思，各个音节展开得比较慢，末尾“z”的发音稍有拖长，没有硬辅音[①]，因此读起来不会戛然而止。事实上，做一道焖菜最重要的是不紧不慢，小火慢熬。从很多方面来看，小火慢熬是最简单的做菜步骤，因为它不需要厨师有多高超的技术，只要有耐心就可以了。我曾在一本食谱中看到一句精辟的话：“如果你不确定锅里的菜到底焖好了没有，那就再焖一段时间。”

但是大多数食谱都有操之过急的倾向，它们标榜着各种各样的快速料理方法。现代人都唯恐时间不够用，于是想尽办法加快每一个料理步骤，以更好地适应“繁忙的生活”。快速烹制焖菜或炖菜的方法往往是调大火，一般会把温度调到160摄氏度左右，甚至180摄氏度。实际上，这不是什么好主意——这已经超出了焖的范畴。在温度如此高的情况下，瘦肉的肉质会变干、变硬，而且不同食材的风味没有充足的时间转化、交融，各种化学反应无法充分展开，鲜味分子无法发挥协同作用，做出来的菜肴势必风味大减。在烹制

① 硬辅音是美国英语、意大利语、西班牙语、法语、俄语等的辅音的分类。辅音中舌后部向软腭抬高并爆破（即软腭化）的音叫作硬辅音。——译者注

这些菜肴的过程中，时间就是一切，而且在大多数情况下，时间越长越好。实际上，“焖”这个词的英文“braise”来源于“brazier”（炭盆），这种金属锅跟荷兰锅（Dutch oven，一种铸铁锅具，基本上就是一个深汤底锅配上一个锅盖）很像，从来不会变得过热，因为它的加热方式是在顶部和底部各放几块煤炭。

哈罗德·麦吉的建议是，不要让温度超过水的沸点——即100摄氏度。即使温度只有150摄氏度，汤水在加盖的锅内也会沸腾，因而很可能会破坏肉质。汤水的表面只要稍有波动就行，时不时冒出几个小泡，但是不能沸腾。麦吉甚至提出，一开始要把温度设置在90摄氏度，将锅盖打开，这样汤水的温度就会上升到50摄氏度左右，只比正常泡澡的水温稍高一点。不过，保持这样的温度熬煮两个小时，肉变熟的速度会逐渐加快，在这个过程中，酶会分解结缔组织，使肉质软烂。（这样做还能保持肉的红色素沉着，就连肉质完全熟烂以后，其表面鲜红的色泽也不会消退——鲜红的肉色往往是慢火熬煮的标志，我认识的烧烤大师都以此为豪。）接下来要做的，就是盖上锅盖，将温度调高到120摄氏度熬煮三四个小时，直到肉的温度升高到80摄氏度。到这个阶段，肉中的所有胶质都已经化为肉汁，用叉子一碰，肉就很容易分开。

我第一次向萨曼请教某道菜应该烹制多长时间时，她给了我一个略为抽象的答案：“等到肉质松弛下来就可以了。”无论烹饪的媒介是水还是火，二者在这一点上都是相通的。“你烹制瘦肉的时候，肉质首先会紧绷，就像这样”——她耸起肩膀，憋住呼吸，做了个怪相——“接下来，到了某个时间点，它就会突然松弛下来”——说到这里，她放下了肩膀，松了口气——“这个时候，你去碰它，就会感觉到它已经松弛下来了。这就说明，肉已经好了。”

时间是我们的菜谱（乃至日常生活）中被忽视的元素。我不会像现在的许多食谱那样，夸口说自己能在20分钟的“有效烹饪时间”里完成这道适合我做的焖菜。因为光是完成切洋葱、煎mirepoix、上糖色这些步骤，就至少要耗费半个小时。况且你要是想把洋葱煎透，还得花更长的时间。用文火慢慢地焖煮洋葱，一方面是洋葱需要采用这种烹饪方法；另一方面，在准备工作做好之后，你只需给锅开小火（如果使用克罗克电锅的话，只需将所有食材一股脑儿扔进去即可），这个下午其余的时间里你就可以去做其他的事情（比如，做配菜、做甜点、查收邮件、出去散步等等），让锅来慢慢地完成神奇的魔术。不过除非你用的是克罗克电锅（这样做比较省事），否则你就得时不时掀开锅盖，看一看情况——这对大多数生活繁忙的现代人来说，太苛求了，至少在工作日是难以做到的。在夫妻双方都需要外出工作的家庭，这种慢工出细活的烹饪方式几乎没有办法适应工作日紧张的作息节奏。

即使是在周末，大多数人在下厨做饭时都操之过急了，根本称不上慢工出细活，即便在文火焖烧的时候无须守在锅边照看，也是一样的情况。我们真要做起饭来，也只是从报纸上借鉴几个快速食谱，或者直接把昂贵的里脊肉扔到烤架上。我跟妻子朱蒂丝几乎每天晚上都是这样做的。我花了好长一段时间才逐渐接受慢工出细活的烹饪理念，在此之前，做一次饭需要在厨房里忙活几个小时，这令我无法接受，即使是周末也不行。每次下厨房，我都很煎熬，因为总是有更紧迫、更有意思的事情等着我去做——比如，做家务活、锻炼、看书、看电视。但是一想到萨曼会在我家厨房里花四个小时的时间做菜，我发现自己的心态完全放松下来了（就像我们焖煮的肉在锅里渐渐松弛一样），我排除了脑海中激烈争斗的各种杂念，全身心地投入烹饪当中。还是那句老话：切洋葱的时候，只管切洋葱就好。

如此一来，烹饪的时光变成了一种奢侈品。我正是从这时候起，真正开始享受到烹饪的乐趣。

你可能会说，这样的烹饪方式是一种特例。的确是这样。我们并不是非得下厨做饭，也不是每天都会花这么多的心思。况且，我做饭的时候，旁边有人陪着说话，因此也就不会觉得无聊。而无聊是很多人放弃下厨的原因之一。在一个小家庭当中，下厨做饭一般都得由主妇独自挑起大梁。而一个人长时间待在厨房里，可能会觉得烦闷。不过需要引起注意的是，这种现象是时代发展的产物。在历史上，下厨其实是一种社交性很强的活动，直到"二战"结束后，随着许多人移居到乡下，小家庭当中的主妇不用外出上班，自然就担负起了准备伙食的任务。一个人下厨成了常态。

在此之前，一个家庭中的所有女眷基本上会一起下厨。而且，在工业革命以前，男性并不需要外出挣钱，男女双方一般都会一起准备伙食（当然，分工不同）。在市场大规模兴起、劳动分工出现之前，家庭是一个更加自给自足的单位。在更早的历史时期里，女性在小型的传统社区中往往会成群结队地准备伙食，她们结成人类学家所说的"聊天圈"，一边互相交流，一边磨麦子、做面包。就连现在，你在许多地中海村落里也能找到社区公用的烤炉。我和萨曼一起下厨，就有点儿这样的意味。朱蒂丝和艾萨克也会时不时走进厨房，拿把菜刀过来帮忙。人声与节奏分明的砍瓜切菜声混在一起，令人心安。

诚然，慢速烹饪纯粹是一种选择性的消遣，但是在当今时代，哪种烹饪方式不是一种选择性的消遣呢？在廉价快餐和方便食品大

行其道的情况下，下厨做饭已不再是生活中必不可少的一部分，就连穷人也不必亲自下厨。我们都可以选择不做饭，而且越来越多的人做出了这样的选择。为什么？有些人会说做饭无聊或者太难，但是人们说得最多的理由是：没时间。

对于很多人来说，这确实是实情。多年来，美国人的工作时间越来越长，在家度过的时间越来越少了。与1967年相比，我们平均每人每年的工作时间增加了167个小时——相当于整整一个月的全职工作时间，而在夫妻双方都工作的家庭，这一数字达到了400个小时。在当今时代，这样的家庭是社会的主流。美国人的工作时间比其他任何工业化国家的居民都要多——每年至少多出了两周。这或许是因为，在历史上，美国大多数劳工运动的宗旨都是为了争取薪水，而欧洲劳工运动的重心是为了减少工时——减少每周的工作时间，延长休假时间。无怪乎欧洲有许多国家的居民依然把家庭烹饪看得很重，在这些国家，人们花在烹饪上的时间也更多。

主流观点认为，职业女性的增多，也是导致家庭烹饪走向没落的原因之一，但是真实情况要稍微复杂一点，而且这是个敏感话题。诚然，职业女性会减少下厨时间——但非职业女性也会这样。在美国，两者下厨时间的减少幅度相同：与1965年相比，都骤减了40%①。大体上讲，下馆子与叫外卖的开支会随着居民收入的增长而增长。一户家庭只要夫妻双方都有工作，完全有财力让食品公司为他们准备伙食，而财力允许时，所有的美国家庭都愿意让食品公司代劳烹饪工作。具有讽刺意味的是，许多为了工作而牺牲下厨时间的女性都是食品行业的从业者，她们为其他没时间下厨的家庭准备

① 但是已婚非职业女性在烹饪上花的时间更多：每天58分钟，而已婚职业女性的烹饪时间为每天36分钟。

伙食。诚然，她们帮别人做饭可以拿工资，但是很大一部分工资又反过来用于让别人为自己做饭了。

如今，只要有人（尤其是男性）敢对家庭烹饪的衰落表示惋惜和不满，各种心照不宣的假设就会以乌云压顶之势笼罩过来。人们假设这种惋惜与不满是在“指责”女性（第一个假设），因为女性应当为烹饪的衰落负责（第二个假设）。不难发现，这些假设的前提基础是：家庭烹饪在历史上主要是由女性完成的，因此捍卫家庭烹饪自然而然就是捍卫她们的地位。其实，在当今社会我们不需要为传统的家庭分工方式辩解，也应该可以清楚地说明烹饪的重要意义。而且，如果不改变传统的家庭分工，不让男性（还有孩子们）积极参与烹饪工作，而是一味强调家庭烹饪的重要性，或许是没有意义的。

即便如此，家庭烹饪依然是一个敏感话题，有许多人认为，男性没有资格谈论这个话题。但恰恰是这种敏感性，构成了这个话题的关键要素。当女性外出工作时，问题产生了：家务该由谁来做呢？随着女性的普遍入职，这个问题摆在了全世界所有家庭的餐桌上。既然现在女性已经承担起了工作的负担，凭什么还要求她们带孩子、打扫房间、下厨做饭呢？（20 世纪 80 年代，有一名社会学家经过统计后发现，如果把做家务的时间也计算在内，职业女性每周的工作时间比男性多出了 15 个小时。[①]）显然，是时候重新进行家庭分工了。

要想重新分工，势必要经过艰苦卓绝且火药味十足的谈判。没有人愿意直接触及这个尖锐的问题。就在这时候，人们找到了绕过这个问题的方法。而且方法还不止一种。有财力的家庭可以直接雇

① 阿利·拉塞尔·霍克希尔德,《第二份工作》（纽约：企鹅出版社，1989）。

人打扫房间，照看孩子。就在夫妻双方为了谁该做饭、怎么分配家务的问题争论不休时，食品公司进来插了一脚，提出了一个谁也无法拒绝的方案：为什么不让我们代劳呢？

事实上，食品制造商早在大量女性步入职场之前，就已经开始大力宣传这样的理念：做饭这种事情，本来就应该由他们来代劳。“二战”结束后，食品工业开始千方百计地向美国人——尤其是美国女性——兜售他们为军队创造的技术奇迹，也就是加工食品，比如罐头餐、冻干食品、脱水马铃薯、橙汁粉、咖啡粉、即食食品和超方便食品。劳拉·夏皮罗（Laura Shapiro）曾经出版了社会史著作《新鲜出炉的方便食物：重塑20世纪50年代的美国家庭厨房》（*Something from the Oven: Reinventing Dinner in 1950s America*），她在书中回忆道，食品制造商不遗余力地“向数百万美国人发起宣传攻势，让他们喜欢上形同战地口粮的方便食品”。这种军用技术向民用技术的转化，也以同样的方式推进了农业的工业化进程——比如弹药技术转化成了合成肥料，神经性毒气转化成了杀虫剂。人们的饮食方式也因此走向了工业化。

夏皮罗认为，烹饪的工业化并不是为了满足职场女性的需求，甚至也不是为了讨好急于摆脱家务的女权主义者。这主要是一个受供应驱动的现象。加工食品利润空间极大——比种植作物或销售未加工食品要大得多。因此，食品企业早在女性大量涌入职场之前，就制定了进军家庭厨房的战略。

不过，多年来，美国职业女性和非职业女性都对加工食品进行了坚持不懈的抵制，她们认为，购买加工食品是一种堕落的行为，相当于放弃了烹饪的道德义务。在她们眼里，烹饪和带孩子一样，是做父母应尽的责任，也是带好孩子的必要条件。尽管贝蒂·弗里丹（Betty Friedan）等第二代女权主义作家将所有家务视为一种压迫，许多女性都在烹饪与其他形式的家务之间划上了明确的界限。她们一再告诉食品业的研究人员，下厨做饭对她们来说，是一种享受。正如作家和营养学者琼 · 古索（Joan Gussow）所言："没有任何证据表明，烹饪是女性深恶痛绝的家务，而食品加工商并没有像他们标榜的那样，将女性从厨房中解放出来。"不过，虽然说烹饪可能并不令人讨厌，但是一旦时间紧张，家庭工作负担太重，这种家务活儿很快就会被交给市场。

事实上，在第二波女权主义者当中，有很多人对烹饪的性别政治问题抱有矛盾的态度。西蒙娜 · 德 · 波伏娃（Simone de Beauvoir）在她的著作《第二性》（*The Second Sex*）中写道，尽管下厨可能是对女性的一种压迫，但是它也可以是"发挥创造力的过程，看着自己亲手做出了一块美味的蛋糕或千层饼，你心里会涌上特殊的成就感，因为并不是所有人都能把蛋糕或千层饼做得这么好的：肯定要有点儿天赋才行"。我们可以把这段话解读为波伏娃对烹饪艺术的"特赦"（这种特赦带有浓重的法国色彩），也可以将它视为一种生活智慧。相比之下，有些美国女权主义者过于草率，急于将女性从厨房中解放出来。不过，波伏娃对于烹饪的价值所表现出来的模棱两可的态度，也引发了一个有意思的问题。我们的文化是否低估了烹饪的价值？如果答案是肯定的，那么其原因是否在于，烹饪本身不能给人以太大的满足感，或者说它自古以来都只是女人才干的事？

无论是哪种原因，从实际情况看，家庭烹饪走向没落，主要是因为食品工业的兴起，以及美国家庭薪水的下滑（这也导致大多数女性从 20 世纪 70 年代开始步入职场），而与女权主义思潮关系不大。当然，并不是说与女权主义没有关系。它还是发挥了一定的作用，尤其到后来，食品营销商开始迎合日益高涨的女权主义呼声，来推销自己的产品。肯德基炸鸡并不是唯一一款标榜“女性解放”的产品。只要能够打入普通家庭的厨房和餐桌，食品工业会毫不犹豫地披上女权主义意识形态的外衣。

但是，在食品工业的女权主义旗帜下，其实隐藏着反女权主义的信号。包装食品的广告几乎完全就是针对女性而设计，言下之意就是，下厨做饭原本就是女性的天职，而新产品的发明，只是为了帮助她们完成本职工作罢了。这些广告还在无形之中给人们制造了恐慌，让人们以为时间总是不够用，每天早上根本来不及做早饭，就连冲一碗牛奶麦片的时间都没有。要想赶上上班时间，唯一的办法就是在路上解决早餐问题，比如，在公交车或出租车上吃谷物棒（表面裹着一层人工合成的牛奶糖霜）。（我就奇怪了，这些大忙人怎么就不能调调闹钟，每天早上提前10分钟起床呢？！）和许多现代营销手段一样，方便食品的广告一方面给人们制造焦虑，另一方面承诺自家的产品能为人们排忧解难。食品工业的广告词还给男性带来了福音，使他们逃过了一劫。贝蒂·弗里丹在《女性的奥秘》（*The Feminine Mystique*）一书中提出了一个问题：究竟谁应该下厨做饭？面对这个令人无法忽视的尖锐问题，食品公司适时站出来为男性解了围：你们都不用做！我们可以包揽！为了解决夫妻双方的矛盾，我们让食品制造商打入了自家的厨房。

不过，虽然食品制造商坚持不懈地采用了这种巧妙的营销手段，但是他们投入了多年的努力，才终于让女性交出了伙食准备权。首先要攻破的难题，就是说服人们：打开一个罐头，或者用预拌粉[1]做面点，也可以算是下厨做饭。老实说，这着实费了一番功夫。在20世纪50年代，只需加水的蛋糕预拌粉在超市销售惨淡，后来，销售商发现了一个秘密：如果他们能给“家庭烘焙师”留一点任务（比如打个鸡蛋进去），主妇们就会觉得这块蛋糕是自己做的，她们尽职地履行了下厨做饭的道德义务。不过，在接下来的几十年里，人们对方便食品的抵制全线崩溃，因为食品科学家做出来的方便食品越来越逼真，而且卖相很好，看起来很新鲜。与此同时，微波炉在美国迅速普及，1978年，只有8%的家庭拥有微波炉，到了现在，这一比例达到了90%。微波炉的大行其道，使人们节省了“烹饪”时间，开辟了一个全新的“烹饪”领域。

虽然现在仍然有人将烹饪视为做父母的应该履行的一项庄严义务，但是，正如哈利·巴尔泽尔的调查所显示的那样，食品制造商成功地转变了人们的烹饪理念，而且其效果远远超出了预期。现在，没有父母会介意给孩子买速冻的花生酱和果酱三明治当午餐。巴尔泽尔发现，随着包装食品大举进军普通家庭的食品储藏柜和冷冻室，人们购买新鲜食材的意愿也在降低，因为新鲜食材一旦买回来，就必须在它们放坏之前赶紧处理——这又是一种时间上的压力。巴尔泽尔说，看着买回来的花椰菜在冰箱里放蔫，我们会受到“良心的拷问”，而冷冻餐食总是会坚挺地守护在我们身边。“吃新鲜菜是件特别麻烦的事情”。

巴尔泽尔告诉我：“我们已经做了上百年的包装食品，接下来，我们要让包装食品统治餐桌一百年。”如今，平均每户人家有80%的

---

①　预拌粉（有的也被称为预混粉）是指按配方将烘焙所用的部分原辅料预先混合好，然后销售给厂家使用的烘焙原料。——译者注

食品支出并没有流向农民的腰包，也就是说，这些伙食费都支付给了工业烹饪、包装和营销企业。我们有超过半数的伙食费都花在了别人为我们准备的食物上。巴尔泽尔本人对此并不在意。事实上，他还在期待下一场饮食工业革命早日到来。

“我们都在寻找别人为我们做饭。接下来，超市将担当起美国大厨的角色。从超市购买打包餐食，这就是未来的发展趋势。我们现在希望开办‘免下车’超市。”至此，女人终于让男人也尝到了下厨的滋味，只不过下厨的并不是她们的丈夫，而是开食品公司的人，这些人运营着通用面粉公司（General Mills）、卡夫食品公司（Kraft）、全食超市（Whole Foods）和乔氏超市（Trader Joe's）。

每次订购方便食品后，我们可能会省下半个小时的下厨时间，这多出来的半个小时是怎么用掉的呢？如果你思考一下这个问题，就会对时间有一个全新的认识。多出来的时间一方面用在了工作和通勤上，另一方面也用在了购物上——其中包括购买外带食品。（很多人都没有注意到，不做饭也是要付出代价的：去餐馆的路上花费的时间、等待上菜的时间，都没有计入“伙食准备”的范畴当中。）不过，我们省下的大部分下厨时间，都花在了显示屏前：比如，看电视（每周将近35个小时）、上网（每周大约13个小时）、玩智能手机游戏。在过去几十年里，我们想方设法地从繁忙的日常生活中挤出两个小时的时间，花在了电脑上。现在一天还是24小时，那多余的两个小时是怎么挤出来的？

怎么说呢，我们现在一心多用的能力比以前强了很多。这样一来，要想衡量一个人的时间安排方式，也变得困难了许多。正因为我们已经不习惯于一心一用，烹饪也变得更加令人煎熬，毕竟，你可以一边吃东西，一边看邮件，但如果是一边切洋葱，一边看邮件，就会困难许多。不过，究竟是什么原因，使我们将“一心一用”视为下厨的负面因素呢？

随着家庭烹饪的没落，有一种一心多用的活动呈现出陡然上升的趋势，这种新行为是“一边做事，一边吃零食”（secondary eating）。美国人从工业烹饪中省下的时间都用来做什么了呢？我曾就这一问题请教过美国农业部（United States Department of Agriculture，简写为USDA）的经济学家卡伦·S. 哈姆里克（Karen S. Hamrick）。她表示：“人们把更多的时间花在了吃东西上。看电视的时候吃东西，开车的时候吃东西，换衣服的时候吃东西，做什么事情都要吃东西。”哈姆里克曾撰写过美国农业部的一项调查报告，该报告表明，美国人如今每天有 78 分钟的时间在一边做事，一边吃零食[①]。这比他们正常吃饭的时间还要多。谁能想到下厨时间的减少会导致吃东西的时间增多呢？但现实就是这样。

“一边做事，一边吃零食”的现象日益普遍，这说明，不做饭可能会给人的健康造成间接的危害。我们有充分的理由相信，将伙食外包给企业，乃至 16 年来以汉堡为主的饮食方式，已经影响到了我们的身心健康。但这并不仅仅是因为食品制造商和快餐连锁店的手艺太差，虽然他们的手艺确实不怎么样。真正的原因在于，下厨做饭在无形之中能够促使人们采取健康的饮食方式。

至少，近年来，有不少科学家在研究下厨时间与饮食健康的关

---

① 该研究表明：2006~2008 年，15 岁以上的美国人平均每天有 78 分钟的时间在一边做事，一边吃零食。据报道，人们在从事 400 多种具体活动（不包括睡眠与进餐）时都会吃零食，其中最常见的活动为看电视与有偿工作。为工作或购物而出行时，也常常会吃零食。（“美国人用于饮食的时间有多少？”，《经济信息公报》，第 86 期，2011 年 11 月。）http://www.ers.usda.gov/publications/eib-economic-information-bulletin/eib86.aspx。

系后，得出了这样的结论。2003年，一个由哈佛大学经济学家组成的团队在戴维·卡特勒（David Cutler）[①]的带领下，开展了一项研究，结果表明，近几十年来美国肥胖人数增长的主因很可能与伙食外包有关。大规模量产压低了许多食物的成本，这不仅反映在售价上，也反映在时间成本上。

以炸薯条为例。炸薯条已成为美国当今最流行的“蔬菜”，而在工业化烹饪兴起之前，它并不流行，因为这道菜准备起来不仅要花费大量的时间和精力，而且会把厨房弄得一团糟。其他大规模量产的复杂食品也是这么流行起来的，比如，奶油夹心蛋糕、炸鸡翅、塔可饼、带有异国风味的薯条和蘸酱、用精制面粉制成的奶酪味泡芙。这些食品如果亲自动手去做，非常麻烦，但是在加油站可以买到现成品，而且售价不到一美元，想买多少都行，这使得我们更容易贪恋零食。

经济学规律表明，一旦某件商品的成本下跌，其消费量就会增加。但衡量成本的不仅仅是金钱，还包括时间。卡特勒及其同事的研究结果充分说明，食物的“时间成本”对我们的饮食习惯产生了巨大的影响。自20世纪70年代以来，我们每天摄入的热量增加了500卡路里，这些热量大多来源于小吃、方便食品等非自家烹制的食物。研究得出的结论是，一旦人们不需要亲自下厨，就会吃下更多的东西。随着下厨时间减半，美国人平均每天的进餐次数呈直线上升。自1977年以来，我们每天相当于比以前多吃半餐饭，这半餐饭大多是在一边做事、一边吃零食的情况下，被我们不知不觉吃进肚子里的。

---

① 戴维·卡特勒等，“美国人的肥胖问题为什么愈演愈烈？”，《经济展望杂志》，17卷，第3期（2003）：93–118。

卡特勒及其同事调查了不同文化的烹饪模式，结果发现，肥胖率与伙食准备时间成反比关系。一个民族花在家庭烹饪上的时间越多，其肥胖率就越低。事实上，下厨时间是预测肥胖率的准确指标，其可靠性甚至高于职业女性比例和家庭收入。其他研究也支持这一观点，其结论是，用家庭烹饪模式来预测人的饮食方式是否健康，比用社会阶层做指标更加准确。1992 年，《美国饮食协会》（*Journal of the American Dietetic Association*）上刊载了一项研究，该研究表明，与收入高但不做饭的女性相比，收入低但经常做饭的女性很可能拥有更健康的饮食方式。[①]2012 年，《公共卫生营养》（*Public Health Nutrition*）对台湾的老人进行调查后发现，经常做饭的习惯与硬朗的体魄、超长的寿命之间存在着紧密的联系。[②]

由此可见，花时间做饭很重要——而且重要性非同一般。仔细想想，这并不是没有道理。一旦我们把下厨的任务交给公司，就势必要摄入劣质的食材和大量的糖、脂肪、盐，而这三种成分恰恰是我们经过长期进化而情有独钟的口味，食品制造商经常利用它们来掩盖加工食品的不足。工业化烹饪还丰富了我们能接触到的菜系种类。比如，我们可能不知道怎么做印度菜、摩洛哥菜或泰国菜，但是乔氏超市知道。尽管菜系种类的多样性看起来可能是件好事，但是卡特勒表示，可选择的食物种类越多，我们吃的也就越多（这一点在自助餐会上得到了充分的证明）。况且还有甜点：以往只有在特殊场合下才吃得到的东西，一旦变成日常生活中唾手可得的廉价食

① 海因斯等，“饮食模式与美国女性能量及营养摄入量的关系”，《美国饮食协会》，第 92 卷，第 6 期（1992）：698–704，707。

② 陈佳玉（音），罗莎琳娜等，“经常参与烹饪可能有助于台湾老年人延长寿命”，《公共卫生营养》，第 15 期，2012 年 7 月：1142–49。

品，我们就会天天食用。亲自下厨不仅费时费力，而且会延缓享用美食的时间，这在很大程度上抑制了我们的胃口。现在，这种抑制作用已经不复存在，而我们正在承受由此造成的后果。

问题是，我们能否回到过去？一个民族的烹饪文化一旦没落，还有没有重建和复兴的可能？除非数以百万计的美国人（无论是男性还是女性）都愿意将下厨做饭变成日常生活的一部分，否则我们根本无法改变美国人的饮食方式。要想回归以新鲜果蔬为主的健康饮食方式（乃至振兴本地的食品经济），就必须让美国人回到自己的厨房。

如果你对这种事情还抱有希望，那就不要怪哈利·巴尔泽尔给你泼冷水。

“（回归健康的饮食方式）是不可能的，”他告诉我，“为什么？因为我们基本上就是偷懒耍滑的贱骨头。而且做菜的手艺已经失传了。还有谁能把烹饪手艺教给下一代？”

哈利·巴尔泽尔的语气非常生硬，他坚持认为，我们应该接受现实，应该直面人的本性，毕竟，这些是他花了30年的时间研究调查数据得出的结论，肯定是有道理的。不过，我还是想办法让他构想了一种微乎其微的可能性，只不过这样做稍微费了点功夫。他的大多数客户（包括许多大型连锁餐厅和食品制造商）都从家庭烹饪的没落中赚得盆满钵满；当然，这些公司的营销策略起到了作用。不过，巴尔泽尔本人非常清楚，人们在工业化烹饪的进程中付出了怎样的代价。因此，我向他请教了一个问题：在理想情况下，怎样才能减少以加工食品为主的现代饮食方式对人体健康造成的危害？

“简单。你想让美国人少吃点？我有办法。自己做菜就行了。想吃什么就做什么——只要你肯自己做就行了。”

在萨曼近一年的指导下，我的厨艺突飞猛进，开始自己一个人做焖菜和炖菜了。每到星期天下午，我就会做各种各样的汤锅菜肴。我的想法是一次多做几道菜，把它们放在冰箱里，等到工作日时拿出来加热一下，就可以直接吃了：相当于我自己做快餐。周一到周五的晚上，我顶多只有半个小时的时间准备晚饭，所以我决定周末花几个小时预先做好，这样到了工作日就不必手忙脚乱了。我还从食品制造业学了点大规模量产的小技巧。有一天我突发奇想：反正以后做mirepoix或者soffritto的时候都要切洋葱，为什么不一次多切几份？这样一来，我就只需要洗一次锅碗瓢盆了。事实证明，用这种方法来烹制汤锅菜肴，是最实用的——无论从省钱还是省时间的角度讲，都是如此，而且还能保证营养供应——这是我从自己的烹饪实践中学到的经验。

没有萨曼的星期天，成了我翘首企盼的闲暇时光，大多数周末都是如此。艾萨克一般会陪在我身边，他会把自己的笔记本电脑带到厨房写作业，而我就站在工作台边切瓜砍菜，烧火做饭。有时候，他会拿把勺子溜到锅边，尝一尝锅里的菜肴，主动给出一点调味建议。不过大多数时候，我俩都是各忙各的，偶尔交谈几句。我发现，跟孩子们交流的最好时机，就是在做事情的时候。我跟儿子在厨房里度过的那些周末，恰逢他去上大学之前的那一年，现在想想，那可以算是我俩度过的最轻松、最快乐的一段时光。有一个星期天，我和艾萨克打算做一点新鲜意式面食，就在我做苏格（Sugo）意粉酱的时候，艾萨克去接了个电话，是我父母打来的。

“这边现在比较冷，在下毛毛雨，但是待在屋里真的很舒服，”我听到艾萨克对他的爷爷奶奶说，“爸爸在做菜，屋子里好香。我觉得这个星期天过得太完美了。”

我发现，一旦慢慢习惯在厨房里待上好几个小时之后，我改掉了急躁的坏毛病，可以静下心来，全身心地投入慢工出细活的烹饪当中。经过一周的忙碌，能够从电脑前解放，享受一段安静的时光，用自己的双手（乃至所有的感官）烧菜做饭，打理花园，这对我来说是难得的福分。这样的休闲方式改变了我对时间的体验，使我能够排除一切杂念，着眼于当下。并不是说我现在已经变得多有佛性，但在厨房里，有一点佛性是必要的。搅拌汤水的时候，什么都不要想，只管搅拌就好。我现在悟出这个道理来了。对我来说，能够专心致志地完成一件事情，是生活中最宝贵的一大财富。

一心一用，是一种难能可贵的姿态。

第七章
晚餐计划

萨曼的烹饪课程结束后的那年冬天，我在星期天的时候，就做出了好几道美味的汤锅菜肴，为随后的工作日做好了准备。我们一家人享用的菜肴包括：苏格酱佐自制意大利面、鱼汤焖排骨、红椒猪肉煲、焖鸭腿、塔吉锅炖时蔬、法式红酒炖鸡肉（coq au vin）、炖牛肉、红焖小牛肘（osso buco）等等。经过一段时间的实践，我发现，只要花上两个小时左右的“有效烹饪时间”，再让汤水自行熬煮几个小时，就能制作出令人惊艳的美味佳肴，而且毫不谦虚地说，我的手艺时不时还能发挥出顶级水平。这两个小时做出来的菜肴，足够让一家人吃上三四个晚上。这里把剩菜也算进去了；炖菜和焖菜放上一两个晚上，风味会比第一次出锅时浓郁得多。

那年冬天，有一个星期天，艾萨克和我在厨房里忙碌时，我们突然心血来潮，想做个小实验——等到了星期四或者星期五，我们尝试一下截然相反的饮食方式。那天的晚饭主题就定为“微波炉之夜”。到时候，我们每个人都从超市冷冻柜里选一款自己喜欢的食品，作为晚餐。我想看看，这样做到底能省多少时间？需要付出什么？做出来的晚饭会是什么样子？艾萨克对这个实验充满了期待，他是为了满足自己大吃快餐的欲望。而我则是为了满足自己作为新闻业者的好奇心。

于是，第二天下午，等艾萨克放学后，我们开车去了西夫韦超市（Safeway），找了辆购物车，推着它走到了一排长长的、冒着冷气的冷冻柜前，挑选可以直接放在微波炉里加热的晚餐。可供选择的产品品种太丰富了，简直到了令人瞠目结舌的地步。实际上，光是决定该选哪种菜式，就花了我们二十多分钟的时间，因为备选项太多了，有袋装速冻中式炒菜、盒装印度香饭（biryanis）和咖喱、炸鱼薯条套餐、各种口味的奶酪通心粉、日式饺子、印尼沙嗲串烧（Indonesian satays）、碗装泰式香米饭、经典的索尔斯伯利牛肉饼（Salisbury steaks）、烤火鸡和炸鸡套餐、沙拉酱牛肉（beef Stroganoff）、墨西哥卷饼（buritos）、塔可饼、分量超大的英雄三明治（将外皮硬的面包从中切开，夹入火腿、蔬菜等的大三明治）、速冻蒜香面包和迷你汉堡（sliders）、芝士汉堡。还有一些产品专门针对的是不同的人群，比如想控制卡路里摄入量的女士、想尽可能填饱肚子的男士（Hungry Man公司承诺，要给顾客提供“足足一磅的美味”）、想在家里吃到正宗快餐的小孩。我已经很多年没买快餐了，完全不知道现在的技术究竟发展到了什么地步。任何种类的快餐、任何国家的菜式、任何连锁餐厅的菜品，都可以在超市的冷冻柜里找到。

朱蒂丝愿意加入我们的晚餐计划，但是拒绝跟我们一起来购物。她让我们帮她带一份速冻千层面（lasagna）。艾萨克找到了一个粉红色盒子包装的“史都华”牌（Stouffer's，雀巢旗下公司）千层面，看起来并不是太诱人。我不怎么放心超市里的肉，于是先看了看素食版的猎人烩鸡（chicken cacciatore，一种经典的意大利料理），但是一看成分表，发现一长串不认识的大豆加工品，于是打消了吃素肉的念头，转而选了艾米厨房（Amy's，一家有机食品公司）的有机蔬菜咖喱饭，至少成分表上的原料都是我认识的食物，这在超市琳琅满目的速冻产品中非常难得。艾萨克犹豫了好长一段时间，但是他的问题跟我正好相反：他想尝试的东西太多了，根本不知道怎么选。最终，他好不容易把范围缩小到了华馆（P. F. Chang）的沪式炒牛肉和西夫韦自营的法式洋葱奶酪丝面包汤（French onion soup gratinée）。我跟他说，想要的话，可以两个都拿上，如果他愿意，还可以带上他觊觎已久的巧克力熔岩饼干，作为饭后甜点。

我们三个人的东西加起来一共27美元，比我预想的要多。有些食品（比如艾萨克的炒牛肉）虽然包装上说的是多人份，但我很怀疑这一点，因为看起来分量较小。过了几天，我去了趟农贸市场，发现有了这27美元，买两磅（约合907克）划算的有机牛肉根本不成问题，还可以买一大堆蔬菜，用来做满满一大锅焖菜，足以让我们一家三口吃一两顿。（不过艾萨克的胃口总是令人难以捉摸。）由此可见，让华馆、史都华、西夫韦和艾米厨房来为我们做饭，是要付出一定代价的。

我可以毫不夸张地说，这些速冻食品丝毫没有打击我在厨艺上的自信心。这种自信心依然在与日俱增。诚然，我还不知道怎样做才能使一道菜在冷冻室里放上几个月都不会坏；怎样做才能将海鲜酱（hoisin sauce）冻成焦糖色的小冰块，使其在蔬菜解冻后刚好融化，均匀地平铺在蔬菜表面。我在萨曼的烹饪课上也不曾学到，怎样做才能在冻成块的巧克力色洋葱汤上制造出层次丰富的奶酪块和油煎脆面包片。

那么，这些速冻食品的味道怎样呢？跟航空食品很像，如果你还记得航空食品是什么味道的话。这些东西的味道都很像，尽管它们各自所属的菜系天差地别。它们都很咸，快餐味十足，还能吃出牛肉味，可能是因为其中好几种食品含有“水解植物蛋白”。“水解植物蛋白”是对谷氨酸钠的委婉说法，它是一种廉价的添加剂，可以增加食品的鲜味。这几种速冻食品都是第一口吃下去时感觉不错，但是多吃几口之后，你就不会这么想了。速冻餐食的口味是有半衰期的，我觉得顶多吃三口就不错了，再吃下去，口感就会急转直下。

且慢，我忘了说烹饪这一步了。确切地说，这里所谓的“烹饪”，只是将一家三口各自的食物分开加热罢了。你可能会觉得，我之所以忘了写这个步骤，是因为它太简单，而且很快就过去了，没什么可提的——毕竟，大多数人买速冻食品不就是图快吗？如果你是这样想的，那就大错特错了，因为我们花了将近一个小时，才把所有的菜都热好，端上餐桌。之所以用了这么久，原因之一是，你不可能一次性把所有的菜都放进微波炉里加热，只能一次加热一道，而我们总共有四道菜需要解冻、加热，这还没有把速冻熔岩饼干算上。此外，有一道菜的包装袋上写着，不能用微波炉加热，否则无法达到最佳风味。洋葱汤表面的冷冻食材在微波炉中加热后，会全部融在一起，无法形成层次分明的汤。要想达到包装袋图案上的效果，必须将其放进烤箱中烘烤40分钟（温度设为180摄氏度）。老实说，有这40分钟的时间，我完全可以自己做一道洋葱汤了。

艾萨克不想等那么久，结果我们几个人只好轮流站在微波炉前守着，眼睁睁地透过炉门，看着我们的冷冻晚餐在圆盘传送带上缓缓地旋转，还有什么比这更无聊、更让人空虚的事情吗？可能这样干等着，至少比下厨做饭要轻松点，但是这种消磨时光的方式毫无乐趣，也毫无价值，反而会徒增精神上的空虚和失落。

回到正题，第一道菜热好以后，我们把它从微波炉里取出，放进第二道菜。等到第四道菜热好了以后，第一道菜又凉了，需要重新加热。艾萨克等不及了，他想先喝洋葱汤，以免它放凉了。看来微波炉的发明并没有给餐桌礼仪带来助益。等到朱蒂丝的千层面出炉时，艾萨克的洋葱汤已经快喝完了。

从艾萨克出生以来，我们一家人还从来没有像现在这样，晚饭吃得这么不踏实。在“微波炉之夜”，一家三口没有哪一刻是能安安心心坐在一起吃饭的。三个人能同时坐在桌边的时间顶多有几分钟，因为总有一个人时不时跑到厨房去，检查一下微波炉或者灶台（微波炉被占用了之后，艾萨克把他的炒菜放到灶台上加热了一阵）。这样算下来，我们总共花了 37 分钟的时间解冻、热菜（这还没有算上菜凉之后重新加热的时间）。其实如果把这 37 分钟的时间用来下厨，已经足以做出一桌好菜了。这让我觉得哈利 · 巴尔泽尔的话或许有些道理，这样的饮食方式之所以大行其道，就是因为人们太懒，缺乏信心和手艺，要么就是想要尝试多种不同的食物，而不是因为真的缺乏时间。毕竟，我们其实也没有省下多少时间。

一家三口各吃各的菜，改变了我们共进晚餐的体验（当然，这里的“共进晚餐”也只能从宽泛的意义上来理解）。食品工业首先从超市着手，巧妙地将家庭成员细分开来，为每一个成员推销一种不同的食物，使一家人整体消费的食品数量增多。个人主义总是有助于市场营销，而集体共享对销售的助益则大大减少。接下来，在微波炉热菜的阶段，细分进一步加剧。每个人的菜肴在不同的时间加热、上桌，一家人无法同时坐在桌边共进晚餐。大家各吃各的，只关心自己盘里的菜有没有加热，算不算“正宗”，够不够美味。没什么东西是全家人共享的。所有的菜都是单人份，它们来自遥远国家的饮食文化，令人感到陌生，也让同在一张桌上吃饭的家人彼此疏远。“微波炉之夜”是个人主义色彩浓重的一次体验，它让我感觉到强大的离心力和难以言表的不自在感，风卷残云过后，留在餐桌上的，只有大量的垃圾。换句话说，这就是现代生活的真实写照。

⊙

第二天晚上，当我回想这次用餐体验时，一家人的饮食生活已经回到了正轨。桌上的汤锅菜肴是我在上个星期天提前做好的。主料是鸭子，做法参照了萨曼的方子，辅料是红酒和甜椒，熬煮的时候特意用上了新买的红陶土砂锅。由于这道菜从星期天开始一直放在冰箱里，油脂已经在表面凝固，很容易撇掉。我将砂锅放进烤炉里重新加热，等到多香果、杜松子和丁香的芬芳飘满整间屋子时，艾萨克和朱蒂丝被吸引到了厨房；我从来不需要特意叫他们过来吃饭，他们闻到香味自然知道饭做好了。我把锅端上餐桌，开始给每个人盛菜。

这天晚上，餐桌上的氛围和“微波炉之夜”完全不同。热气腾腾、飘香四溢的砂锅本身散发着一种向心力，它就像一座迷你壁炉一样，将我们吸引过来，聚集在它的周围。老实说，这其实没什么稀奇，只不过是一家人在一个普普通通的夜晚，开开心心地围坐在一起，平平淡淡地享用一大锅家常菜罢了。但是，在这个个人主义盛行的时代，随着电子产品、消费品、单人份餐食等分化人心的因素日益冲击着家庭的凝聚力，这样的家庭聚餐或许将不复存在。毕竟，我们没有必要花费那么大的精力准备一桌菜肴，因为已经有了更省事的方式可以选择。

一道文火慢熬、精心烹制的菜肴值得我们细细品味。一家人不紧不慢地吃着晚饭。艾萨克在饭桌上讲了他这一天的经历，我们也分享了我们的见闻。在这一天的时间里，我第一次感觉到，一家人的生活归属于同一个轨道，虽然这种温馨的氛围不能完全归功于桌上的美味，但也不能说二者毫无关联。吃完饭后，我揭开砂锅的盖子，高兴地发现，锅里还有剩菜，可以留到第二天中午继续享用。

第三篇
空气：业余烘焙师养成记

“没有比面包更真实的事物了。”

——费奥多尔·陀思妥耶夫斯基

（Fyodor Dostoevsky）

“面包比人类更古老。”

——阿尔巴尼亚古谚

第一章
美味的白面包

面包具有丰富的内涵，我们可以从多种不同的视角来看待它：既可以将其看作充饥果腹的食物，也可以将其升华为博大精深的饮食文化；既可以将其看作实实在在的物质食粮，也可以将其升华为滋养灵魂的精神食粮；既可以将其看作稀松平常的主食，也可以将其升华为弥足珍贵的圣餐；既可以用它来隐喻日常生活的基本所需，也可以把它当作沟通交流的媒介（进而推动美食共享、引领社会风尚、发起社交活动等等）。又或许，我们可以返璞归真，将制作面包的过程视为一门高超卓绝的烹饪艺术，它可以点石成金，将禾草类植物转化为口感独特、易于消化、营养丰富的美味佳肴。当然，这门烹饪术并不适用于所有禾草类植物，事实上，它只适用于小麦，而且仅限于小麦的种子，而非茎叶。由此可见，这门烹饪术并不如反刍动物的消化系统来得精巧。毕竟，奶牛等反刍动物有一个专门的胃室，可以消化各种禾草类植物的各个组成部分，将其转化为补充身体所需的食物能量。人类只有一个胃，无法直接消化禾草类植物。不过，大约在 6 000 年前，人类学会了发酵面包，从此之后毅然决然地加入了食草动物的行列，这给人类这个物种带来了不可多得的福祉（至于禾草类植物受到的裨益，那就更不用提了）。

无论是对反刍动物，还是对人类而言，食用禾草类植物的好处都为数不少。地球上三分之二的陆地都覆盖着禾草类植物，它们在植物当中尤其擅长吸收太阳能，并将其转化为生物质——用生态学的术语来说，这种能力就称为“初级生产力”。人类在学会食用禾草类植物之前，要想摄取禾草类植物中的营养，就必须捕食以禾草为食的反刍动物，有时还得捕食反刍动物的猎食者。但是，这种二手乃至三手的摄食方式对于禾草类植物的营养来说是极大的浪费。猎物体内的能量大约只有10%会传递到食物链上一层的猎食者。（之所以会出现这种情况，原因之一在于，猎物为了避免被捕食，会消耗大量的能量。）事实上，在食物链（或“营养金字塔”）中，食物的能量每向上传递一级，就会损失90%。正因为如此，大型食肉动物比反刍动物的数量要稀少得多，而反刍动物又比禾草类植物的数量稀少得多。

虽然早在旧石器时代，人类就已经开始采食能够找到的任何草籽，但是，直到培育草籽和生火做饭的方法问世以后，人类文明史上才出现了真正意义上的重大飞跃。（或许这也是不得已之举，毕竟，当时已经没有足够的食草动物可以捕食了。）正因为学会了摄食食物链中营养级更低的植物，人类才得以从食物中吸收比以往更多的能量，繁衍了比以往更多的种群。从土壤和阳光中获取食物的方式给人类的生活带来了彻底的革新。后来，人们发明了“农业”一词，用来描述这种革新性的生存方式。栽培小麦、玉米、水稻等可食用禾草类植物的过程，就构成了农业生活的主要部分。

由于种子是植物中能量储备最高的部分，也是单胃动物唯一能够轻易吸收的部分，人类的祖先在对可食用禾草类植物进行人工选择的过程中，优先采集并栽培出了个头最大且最容易获得的种子。随着时间的推移，这些植物开始渐渐向着有利于人类的方向进化，不仅长出了空前硕大的种子，还会抑制果皮在收获季节前“开裂”，以免将种子过早地掉落到地面。作为报答，人类则为植物营造了适于生长的环境：不仅为它们开垦土地，还保护它们免受树木、杂草、昆虫、病菌等竞争者的侵害。

由于禾草类植物与人类之间形成了新的共生关系，人类自身也发生了进化，其中有一个变化尤其令人瞩目，那就是，人体内部开始分泌专门消化禾草种子淀粉的酶。不过，即使是人工培育出来的禾草类作物，也在千方百计地保护种子内部储备的宝贵营养不被轻易夺走（毕竟，它们储备营养的目的，是为了给种子的萌发提供能量，而不是为了填饱人们的肚子），因此，只有对种子进行某种程度的加工，才能将其中的营养释放出来。加工的方法可以有多种，比如浸泡、煮制、烤制、酸化、碱化，也可以把这些方法结合起来使用。

在农业时代的最初几千年里，这些原始的“食品加工”方法收效甚好，足以满足人们的需求。不同地区的人们将各种不同的草籽放在火上烘烤，或者用石头磨碎，放到水里煮开，然后熬成一碗简单的糊状物，也就是粥。这碗糊状物已经浓稠到几近凝固，或许不足以做出令人惊艳的餐点，但制作过程简单易行，而且营养丰富，能给人体提供所需的淀粉及某些蛋白质、维生素和矿物质。为了使这些糊状物风味更佳，人们有时候会把它们倒在滚烫的石头上摊平，然后加以炙烤，做出一种扁平的无酵面包。

后来有一天，距今大约 6 000 年前，在古埃及的某个地方，为数众多的稠粥当中，有一碗平淡无奇的稠粥悄然发生了变化，看起来就像出现了奇迹一般。如今的我们无法确切知道到底发生了什么，不过在当时，肯定有一位细心的古埃及人率先注意到了这一点。发生变化的那碗粥可能已经被人放在角落里晾了好几天，变得不那么毫无生机了。事实上，它的表面正在滋生气泡，整团面糊正在慢慢膨胀，好像有了生命一般。原本呆滞的一团死面不知怎的，突然焕发出生机，仿佛被点燃了生命的火花。这碗生机勃发而又怪异不已的粥（也就是今人所说的生面团）被放进炉子里加热之后，甚至膨胀得更大了。它将膨胀的气泡包裹在内，越变越大，逐渐形成了蓬松却又稳定的海绵状结构。

在当时的人看来，这碗粥发生的变化肯定像是一场奇迹，毕竟，人们第一次见识到，食物的体积竟然会膨胀两倍，甚至三倍，至少表面上看起来是如此。尽管后来证实，生面团发生膨胀只不过是假象而已——增大的体积全部来自其中的气泡，但是，只要稍事品尝，人们就会发现，它的内涵几乎与外观一样令人惊艳。这种食物口感丰富，风味极佳，松软细腻，给人的味蕾以更加美妙的享受。面包正式诞生了！没过多久，人们发现，这种全新的食物不仅比原来的面糊体积更大，而且营养也更丰富。从这个角度讲，面糊的确发生了奇迹，它的价值比原来翻了好几倍。从此以后，古埃及人摇身一变，从单纯的厨子变成了技艺精湛的厨艺大师。以前，他们只会简单地加工食物，采集来的植物和捕获到的动物要么架在火上烤，要么放到水里煮；现在，他们掌握的技艺比从前繁复得多（从某种程度上讲也更为强大），能够将原生态的食物转化为营养丰富的美味佳肴。面包烘焙也随之诞生，这是世界上最早的食品加工业。

⊙

我真的很喜欢美味的面包。事实上，就连不美味的面包也是美好的。比起吃一块凉凉的蛋糕，我更喜欢吃一片新鲜出炉的面包。我尤其喜欢甘香四溢的面包那层次分明的口感，它有着酥脆的外皮，濡湿而松软的蜂窝状内层——用专业的术语来说，内层就是“面包囊”，这个词是我从烘焙师那里学来的。最近，我老是跟烘焙师打交道。他们喜欢把面包囊上的气孔称为蜂窝。圆润的蜂窝中包裹着膨胀的气体，面包馥郁的甘香大多就蕴藏在这里。袅袅的芳香中裹挟着烘焙的麦香、发酵的醇香和榛子的果香，细细品来，又夹杂着一丝淡淡的酒香——对我来说，这层次丰富的甘香比浓郁醇厚的酒香和微苦甘醇的咖啡香还要令人着迷。只不过我觉得，其实我完全没有必要在三者之间做出抉择。毕竟，面包无论是和酒还是咖啡，都是绝佳的搭配。

烘焙面包的理由之一，就是要让馥郁的甘香溢满整间厨房。即使做出来的面包很失败，烘焙的麦香也总是能让整间屋子大为增色，人的心情也会随之明朗起来。如果有人售卖二手房，我们往往会建议卖家在屋子里烤上一大块面包，然后再带买家来看房。这一招的巧妙之处在于，新鲜出炉的面包散发出来的芳香是终极的秘密武器，它会给人以家一般温馨的感觉。仔细推敲起来，这一点似乎站不住脚，毕竟，有多少人是自己在家里烤面包的？但是不知何故，烘焙面包的香气的确能唤起人的感官记忆，让人联想起其乐融融的家庭生活。这一招帮助不少卖家卖掉了房子。

不过，我之所以开始学习烘焙，既不是为了让屋子里飘满怡人的香气，也不是因为嘴馋，想吃到美味的面包，毕竟，在如今的时代，这个愿望太好满足了——近年来，广受赞誉的面包房如雨后春笋般不断涌现，无论在哪一家都可以选购到美味的面包。烘焙业是手艺外包的一大典范，它在过去6个世纪的发展历程中一直造福于人类。只有20世纪除外，那段时期又被称为“沃登面包[①]时代”（Wonder Bread Era），沃登面包的一家独大扼杀了烘焙业的创新生机。言归正传，我之所以开始学习烘焙，是因为我想学会面包的制作过程，体会它对我们的意义——领略它那不可思议而又经久不衰的魅力。面包在人们的生活中再平常不过了，但它的制作过程却非比寻常——就连每天学习或练习制作面包的人也对其中的奥妙捉摸不透。

人类早期的烹饪手艺相对简单，无论是烤肉，还是炖肉，都是单凭一个人乃至几个人的力量就可以做好。制作面包则不一样，它代表着人类文明的一次质的飞跃。面包的制作过程精巧复杂，考验人类的耐心，其中涉及人类、植物，乃至微生物的共同作用。可以说，面包从开始制作到新鲜出炉的过程中，经历了重重考验。面包的诞生既离不开人类的农艺、磨粉工艺和烘焙手艺，也离不开非人为的因素：除了烘焙师、磨粉师和农民以外，还有一些生物也是技艺精湛的“面点师”。新鲜出炉的面包之所以会变得蓬松，就是因为酵母菌和细菌的共同作用，这样的神奇效果是烤肉、炖肉这类简单的烹饪手艺所无法达到的。微生物代谢产生的气体使面包发酵成松软的海绵状结构，其中涉及复杂精妙的生物化学过程，而非简单的物理变化。

我之所以开始学习烘焙，是因为我下定决心，一定要揭开面包的神秘面纱。如果我在这个过程中真的制作出了像样的面包，那自然最

① 大陆烘焙公司（Continental Baking Company）生产的一种添加了维生素的营养面包。——译者注

好，但是老实说，我的初衷只是为了满足一下自己作为新闻业者的好奇心，而不是真的想亲手制作面包。我只是想感受一下这个过程，体验一下用手和面的感觉，无论是在家自学，还是找一个肯收留我的面包房打杂，只要能达到这个目的就好。我没理由相信自己会擅长制作面包，此生能不能达到这个境界都是个问题。

况且，很多年前，我曾经做过一两次面包，结果都只是勉强过得去，当时就觉得自己可能不是这块料。作为一门烹饪手艺，烘焙难度太大——无论是对精准度还是耐心，都是极大的考验，而我恰恰两者都不具备。烘焙就好比烹饪中的木工活，凡事都要求精确，而我一向喜欢灵活性强的工作。无论是园艺、烹饪，还是写作，都给人留有很大的施展空间，就算中途某个环节出错，也总是会有亡羊补牢的余地。相比之下，烘焙丝毫容不得半点闪失，更何况其中的奥秘尚且令人捉摸不透。要想成功发酵面团，就必须掌控一些既不可见又不可知的神秘力量。面包的配方复杂得令人生畏，准备起来也麻烦得要命。而且，我找过的所有烘焙教程和面点师都一致宣称，要想制作面包，就必须购置一台厨房秤来称量食材，食材的重量必须精确到克。

不过不管怎么说，我一定会排除万难，尽我所能，将面包这种稀松平常却又非比寻常的食物琢磨通透，尽可能搜罗足够多的素材来撰写新书。等到素材搜集好以后，我就会把厨房秤丢到一边，心无旁骛地去做别的事情。

然而，事情的发展却超出了我的预料。写书的素材早就搜罗好了，我却还在乐此不疲地烤着面包。事实上，现在我的烤炉里正烤着一块面包，发酵篮里也放着一个面团，正在进行二次饧发（proofing，又称二次发酵、最后发酵）。自从开始学习烘焙以后，我一发不可收拾，已经喜欢上了用手揉面的感觉，喜欢感受着面团经过反复地按揉，渐渐地达到扩展阶段[①]，原本凝滞而粘手的一团死面开始变得光滑而富有弹性，每到这时候，我仿佛可以感觉到它的内部正在形成面筋。我总是热切期待着自己拉开烤炉门的那一刹那（在翘首以盼的过程中，内心也夹杂着一丝忐忑）。每到面包新鲜出炉之时，我总是会迫不及待地查看它的"烤焙弹性"[②]（oven spring）到底有多大（当然，有没有烤焙弹性还是个问题）。我喜欢热气腾腾的面包在放凉的过程中发出嘶嘶作响的声音，那是面包囊心的气体冲破酥脆的表皮、逸散到空气中时发出的细若游丝的声响。扑鼻的香气溢满了整间厨房，令人心旷神怡。

不过，我做出来的面包虽然有时候卖相和风味俱佳，但却始终未能达到完美的境界。我从来没有把烘焙中蕴含的无穷魔力与无尽的可能性发挥到极致。每次做出来的面包总是有美中不足的缺憾，比如，面团发酵不够充分，面包口感不够丰富，表皮上色不够漂亮，囊心蜂窝不够独特，"耳朵"[③]形状不够明显。我总想着下一次要做出更好的面包，就这样，在反复摸索的过程中，一款完美无缺的面包开始在我的脑海中渐渐成形。我不仅能想象出这款终极面包的卖相，还能想象出它的香气、口感、手感，乃至精确的重量体积比——它

---

① 取一小块面团，用手抻开，当面团能够形成透光的薄膜，但是薄膜强度一般，用手捅破后，破口边缘呈不规则的形状，此时的面团为扩展阶段。——译者注

② 又译为烘焙张力、烘焙弹性，是指面包进入烤炉后，最初几分钟的快速发酵膨大的胀力。——译者注

③ 所谓"耳朵"（英文是ear或gringe），是指面包在烤炉内发酵时，其表皮割痕处的边缘向上翘起，好像人的耳朵，这样的割痕让成品有粗犷的"爆裂"感，是传统欧包的特色之一，就像多洞的内部组织一样，耳朵也是成功法棍的必要条件。——译者注

的烤焙弹性将无与伦比，把面团扩展得很大。现在，我已经不确定自己能否把厨房秤丢到一边，去做别的事情了。或许我会一直在烘焙的无底洞里越陷越深，直到亲手烤焙出自己心目中最完美的面包。

⊙

我吃到过的最美味的面包是一个超大的乡村面包，它的内部孔洞有弹球和高尔夫球那么大——显然，气体所占的体积比面包本身还要大。它的表皮香脆，接近烤焦的状态，但是囊心却无比松软而嫩滑，口感就像蛋奶冻一般。这种外焦里嫩的鲜明层次感足以引爆味蕾。面包太香了，要是当时只有我一个人在场，我肯定恨不得把自己的脸埋进去。可惜我当时是在奥克兰参加一个晚宴，身边的宾客都是些不太熟悉的人，因此，我没有放任自己暴殄天物的欲望，而是尽可能多地请教了一些关于这种面包的问题。晚宴的东道主之一在旧金山工作，面包正是他在回家途中从教会区（Mission District）的一家烘焙坊带过来的。据说它在黄昏时分才刚刚出炉，这也解释了为什么我在吃下第一口时，感觉它还是温热的。

从我开始学烘焙的那一刻起，这种令人难忘的面包一直萦绕在我的脑海里，它或许是一个遥不可及的目标，但却值得一试。那时候，我已经知道，烤焙出这种面包的烘焙坊叫作唐缇[①]（Tartine），而烘焙师名叫查德·罗伯逊（Chad Robertson）。（我生活在一个神奇的国度，在这里，烘焙师也能成为名人。）经过多方打听，我搜罗了一些关于罗伯逊的信息。据说晚宴那天，面包之所以很晚才出炉，是

① 唐缇是指一种法式开面三明治，由一片面包做底，馅料直接铺在上面。

因为罗伯逊是个冲浪爱好者；他一般会把早上的时间腾出来，以便在大洋滩（Ocean Beach）风起浪涌之时前去冲浪。（事实表明，这一说法基本属实，只不过稍有几分杜撰的色彩。）我从一篇文章中读到，罗伯逊一天最多烤250个面包，尽管慕名而来的顾客几乎每天下午都在格雷诺街（Guerrero Street）排成长龙，但是这个规矩依然雷打不动。要想在唐缇烘焙坊买到面包，必须提前打电话预订。

因此，当我得知查德·罗伯逊即将推出新书，披露招牌乡村面包的独家秘方时，我不禁喜出望外。于是，我想方设法拿到了他的大作《唐缇面包》（*Tartine Bread*）的样书。这部重磅新作装帧极为精美，一看就感觉颇有分量。封皮的质感软硬兼备——正如罗伯逊亲手制作的面包一样。我怀揣着强烈的期待，将这部大书翻开，如饥似渴地阅读起来。然而，一读到"基本配方"的章节，我希望成为唐缇面包大师的美梦很快就被击得支离破碎。"基本配方"的章节是从42页开始的，但直到69页，罗伯逊才讲解面包入炉的步骤。中间的部分包含大量富有指导意义的插图，其中大多数是面团的效果图，还有一些是罗伯逊本人给面包整形的照片。罗伯逊看起来大约三十多岁，体型瘦削，蓄有胡须，专注的神情就像修道士一般。他在书中写了27页的配方以后，又附加了10页的深度解析，将科学理论与《塔木德》[①]（*Talmud*）的教义结合起来，详细阐述了自创配方所依据的原则。我完全被震撼住了。看来，制作面包真的是一项大工程。

---

① 《塔木德》是犹太教中地位仅次于《塔纳赫》的宗教文献。主体部分成书于2世纪至5世纪，记录了犹太教的律法、条例和传统。其内容分为三部分，分别是密西拿（Mishnah）——口传律法、革马拉（Gemara）——口传律法注释、米德拉什（Midrash）——圣经注释。——译者注

不过，就算我克服了自己的畏缩情绪，做好了充分的心理准备，也无法立即着手制作面包。这倒不是因为配方太复杂，而是因为我必须先做好“酵头”（starter）——也就是要培养野生酵母和细菌来发酵面包，书上说，这个过程通常要花上好几个星期的时间。早知道这么麻烦，为什么不直接去超市买即食酵母粉来发酵面包呢？毕竟，大多数面包配方上都说，只要使用即食酵母粉就可以了。对此，罗伯逊解释道，酸面团培养基[①]（sourdough culture）不仅能在发酵时产生气体，还能增强面包的肌理组织，丰富口感——这正是我以前烤焙面包时所欠缺的。因此，如果我真的想用心经营自己的烘焙工程，那么做酵头这一步是无法省略的。

过了几个星期，我才做好充分的心理准备，可以开始制作自己的唐缇面包了。与此同时，为了坚定自己制作面包的信念，我在网上寻找了一些同道中人。自从罗伯逊的独家秘籍全新上市后，有关配方的讨论在网上持续发酵。TheFreshLoaf.com是业余烘焙师建立起来的聊天群，群里到处都有人在分享传说中的唐缇面包的制作心得。在脸谱网上，有人创建了一个页面［“《唐缇面包》中的配方”（Recipes from Tartine Bread）］，专门指导烘焙爱好者掌握配方中的秘诀。

我注意到，在网上发帖子的焙友大多是男性，其中很多人从措辞风格上看，并不像是居家厨男，反而像是二十岁出头的计算机极客，他们把烘焙当成软件平台来研究。（后来我发现，上面所说的聊天群以及脸谱网网页都是由年轻的网页开发人员创建起来的。）虽然大多数焙友都没有亲口品尝过正宗的唐缇面包，但这并不能阻止他

① 酸面团是经过长时间自然发酵产生很多酵母菌和乳酸杆菌的面团，它是一种天然酵母，相较于使用普通商品酵母制作的面包，用酸面团制作的面包有一股美妙的酸味，面包肌理组织也更好看。——译者注

们动手尝试的热情。毕竟，有很多图片和视频资料可供参考。他们纷纷把自己所做的酵头拍下来，上传到网站上分享。从照片中可以看到，特百惠[①]（Tupperware）保鲜容器中盛装着珍珠色的糊状物，糊状物的表面冒着气泡——不过，大多数照片所展示的，往往是一团死气沉沉的灰色浓浆，浓浆的表面没有任何气泡。焙友们兴致勃勃地讨论“酵头喂养时间表”，彼此交换心得。酵头对他们来说，就好像新领养的猫咪一样，需要悉心呵护。焙友们晒出来的成品面包五花八门，无论是大小、形状，还是内部的蜂窝结构，都呈现出千姿百态的变化。有些人晒图是为了自卖自夸，而有些人则纯粹是因为手足无措，急需指点。

“面包湿度太大了，怎样才能补救？”一名焙友在帖子里问道。“湿度达到了88%，我刚才TBF了，真是可怕。”我后来浏览了好几个网页才知道，原来TBF是指“面包彻底做砸”（total bread failure的首字母缩写）。还有一种说法叫PBF，是指“面包部分做砸”（partial bread failure的首字母缩写）。另有一名焙友纠结于“孔洞成形”的问题，他把自己制作的面包切开，拍了一张横截面图，上传到了网站上。这种类型的图片在网友的小圈子里被称为“囊心图”。从图中可以看出，这名焙友的面包内部气孔膨胀得过大，且紧贴着外皮，造成面包严重变形。

在网上看着焙友们分享制作唐缇面包的酸甜苦辣和经验教训，我反而更紧张了。我担心烘焙会演变成木工活甚至写代码这类可怕的高精度手艺。不过，等我真正静下心来，从头到尾仔细研究罗伯

---

① 特百惠公司，塑料保鲜容器厂家，总部在美国。目前，特百惠公司已经在全球设有70多家分公司，并在美国、法国、澳大利亚、日本、韩国、中国等15个国家设有分厂。——译者注

逊的大作时，我意外地发现，他的配方读起来一点儿也不像代码。他所写的并不是高度精确的指令集，而是相当随性的开放式指南。诚然，他详细规定了制作面包所需的面粉、水和酵头的克数，但是除此之外，配方主要采用的是叙述性的语言，并没有一味地堆砌冰冷的数字。它给人留有很大的变通余地，无论是天气、湿度，还是面粉，乃至烘焙师的个人安排，都允许出现变数，并没有加以条条框框的限制。

罗伯逊鼓励焙友，要细心观察，灵活应变，按直觉行事。他并没有写明基础发酵（bulk fermentation，又称一次发酵）所需的时间，而是透露了一些从视觉或手感上判断面团扩展程度的小诀窍：比如将手放在面团上，感受一下它的表面是“滞重”还是“粘手”。对于习惯编写计算机代码或者磨炼木工手艺的人来说，这种类型的指南肯定显得过于模糊而主观，让人不好把握。“如果面团看起来扩展太慢，那就延长基础发酵的时间。”这没问题，但是延长多久呢?！罗伯逊不肯明说，而是告诉焙友：“要观察你的面团，灵活应变。”在他的笔下，面团就像鲜活的生物一样，不仅受到一方水土的滋养，还存在诸多的变数。要想做到拿捏得当，必须凭借丰富的经验和手感，无法总结出一概而论的规则。罗伯逊的字里行间似乎透露出这样的信息：要想做好烘焙，必须具备一种收放自如的超脱能力——要学会对生活中的诸多不确定因素习以为常，应对自如。他的思维模式属于手艺人，而非工程师，对他来说，“数字”这个词除了字面意思以外，没有任何延伸含义。

显然，罗伯逊对烘焙的理解比较随性，而且别具一格，事事追求精确的人可能会对此深感抓狂。想到这里，我一下子变得豁然开朗：我不是事事追求精确的人！所以罗伯逊的烘焙哲学一定适合我。

也就是在这时，我在心理上做好了迎接挑战的准备。是时候开始制作酵头了。

⊙

酸面团培养基是一种生物，其作用是发酵面团，增添面包的风味。考虑到这一点，就不难理解它的制作步骤了。取一些面粉，最好是50%的白面粉和50%的全麦粉，放在玻璃碗里，倒入适量温水，用手和面，将面粉搅成表面光滑的面糊；然后在玻璃碗上盖一块布，将碗摆在阴凉处放置两三天。如果到时候什么事情也没有发生，那就再等几天看看。

这几步或许看起来简单，但做起来难：我第一次制作酵头就失败了。等了一周，什么变化也没有发生，面糊最后分成了两层，下层是悬浊液，上层是清澈透亮的水，没有任何动静和气味。我翻阅了一些资料，查找问题究竟出在哪里。正常情况下，野生酵母和细菌本应在面糊中扎根繁衍，最终形成一个较为稳定的微生物种群。有意思的是，在我咨询的所有权威人士当中，没有人能够说清楚这些微生物是从什么地方、通过哪些方式进入面糊中的。或许它们原本就是面粉、空气或者烘焙师手上自带的菌种（罗伯逊之所以建议用手和面，就是这个原因）。当然，关于酸面团培养基本身还有许多未解之谜，其内部驻扎的微生物从何而来便是谜题之一。有些微生物——比如至关重要的旧金山乳酸杆菌（Lactobacillus sanfranciscensis）是酸面团中独有的菌种，全世界其他地方都没有发现过[①]。这一事实表明，其实从某种程度上讲，这些所谓的“野生”

① 沃尔特 · P. 哈梅斯等，“谷类发酵物的微生物生态学”，《食品科学与技术趋势》，第16卷，第1–3期（2005）：4–11。

微生物是人类驯养出来的——它们之所以能够生存，就是因为我们（出于对面包的热爱）专门为它们营造并维持了特殊的生态环境。也就是说，我的酵头之所以制作失败，要么是因为我没能营造出适于它们生存的环境，要么就是因为这些微生物没有找对地方。眼看着两周过去了，我的酵头依然一点儿动静也没有，就像石膏一般死气沉沉。

我开始制作新的酵头，这一次，我和好面之后，特意把盛面糊的玻璃碗拿到外面去，放到阳光底下晒了一两个小时，以期能够收集到一些在空气中传播的细菌。除此之外，我时不时就会用力搅拌一下面糊，让氧气渗透进去。不到一周，我的酵头开始呈现出若有若无的生命迹象：时不时就会冒出一点气泡，微微散发出一阵甜腻的气味，闻起来就像腐烂的苹果。我感觉这个过程很像生命自然发生说（即生命起源于没有生命的物质）的典型实例。然而几天之后，情况开始骤然发生逆转，酵头的气味变得刺鼻难闻，就像重奶酪或者臭袜子，这肯定是某种细菌捣的鬼。于是，我按照罗伯逊书写的指南，倒掉了80%左右的面糊，给剩下的酵头喂养了两大汤匙的新鲜面粉和温水。结果不到一天，酵头开始咕咕地冒出气泡，态势喜人。我成功了！虽然我还不确定它的活性是否足以发酵面团，但它肯定成活了。

⊙

两周以后，酵头的日常活动状态变得规律起来。每天早上喂养完它之后，它就会膨胀，经过了一夜的消耗又会塌陷。于是，我开始制作自己人生中的第一个天然发酵面包了。

第一步是将一小部分酵头变成“海绵”（因为酵头发酵后会变成

蓬松的海绵状）或“酵母”——简而言之，就是要用它来接种一碗分量大很多的酸面团，然后用酸面团来接种和发酵我明天揉好的一整块面团。我将一个玻璃碗放到新买的（数字）厨房秤上，将它的重量归零，接着在碗里倒入200克面粉（还是和制作酵头时一样，白面粉和全麦粉的比例各占50%），放入等量的温水，加入满满一大汤匙的酵头，将所有材料充分混合后，我在玻璃碗上盖上毛巾，然后上床睡觉去了。

第二天早上，我将面临一次重大的考验。聊天室和讨论群里的许多焙友都有这种切身的体会。我必须解决一个脑筋急转弯的问题：经过了一夜的生物化学反应，静置在玻璃碗里的所谓“海绵”是否积聚了足量的气体，能够在一碗水中漂浮起来？如果它在水里沉了下去，那就表示，海绵内部的微生物活动不够旺盛，不足以发酵一整块面包。

问题的答案只有在我一觉醒来之后才能揭晓了。不管酵头能否发酵成功，我已经尽力了，接下来就只能等待结果，听天由命了。虽然现在还只是制作面包的起步阶段，但我已经感觉到，这样的“烹饪”方式与我以往操练过的任何烹饪手艺都截然不同，其特别之处并不在于它对精准度的要求更高。事实恰恰相反：面团中的微生物种群对于人类来说，是神秘莫测的，我所做的，无非就是发挥了自己一贯的厨艺才能和责任心来制作面包。

到目前为止，我烹制过的大多数菜肴和食材毕竟都不是活物，因此基本能够拿捏得当。食材发生的物理和化学反应都由我全盘掌控，其状态的变化完全可以预测；不管发生了什么，或者缺少了什么，都能够运用化学或物理知识加以解释。显然，这些原理在烘焙过程中也发挥了很重要的作用，不过，但凡天然发酵的面包，其最重要的反应过程是生物反应。尽管烘焙师能够影响甚至管理这些过程，但若要用“掌控者”这个词来形容他所发挥的作用，未免太夸张。这有点类似于园林师和建筑师之间的区别。园林师的职责是培土、栽花、种树。他所打交道的，是一个个鲜活的生物，它们有着自身的利益和力量。木匠可以将自己的意志完全凌驾于木材之上，但是园林师不能，他必须善于因势利导，使植物的生长符合他的园林规划。如果以查德·罗伯逊的视角来打比方，那么我们可以说，烘焙师所发挥的作用，类似于冲浪者对海浪的驾驭。

人类向来是控制欲很强的生物，或许正因为如此，在近现代烘焙业的发展历程中，人们不断减少烘焙过程中的生物反应，使之变得更易于掌控、不确定性更少、完成时间更短。把小麦磨成白面粉就是人们采取的第一个行动。我很快就会发现，用全谷物面粉做面包比用白面粉复杂得多，其间发生的生物反应也更加旺盛。这是因为，白面粉的主要成分是淀粉，其中不含活细胞。人们在磨粉的过程中将胚芽与麦麸弃之如屣，其中包含的活细胞自然也随之流失。全谷物面粉中富含酶和挥发油，不仅更容易腐坏，而且发酵过程也更难以掌控。

19 世纪 80 年代，滚筒式碾粉机的出现，使白面粉大行其道，几乎与此同时，商业酵母的问世，使烘焙师对面点的掌控更加自如。千百年来，人们一直依靠难以驾驭的不明真菌和细菌种群来发酵面包。如今，烘焙师终于从中解脱出来，可以采用单一的酵母菌种来掌控发酵过程。这一菌种被称为酿酒酵母（Saccharomyces cerevisiae）。酿酒酵母正如其名，是从啤酒中发现的。它经历了一代又一代的人工选择，是最适合在面团中产生发酵气体的菌种。商业面包酵母是只含酿酒酵母这一菌种的纯培养物，其生产过程先后经历了糖蜜喂养（在精制砂糖的过程中所产生的暗褐色黏液）、清洗、干燥、磨粉这四个步骤。和其他单菌种培养物一样，商业面包酵母对某一件事情非常擅长，而且没什么悬念：只要喂养足够的糖类，它就会迅速产生大量的二氧化碳。

尽管商业酵母是活生生的菌类，其行为模式却是线性的，不仅按部就班，而且没什么变数，无非就是摄食和排泄——这无疑是商业酵母大行其道的原因所在。无论在什么地方，酿酒酵母的作用机制和效果都是一样的，因此极其适合工业生产。过去，不同的地域环境生长着不同菌种的酵母，它们在制作面包的过程中需要悉心养护；而现在，我们完全可以将它当作又一种简单的食材来看待。事实上，在微生物学上，酿酒酵母的显著特性就是难以与其他菌种（尤其是细菌）共生。与野生酵母相比，商业酵母无法在乳酸杆菌创造的酸性环境下长久生存。

自 1857 年路易斯 · 巴斯德（Louis Pasteur）发现酵母以来，这一菌种便在科学界广为人知。尽管如此，天然酸面团培养基中存在的错综复杂的微生物世界直到不久之前还是个未解之谜——甚至到了科学技术如此发达的当今时代，人们依然对它捉摸不透。1970 年，美国农业部（USDA）驻扎在加利福尼亚州奥尔巴尼市（Albany）的一个研究小组开展了一项调查。科学家从旧金山的五家烘焙坊里采集了酸面团样本，对其进行了微生物普查。至于取样地点为什么会选在旧金山，那是因为这里的酸面团面包远近闻名。科学家希望从样本中找出土生土长的微生物，以解开旧金山酸面包风味独特的奥妙所在。他们在 1971 年发表了一篇里程碑式的论文，题为《旧金山酸面团法式面包加工过程中的微生物》（*Microorganisms of the San Francisco Sour Dough French Bread Process*）。这篇论文不仅推动了天然发酵面包制作热潮的复兴，而且几乎一手奠定了酸面团微生物学的基础（尽管这一学科目前还处于边缘科学领域[①]）。

美国农业部的研究小组发现，酸面团培养基中发生的生物化学反应与酿酒酵母直截了当的发酵过程不同，它并非由单一的酵母菌种完成，而是取决于梅林假丝酵母（Candida milleri，亦称Saccharomyces exiguous）和某种未知细菌之间的半共生关系（semisymbiotic association）。科学家提出假设，认为这种未知细菌是旧金山远近驰名的酸面团中独有的（结果发现这是一个错误的假设），因此将其命名为旧金山乳酸杆菌。后来，世界各地的烘焙坊中都相继发现了这一菌种。

尽管梅林假丝酵母和旧金山乳酸杆菌之间的关系还算不上是相互依存，但两者绝对可以称得上是理想的共生伙伴。它们各自摄取不同的糖类，因此无须为食物竞争。梅林假丝酵母死亡后，其蛋白质会分解成氨基酸，成为旧金山乳酸杆菌的养料。

与此同时，旧金山乳酸杆菌会产生有机酸，为（耐酸的）梅林假丝酵母提供适于生存的环境，这种酸性环境并不适合其他酵母和细菌菌种的生存。此外，旧金山乳酸杆菌还会产生一种抗菌化合物，使竞争者在培养基中毫无生存空间，但梅林假丝酵母则完全不受影响。由此一来，外界杂菌便无法在酸面团培养基中扎根繁衍。这种生化防御机制对人类也大有裨益，因为它能延长面包的保质期。

或许美国农业部的研究小组做出的最重大的贡献，就是将酸面

---

① T. F. 杉原等，“旧金山酸面团面包加工过程中的微生物（1）——引起发酵的酵母菌”，《应用微生物学》，第21卷，第3期（1971）：456–8。L. 克莱恩等，“旧金山酸面团面包加工过程中的微生物（2）——引起酸化的无法描述的细菌种类的分离与界定方法”，《应用微生物学》，第21卷，第3期（1971）：459–65。

团培养基定性为一种生态系统，在这样的系统中，五花八门的菌种各司其职，渐渐形成稳定的生态环境。一旦生态环境稳定下来，各个菌种之间便开始更多地趋于合作，而非竞争。经过世界各地科学家的后续研究，酸面团培养基中已知的菌种数量大大增多——现在已经发现20种酵母和50种细菌。不过，大多数菌种维持的生态环境以及各自行使的职能都与上述情况非常类似。它们上演的都是同一台大戏，只不过演员不同而已。想必这些酵母和细菌是共同进化而来的，或许正因为如此，它们当中有许多菌种仅仅存在于酸面团培养基中，那是它们的“自然栖息地”。这一事实表明，酸面团培养基中的微生物或许是与人类共同进化而来的：它们的生存取决于人类的烘焙文化，而且（在不久之前）这一点反过来也能成立。

对于酸面团培养基中的微生物世界来说，烘焙师就是上帝一般的存在，至少他发挥的是自然选择的作用。制作面包必不可少的微生物或许随处可见，但是通过塑造它们的生存环境——即改变“饲料”配比、调整喂养时间表、调节环境温度、控制加水量，烘焙师有意无意地决定了哪些菌种能够繁衍壮大，哪些菌种不能。比方说，在喂养频繁且环境温暖的情况下，酵母的繁殖就会变得旺盛，做出来的面包也会蓬松多孔；反之，如果减少喂养的次数，将酸面团放进冰箱，细菌的繁殖也会变得旺盛，产生的有机酸就会更多，做出来的面包就会风味更浓。

“要想烤出美味的面包，关键在于管理好发酵过程。”罗伯逊表示。天然发酵的面包能够呈现什么样的风味和品质，很大程度上取决于烘焙师对不可见的微生物世界具备多强的掌控能力。如果烘焙师对酸面团培养基疏于养护，那么培养基或许能够支撑一段时间，然而一旦烘焙师的注意力转移到其他地方，那么培养基中的生命最终会走向消亡。

⊙

做好“海绵”之后的第二天早晨，我醒来之后就迫不及待地奔向厨房，看看“海绵”经过一夜的生化反应，究竟发生了什么变化。前一天晚上我和面的时候，沉重的面团和水加起来也就占了500毫升量碗的一半。令人难以置信的是，经过一夜的发酵，它的体积竟然膨胀了一倍。我可以感觉到它轻巧了许多，而且质地黏稠得就像果汁软糖。透过透明的玻璃碗，我可以看到，面团已经变成了蓬松的泡沫状，里面充满了数不清的气孔。我确信，如果把它放进水里，它一定会浮起来。

于是，按照配方的要求，我装了一大碗温水（750克），然后用一把铲子将海绵铲了出来。海绵滑入温水中后，马上像小筏子一样漂到了水面上，浮了起来。我成功了！接下来，我在碗里加入了900克白面粉和100克全麦粉，用手将所有材料混合均匀，将面粉和水挤压在一起，确保碗内没有任何尚未浸水的面粉块——也就是烘焙师所说的“面疙瘩”。由此产生的面团比我之前揉制过的任何面团都要湿润，掌控起来肯定很有挑战性①。

在放盐之前，面团需要静置20分钟，这一过程称为“自溶”（autolyse）。在这段时间内，面粉会充分吸水；面筋开始膨胀，形成有序连接的网状结构；结构复杂的淀粉会在酶的作用下水解为单糖；

① 后来我发现，唐缇面包坊的酸面团比配方中的要求更加湿润；罗伯逊担心，如果酸面团太湿，人们在自家尝试时会“抓狂”，因此，他在那本书中把水的分量减少了10%。

糖类发酵过程会拉开序幕。加盐是为了减缓这些过程的发生，以免面团中的生化反应进展得太快。我们希望面包的风味达到最佳，因此需延长发酵过程，徐徐图之。正如19世纪一本烹饪书所说，盐可以给发酵这匹野马套上缰绳。

我在面团中加入20克盐，搅拌均匀后，面团中的生命迹象开始减少，手感开始变黏——给人的感觉就像一团潮湿而滞重的黏土。我在碗上盖了一块毛巾，把闹钟设置成45分钟，然后接着干自己的活儿去了。现在进行的是“基础发酵”，整个过程大约历时三到四个小时，其中涉及的反应过程包括面团扩展和发酵。

在基础发酵期间，面团内部将发生复杂而剧烈的变化，关于这一点，烘焙师只能从面团的质地、气味和口味中间接地推断出来。面团内部开始形成海绵结构，将发酵产生的气体包覆在一个立体网状结构中。海绵结构的形成，是两种独立的反应过程的产物，这两种反应携手登场，相互交织，对于喜爱面包的人来说是不可多得的福音。其中一种反应属于化学性质，另一种属于生物性质。

这里所说的化学反应是指面筋的形成。面筋（gluten）在拉丁语中是指“黏合剂”（glue），这是一种有趣的物质，从某种程度上讲它难以掌控。它主要存在于小麦中，少量存在于另一种禾草植物——黑麦中。准确地说，小麦中所含有的并不是面筋本身，而是它的两个蛋白质前体——麦醇溶蛋白和麦谷蛋白，它们在水中结合，形成一种蛋白质网状结构，称为面筋。两种蛋白都其貌不扬，它们各自为面包的品质做出了同等重要的贡献：麦醇溶蛋白能够增加面团的延展性，而麦谷蛋白则能增加面团的弹性。正如肌肉中的慢肌纤维与快肌纤维一样，这两种特性彼此矛盾，却又相辅相成。良好的延展性使面团能够拉伸和塑形，而良好的弹性则能确保面团不会轻易变形。事实上，面筋在中文中就是指“面粉的肌肉”，烘焙术语中所谓的“筋道”，就是指面团的韧性，韧性的大小直接取决于面筋数量的多少。

面筋柔韧而富有弹性，因此极其适合将膨胀的发酵气体包覆在内，是湿面团中发生的第二种反应（生物反应）过程的副产品。在面筋网状形成并增强的同时，从酵头中进入面团的酵母和细菌开始摄取被“破坏”的淀粉——有一部分淀粉在磨粉过程中被破坏成了低糖。各种各样的酶（有些是面粉中固有的，而有些是细菌和酵母产生的）开始作用于尚未被破坏的淀粉和蛋白质，将它们分解成单糖和氨基酸，为面团中的微生物提供养分。细菌消耗养分后迅速繁殖，产生乳酸和醋酸，一方面增强了面筋，另一方面增添了面包的风味。最重要的是，酵母不停地将葡萄糖分子分解成乙醇和二氧化碳。二氧化碳是乙醇生产过程中的副产物，如果没有柔韧而富有弹性的面筋网状结构将其包住，它会迅速逸散到大气中。面筋网络充入二氧化碳气体后，会像气球一样膨胀，如果没有它，面包就无法发酵。

⊙

自从埃及人意识到面筋的价值以后，小麦就进入了人类的食谱当中。在此之前，小麦只不过是众多可食用禾草中的一种，没什么特别之处。除了它以外，人们还可以选用小米、大麦、燕麦、黑麦，以及后来的玉米和大米。如今，黑麦在人们的饮食生活中已经被边缘化了，但是在面包问世以前，它是西方人的主食。它比小麦生长得更快，种植面积更广，从热带到北极圈都能成活，而且营养价值高，是罗马角斗士的理想食物。事实上，罗马角斗士被称为hordearii，也就是食黑麦的人。尽管黑麦可以做成营养丰富的粥和无酵饼[1]（还可以做成啤酒，这一点我在后文中会提到），但是无论怎么发酵，它在烤炉里都膨胀不起来。

小麦的祖先也发酵不起来。小麦属中最原始的二倍体栽培种——单粒小麦（einkorn）在土耳其东南部已经有将近一万年的栽培历史，但是从古至今，它的主要用途一直是煮粥和酿酒。单粒小麦中的麦醇溶蛋白含量过高，麦谷蛋白含量不足，因此包不住发酵气体。有关面包专用小麦的起源问题，目前依然是个未解之谜，植物学界对此存在诸多争议，不过可以肯定的是，经过成千上万年染色体的交叉和变异，在一次机缘巧合的情况下，一个改变人类文明的珍奇品种终于在新月沃土[2]（Fertile Crescent）一户农民的地里诞生了：这株小麦不仅生有硕大的种子，而且其中麦醇溶蛋白和麦谷蛋白的比例恰好合适。这株小麦及其种子内部包含的面筋使人类制作发酵面包成为可能。[3]

由此一来，原本只是众多可食用禾草类植物之一的小麦，陡然跃升到了至高无上的地位。新品种的小麦于公元前 3000 年从中东的新月沃土被引入欧洲；2000 年后被引入亚洲；1492 年后不久又漂洋

---

① 无酵饼，是简单的面包食品，最初出现于古埃及和苏美尔。无酵饼为犹太人纪念逾越节所吃的食品，后由耶稣基督引进用于基督宗教。——译者注

② 新月沃土或称肥沃月湾，是指西亚、北非地区两河流域及附近一连串肥沃的土地，包括累范特、美索不达米亚和古埃及，位于今日的以色列、西岸、黎巴嫩、约旦部分地区、叙利亚，以及伊拉克和土耳其的东南部、埃及东北部。——译者注

③ 显而易见，面筋为人类食用小麦创造了诸多有利条件，那么，它对小麦这种植物有什么益处呢？就这个问题，我询问了几位小麦育种人与植物学家，他们似乎一致认为：没什么好处。所有植物的种子都会利用被称作聚合体的稳定分子链，把氨基酸牢牢锁住，为新的植株储备蛋白质。大多数禾草植物在种子中储存的蛋白质是球蛋白。与麦醇溶蛋白和麦谷蛋白相比，球蛋白唯一的显著优势就是能够满足智人的欲望，而智人这种歇不住脚的动物在自然界中具有很强的影响力。

过海，被引入了南美洲和北美洲。面包专用小麦之所以能流传开来，一方面是因为人们爱吃面包，另一方面是因为，它在基督教的礼拜仪式中占据着中心地位。神父需要将面包作为圣餐赐予受礼者，而新大陆的居民会为了这个目的而大量种植小麦。[①]在20世纪前，唯一一个没有大面积种植小麦的大洲是非洲，但是到了“二战”以后，美国开始以小麦的形式给予非洲食品援助，进而在从未食用过小麦的文化地区推广面食。这一举措收到了热烈的反响，小麦由此成功地在全球普及开来。

如今，小麦的种植范围比其他任何作物都要广，全世界有超过5.5亿英亩（约合两万亿平方米）的耕地上翻滚着麦浪；一年当中，无论在哪个月份，世界上总有一些地方正赶上小麦收获的季节。诚然，就产量而言，农民种玉米比种小麦要多，但是，大多数玉米最终都落入了牲畜的胃中，要么便是以乙醇的形式，进入汽车的油箱。作为人类的食粮，没有哪种作物比小麦更重要。（稻米次之。）如今，在全世界，人们摄入的卡路里中，有五分之一是由小麦粉提供。按照历史标准来看，这是一个比较低的水平：根据法国历史学家费尔南德·布罗代尔（Fernand Braudel）的观点，在欧洲历史上大部分时期，农民和城市贫民摄入的卡路里中，有一半以上是由小麦粉提供。

还有其他谷类作物从某些角度看更胜于小麦，比如单位亩产的玉米和稻米能提供更多的卡路里，玉米、大麦、黑麦比小麦更容易

---

① 1493年，查尔斯·曼恩在他的专著中指出，新大陆第一次种植小麦用于制作面包的国家是墨西哥。当时，科尔特斯（Cortes）从西班牙运来的一包大米中发现了三个麦粒，他发布命令，让墨西哥城的一个小教堂把麦粒种到地里。结果，有两个麦粒发芽了。16世纪的一份报道称，“慢慢地，人们种出了无数的小麦”，这让教堂的牧师们欣喜若狂，因为他们在弥撒仪式中需要面包。

种植，而藜麦[1]的营养更丰富，这些因素让小麦最终脱颖而出更显得不可思议、令人称奇。那么，小麦成功的秘密到底是什么呢？秘密就在于面筋，换句话说，是人类对发酵面包的热爱造就了小麦。不过，这么说还是没有解决另一个问题：一个内部充满了二氧化碳气体的面团究竟有什么神奇之处？

⊙

基础发酵进行了一个小时之后，面团的手感已经有了些许改变，摸起来依然软塌塌的，但在轻轻按压之下，已经不那么容易变形，可能质量也稍有减轻。罗伯逊的建议是，把手伸进容器中“铲面”，而不要把面团放在平面上揉捏——因为面团较为潮湿，无论怎么揉捏也不听使唤。所谓铲面，就是用一只手沿着碗壁将面团从底部铲起，翻到上方，对折起来；然后一边用另一只手旋转碗壁，一边将上述动作重复三四次，这样一来，面团的每一个四分圆都至少对折了一次，这就是一次完整的铲面。（将手弄湿有助于防止面团粘手。）罗伯逊的建议是，每隔一段时间铲一次面，一开始每隔半小时铲一次，等到面团充气膨胀后，逐步减少铲面的频次和力度。对折有助于起筋和强筋，同时将一定量的空气包裹在面团中——每一次对折都会在面团中形成微小的气孔，这些气孔在包裹二氧化碳和乙醇后，将像气球一样鼓胀起来。

面团经过三四次铲动之后，其性质就会发生显著改变。它不再黏附于碗边，而是成了一个连贯的整体，产生了类似于筋肉的延展性。如果将其铲起、对折，面团就会处于拉伸状态，而不会断裂，

---

① 藜麦（quinoa）是藜科藜属中一个栽培种，生长在南美安第斯山区。——译者注

失去外力作用后，它会慢慢恢复原来的状态。此时的面团已变得不那么像黏土，反而更像是活生生的肉体，更像是具备自由意志乃至独特身份的事物。此外，它开始散发出酵母的甘香，放到舌尖上也能尝出甜味了。

现在，我一般会在基础发酵期间写点稿子。利用多次铲面之间的空余时间，我正好可以站起身来，休息一会儿，而且整个过程也不怎么需要操心。有时候，我太专注于写作，以至忘了铲面，面团也不会受到什么影响。面团基本上是在自行发酵——或者更确切地说，是酸面团培养基在发酵面团，而我则趁此机会做点其他事情，比如，本章的内容就是我忙里偷闲写出来的。有些烘焙师讲的没错，烘焙需要花很多时间，只不过在大多数情况下，它所花费的不是你的时间。

⊙

作为食品原料的一种加工方法，酸面团发酵是自然与文化孕育的一大奇迹，是远古人类生活智慧的一大结晶。现代科学直到最近才开始学会欣赏这门古老乡土“技术”的精妙之处。“你不能靠小麦粉生存，”加州大学戴维斯分校的布鲁斯·格尔曼对我说，“但是你可以靠面包生存。”小麦粉之所以能够完成到面包的蜕变，很大程度上是因为肉眼无法看见的微生物代谢活动。尽管有了现代食品科学，人们可以采用商业酵母、膨松剂、甜味剂、防腐剂、面团改良剂来实现面包的商业生产，模拟天然发酵的诸多效果，但是现代食品科学依然无法像酸面团培养基那样，将禾草种子中的营养充分释放出来。

面团的性质之所以会发生改变，关键在于多种微生物产生的代谢废物。酵母菌和细菌释放的二氧化碳气体会使面包变得蓬松，酵母菌分泌的乙醇会使面包散发出馥郁的酒香，乳酸菌产生的有机酸能够发挥一系列举足轻重的效果：它们能够增加面包的风味，让面团更筋道，而且更重要的是，它们能够激活种子当中业已存在的多种酶。

我们可以把种子想象成物资齐全的食品储藏室，其中贮存着植物萌发所需的各种养分：能量、氨基酸、矿物质。它们以不易吸收的稳定分子（聚合物）的形式贮存在种子当中。形形色色的酶就好比打开这间储藏室的分子钥匙，它们将各种各样的聚合物分解，以确保胚芽在种子生根之前具有充足的养分供应。不过种子也有可能受到“蒙蔽”，将紧锁在储藏室里的所有食品供应给酵头中的微生物，进而为享用面包的人提供营养。

酸面团中细菌产生的酸能够激活休眠的酶，使之发挥作用。淀粉酶向分子结构复杂的碳水化合物发起“进攻”，将紧密缠结在一起的、如纱线球一般的、无味的淀粉分子水解，使之变成分子结构更简单且更容易吸收的低糖。蛋白酶将长链蛋白分子水解成氨基酸分子。这些糖和氨基酸在烤炉内会发生美拉德反应和焦糖化反应（browning reaction）[①]，使面包表面形成金黄色的酥皮，从而使面包口感更丰富，卖相更讨喜。它们还能为酵母菌提供养分，从而使面包更加蓬松。不过，蓬松的效果不仅仅有助于改善面包卖相，面包内的气孔还能积聚水蒸气，由于水蒸气的温度比水温高很多（水温不会超过水的沸点），淀粉的受热（或者说“凝胶化”）就会更充分，面包就会更可口，也更容易消化。

---

① 糖类（尤其是单糖）在没有氨基化合物存在的情况下，加热到熔点以上的高温（一般是140~170摄氏度以上）时，因糖发生脱水与降解，也会发生褐变反应，这种反应称为焦糖化反应。——译者注

酸面团发酵还能将面筋部分分解，使面包更容易消化。此外，根据意大利研究人员近日开展的一项调查（意大利是乳糜泻和麸质过敏症发病率较高的国家，国民的主食是面食），酸面团发酵至少能破坏一部分可能导致麸质过敏症的肽。有些研究人员认为，乳糜泻和麸质过敏症的病例之所以会增加，原因在于，现在的面包发酵时间都不够长。酸面团培养基产生的有机酸似乎也有助于减缓人体对白面中所含糖类的吸收速度，降低精制碳水化合物导致的胰岛素尖峰。（换句话说，酸面团面包的“升糖指数[①]”会比酵母发酵的面包低。）最后，这些有机酸还能激活植酸酶，从而将种子为了生根发芽而小心“锁好”（或者说“螯合”）的诸多矿物质释放出来。

面团在基础发酵期间发生了种种神奇的变化，只要了解这些变化，我们就能更加深刻地领会到人类文化所孕育的、天才般的创造力——正是因为这样的创造力，人类才“想出了”如此巧妙的方法来加工禾草类植物。不仅如此，我们对微生物培养液的创造力也会有更加透彻的认识，毕竟，在制作面包的过程中，最重要的工作是由它们来完成的。6 000 年来，人类与微生物在相互利用中实现了双赢。而且，制作面包并不需要掌握那些难以捉摸的微生物作用机理。从某些方面讲，这和种田很像，我们不需要掌握原理就可以将酸面团培养基培养出来。不过，既然我们在现代科学的帮助下，终于后知后觉地认识到了酸面团发酵的巨大优势——它能使禾草植物既营养又美味。让我们感到惊讶的是，当初竟然如此轻而易举地放弃了这种方法，而且仅仅是因为我们不够耐心——或者更确切地说，是因为我们的控制欲太强，不愿意像舞者或冲浪者那样随心起舞、顺

---

① 升糖指数（glycemic index）是指食物进入人体两个小时内血糖升高的相对速度。——译者注

水推舟。

大约过了6个小时，我估摸着基础发酵已经完成了。此时的面团柔软而鼓胀，结合力有所增强，不像之前那么粘手、粘碗了，原本手感很不服帖，现在则易于掌控，且富有弹性。雪白的表皮下形成了脂肪球一般的气泡，整个面团散发着酵母、酒精和醋的香味，沁人心脾。我捏了点面团来尝尝，发现它甜滋滋的，又夹杂着一丝酸味。如果发酵的时间再长一点，恐怕做出来的面包会有过酸的危险，所以我觉得是时候进行下一步了：给面团整形。

我就是从这一步开始遇到困难的。书上说，要把面团从碗里挖出来，放到撒有手粉的工作台上，用刮刀（一般是一把较大的塑料刀）将其切成两份，此时面团依然粘手，却富有弹性。我要做的就是将它们滚成圆球，这种圆球在法语中称为“boule”，指的是圆形的乡村面包。（boule在法语中还是烘焙师“boulanger”的词根。）由于面团太湿，滚圆非常困难。不过，我在双手、砧板，还有厨房的所有平台上都撒了些手粉以后，面团渐渐可以滚成近乎圆球的形状了。书上说，滚圆时要用双手，同时保持面团与工作台的接触；面团底部应该轻微地粘在工作台上，这样有助于在球体成形的过程中形成表面张力。一开始，我手里的面团就像白花花的臀部一般，性感而又带有些许肉感，不过它们很快就变得像薄饼一样，软软地塌下去。

接下来，这对面团又饧发了二十多分钟，我在其表面盖上了毛巾，以防表皮变硬。有几次，我掀开毛巾瞄了一眼，发现即使面团已经松弛、塌陷了下去，它们的体积也依然在扩大。

现在，是时候开始给面团整形了，我第一次读到书上的文字说明和步骤图时，就被面团的整形方法给镇住了。除非你是那种光看图就能学会跳舞，或者光看书就能学会给宝宝换尿布的人，否则你根本不可能光看文字说明就能掌握唐缇面包的整形诀窍。

为什么一定要整形呢？你可能心里自然而然就会产生这样的疑惑。整形的原因在于，如此潮湿、松软的面团根本不可能会有好的烤焙弹性，除非烘焙师赋予其一定的内部张力和结构。具体做法是：用手依次捏住面团的四分圆位置，向外拉，再向中心折叠，折成一个整齐的长方形包裹，有点儿类似于背婴袋的样子。接着重复上述步骤，将长方形包裹的四个角折叠起来。然后将包裹朝外翻动，直到接缝线从表面翻到底部，面团表面变得光滑而又紧实。每折叠一次，就能在面包特定部位的面筋中形成表面张力，翻卷的动作则能使面包表皮形成表面张力。至少思路是这样的。

经过好几次失败的尝试，又撒了一桌的手粉，我总算把面团滚成了紧实的粉白“肉球”。我总是抑制不住自己的冲动，想要一把抓住这两坨柔软的肉球，握在手心里。不得不说，我读过不少烘焙师的文章，也与不少烘焙师交流过，但却从未想过，发酵好的面团经过整形之后，竟然有如此惊人的魅力。

整好形之后，我将面团接缝线朝上，小心翼翼地滑进铺有厨房巾的碗里，厨房巾上撒了些手粉，以防面团粘连。我将厨房巾的四角折起，盖在面团表面，防止其表面风干，进而影响发酵程度。现在该进行二次发酵了，这一步被称为“二次饧发”，是面团的最后一次发酵，需耗时 2~4 小时，具体时长一方面取决于环境的温度，另一方面取决于烘焙师想要制作多酸的面包。等到面团的体积膨胀了三分之一，其内部似乎还残留着生命的气息，就可以入炉烘烤了。过度发酵的面团会发酸、发黏，其内部的酵母已经耗尽了面团中的糖分，做出来的面包烤焙弹性不会太大。

二次饧发快结束的时候，我在烤炉里放上一口铸铁的荷兰锅，将烤炉的温度设定为260摄氏度预热。将食物放进加盖的锅内烘烤，标志着家庭面包制作技术的一大突破。要想取得好的烤焙弹性和嚼劲儿十足的酥皮，关键的诀窍在于，要让烤炉的内部充满水蒸气。水蒸气能够延缓面包的表面形成酥皮的时间，从而使面团在定型之前能够有充分的时间膨胀。正是出于这个原因，专业烘焙师会在烤炉中鼓入水蒸气，但是家用烤炉采用了通风透气的设计，会将内部的水蒸气排出。通过在密闭的环境——比如在荷兰锅或者加盖的砂锅中烘烤面包，业余的家庭烘焙师就能在不加任何水的情况下，尽可能真实地模拟专业烤炉内部充满水蒸气的环境：面团内部的水汽就能蒸发出足够多的水蒸气，使面包达到出色的烤焙弹性。

烤炉的温度达到260摄氏度以后，我戴上防烫手套将荷兰锅取出，放在炉灶上。接下来到了第一个关键时刻：我迅速将碗倒扣到敞口的锅上方，将一个面团倒在滚烫的锅底。然而，由于倒的时候没有对准，面团落到了锅壁上，歪向一边，破坏了原本完美的对称性，好不容易形成的内部结构无疑也受到了影响。我那可怜的面包在割纹路的时候又一次受到了重创——这是第二个关键时刻。所谓割纹路，就是要在面包表皮划上斜状割痕，以释放部分表面张力，从而达到更好的烤焙弹性。割痕还可以视为烘焙师的一种个性签名，漂亮的割痕尤其如此。何谓漂亮？用罗伯逊的话说，“优雅地舒展开来”的纹路。

“耳朵”的形状鲜明与否，是判断面包是否烤制成功的标志之一。所谓“耳朵”，就是指面包在烤炉内突然膨胀时，其表皮割痕处的边缘向上翘起，就像隆起的地壳板块一样。这里有两个问题：首先，我的荷兰锅太深，要想给锅里的面团割纹理，就难免要被260摄氏度的高温锅壁烫到手。其次，我在割纹理的时候，没有做到像罗伯逊所说的那么“果决”。我有些遗憾，但是好不容易把面团揉成了那么漂亮的形状，我实在是不忍心拿刀片去划它，感觉一旦下刀，就无法挽回了。我甚至觉得这有些残忍，于是举棋不定——事实证明，这种犹豫是致命的：面团有些地方被刀锋的边角勾住了，我一划线，它们就从旁边撕裂开来。结果划出来的纹理很难看。

既然原本外形可人的面团已经被我糟蹋得惨不忍睹，我对成品面包已经不抱太大的希望了。然而，当第三个关键时刻——也是最重要的关键时刻到来之际，我看到了惊喜。就在面包入炉 20 分钟以后，我拉开烤炉门，发现原本一边大、一边小的面团几乎已经自行矫正了形状，而且体积也膨胀了起来——虽然膨胀的规模算不上壮观，但也非同小可。现在的面团圆润饱满、疏松膨大，表面呈现出淡淡的黄褐色，形状就像枕头一样，跟 20 分钟以前我倒进锅里的笨重面团相比，体积增加了一倍。

面团还需要继续发酵、烘烤，我轻轻地关上烤炉门，生怕把面团里的气体放跑。其实这样的担心纯属多虑：到了现在这个阶段，面团里的淀粉已经“凝胶化”了，也就是说，其淀粉结构已经足够坚固，能够使面筋基质成形，而面筋基质本身也已变得强韧坚挺。刚开始烘烤时，由于气体受热膨胀，基质中的孔洞就像气球一样鼓胀起来。至少在最初 6 到 8 分钟的烤焙时间里，面团里还在形成新的蜂窝结构，因为酵母还在继续工作，直到气温达到致命的 54 摄氏度。在这个阶段，假如面团里还有足够的糖分为酵母提供养分，那么，温度的急速上升会使面团的发酵最后一次达到顶点。

25 分钟以后，当我把面包从烤炉中取出时，面包的香味比卖相更令人惊艳，不过卖相也算不上太差。表皮上没有什么“耳朵”可言：当初下刀的时候，我动作太小心了，结果酥皮上只留下了一条淡淡的割痕。虽然酥皮比正宗的唐缇面包要平滑，色泽也没有那么深，但即便如此，其卖相也很诱人，只不过，有两块隆起而焦黑的地方比较扎眼，这一点稍有些败兴。烘烤食物的馨香飘满了整间厨房。我还没摘下防烫手套，就迫不及待地敲了敲面包底部，如果它发出空洞的“咚咚”声，就表示囊心已经烤透了。结果正如我所愿。我拿起面包，将它贴在脸颊上，感受着它散发出来的热气。面包在放凉的过程中发出了低沉而悦耳的嘶嘶声。

此时此刻，我内心的成就感不言而喻，就连我自己也为此感到吃惊。毕竟，我也没费多少工夫，只是将一定量的面粉、水和酸酵头混合成面团，然后培养了好几个小时而已。结果这团生面却发生了质的飞跃，变成了香气四溢、松软膨胀的新事物。或许我也能像魔术师一样，从帽子里变出兔子来。不消说，我家人原本对这次烘焙计划也没有抱太大的希望，现在他们和我一样吃惊。现在你想必能够明白，为什么在近代科学问世以前，人们会觉得面包的制作如此神秘莫测了。研究面包的科学最终将从唯物主义的角度解释这个显而易见的奇迹，但是即便我们现在有了科学的武器，新鲜出炉的面包给人的感觉依然像是无中生有的奇迹，这种点石成金的质变充分说明，宇宙熵增和零和学说在美食界并不适用，或者用更通俗易懂的话来说，这个世界上存在免费的午餐。

且慢，现在还不是得意忘形、大肆庆功的时候……不要忘了，这块面包上面还有两处烤焦了的地方，它们就像漆黑的火山岛一样，坐落在一片光滑的、金灿灿的酥皮海洋中，显得颇为刺眼。等到面包放凉之后，我才得以将它切开，看看里面到底是什么情况。原来，这两座“火山岛”的“地下”分别潜藏着一个巨大的空洞，一直通往面包的囊心。这是气孔！可惜它们的样子实在是惨不忍睹。圆润的大气孔是乡村面包的一大魅力所在，但是这两个孔洞太大，而且离表皮太近，完全没有美感可言。业内人士一般把这样的孔洞称为“烘焙师睡觉的地方”——而且是带着嘲笑的口吻说的。

面包部分做砸：只要是专业烘焙师，都会把这块面包丢到残次品的行列中去，因为它部分做砸了。但它闻起来太诱人了，我尝了一小片，又一次感受到了惊喜。酥皮薄脆而有嚼劲儿，含水分的囊心口感丰富——给人以麦香、甘香和芳香的多重享受。我决定不把它定性为部分做砸的面包，因为它也没有那么差劲儿，尤其是当你闭着眼睛品尝它的时候。

诚然，我还有很多需要改进的地方，但是，至少我并没有感觉到挫败。非但如此，我还跃跃欲试，打算再做一块更好的面包，而且近期内就要动手。最终的成品可能算不上成功，但是制作过程当中有某些地方吸引了我——神秘莫测的发酵反应、酸面团培养基散发的甜腻气味、面团的手感、有关烤焙弹性的悬念，这些奇妙的体验都让我甘之如饴。不过，在我着手开始下一次“历险”之前，如果能找一家内行人学习一段时间，或许是明智之举。于是我联系上了罗伯逊，想去造访他的烘焙坊，交流烤面包的学习经验，如有可能，希望能在他的身边打一两个班次的下手。

⊙

查德·罗伯逊看起来更像冲浪运动员，而不是烘焙师。他身材颀长，皮肤光亮，有着游泳健将的柔韧体态。查德话不多，肢体语言少，也不爱笑。第一次去他的烘焙坊时，我花了一个小时的时间看他给短棍面包（bâtard）整形。他穿着白色围裙，围裙的带子紧紧地系在腰上；棕色的帽檐挡住了褐色的双眼。看他整形的过程赏心悦目、引人入胜，但是我根本没办法跟上他的节奏——既看不出有哪些具体步骤，也没办法照葫芦画瓢。我所能看到的，只有一双灵巧的手正以令人目不暇接的曲速[①]摆弄面团，那架势就像在给源源不断的婴儿包裹襁褓一样。

我一边看他给面团整形，一边跟他交谈。我请教了他关于酵头的问题，顺便把自己做的酵头也装在特百惠保鲜容器里带了过来，以期讨教一些关于酵头护理和喂养的经验。这样做还有一个不为人知的目的：我觉得罗伯逊的烘焙坊里肯定栖息着许多品种优良的微生物，我或许也能蹭一点优质微生物回去。

“刚开始学烘焙的时候，我比较死板，对优质的酵头抱有迷信的态度，”查德一边回答我的问题，一边麻利地给面团切块、称重，“我会带着它度假，因为实在不放心交给别人。有一次，我还带着它去了趟电影院，就是为了能在精确的时间给它喂食。不过现在，这份酵头已经没了，我时不时就得现做，所以反而没那么拘泥了。我现在觉得，做酵头这种事情，事在人为，天时地利没那么重要。”这句话大体上可以理解为：做酵头必需的细菌到处都有，而烘焙师可以人工选择培养基中的细菌种群，引导它们发挥自己想要的效果。

查德给我看了他做的培养基。他从一个高高的、暖和的架子上取下了一个金属碗，里面有半碗冒着气泡的白色面汤。它比我的酵头湿度更大，温度更高，散发出来的酸味也更淡一些。他跟我说，他当学徒那阵儿，有一天晚上下班前，他在打扫店面的时候，不小心把辛辛苦苦做出来的一碗完美的酵头给倒掉了。

---

① 曲速是源自美国科幻片《星际迷航》(*Star Trek*) 中的一种科技。一般认为，曲速 1 级是真空光速（c）；在更高的层级下，速率呈指数增加。——译者注

“当时我就哭了，觉得自己整个职业生涯都完蛋了。但是后来，我发现自己新做的培养基没过几天就散发出了和原先的那份培养基一样的气味。”查德是靠气味来评判酵头质量的，他觉得酵头散发出来的香气应该以果香为主，而不是醋香；事实上，他不喜欢自己做的酸面团太酸。（“让面团变酸是很容易做到的：减少喂养酵头的频率就可以了。但是这样做出来的面包，口感就太单调了。”）查德认为，如今他的烘焙坊里到处都栖息着“合适的”酵母和细菌，这些菌种很容易传播到培养基里。不过，他最近在法国和墨西哥期间也做了些培养基，做出来的效果跟在旧金山差不多，无论是气味还是发酵情况，都在短时间内表现出了很高的相似性。由此，他得出结论，认为喂养时间和环境温度才是决定酸面团培养基性质的最重要因素。不过，这也可能是因为，查德·罗伯逊的身上现在已经携带了一些非常优质的菌种。因此，当天晚上我在离开烘焙坊之前，特意把特百惠保鲜容器的盖子打开了一会儿，让里面的培养基通通风，沾一沾唐缇烘焙坊的“仙气”，然后让他评判一下我的培养基质量怎么样。查德拿起保鲜容器，凑到鼻子跟前闻了闻，然后略带赞许地点了点头。

查德·罗伯逊至今还记得他第一次被烤面包的学问深深吸引的那一天：那是在 1992 年春天，他还在纽约海德公园（Hyde Park）的美国厨艺学院（Culinary Institute of America）上学。有一天午后，全班人去马萨诸塞州胡萨托尼克（Housatonic）的伯克希尔山烘焙坊（Berkshire Mountain Bakery）进行实地考察。也就是在这一天，他见到了理查德·布尔东（Richard Bourdon），一名 35 岁的“激进的烘焙师”。布尔东来自魁北克省，他让罗伯逊见识到了顶级的全谷物芝麻球，还发表了一番带黄腔的演说，滔滔不绝地论述了酸面团发酵的种种奥秘，这些都促使罗伯逊下定决心，要将烘焙作为自己的毕生事业。

当时查德21岁，这已经不是他第一次经历人生的重大转折了。查德在西得克萨斯长大，从小吃的是知名品牌Oroweat的方形切片面包，他从来没有想过要把烹饪作为自己的事业，烘焙就更不用提了。（他父亲、祖父和曾祖父都在自家开的公司工作，经营定制牛仔靴的业务。）据查德回忆，他小时候是个"控制欲强的孩子，就是那种会把每天的天气记录下来、做成图表的人"。年少时，他打算将来做一名建筑师，但是他申请的唯一一所学校——休斯敦的莱斯大学（Rice University）并没有录取他。这时候，查德突然改变了自己的人生方向，决定去厨艺学校。"当时我的想法是，只要学得一手好厨艺，就不愁在酒店找不到工作。"

对于查德来说，他在学厨期间发生的两件事最为重要。一是，他见到了自己未来的妻子和合伙人——伊丽莎白·普鲁厄特（Elisabeth Prueitt），一名糕点师；二是，他参加了那次改变他一生的胡萨托尼克实地考察。一天中午，我在唐缇烘焙坊轮班的时候和查德一起吃饭，他一边跟我讲述了那次实地考察的经过，一边等着膨胀冒泡的面团完成基础发酵。

"说来也奇怪，我在去考察的路上就已经决定了。我幻想着拜布尔东为师，做一名烘焙师。再怎么说，这样的想法也不现实；我从来没见过布尔东，也没想过以后要做面包。但是我喜欢做一名'幕后烘焙师'的感觉，喜欢在一处僻静的角落里一直工作到深夜，享受独自一人的清静时光。"酒店的厨房是一个乱糟糟、闹哄哄的地方，查德当时已经开始怀疑这种地方到底适不适合自己。相比之下，烘焙坊更像是一所清静的修道院。

布尔东和他的面包没有让查德失望。“那里的一切都正如我想象的那样。我喜欢那里的氛围，喜欢那间坐落在河畔的、宽敞古雅、灯光朦胧的砖砌谷仓。整座烘焙坊里飘散着一阵天然发酵的甜香。这对我来说是一种全新的香气和风味。我从来没有见过方形之外的面包。他做的面包太让人惊艳了。酥皮和囊心的口感反差强烈，我从来没有体验过这样的感觉，囊心水分充足，而且晶莹光亮。布尔东本人也很有魅力，他是激进的烘焙师！讲解发酵过程的时候总是活力四射，时不时会开一点黄腔。他把发酵过程比作肉眼不可见的、微生物的狂欢盛宴，而这场盛宴是他精心安排、一手操办起来的。他喜欢把每件事情都做到极致：面团的含水量一定要足，发酵时间一定要长，烤焙的火力一定要猛，烤出来的酥皮颜色一定要深。我喜欢这样的理念，希望自己也能做一名幕后烘焙师，默默无闻地将制作面包的工艺发挥到极致。布尔东就是个大师。”

几个月后，我专程前往伯克希尔山，拜会了查德所说的面包大师。理查德 · 布尔东现在快 60 岁了，尽管岁月的流逝显然让他的锐气有所减损（他在谈到白面的话题时，已经比往日少了一分激情，多了一分冷静），此人对面包依然有着酒神狄俄尼索斯式的疯狂劲头，对发酵和小麦也是如此。每天，他都会亲手磨制新鲜的小麦粉。布尔东有一头桀骜不驯的灰色卷发，一张坦率诚恳、表情丰富的脸庞，感觉他平日里是个兴高采烈而非愁眉苦脸的人。他与喜剧演员哈勃 · 马克斯（Harpo Marx）有几分相似。和哈勃一样，他能用面部表情和骨碌碌直转的眼睛传达自己的所有想法。但是有一点他俩不同，布尔东还能用一口略带法国腔的英文连珠炮似的讲个不停，这使得他的高谈阔论一下子分量倍增。事实上，如果不是因为他具有十足的个人魅力，恐怕他那种说话方式会让人觉得受不了。

我在听布尔东滔滔不绝地论述发酵问题的时候，记了好几个本子的笔记。关于这个话题，他自己构建了一大堆理论，有些听起来头头是道，有些似乎站不住脚。其中一个中心观点认为，将谷物酸化或者发酵“并不是后天习得的技巧，而是先天的、本能的行为。这并不是我们人类所独创的。所有土著人都会酸化谷物，很多动物也会这么做”。单单是为了论述这个特定的观点，他就天南地北地举了好几个例子，从加纳一直讲到格陵兰岛，又把场景拉回他的前院，最后回到了他的烘焙坊。

“你觉得松鼠在我的院子里埋橡果是为了什么？只是为了藏橡果？错！是为了发酵，因为不这样做的话，它们根本就消化不了这些坚果。鸟类呢？它们吃种子的时候，都是直接吞的吗？错！首先，它们把种子贮存在嗉囊里，让种子在酶的作用下充分释放出其中的矿物质。动物本能地就会酸化和发酵食物，以便最大限度地吸收其中的营养，同时最大限度地减少自身体力的消耗。这就是生存经济学的铁律：以尽可能少的努力从自然界中获取尽可能多的养分。因此，我们不会把所有的消化工作都留给自己来做，而是会让细菌来代劳。”他的这番话很像是在讲烹饪的学问。

“现在，我们来讲讲烤面包的学问。原理跟我刚才所讲的一样，甚至还要精巧一些。做面包首先要用到石磨，石磨就好比一颗巨型的石牙，能为我们把坚硬的种子碾碎，免得我们直接咀嚼种子的硬壳，把牙齿磕坏。接下来，酸面团培养基会将面粉中的植酸分解，这样细菌就可以得到矿物质。（因为细菌想要的东西和我们一样，无非是：进食、性交、繁殖后代！）不过，烤面包是最智能的食物加工系统，因为该有的东西，它都有了，甚至连锅具都自带了！面团入炉后，首先会在表面形成一层酥皮，将蒸汽包裹住。这样一来，面包本身就变成了一口高压锅！淀粉就是这样被烤熟的。”

对于布尔东来说，大多数面包都存在一个问题——它们实质上没有熟透，因而给消化系统增添了不必要的负担。正因为如此，他喜欢长时间的发酵和含水量超多的面团。在烘焙技术迈向机械化时代以前，人们揉面一般用的是湿面团。人的双手难以自如地掌控干面团（就算干面团更容易整形，其揉捏与混合的难度也要高出许多）。而机器根本无法处理湿面团。但是它们做出来的面包要优质许多。布尔东经常挂在嘴边的一句话是：“你只用半杯水是永远煮不熟一杯米的。”在布尔东看来，食物的营养甚至比美味和卖相更加重要，而食物只有在彻底熟透的情况下才是最有营养的。他经历过长寿运动风靡全美的时期，喜欢从诗意的角度看待人体的消化过程。他说，打从你咬下第一口面包的那一刻起，消化系统就已经开始运作了。

“这也就是为什么酸面团中的酸那么重要！它们能使你的口腔分泌唾液，于是唾液淀粉酶就会开始分解淀粉。你用这个方法可以把做得好的和做得差的面包区分开：撕下一小块面包放到嘴里，看看口感怎么样？是觉得嘴里干巴巴的、想喝水呢？还是觉得风味俱佳、口感温润呢？”烘焙师就好比一名指挥家，游刃有余地掌控着一曲复杂精妙、百转千回的交响乐。乐曲中包含从禾草种子、石磨，到微生物发酵、压力烹饪的多个乐章。最终，上好的面包刺激人的口腔分泌唾液，标志着这曲交响乐进入高潮阶段。

说到这里，想必读者朋友们不难看出，为什么当年那个21岁的小伙子只跟理查德·布尔东接触了几个小时，就下定决心要把烘焙当作毕生的事业了。烘焙能让人接地气，知传统。面包是由微生物作用和人类的双手共同“制造”出来的，是自然界与人类文明交汇的产物。从布尔东的世界观来看，这两者并不冲突，而是一个一脉相承的宏大体系，这个体系带有拉伯雷式的讽刺色彩，无论是细菌"没头脑的性交和放屁"，还是松鼠埋橡果的行为，乃至人类在桌边享受烘焙之乐的生活情趣，都是其中的一部分，只不过形式的高低有所分别。

当天中午，学生们结束考察、离开布尔东的烘焙坊之前，查德鼓起勇气向布尔东提出了拜师学艺的想法，由此开始了为期5个月的实习生活，这段日子很艰苦，却改变了他的一生。查德每天晚上下课后，都会开很久的车到胡萨托尼克，在烘焙坊从凌晨4点一直工作到上午9点，下班后开车回到海德公园的学校，开始新一天的课堂学习。毕业后，布尔东有意雇用罗伯逊，但是店里不缺人。于是查德在没有薪水、只包吃住的情况下一直在店里工作，直到有人离职，出现了职位空缺，他才成为领薪职员。最终，查德在胡萨托尼克待了两年，学习了理查德充满激情的工作态度和处理湿面团的烘焙手艺。

据理查德回忆，"查德做什么事情都很擅长，但是他有完美主义情结。他一次只烤三块面包，这样每块面包在烤炉里就会有充足的发酵空间。如果他的面包膨胀得不够大，形状不够漂亮，他就会不高兴，会说这次烤的面包太不像话。每到这时，我就会跟他说，'查德，没事的，反正都是美食！'但是他总是不满足。对他来说，面包的卖相一定要好。"

两年后，理查德告诉查德，他已经学成，可以出师了。关于这次谈话的内容，理查德记不清了，不过，当时查德的完美主义情结可能已经开始惹恼他了。查德的第二个雇主显然就是这种情况，此人曾是布尔东的学徒，名叫戴维·米勒（Dave Miller），他在北加利福尼亚奇科市（Chico）接手了一家烘焙坊。“查德对于他想做出什么样的面包，有着明确的认识，”戴维一边接受我的采访，一边小心翼翼地选择措辞，“而我所关心的，是怎样经营好一家烘焙坊。”

查德在戴维手下工作了一年，这段时间两人相处得并不愉快。后来，他们心平气和地分道扬镳了。查德和利兹前往法国西南部，投奔了理查德·布尔东的师傅帕特里克·勒波尔（Patrick LePort）。关于帕特里克这个人，理查德和查德都说他是湿面团之王，他做的全麦面包也是一绝。据查德回忆，帕特里克带有几分神秘主义者的特征，他会在他的和面机旁边打盹，因为和面机放置的位置，恰好在他认为的、宇宙能量线的交汇处。在法国待了一年以后，查德认为时机已经成熟，可以自立门户了。他和利兹在加利福尼亚州西马林县（West Marin County）雷斯岬站小镇（Point Reyes Station）的主街相中了一套房子，开了家店，名为湾村烘焙坊（Bay Village Bakers）；他们住在店铺后面的屋子里。查德采用以木材为燃料的砖炉来烤面包，砖炉由当地知名的泥瓦匠和烘焙师艾伦·斯科特（Alan Scott）所造。在雷斯岬开店的6年时间里，他孜孜不倦地投入工作，以近乎偏执的努力开发他的独家面包——他在新书里称之为“某种拥有古老灵魂的面包”。

⊙

整个午饭时间，查德都在跟我讲他走上烘焙之路的来龙去脉。午饭后，我们踱回烘焙坊，开始给面包整形。上午我们就已经和好了面，和了整整一烤炉的分量，装在邦加尔（Bongard，法国烘焙用具品牌）和面机里。这台机器装有巨大的不锈钢螺丝，缓慢地旋转起来，可以将350磅（约合159千克）重的面团揉制得服服帖帖。那天清晨，我和查德的两名年轻的助理烘焙师——小山田（Lori Oyamada）和内森·扬科（Nathan Yanko）——一起将几袋50磅（约合23千克）重的面粉倒进了和面机。小山田和内森都比查德给布尔东做学徒那阵的年龄要大，在我看来，他们和查德都有几分相似之处。他们的体格更像运动健将，而不是烘焙师；两人的手臂肌肉都很发达（而且内森和查德的胳膊上都有非常复杂的文身），皮肤像猫一般光亮。

我很快就明白小山田和内森的手臂肌肉为什么这么发达了。和好的面放在邦加尔不锈钢和面机里饧上一段时间以后，必须取出来——一次要取出双手合抱的分量，放到五加仑（约合19升）的大桶里发酵。这就需要你挽起袖子，打湿双手和胳膊，然后深深地插到温润的老面团中。到了这一步，面筋已经得到了充分的扩展，形成了巨大的、肌腱一般的结构，无论你怎么拉也不会断；我试图抱一团面，结果败下阵来，不得不承认，面筋比我要强壮多了。小山田给我示范了如何取出适量的面团：要先将拳头伸到碗底，然后双手合拢。这样一来，就能抱起一团厚厚的、黏黏的生面，分量大约有30~40磅（约合14~18千克），这还不包括死死黏在我手臂汗毛上的部分。如此这般来回折腾了两三次以后，一个大桶就装满了。

查德和我吃完午饭回到店里时，基础发酵已经完成了，于是，查德一边继续讲他的乡村面包养成记，一边和我一起将冒着气泡的白面团从桶里倒出来，放到砧板桌（butcher-block counter）上切割、整形。查德操起一把切面刀，从整块大面团上割了好几份两磅（约合907克）重的生面下来，放在旧式天平上称重，然后将它们放到撒了手粉的实木工作台上，双手麻利地将其滚成了漂亮而又紧实的圆球。为了防止它们冷却，他轻轻地将每两颗相邻的、整过形的圆球压在一起。最终，工作台上摆了一串饱满的面粉球，看起来就像白花花的翘臀排成一列。

正是在雷斯岬开店的岁月里，查德将乡村面包的手艺磨炼得日臻完美，先后改进了自家面包的口味和结构。他沿袭了理查德·布尔东的部分观点，揉制出来的面团含水量充足，另一方面，他对全谷物面粉没有理查德那么执着，也摈弃了营养至上的理念，至少暂时如此。和理查德（以及在这个问题上和他的师傅如出一辙的戴维·米勒）相比，查德是个十足的唯美主义者，他更热衷于追求美味和美感，而不是营养和健康。查德所追寻的那种“拥有古老灵魂的面包”肯定是白面包——他不仅在心目中构想过它，还在19世纪末的法国画家埃米尔·弗里安特（Émile Friant）的一幅画中看见过它。

查德在他的书里收录了这幅画，画中描绘了一群周末划船出游的人，在一个夏日的中午坐在一起野餐。其中一个人在倒红酒，另一个人拿着一块酥皮超厚的巨无霸车轮包，正在从车轮包上切下大块雪白的部分，分给周围的朋友。查德解释道，那时候，凡是在法国工作的人，每天都能领到两磅的面包。面包既是主食，也是典礼集会的必备佳品——画中所绘的巨无霸面包就是用来分享的，也是用来大快朵颐的：在弗里安特轻柔而又细腻的笔触下，这块面包看起来很诱人。

为了做出自己心目中口感最理想的面包，查德夜以继日地工作。由于烘焙的食材无非就那么几种，这几乎成了一个掌控时间和温度的过程。不过，有一条铁律在大部分烘焙步骤当中都适用，那就是补偿法则。烘焙师针对面包某个方面的特性做出的任何举措，都有可能从其他方面招致不理想的后果，这种补偿法则的后果很难避免。

举个例子，长时间的发酵或许能让面包的风味更醇厚，但是如果时间过长，酵母的养分消耗殆尽，那么面包的烤焙弹性就会大打折扣。查德发现，如果他“延迟”发酵过程，在二次饧发期间将面团冷却，那么他就能减缓酵母的代谢活动，促进细菌的代谢作用，后者对面包的风味贡献最大。不过，他买不起专门的酵母抑制剂，因此，几乎每天晚上，查德都会将两百篮整好形的面团堆放在他的厢式送货车——一台 1953 年产的黄色雪佛兰（Chevrolet）的后座上，把所有车窗打开。虽然这样做取得了他想要的口感，但是面包刚出炉时的状态没有他想象的那么饱满。如果提高二次饧发的温度，面包的膨胀程度或许会更好，但是同时也有口感过酸的风险。

当查德将注意力转向酵头时，他取得了突破。“我意识到，我需要更新鲜的培养基。因此，我开始一步步减少老面团中的酵头用量，然后减少新鲜面团中的酵母用量。”他开始实验自己的喂养时间表，减少接种面团的酵头分量，增加接种频率，由此一来，从酵头、酵母，到面团，他在发酵过程中的每一步都为培养更新鲜、更清甜的培养基这个目标服务。这样做实质上是在重新调整发酵时钟，其效果是立竿见影的。

“我能闻出差别：大多数老面团都散发着一股醋味，我的老面团散发的是果香、甜味和花香。”这些品质也反映在面包的口感上，新鲜而活跃的酵母菌确保了极佳的烤焙弹性。查德摸索出了一种能够同时提升面包风味和烤焙弹性的方法，打破了（或者说巧妙地避开了）酸面团补偿法则这个铁律。

面粉球饧了足够长的时间以后，查德邀请我尝试一下自己动手整形。我的手眼协调能力受到了挑战。查德以闪电般的速度，游刃有余地拿捏着面团，我竭尽全力跟上他的动作，或者更确切地说是在东施效颦。我觉得，我就像是第一次给宝宝换尿布的爸爸——笨手笨脚的。不过查德很有耐心，不断地给我送上新的面粉球，最终，我整形的面团也稍微有点样子了。不过，我确实注意到，查德终究是完美主义者，他小心翼翼地将我的面团和他的分开，把我的放在了圆形而非方形的篮子里。我有预感，假如我做的面团会入炉，它们应该不会跟其他面包摆在货架上一起卖。

自从在查德的烘焙坊打过杂以后，我在家里做面包的水平直线上升。我觉得自己处理面团的手法变得更顺畅、更自如了，不仅学会了掌控它，还学会了从气味、手感和外观三个方面来判断面团和酵头的扩展程度。整形的过程也不再像是一出闹剧。我的酵头比以前更有生机，有时候甚至可以用生命力旺盛来形容，这或许是因为我喂养它的频率增加了，也可能是因为我从查德的烘焙坊那里蹭来了一些优良的菌种。通过实地的考察学习，我也认识到，如果只是照着书本来学烘焙，那么不管你用的是什么书，你最多能做出一手像样的面包，当然，这也无妨。我常听烘焙师（和厨师）讲，照着食谱做不出真正的美味。确实如此。查德的新书中有27页的内容直接涉及烘焙，但是要说做出一手绝妙的面包有哪些秘诀，那27页的内容是远远说不尽的。

午饭期间，我给查德看了我手机上保存的面包囊心照片，照片上拍的是我第一次做砸的唐缇面包，囊心的气孔形状很糟糕。如果只从酥皮上判断面包的成色，或许是不可能做到的，但是查德认为，他可以从囊心照片中看出一块面包的好坏。

“面包的口味怎么样，我光从外观就能看出来。”他的语气波澜不惊，仿佛这是理所当然的。虽然这听起来有点儿玄乎，不过，显而易见的是，在行家里手的眼里，囊心蜂窝的纹路和孔洞的光泽度的确能够反映面包的发酵程度，因而也能反映它的口味。从我所拍的囊心孔洞照片来看，这块面包的面筋可能不够强韧，由此形成的孔洞无法将受热膨胀的气体包裹严实。面筋扩展的速度跟不上面包发酵的速度，于是气体从孔洞中逸出，聚集在较硬的酥皮下。他建议，多折叠几次面团有助于强化面筋；将发酵时间延长、速度减缓也能达到同样的效果。查德认为，我应该把面团在冰箱里放一个晚上，然后再入炉烘烤。

听了他的建议，我一下子取得了突破。我第一次照他的方法去做——把面团在冰箱里放一个晚上，就取得了很大的成功。新鲜出炉的面包卖相好得令人惊艳。它的烤焙弹性可以用壮观来形容。至于上色，我之前做出来的面包表面只有一层淡淡的、星星点点的焦黄色，这次的酥皮上色很深，顶部有一道烤透了的暗色裂纹，裂纹的边缘向上翘起，形成了色泽饱满的“耳朵”。由此可见，酥皮的成色令人信服。至于囊心的成色如何，我只有再过一个小时，等到面包放凉以后才能揭晓了。不过，等到我最终切下一片面包时，发现它的横切面上均匀地分布着大小各异的气孔，经过拉伸的气孔壁上微微地闪着亮光。诚然，我做出来的面包囊心没有唐缇烘焙坊的那么蓬松，蜂窝结构的光泽度和饱满度也与之相差甚远，不过，这块面包看起来已经很不错了，我心里涌起一阵强烈的自豪感，它的冲击力令我自己也感到震惊。不过，这种自豪感很快就被冲淡了，因为我突然意识到，自己这几周以来勤学苦练的成果很快就要被端上餐桌，永久地消失在历史的长河之中了。

因此我把它拍了下来，留作纪念。我脑海中曾闪过一个念头，想把照片上传到TheFreshloaf.com网站上，让那帮面包极客们好好见识一下，结果这个念头很快就被我打消了，因为我觉得太张扬。不过，我倒是发了条彩信给查德。结果他回了句：“做得不错。”他的反应没有我想象得那么大——我觉得自己就好像被轻轻拍了拍脑袋，安抚了一下，不过我不介意。这块面包非常美味：甜丝丝的，带有些许果仁味，还有一丝淡淡的酸味。这让朱蒂丝和艾萨克也印象深刻，我们一起分享了这块美味的白面包，一共吃了两顿，当晚一顿，第二天早上一顿，做成吐司风味尤佳。

自此以后，我做了许多形形色色的面包，每次大功告成时，我都会由衷地感到自豪，这种自豪感甚至强烈到了不可理喻的地步。有时候，连我都试图剖析自己为什么会有这样的心态。毕竟，不就是烤了一块面包么？有什么大不了的呢？但是，我就是觉得这很了不起。假如我做的不是面包，而是一锅美味的炖菜或者煮菜，我无法想象自己会这么激动，更别提拍照片，发彩信，甚至在网上晒图了。

这种卖弄手艺的强烈冲动我以前只经历过一次，那次做的是烤全猪，这道菜的吸引力再明显不过了，而且它能满足男性的自尊心（毕竟，宰杀大型野兽是一项力气活；而且这道菜的分量足以喂饱一个村子的人）。不过，为什么烤面包的成就感可以和烤全猪相匹敌呢？虽然它的分量要小得多，但是从某些方面讲却更有吸引力，这又是什么原因呢？

部分原因与美学有关——做面包能让人感受到动手创造的乐趣，而这里创造的，是以前未曾存在的、蕴含美感的事物。卖相好的面包就是一件工艺品，它具有独创性，手工制作，可以单独成菜，这些都是许多其他种类的美食所不具备的特性。大多数食物——就连烤全猪也不例外——在烹制过程中都没有发生质的变化，它们在烹熟以后或多或少都保留了其原始的特性。但是面包不一样，它是全新创造出来的事物，是从自然的洪流中抢夺出来的珍贵美食，它的产生，得益于面团内部发生的、酒神狄俄尼索斯式的生物化学变化。面包是阿波罗式的美食，是人类的理性、智慧、巧思和创意的结晶。它之所以能满足男性的自尊，之所以能奇迹般地发酵膨胀，或许部分原因就在于此。

不过，我心中的自豪感不仅仅关乎美学和男性的自尊。我觉得这更多的是一种成就感，是自己的个人能力得到证明的满足感。至少对我来说是这样。面包在人们的日常生活中如此不可或缺，如此令人愉悦，它扎根于西方文化已超过 6 000 年。然而，在当今时代，这种生活必需品的制作手艺却不再属于普罗大众，而是属于烘焙领域的行家。不管这里的行家是技术娴熟的全手工制作者，还是从事大规模机器生产的企业，都没有太大的分别：大多数人获取面包的唯一方式，就是与他们交换各自专业领域的劳动成果。我想今后我可能不会把烤面包只当作日常生活中偶尔为之的一种消遣。尽管如此，在它真的成为我个人能力范围以内的一项稳操胜券的活儿，在我确实学会如何将廉价的面粉、免费的生水（以及免费的微生物！）转化成既营养丰富又能给家人带来极大愉悦的美味佳肴之后，它还是改变了一切，或者至少改变了我。和以前相比，我做事情已经少了一分依赖别人的惰性，多了一分自己动手的自信。

面包之所以如此诱人，空气这种物质也起到了重要的作用。（或者应该称它为反物质？）

只要将面包与麦片粥对比，你就会发现，从很大程度上讲，面包的独特质感和口感恰恰蕴含在这些空荡荡的气孔中。面包中大约有 80% 的部分不过是气孔罢了。但是气孔当中绝非空无一物。

面包中的空气包裹着面包所蕴含的大部分香气，正因为如此，面包比麦片粥的香味要浓郁得多。“蜂窝”中的空气能传播面包的香味——一块烘烤得恰到好处的酸面团中，包含200多种已知的挥发性化合物，它们进入口腔后，会顺着鼻腔向上扩散，通过鼻后嗅觉（retronasal olfaction），将刺激传递到大脑。

“鼻后嗅觉”是一个技术术语，描述的是人体对已入口的食物气味所具备的分辨能力。“鼻前嗅觉”（orthonasal olfaction）分辨的是吸入鼻腔的气味，而鼻后嗅觉分辨的是呼出鼻腔的气味，气味的来源无非是食物散发出来的气体分子，它们会从口腔后部进入鼻腔。鼻前嗅觉能使我们分辨来自外部世界的气味，比方说，我们可以根据气味来决定食物能否食用。而鼻后嗅觉则承担着截然不同的任务，其感受器探测的化合物种类，乃至大脑接受刺激的区域也大相径庭。从鼻后嗅觉感受器传入的信号进入大脑皮层后，由最高级的认知功能区进行解读，同样参与信号解读的还有记忆区和情感区。有些科学家据此做出假设，认为鼻后嗅觉主要发挥的是分析的作用，它能帮助我们“备案”多种多样的食物口感，并将其记住，以备将来调取这些资料。

这或许能够解释为什么人们会如此偏爱各种各样的膨化食品和汽水，比如，起泡酒和苏打水，蛋奶酥和掼奶油，膨大的面包、疏松的牛角包和轻巧的舒芙蕾、夹着128层空气的千层酥，等等。烘焙师和厨师费尽心思，将最甘甜的空气揉进他们的美食中，让享受美食的人唇齿留香。人的味觉只能分辨出五六种最基本的味道，相比之下，嗅觉所能分辨并记录下来的气味差别和组合似乎是无穷无尽的——鼻后嗅觉甚至能够分辨鼻子闻不到的气味。

从象征意义上讲，空气也绝非无物。空气从各个方面升华了我们的食物，将原本笨重而固着于土地的死面团升华成了全新的事物——它轻巧空灵，象征着超然于物外的存在。空气提升了原本根植于泥土的食物，因而也提升了我们，使食物乃至摄食者的境界都得到了升华。

除了面包以外，还有哪种美食既能让人填饱肚子，又蕴含着如此深刻的象征意义？无怪乎欧洲悠久的发展历史，也可以被视为围绕面包而展开的故事，确切地说，这个故事包含两条主线：一是欧洲的农民和工人阶级为了得到面包而展开的斗争，二是精英阶层围绕面包的意义而展开的争论。宗教改革的实质，不正是一场围绕“面包到底应该怎样解读”的问题而展开的、持续几个世纪的漫长争斗吗？争论的焦点是：面包究竟只是基督的象征，还是基督的身体本身？

等到我觉得自己可以在不失手的情况下、一次做出许多白面包时，我心里萌生了一个想法，那就是要以空气为主题，做一顿大餐。星期六这天，萨曼来我家造访时，我们一起实践了这个想法。我烤了几块形状饱满的唐缇面包。除此之外，我们还做了两种口味的舒芙蕾，一种是咸香的青蒜口味，用来佐晚餐；一种是玫瑰姜汁口味，用来当甜点。至于主菜（还有什么？）的食材，我们选择了鸟类，只不过是不能飞的鸟——鸡。我开了一瓶陈年香槟。萨曼做了蜂窝糖，这是一种质地脆硬却又古怪地充满气泡的酥糖，做法是将一勺小苏打放入一锅冒着气泡的焦糖中搅打即成。

那顿晚饭是一场鼻后嗅觉的盛宴，不过，让人回味良久的菜品，还是那道姜汁玫瑰口味的舒芙蕾。其实这道甜点里面根本就没有放姜或者玫瑰，只是加了几滴精油而已。方子是从一本古怪的食谱书中学来的，书名很简洁，叫作《芬芳》（*Aroma*），它是由厨师丹尼尔·帕特森（Daniel Patterson）和香料调配师曼迪·阿芙泰尔

（Mandy Aftel）合著的作品。按照方子上的要求，做舒芙蕾需要打发大量的蛋白。从某种程度上讲，蛋清中的蛋白和面筋很像，它能将空气包裹在内。打入蛋白的气泡在受热时将急剧膨胀。至于蛋糕底的选材，这个方子并没有像一般的方子那样推荐等量的、兼具提味作用的蛋黄，而是推荐了酸奶，这使得原本就已非常蓬松、轻巧的舒芙蕾（这个法语词的意思就是“充气膨胀”）甚至变得更加轻盈。它的风味浓郁醇厚，但这样的风味从很大程度上讲，是在错觉的基础上构建起来的，因为其中的精油成分会使人的大脑难以分辨来自嗅觉和味觉的信息。这道轻如无物、小巧玲珑的甜点每每咬上一口，就是一首通感的小诗，它模糊了多种感官传达到大脑的、令人愉悦的信号，为一场以膨化食品为主题的盛宴画上了完美的句号。

法国哲学家加斯顿·巴什拉对于世界的组成元素之一——空气有着自己的看法。读者朋友们看了上文的内容，就不会对巴什拉的看法感到意外了。在《空气与梦想》（*Air and Dreams*）一书中，他指出，人们对许多情绪的分类，都是以其相对重量为依据——比如这种情绪是让人感到沉重，还是轻松。也许是因为人类是直立行走的动物，情绪在我们的眼中，也变成了从地面到天空垂直分布的事物。因此，悲伤被视为沉重的、凝滞于地面的事物；而快乐则给人以轻飘飘的感觉，自由甚至脱离了重力的束缚。“空气，”巴什拉写道，“是自由的象征，代表着超越常人的快乐。”

兴奋、欢腾、振奋、轻松、鼓舞：“空气”一词囊括了上述所有词语的含义，其英文air元音饱满，呈现出蜂窝的形状。空气为人类发酵生面团，同时也发酵着人类的日常生活。

第二章
像种子一样思考

不是我非要打击自己好不容易建立起来的自信心，恐怕我已经别无选择。上文已经提到，我现在的拿手面点（或者说接近拿手的面点）是白面包，而白面包这种东西……怎么说呢……是不健康的。我开始意识到，自己太执迷于面包的美学了，完全忽略了作为美食所应具备的其他品质，比如营养。（噢，竟然忘了还有营养这回事啊！）吃白面包比单纯地吃淀粉要强一点，而吃淀粉比单纯地吃糖要好一点，但是也好不到哪儿去。我在上文详述了面筋的神奇特性，不过，白面中的成分当然还是以卡路里居多，相比之下面筋中的蛋白质，只不过是零头而已——可能顶多占 15%。其余的成分恐怕都是淀粉，淀粉入口之后，很快就在消化酶的作用下，分解成了葡萄糖。美国人摄入的卡路里中，有五分之一来源于小麦——其中 95%来源于几乎毫无营养价值的白面。我说“几乎”是因为，20 世纪初，当白面的营养缺失问题已经严峻到不容忽视的地步时，政府出台了新的规定，要求面粉厂主在白面中添加少量的营养物质（主要是B族维生素），而这些营养物质恰恰是被制粉业者在精加工面粉的过程中千方百计去除的。

从旁观者的角度看，这种食品加工模式可谓荒诞至极，以至你可能会怀疑人类这个物种是不是哪根筋搭错了。我们且来看一看这种模式的来龙去脉：制粉业者在磨制小麦粉时，一丝不苟地去除了种子中最有营养的部分——麸皮以及麸皮所保护的胚（或者胚芽），将它们廉价出售，只把营养最少的部分留下来，给我们食用。从实质上讲，他们丢弃的是种子中占比25%的、最精华的部分：维生素、抗氧化剂和大部分矿物质。健康的植物油要么卖给了工厂化农场，用来喂养牲畜；要么流入了医药行业，制药公司从胚芽中提取了部分维生素，又回销给我们——用来治疗营养不良，而营养不良至少部分跟白面有关。或许这是了不起的商业模式，但是从生物学的角度看却糟糕透顶。

诚然，这可以视为现代人适应不良行为，不过，人类似乎从开始吃上面包的那一刻起，就已经刻意为面粉增白了。只不过，直到19世纪以前，面粉增白的技术都不够发达。滚筒式碾粉机的出现，使人们可以将种子中的所有胚芽和麦麸彻底清除干净。随后，人们发现，用氯气来处理碾磨好的面粉，可以将其中残存的最后一点营养成分——导致面粉微微发黄的β-胡萝卜素——去除，从而使面粉进一步增白。这可真是了不起啊！

在人类取得这些“了不起”的成就之前，面粉厂主顶多只能用过筛的方法来筛选经过石磨碾压的小麦，从而达到去除麦麸、增白面粉的效果。不过，石磨通常会把胚芽碾压进胚乳中，这一部分营养物质就不会流失了。过筛只能去除颗粒最大的麦麸，留下来的膳食纤维数量依然很可观。这样制作出来的是米白色的面粉，它营养丰富，足以养活以面食为主的人——直到20世纪末，以面食为主的大多是欧洲人。上文曾经提到，埃米尔·弗里安特描绘的一种面包曾经使查德·罗伯逊迸发出灵感的火花，画中的面包虽然很白，但是几乎可以肯定，弗里安特那个年代还没有白面，只有米白色的面粉。

从古希腊罗马时期开始，人们在面包增白的问题上越走越远，这件事情反映了，人类的智慧并不总是靠得住的——有时候就会出现聪明反被聪明误的情况。好不容易找到了一种方法，将几乎毫无营养价值的禾草类植物变成了有益健康的营养食品，后来却又千方百计地将它变回了毫无营养价值的垃圾食品，真是绕了一大段弯路！

我意识到，整个波折起伏的“食品加工史”就是这种情况的缩影。人类发现并发展了烹饪术（这里的“烹饪”要从最广泛的意义来理解），由此掌握了一些难能可贵的巧妙技术，将动植物加工得更有营养，将其他生物摄取不到的卡路里释放出来。不过，什么事情都有发展到极致的时候。随着人类欲望的膨胀和技术的进步，我们开始过度加工某些食品，这些所谓的精细加工实际上反而催生了许多危害健康的垃圾食品。原本对物种生存极为有益、适应性极高的一整套技术，反而产生了不适于生存的有害后果——造成了疾病、亚健康，如今甚至开始威胁到人类的寿命。我们加工食品的目的什么时候从增强食物的营养变成了减少食物的营养？何种程度的烹饪会被视为“过度烹饪”呢？我们可以举出好几个典型的例子。从甘蔗或甜菜中加工出来的精制糖肯定属于这种情况。不过，最显著的例子或许是19世纪后半叶问世的白面（以及由白面制成的面包）。

人们对白面的偏好古已有之，原因是多方面的，有务实的因素，也有情感的因素。白色自古以来是洁净的象征，尤其是在疾病肆虐、食品污染问题严峻的时候，面团雪白的成色象征着纯洁无瑕的品质。我说“象征”是因为，在历史上大部分时期，雪白的成色并不能保证面团的干净卫生：无良的面粉商将掺假作为增白的常规手段，从明矾、白垩到骨粉，只要是外观上很白的东西都往面粉里添加。（几个世纪以来，无论是面粉商还是烘焙师，都深受人们质疑，这通常都是有充分依据的。一包面粉或一块面包中究竟有什么成分往往很难判定，而以假乱真、以次充好往往很容易做到。正因为如此，在饥荒和政治动乱期间，面粉商和烘焙师经常成为群情激奋的标靶，时不时就受到“重点关注”，因面包质量差而受到炮轰。）

不过，不管有没有掺假，白面（或者说看起来成色很白的面）直到19世纪前，一直被视为比全麦粉更健康的食材。“粗面粉”——只经过碾磨但是没有过筛的面粉——确实颗粒粗糙，会慢慢磨损人的牙齿，只有别无选择的人才会食用粗面粉做出来的黑面包。而且过筛的面粉被认为更好消化，当然，对于努力获得足够卡路里的人来说，白面包确实是速效的高热食物。此外，白面包也更便于咀嚼，这在现代牙医学问世之前可不是小事。

因此，富豪要求面粉越白越好，穷人则只能食用“卡卡”（kaka）——法国人有时候用这个词来指黑面包。回到古罗马时期，面包的成色可以精确地反映其消费者的社会地位；古罗马世人及讽刺作家朱文诺（Juvenal）写道，要想知道一个人的出身，“看他的面包是什么颜色就可以了”。有些历史学家和人类学家认为，人们对白面的偏爱或许带有种族主义色彩。也许是这样吧。但是白米饭在以黄种人居多的亚洲也很受欢迎，所以这种说法不一定站得住脚。

在滚筒式碾粉机问世之前，要想生产出成色很白的面粉，只能用网眼越来越细的布去过筛。这种面粉有很多讨喜的地方。麦麸往往较苦，所以面粉越白，做出来的面包就越甜。而且用白面做出来的面包要蓬松得多；麦麸就算被磨成最细小的碎片，也依然很锋利，它们就像数百万把小刀一样，能把面团中的面筋割裂，破坏面团的保持空气能力和发酵能力。（同样的道理，有些园艺师会通过撒麦麸来灭蛞蝓。）这些细小的麦麸碎片相对来说也比较重，这使得全谷物面包的发酵变得更加困难。就算是在最理想的发酵情况下，全谷物面包也不会变得像白面包那样蓬松。

将全谷物面粉过筛是解决上述问题的一种方式，但是其效果却远远称不上理想。这种方法步骤多、耗时长、成本高，而且无法延长保质期——而保质期相对较短，可能是全谷物面粉最受诟病的一大问题。全谷物面粉在磨制完成以后，一般几个星期以内就会变质，散发出明显的酸腐味。胚芽中所含的不饱和 ω–3 脂肪酸一方面增强了全谷物面粉的营养，另一方面也增强了它的不稳定性，使其容易被氧化。过筛或许能够让石磨磨制出来的面粉成色更白，但是无法去除容易腐败的胚芽，这就意味着，面粉必须小批量就近现磨，所以，以前每个城镇都有自己的磨坊。

19 世纪中叶，随着滚筒式碾粉机的问世，白面无论在成本、稳定性，还是成色上，都得到了前所未有的改善。作为一项具有革新性的技术，滚筒磨粉不仅容易上手，而且危险性低。新的磨粉设备取代了原本的石磨，该设备采用一系列成对的钢制或瓷制滚筒，后面的滚筒对比前面的缝隙更窄，以磨制出更细的粉末。首先，种子被送到一对反向旋转的瓦楞铁滚筒之间。在“第一轮碾压”的过程中，麦麸和胚芽与胚乳分离。 麦麸和胚芽被筛除，只留下胚乳被送到下一对间距更窄的滚筒之间，以此类推，直到淀粉（或者说“谷粉”）被磨制成人们想要达到的精细程度。

这项新技术曾被视为人类的福音，至少在一开始，它似乎确实给人们的生活带来了裨益。面包变得比以往更白、更蓬松，也更便宜。商业酵母用在这种新面粉上，效果尤其喜人，它极大地加速和简化了烘焙的过程。由于不稳定的胚芽已被剔除，面粉的保质期得到了无限的延长，磨粉业由此迎来了大规模兼并的时期。成千上万采用石磨的本地磨坊关门歇业，因为大型工业化生产的面粉足以供应全国。白面便宜、稳定、便于运输，因而能够出口到全世界，养活工业革命时期急速飙涨的城市人口。据一部关于面包的史书[①]记载，白面包的优越性得到了工人和雇主的一致认同：由于黑面包富含膳食纤维，“工人时不时就得从机器旁边走开，去上卫生间，这样就打断了生产过程”。

的确，从许多方面讲，白面不仅满足了人们的需求，而且还与工业资本主义的逻辑尤为契合。它不再是一种含有活性成分的易腐坏食品，而变成了一种稳定、可预测、灵活方便的商品，这不仅使面包的生产变得更加快捷高效，而且也促进了面包的消费。实际上，滚筒式碾粉机“加速了”小麦向食物的转化过程，极大地降低了人体从中吸收热量的难度。面粉以及由此制成的面包变得更像一种能量来源，而且至少从补充卡路里的角度来讲，变成了更高效的食物。用现代营养学的行话来说，面包的“能量密度”更高了。能量密度的提高，加上保质期的延长，是现代食品加工最常见的结果之一。白面能够流行开来有其必然性，因为人类物种在漫长的自然选择过程中，培养了偏好甜食的口味。甜食往往富含能量，这种食物在自然界很少，也很难找到（比如成熟的水果、蜂蜜）。不过，随着工业技术的发展，田间栽培的禾草类植物（小麦、甘蔗、玉米）能够得到精细加工，甜食由此变得廉价而随处可见，这给人类的健康带来了危害。

---

①　约翰·马查恩特、布赖恩·里本和琼·埃尔科克，《一片面包折射的历史》（南卡来罗纳州查尔斯通市：历史出版社，2009）。

白面不仅仅是一种新型食品，还催生了一个从农田到餐桌的新型食品生产系统。大规模的流水线作业，使人们能够在双手完全不触碰食材的情况下，生产出强化营养的切片白面包，整个过程只需要三四个小时。小麦植株也发生了变化。新的滚筒式碾粉机用来研磨硬粒红小麦的效果最好；这个品种的小麦麸皮大而坚韧，能够与胚乳彻底剥离干净；如果采用籽粒较软的白小麦，则面粉中会残留极细小的麦麸碎片。因此，随着时间的推移，小麦品种在人工选择的过程中发生了变化，以适应新的磨粉机器。不过，正因为硬粒小麦的麸皮更坚硬、更苦涩，全谷物面包的口感也变得比以往更粗糙、更苦涩——这也是白面包比黑面包更有市场的又一大原因。即使是在今天，育种者依然在选育籽粒更硬的小麦，这些小麦的胚乳更白，因而营养价值也更低。正如华盛顿州的前育种专家史蒂夫·琼斯（Steve Jones）曾经对我说的那样："小麦育种者是在跟健康作对。"

噢，对了，健康。这就是美中不足之处。从工业资本主义的逻辑看，白面可谓尽善尽美，但它唯独不利于人类健康。19 世纪 80 年代，滚筒式碾粉机大规模普及，没过多久，营养不良和慢性病就开始在以白面为主食的人群中以惊人的速度蔓延。19 世纪末 20 世纪初，英法两国的一群医生和医学专家开始寻找所谓"西方病"（心脏病、中风、糖尿病，以及包括癌症在内的几种消化道疾病）的症结，"西方病"之所以得名，是因为它们在现代饮食结构（也就是以精制糖和白面为主的饮食结构）尚未普及的地区极为少见。在这些专业人士当中，不少人有过在位于亚洲和非洲的英国殖民地任职的经历，他们观察到，一旦白面和被引进到以"原生态粗粮"［语出自罗伯特·麦克卡里森（Robert McCarrison），上述专业人士之一］为主食的地区，西方病必然会出现。至于其病因，医生们的观点分成三派：

有的人认为症结在于西方饮食中缺少膳食纤维，有的人认为症结在于过食精制碳水化合物，还有的人认为维生素不足才是罪魁祸首。不过，不管主要的症结和确切的病理是什么，在这些人看来，有一点是确定无疑的，那就是，以白面和糖为主的饮食结构与慢性病之间存在关联。时至今日，有大量的研究结果证实了他们的观点。

那么，我们该怎么办呢？肯定是不能回归以“原生态粗粮”为主的饮食结构了——没有人愿意这样做！但是，在19世纪末，有好多人发出了这样的呼声，有的人呼吁重新使用全谷物面粉。“真正称得上主食的是全谷物面包，”英国著名医生托马斯·阿林森（Thomas Allinson）表示。阿林森是率先将精制碳水化合物与疾病联系起来的人之一。为了对抗白面的危害，1892年，他买了一台石磨，打着“不吃药也健康”的旗号，开始烘焙和销售全谷物面包。他还加入了一个组织，名为“面包与食品改革联合会”（Bread and Food Reform League）。在此之前，美国长老会牧师、营养学改革先驱及全谷物薄脆饼干的发明人西尔维斯特·格雷厄姆（Sylvester Graham）出版了一本颇有影响力的书籍，名为《论面包与面包的制作》（*A Treatise on Bread and Bread-Making*）。在书中，他一方面对白面口诛笔伐，说它就算不是所有现代生活疾病的根源，也造成了许多现代病，其中包括便秘（19世纪的灾难）；另一方面，他对富含膳食纤维的粗麦黑面包则大加赞赏。将小麦中有益健康的宝贵成分——麦麸——去除，就是“将上帝融合起来的事物剥离”。现代人在饮食习惯上的堕落必然要以消化系统的失调为代价。

到了20世纪头几十年，对英美两国的公共卫生官员来说，精制白面引起大规模营养不良的问题已经到了不容忽视的地步，不仅脚气病大范围肆虐，而且心脏病和糖尿病的发病率也急速飙升。（据记载，在两次世界大战期间，英国政府在食物配给中强制性地提高了面粉中的膳食纤维含量，由此降低了II型糖尿病的发病率。）不过到目前为止，生产白面的工业体系过于根深蒂固，回归全谷物饮食的呼声从未引起应有的重视。

相反，制粉业和政府想出了一个奇招，以便从技术上解决这个问题：他们将精加工过程中浪费掉的一些维生素重新添加回面包中。由此一来，美国在20世纪40年代初迎来了所谓的“悄无声息的奇迹”，美国政府与大陆烘焙公司（“沃登面包”的制造商）等一系列企业展开了合作，共同研发和促销添加了少量B族维生素的强化营养白面包。这是一项典型的、带有资本主义色彩的“解决方案”。企业和政府并没有想着从源头上解决问题——即怎样避免小麦的关键营养成分在加工的过程中流失，而是变本加厉地升级了加工程度。这样，磨粉业在销售问题产品的同时，还可以搭售其他产品，来解决这些问题，这实在是高招。

⊙

不过，通过添加维生素来强化白面的营养，只不过是一个粗糙而片面的解决方案，实际问题要复杂得多。就连添加了维生素的白面也不如全麦粉有营养，这在如今已成为共识——只不过人们对这个问题的认识依然不够深入。凡是采用全谷物饮食的人，其患各类慢性病的风险将大幅降低；此外，他们也比一般人体重更轻，寿命更长。传染病学对全谷物的认识仅限于此。[①]但是，究竟是什么原

① 从总体来看，当今社会，全谷物食品吃得多的往往属于富裕阶层且受过良好教育、更关心自身健康状况的群体。鉴于这个事实，流行病专家们也在改变他们的观点。

因，使全谷物面粉比添加了维生素的白面更有营养？是不是正如西尔维斯特·格雷厄姆所想的那样，关键在于膳食纤维？如果真是这样，那么，起关键作用的，究竟是膳食纤维本身，还是通常与之同时存在的植物化合物[①]？又或者是因为，全谷物面粉中含有的维生素比强化营养的白面更多？原因还有可能在于麦麸中的矿物质、胚芽中的ω–3脂肪酸，或者人们在“糊粉层”（麦麸最内层的组织）中发现的抗氧化剂。总之，科学家对此仍无法给出确切的答案。

不过，这里就要提到一个有意思的现象：就算人们从其他途径（比如添加剂或其他食物）充分摄取了上面所说的营养物质，其健康状况也远远比不上采用全麦饮食的人。根据明尼苏达大学（University of Minnesota）的流行病学者戴维·雅各布斯（David Jacobs）和林恩·斯蒂芬（Lyn Steffen）[②]在2003年开展的一项研究，全谷物面粉之所以营养丰富，并不完全是因为其中包含各种有益健康的物质，比如，膳食纤维、维生素E、叶酸、肌醇六磷酸、铁、锌、锰和镁。真正的原因，要么是这些营养物质具有某种协同作用，要么是全谷物面粉中包含科学家尚未发现的某种特殊成分。毕竟，我们这里讲到的是种子：种子当中包含的，是一个新生命在萌发过程中需要的所有物质。其中的奥秘目前依然超越了科学的理解力和技术的创造力。

由此可见，全谷物食品的整体营养价值或高于各种成分之和，因此，最好不要将原本为一体的营养成分逐个“分离”出来。这就给

① 植物化合物（phytochemical）是一个医药学方面的概念，是指植物生长过程中产生的对人体健康起特殊作用的非营养的有机化学物质。

② 戴维·雅各布斯，林恩·斯蒂芬，“营养、食品与饮食模式研究：饮食搭配框架”，《美国饮食营养》，第78卷，增刊（2003）：508S–13S。

食品加工商带来了一项严峻的挑战。食品加工商一直自认为深谙生物学之道，能够通过营养物质的分离和重组来增加“原生态粗粮”的食用价值。他们会很乐意在面包中添加任意一种（乃至12种，上百种）上述营养物质，只要科学家能够告诉他们哪些成分值得添加。但是，至少到目前为止，科学并不能将这个复杂的问题简化。

关于全谷物食品本身倒是有一些好消息。社会上掀起了一种“全谷物面包复兴运动”。实际上，复兴热潮的开端在20世纪60年代不合时宜地到来了，当时，反主流文化倡导食用“天然食品”、回归自然生活的浪漫主义理念，认为白面包象征着现代文明的所有流弊。黑面包比白面包加工程度轻，因而更天然。复兴运动的热潮或许理应适可而止，孰料，到后来，烘焙和食用黑面包还演变成了一种政治行为：有些人借此表达自己与有色人种站在同一战线的决心（他们是认真的），抗议父母的“白面包”价值——可能父母在家里给他们吃的是“沃登面包”。受到这些思潮的影响，一些忠于原味的黑面包应运而生，它们其貌不扬，形似砖头。事态发展到这个地步，或许将全谷物烘焙的复兴热潮推迟了整整一代人的时间。时至今日，人们普遍认为，选择全谷物面包为主食，是一种更营养、更严谨的饮食习惯，而不单单是沉溺于口感上的享受。这种观点与“嬉皮士特征”一起，变成背负在现代全谷物烘焙师身上的沉重十字架。

不过，如果说60年代的全谷物面包代表着反主流文化，那么如今它的命运则发生了逆转，至少在身价上与白面包发生了互换。这是一场传统面包制作理念的嘉年华。如今，黑面包成了富豪们趋之若鹜的圣品，而白面包则失去了原本至高无上的地位。民众们已经了解全麦的价值。政府最新的营养学指南建议，一个人日常摄入的卡路里当中，至少有半数应来源于全麦食品。考虑到即使是在今天，也只有5%的小麦会被磨制成全麦粉，上述指南实施起来实在是很不现实。

美国的手工烘焙师群体诞生于20世纪90年代，当时，有一批崇拜法国文化的人士开始尝试由白面制成的法式长棍面包。如今，在这一群体当中，有越来越多的人开始对全谷物烘焙表现出浓厚的兴趣。查德·罗伯逊将在下一本新书中谈到全谷物烘焙，他目前正投入大量的精力研究和开发全谷物面点的方子。克雷格·庞斯福德（Craig Ponsford）是美国面包师协会（Bread Bakers Guild of America）的前董事长，也是历史上第一个在路易乐斯福世界杯面包大赛（Coupe du Monde de la Boulangerie）上一举夺得一等奖的美国人，现在，他只采用全谷物面粉烘焙，而且不遗余力地宣传这种做法的优越性。（他告诉我，以前，他每次在协会中普及全谷物烘焙知识，都得罪了面粉业和酵母工业的赞助商，因此，在他转做全谷物面粉烘焙后，就选择了辞职。）如今，超市的货架上堆满了张贴着全谷物标签的面包和其他食品，它们的含金量参差不齐。[①]

就连直到最近破产前一直在生产"沃登面包"的Hostess公司，也响应了公众的要求，推出了更有益健康的营养面包。该公司研发了独创的新配方，不仅在面包中添加了全谷物面粉中含有的维生素、矿物质和膳食纤维，还添加了数量不等的全谷物面粉。实际上，在大多数情况下，这些企业更多的是让面包散发出了全谷物面粉的香气，这跟以全谷物面粉为食材基本上是两码事。比方说，他们销售的一款"健康白面包"（Smart White），号称能提供"100%全麦面包

① 很多产品自称是"全谷物"，但是人们发现，这些产品的首选原料（因此也是最主要的原料）却是白面粉。即使某个产品含有多达49%的白面粉，也可能盖上"全谷物理事会"的戳。沃登的"100%全麦软面包"其实并不是100%的全麦，使用的面粉中只有一部分是全麦面粉，同时还包含大量其他成分。显而易见，对于食品加工业而言，诱惑力更大的是全谷物这个概念，而不是其实际内容。

的膳食纤维”，其中膳食纤维的来源并不是小麦或任何其他谷物，而是棉籽、纤维素（也就是树木）和大豆。（面粉本身实际上还是白面。）类似的还有一款“全谷物白面包”（Whole Grain White），你必须把眼睛凑得非常近，才能看到，“全谷物”和“白面包”之间还有几个小字——“强化”；原来，成分表的第一栏还是白面。这些“打擦边球”的产品让我很是稀奇。不过，“沃登面包”的生产商后来确实开发出一款真正的全麦面包，听起来就像是现代食品学领域的一大突破：“100%全麦软面包”。

全麦沃登面包闪亮登场！皆大欢喜的结局莫过于此。长久以来，人类一直追求更软、更甜、更蓬松的面包，如今，这样的追求终于能与全谷物的营养结合起来，相得益彰了。不过且慢，在食品业，事情很少会这么简单。白面生产的工业机器不会就这么轻易地步入黑面包的时代。它怎么会轻易放弃阵地呢？毕竟，现代磨坊的设计理念非常明确，就是要制造出尽可能雪白的面粉，在对小麦进行第一轮碾磨的过程中，就将胚芽与胚乳分离干净。况且，先磨制出精面粉，然后再销售营养物质，比单纯销售全麦粉更加赚钱。我曾听一名从业多年的磨粉师乔·范德莱特（Joe Vanderliet）说，将胚芽留在面粉里，会把工艺流程弄得一团糟。因此，在制粉流程的一开始，胚芽通常都会被筛除，即使是在生产所谓的“全麦”粉时也是一样。

“生产工艺与食品的营养是背道而驰的。”范德莱特解释道。大多数商业全麦粉其实就是重新添加了麦麸和胚芽的白面粉。至于它们与石磨磨出来的全麦粉是不是一样的，我们不得而知，但是面粉商也想不出其他办法了。

我们很难让工业烘焙的还原逻辑去适应天然全谷物食品的复杂机制。毕竟，你怎样才能控制极易腐坏的胚芽呢？范德莱特表示，许多大型磨坊，包括他效力过的那些，都干脆将胚芽从所谓的“全谷物”面粉中筛除，“纯粹是因为太麻烦了”——这是对胚芽的一项重大指控，但很难举证。（由此一来，我们又回到了原点，无法100%地确定市售的面粉中到底含有什么成分。）现代小麦品种的麦麸依然苦涩，怎样将苦味去除呢？（大多数商业全谷物面包会采用甜味剂将苦味盖住。）如果采用商业酵母来发酵全谷物生面团，怎样解决发酵难的问题呢？这最后一个问题实际上正是造成众多嬉皮式面包沦陷的原因。如果没有酸面团培养基来促进面筋的扩展，100%全谷物面包基本上膨胀不起来，做出来的成品塌陷得厉害。况且，我们也很难想象，Hostess公司的烘焙师会有闲心喂养和看护一份不稳定的酸面团培养基，而且其中包含的是无法揣测的不明野生细菌和酵母。

由此一来，我非常好奇地想知道，“沃登面包”到底有何神通，竟然解开了烘焙全麦白面包的谜题？一个以白面包为基础的工业生产逻辑体系，究竟是否可能做出改变，以生产出既正宗又美味的全谷物面包？因此，趁着Hostess品牌尚未倒闭之际，我致电了该公司在得克萨斯州的总部，设法联系上了Hostess的公共事务办公室。接电话的是一个年轻小伙子。我问他，能否允许我参观他们的一家工厂，以了解全麦“沃登面包”的生产流程。对方答复说，这是他第一天上班，不清楚具体情况，但他承诺说，日后会给我反馈。一周后，我惊喜地收到了一封邮件，上面说，Hostess已批准我参观该公司在加州首府萨克拉门托（Sacramento）的一座工厂。我查看地图时发现，从这家Hostess工厂出发，往北走大概只需要一个小时的车程，就能到达戴维·米勒的烘焙坊——也就是查德·罗伯逊曾经就职的那家手工全谷物面包店。于是我决定参观完工厂，顺道去一趟戴维·米勒的烘焙坊。戴维·米勒坚持亲手研磨谷物，他每个星期大约会烤400个100%全谷物面包，销售到农贸市场。而Hostess工厂在短短一天之内，就能生产出155 000个面包，销往美国西部各地的超市。去这两个风格迥异的地方参观，注定会是收获无穷的一天。

萨克拉门托的Hostess工厂占据了市郊一座庞大的平房，将其作为厂房。车子一驶进停车场，一阵面包的香味就扑鼻而来。这种香味一开始沁人心脾，但很快就让人感觉到莫名的发腻。工厂经理带我进入厂房之前，先给了我一对耳塞，以免噪声刺耳。一条齐腰高的生产线蜿蜒着穿过了昏暗、宽敞而空洞的厂房，给人的感觉有点像巨大的玩具车轨道，只不过行驶在轨道上的不是火车，而是装在金属盘里的面包。整条生产线起始于储存面粉的筒仓，面粉等物料经由生产线送入搅拌桶，而后由面团切割机和整形机加工，送入发酵室；发酵好的面团被送进发酵室上方的刻痕机，由一股细小的喷射水柱在每块面包上留下平整的割痕；接着，一块块外形齐整的面包被送入隧道一般的烤炉，经过烘烤后送入切片机和包装机；最后，扎带机每次拾取四袋面包，然后打结。同样的生产线还可以用来生产“经典沃登面包”（Classic Wonder Bread）、“全谷物强化白面包”（Made with Whole Grain White）、“100%全麦软面包”（Soft 100% Whole Wheat），以及“天之骄子面包”（Nature’s Pride）。最后一款“天之骄子”是全新上市的“纯天然”面包，无任何化学添加剂，主打全谷物概念。从倒入筒仓的面粉，到经过冷却、切片、打包、扎带的成品，这些面包都可以在四小时左右的时间里生产出来。

整条生产线的发明，离不开Hostess公司的食品科学家。这些科学家的天才表现在，他们既改变了面包的成分配方（面粉的类型、酵母的数量、膳食纤维的来源），又没有扰乱快速烘焙白面包的机械化系统。在运营这条生产线的烘焙师看来，面包终究还是面包，不管它是黑是白，含不含高果糖玉米糖浆，有没有添加全谷物面粉，是否富含膳食纤维，有没有顺应当前的健康潮流而添加了其他成分。只不过，面对新的潮流，这些烘焙师也并非完全没有怨言，他们半开玩笑地抱怨道，这些添加了一大堆膳食纤维和矿物质的面包实在是太难发酵了。“根本撑不起这么多垃圾。”其中一人说道。该公司有许多号称“健康”的面包产品中都添加了钙，这种矿物质本身并不是小麦的成分，但是这段时间以来，随着补钙的保健呼声日益高涨，该公司也与时俱进地做出了调整。

“这就相当于把石头砸碎了，丢进面粉里。”工厂的首席烘焙师表示。由此可见，要想将大量的钙添加到面包里，是多么困难。他的坦率令人消除了戒备心。“你只有放一大堆酵母，才能把那么重的石头撑起来。”这也就能解释为什么之前面包的香味会让我觉得发腻了——这种发腻的气味现在已经变得有点儿恶心。它的来源是酵母，而且是大量的酵母。

截至目前，我已经考察过好几个商家，也在自己家里做过不少面包，几番对比之下，我惊奇地发现，面包的工业化生产模式竟与手工制作模式如此相似，却又如此不同。在Hostess的工厂，我看到面粉和水被混合成了我颇为熟悉的水泥色浓浆，但是，那些添加到面粉里的、五花八门的营养物质究竟是什么？我看到一包50磅重的粉末，包装袋上只标着“面团改良剂”，它究竟是什么成分？是乙氧基单双甘油酯？是四种常见于食品工业的糖类（高果糖玉米糖浆、糖蜜、大麦麦芽提取物、玉米糖浆固体）？是小麦谷蛋白、氯化铵（面团改良剂）、丙酸钙（防腐剂）、硬脂酰乳酸钠（乳化剂）和“酵母养料”？既然面团里已经含有这么多糖类，为什么酵母还需要更多的营养？难道是为了平衡高糖的饮食？

“100%全麦软面包”的包装袋上列出了31种成分，但是负责生产的烘焙师也说不出每种成分的作用，他们建议我去问总部的食品科学家。可惜Hostess的总部不允许我采访那里的食品科学家，明面上的理由是害怕员工不小心泄露商业机密。最后，我从其他食品科学家那里了解到了那31种成分的具体作用。其中大多数成分的作用，可以归结为下面列举的某种或多种情况：顺应消费者的保健需求；“改良”面团，使之不粘连于机器设备上，阻滞生产流程；尽可能迅速地发酵出最饱满的面团；使面包蓬松酥软，囊心多孔而风味浓郁，满足消费者对“沃登”品牌的期待；防止面包酸腐霉变；增加面包的甜味，掩盖麦麸的苦味，以及（更重要的是）掩盖各种添加剂的化学品味。（我虽然把这个作用放到最后，但它的重要性绝非一般。）

要是放在不久之前，上面所说的大多数添加剂都会被食品和药物管理局（Food and Drug Administration，以下简称FDA）定性为“掺假成分”。但是，在20世纪50年代，烘焙业者发起了一场不遗余力的游说运动，于是，FDA放宽了它对面包的“定位标准”，允许烘焙业者在这个原本只有两三种成分的简单食品中添加几十种新的添加剂。20世纪初，国际反欺诈大会（International Congress for the Suppression of Fraud）（现在看起来，这个组织的名称多么古朴！）召集了一群专家，提出了一个关于面包的法律界定，这个界定包含的标准是工业化生产的面包所满足不了的。“如果不加任何修饰语，面包这个词只能指由小麦粉、酸面团培养基或者（由啤酒或谷物制成的）酵母、饮用水和食盐混合而成的面粉烹制出来的产品。”由此可见，如今的面包与当初那种纯朴的食物相去甚远！

不过，即使面团里添加了那么多稀奇古怪的成分，制作面包的工艺流程也依然与传统的烘焙过程有些许类似。进入工厂后不久，我来到了发酵“海绵”的厂房，那里有一些硕大的漏斗中装满了冒着气泡的湿面团，它们在基础发酵期间，膨胀得就像沙发垫一样。在基础发酵的问题上，工业化生产与手工烘焙的唯一不同之处，就是发酵速度的快慢。由于加入了大量的酵母——用量的比例高达10%，Hostess能在面团中制造大量的二氧化碳，从而在短短一两个小时的时间里使全谷物或超高纤维面团膨胀起来。

当然，工业烘焙的创新之处，大多表现在加速原本缓慢的进程，而这种缓慢原本可能是必需的。但是，时间就是金钱，因此，商家首先在面团上接种了大量的速效酵母，以加速发酵过程，接着又添加了一大堆改良剂，使机器的加工过程更顺畅，然后再添加一批不同种类的改良剂，以加速（或代替）面筋的扩展过程，最后在面包中加入大量的甜味剂，这样一来，即使是100%的全谷物面包也会像消费者所期待的那样，拥有白面包的香甜口感。到头来，与传统的面包相比，含有多种化学添加剂的工业面包所不具备的，只有时间这个成分而已。

然而，加速全谷物面包的生产流程也会带来问题，问题从磨制面粉的阶段就已经产生了。市售的许多（其实也可以说是大多数）全谷物面包都是由一种新品种的硬粒白小麦制成，该品种的小麦是由康尼格拉集团（ConAgra，美国最大的食品制造商）培育的。由此生产出来的面包从成色上看，并不像是全谷物面包，因为麸皮是白色或乳白色。而且这种小麦磨制出来的面粉也比较精细。康尼格拉集团采用了一种新的制粉工艺，称为“超精细”（Ultrafine），这种工艺可以生产出空前精细的全谷物面粉，称为“超细谷物”

(Ultragrain)。使用“超细谷物”，可以制作出更白、更松软的全谷物面包，但这是有代价的。“超细谷物”在人体内的代谢速度几乎与白面一样快，这就消弭了全谷物食品最重要的一大健康优势——全谷物食品在人体内的吸收和代谢速度缓慢，可以避免胰岛素尖峰，这是食用精制碳水化合物无法避免的问题。升糖指数是一项重要的指标，可以用于衡量血糖上升的速度（因此也可以衡量胰岛素水平的上升速度，而胰岛素是许多慢性病的一个重要风险因子）。“全谷物沃登面包”的升糖指数和“经典沃登面包”差不多，一个在 71 左右，一个是 73。（与此形成鲜明对比的是，由石磨面粉制成的全谷物面包升糖指数只有 52。）因此，我们或许真的是聪明反被聪明误了。

采用商业酵母来加速全谷物面团的发酵过程，可能会给我们的健康带来新的问题。所有全谷物面粉中都含有植酸，它会锁住面包中的矿物质。如果人体内积累了足量的植酸，也会阻碍矿物质的吸收。我在前文中已经提到，保证长时间的酸面团发酵有许多好处，其中一个好处就是，植酸会在这个过程中分解，将矿物质释放出来。此外，保证长时间的发酵，还能使面筋蛋白更容易消化，减缓人体吸收淀粉的速度。正因为如此，酸面团制成的白面包反而比商业酵母发酵的全谷物面包升糖指数更低。

这里还有一个悖论：“沃登面包”虽然添加了十几种成分，采用了高速的生产方法，但是我在家里制作的手工面包反而比它的加工程度要高出许多。“沃登面包”的原料小麦从未经过真正的发酵，因此，从某种程度上讲，它的加工程度并不高，而且也没有完全熟透（相对我制作的面包而言）。至少在加工小麦的问题上，加工工序越少，所含营养越多，反之亦然。

参观结束之际，Hostess 的烘焙师送给我几块面包。我在开车去戴维·米勒烘焙坊的路上，品尝了三种款式的“新沃登面包”。“100%全麦软面包”闻起来有很重的酵母味和糖蜜味，成色也比“全谷物强化白面包”要暗。两种面包尝起来一样甜，也就是说，它们的甜度都非同小可。虽然说100%全麦面包相对而言并不是那么绵软，但我不确定自己闭着眼睛能否将它们辨别出来。（因为当时在开车，所以我决定等有机会再试验一下。）我最不喜欢的是“健康白面包”，也就是那个添加了100%全麦膳食纤维的款式，但是其中的膳食纤维来源其实不是小麦。一开始冲击味蕾的是甜味，随之而来的是好几种明显不是很正的口感，可能是因为里面添加了棉籽、木浆，以及其他非小麦来源的膳食纤维和矿物质，这些都是Hostess烤进面包里的高纤维、高钙“垃圾”。

过了一会儿，所有款式的“新沃登面包”都开始变得像是一种口味，与其说它们是面包，不如说它们更像是纯粹的营养输送系统。在生产过程中，小麦种子的各个成分被逐一分离，然后连同其他植物的加工成分组装起来，再添加一些矿物质，以及一两种从石油中提取的添加剂，用成吨的酵母发酵成完整的面包。但是这种还原式的营养加工方法做出来的面包是否真的健康，甚至比传统面包更健康，我们仍然一点儿头绪也没有。食品制造商将“全谷物”或“全麦”印在产品包装上，实际上是借助这些字眼巧妙地夸大这些面包的营养价值。如今，这些神奇的字眼已经开始暗含健康的意味。全谷物的概念在这里显然已经被夸大其词，对Hostess公司而言，它就是一种自欺欺人的粉饰，或者说纯粹就是一个口号。该公司所销售的，只是概念而已。面包吃到嘴里，最终给人的感觉就像棉花一样。我想起了理查德·布尔东所说的、可以用来评判面包质量好坏的唾液测试：撕一小块面包放到嘴里，看看它会不会让你的口腔分泌唾液。按照这个标准，那三款“沃登面包”都不合格。

戴维·米勒住在奇科市东南部塞拉山麓（Sierra Foothills）的一处风光秀美、人迹罕至的山坡上，他的烘焙坊就是几间与住宅相连的套房。我从查德那里听说，戴维·米勒以前还开了家烘焙坊，店名刚好就叫“沃登面包”（Wunder Brot），因此，我上门之后，特意给他带了几个最新款的“沃登面包”。对于我的这份礼物，他看上去没有一点儿心理准备，但还是勉强笑了笑。戴维快50岁了，身材颀长，蓄着细细的山羊胡子，穿着洁白的口袋T恤和木底鞋。我在想，这是不是第一次有人拿着塑料袋包装的切片面包走进他的烘焙坊。

米勒烘焙坊（Miller's Baker House）就是一个上演着独角戏的舞台。我上门拜访的那一天是星期四，戴维正在磨粉、和面。等到第二天早上，他就要把整个星期的面包烤出来。他小心留意着磨粉机和和面机的运行情况。磨粉机的外部是一个奥地利产的、精雕细琢的木质机壳，里面嵌有一块圆形石轮。那台Artofex牌和面机是瑞士制造的，漆着粉色涂料，设计精巧，看上去已使用多年。一对钢制的机器臂在一碗湿面团中慵懒地上下移动，逼真地模拟着面包师傅揉面时的手臂运动。

戴维·米勒是一个不妥协的烘焙师，他对全谷物、湿面团和天然发酵有着极大的热忱和执着，这一点和理查德·布尔东一样。（或许还要更甚：他只做了一款含有白面的面包。）不过，与他那个健谈而张扬的师傅相比，米勒更像是一个新教徒式的烘焙师，他沉默寡言，像修道士一般清心寡欲。尽管他以前开过烘焙坊，手下也有过员工（包括查德·罗伯逊在内），但在这7年里，他洗尽了职业生涯的铅华，过着梭罗式的生活：一个人，磨着几堆麦子，操作着两台机器、一个烤炉，仅此而已。米勒烘焙坊几乎完全不接电网。磨粉机和冷藏间（延缓面包发酵的储藏间）均采用太阳能电池板供电。意大利台式烤炉则采用他亲自劈好的木柴做燃料。我问他，烧木柴是不是为了让烤出来的面包口味更好。“这跟口味没有关系，我只是不想参加燃油争夺战而已。”

在我登门拜访的那天下午，米勒正纠结要不要在他的卡姆（Kamut，一种古老的硬粒小麦）作物面团里添加一点抗坏血酸（即维生素C），抗坏血酸常用来增强低蛋白面粉的营养。戴维原则上不屑于使用添加剂，但是今年，当地农户给他供应的卡姆作物生长得不太好，蛋白质含量低，因此烤出来的面包有点儿塌陷。抗坏血酸能增强面团的保持空气能力，但是把它添加到面包里，就意味着与他在店面网站上一贯标榜的“正道”稍有偏离。而对于Hostess公司来说，添加抗坏血酸是再普通不过的流程，没什么好纠结的。由此而见，两家面包师的烘焙理念着实可以用天差地别来形容。“我认识了一个面包修道士。”我在笔记本上写下了这样的话。

戴维带我进后屋参观了一下他的磨粉机。这是一台高大而精巧的木质装置，顶部设有漏斗，可以一次性放入50磅（约合23千克）重的小麦。漏斗将小麦缓缓地送入一个小孔，漏到一对旋转的石轮中间。只不过，用“缓缓”这个词来形容这台机器的龟速，未免有失公允。小麦种子在通过小孔时，基本排成了一列纵队，仿佛在穿越人的拇指与食指之间形成的夹缝。一旦磨粉速度稍有加快，石轮就有可能过热，影响面粉的质量。戴维解释道，正因为如此，才有了那句俗语“鼻子凑近磨石闻”（nose to the grind-stone，意指工作努力）：细心的磨粉师时不时就会把鼻子凑到磨石跟前闻一闻，看看面粉有没有过热的迹象。（也就是说，这个俗语与其说是用来形容某人很勤奋，倒不如说是用来形容某人很细心。）磨粉机底部设有木质出料口，微微飘散着热气的茶色面粉从出料口流出，在一个白色布袋里慢慢堆积起来。我凑上去闻了闻。新鲜磨制的全谷物面粉香气馥郁，闻起来就像榛子和鲜花。我终于明白为什么面粉的英文是flour了，因为它跟“花”的英文flower的读音一样，代表着小麦种子中最好的部分。白面没什么香味可言，而这种面粉闻起来就很美味。

新鲜面粉的香气让我恍然有种神光显现的感觉。以前，我对全麦食品的态度或多或少有些淡漠。诚然，我比大多数人都更喜欢全麦食品，但是我之所以吃全谷物面包，主要还是因为它比白面包更有营养，并没有觉得它更美味。因此，或许你也可以说，我跟Hostess公司的那帮烘焙师和食品科学家其实就是一丘之貉。只不过我并不在乎全谷物面包口感粗糙，或者不够蓬松。即使是最好的全谷物面包也会让人觉得，它的口味总有那么点欠缺的地方，总有那么点美中不足。我还没有尝过戴维的面包，但是这次闻到的面粉香气让我觉得，我或许还没有真正见识过全谷物小麦的所有潜力，我现在突然很想见识一下。

戴维之所以亲自磨制小麦，是因为从麦农那里直接订购小麦后只能自己磨制，同时自己动手还能保证面粉的新鲜度。“一包小麦种子在被打开的那一刻，就是它释放潜力最大的时刻。一旦被磨成粉之后，它马上就会开始氧化，其中的营养成分和能量就会开始流失。香味最浓的时候也正是在那一刻，之后香味就会慢慢变淡。”

作为烘焙师，戴维最关心的问题始终是健康。20世纪80年代初，他有过一次“灵光乍现”的时刻。当时，他在明尼阿波利斯市的一家烘焙坊里吃到了一块100%的全谷物面包。“才咬下一口，我就觉得自己整个身体都有了反应。感觉太对味了。”对戴维来说，烘焙过程的每一步，都是为了充分释放小麦的营养。不过，他并不认为健康和美味是此消彼长的关系。事实上，他觉得，面包的口味能够充分地反映它的营养质量。从这个角度讲，谷物和水果有几分相似，果实一旦成熟、散发出香气，就意味着它的营养价值达到了巅峰。不过，和水果不一样，谷物还需要精心加工——经过恰到好处的发酵和烤焙，只有这样，它的营养和口味才会达到巅峰。对戴维来说，这就意味着面团含水量要足，要经过漫长的发酵，还要在热炉里进行充分的烘烤。

戴维留我在店里过夜，以便利用一整天的时间，观察面包制作的整个过程。第二天清晨5点，我挣扎着从床上爬起来时，发现他已经工作好几个小时了。炉火已经生好。面团在步入式冷藏间里发酵了一夜，戴维正在给它们整形。就我这些天的见闻来看，他家的面团是含水量最高的（与面粉的重量相比，含水量达到了104%[①]），而戴维对待它们就像对待新生儿一样，动作无比轻柔，铲动桶中面团的频率甚至比查德还要低。多年来，戴维习惯于自己一个人工作（“我喜欢一个人烘焙，这份工作对感官的要求很高”），不过，我去做客的第二天，他破例允许我处理了他的“宝宝”，还给我演示了怎么给短棍面包整形，怎么做盘式面包。有些面团含水量太高，为了不让面团粘手，你不得不用手蘸上水，而不是蘸面粉。我们在一种修道院式的静谧环境下工作，天还没有亮，屋外依然一片漆黑，屋子里的香气沁人心脾：戴维把面包一个个送进烤炉时，麦芽香和花香立刻扑鼻而来，让人无法抗拒。

不过，在面包放凉到一定的程度、“稳定下来”之前，戴维是不

① 在所谓的“烘焙数学”中，方子中所有成分的用量都是以与面粉重量的百分比来表示的。所以面粉的用量总是用100%来表示，104%的水分说明面团中水分的重量略微超过面粉，这是一个相当高的数字。

会允许我擅自品尝的，所以我后来直到开车回家的路上才吃到面包。车里充满了热腾腾的面包的香气，这跟我在磨坊里闻到的香气一样。告诉大家一个秘密，这个秘密不要告诉戴维：我把车开离他家车道以后，就把持不住想吃面包的冲动了。

从咬下第一口的那一刻起，我就觉得自己发现了新大陆，仿佛有生以来第一次吃到真正的小麦。它的美味得到了充分的释放：不仅口感层次丰富，而且果仁风味十足，甜度也恰到好处。囊心含水量充足，有光泽。车还没开上公路，一整块面包已经下肚了。

不过，这块面包也并非尽善尽美。它还远称不上外酥里嫩，表皮一点也不酥脆，烤出来的面包比较扁，不够蓬松。“你总是免不了要和全谷物面包进行一场重力拉锯战，”戴维当天清晨表示，当时他一边说，一边从烤炉里取出一把木铲，木铲上放满了看似有些塌陷的面包。“不过，只要含水量够足，面包不够蓬松也没有关系。”戴维接受了这个补偿法则：用营养和美味来弥补面包塌陷的问题。牺牲一点保持气体能力算不了什么。

戴维·米勒的面包非常美味，但并不是我心目中最理想的全谷物面包。不过，这次在米勒烘焙坊的所见所闻，使我坚定了一个信念：从今往后，我一定要投身全谷物烘焙中，看看自己能不能做出口味相近，但表皮更酥脆、囊心更蓬松的面包。制作白面包一下子变得无趣起来。我已经亲眼见到、亲口品尝到了一种可能性，这种可能性远远超乎我的想象。上好的谷物面包已成为我孜孜以求的圣杯。接下来几个月里，我烤了一块又一块 100% 全麦面包。

在头一个月里，我烤出的面包就像一块块褐色的砖头，味道虽然也不怎么样，但是营养价值很高，因此我觉得付出的努力是物有所值的。影响烤焙弹性的重力作用从未变得如此难以克服，仿佛我一下子来到了一个比地球大很多的星球上烘焙似的。一连好几个星期，我都在想方设法地解决面包过酸的问题。全谷物面粉似乎过度刺激了我的酸面团培养基，使细菌分泌了大量的酸，而酵母则大批地急剧死亡。我不知道自己做出来的面包烤焙弹性那么差，是因为酵母耗尽了，还是因为尖锐如刀的麦麸已将面团里的面筋网格切割得支离破碎。

我用的还是查德·罗伯逊的基础配方，只不过是把里面的白面替换成了全谷物面粉。很快，我就意识到这个方子需要改进。我从资料中查到，麦麸吸水之后会变软，因此，只要增加面团的含水量，延长和面前的饧面时间，由麦麸碎片构成的“小刀片”很可能会变钝一些。于是，我将含水量提高到了 90%，同时将饧面时间延长到了一个小时。含水量上升后，麦麸似乎有所软化，但是整形和起筋的难度也加大了——到头来，面包的烤焙弹性还是很差劲。每次失败后，戴维·米勒的那句话总会回响在我耳边——“你总是免不了要和全谷物面包进行一场重力拉锯战”。不过我还没打算牺牲面包的蓬松度。

即使是在举步维艰的情况下，我也依然认为，所谓“全谷物面粉做不出好面包”的理念或许只是偏见，而这个偏见已被Hostess公司的食品科学家，乃至不少天赋卓绝的手工烘焙师广泛接纳。人们之所以普遍认为补偿法则不可避免，或许只是因为，烤出上好的白面包比烤出上好的全谷物面包要轻松得多。从超市里随便拿一包白面、一袋酵母，就可以做出非常蓬松的面包。这就是白面和商业酵母的全部优势和预期效果：它们是标准化的商品，其变化过程容易掌控，可以预测。不过，在制作全谷物面包时，如果只是把围绕白面设计出来的一整套体系生搬硬套——比如，采用调配出来的全谷物面粉、速效酵母、白面包配方、干面团等，结果一定会令人失望：做出来的面包绵密、塌陷、味道很差。反过来又给白面包打了一次广告。

要想烤出一块真正优质的全谷物面包，单凭一个好的方子是远远不够的。我们需要从源头上跳出白面包的生产体系，就像戴维·米勒那样，他做到了直接从麦农手里进货，磨制新鲜的全谷物面粉。我们必须认识到，全谷物面包也有其自身的生产体系，至少在滚筒式辗粉机、商业酵母和机械化烘焙问世之前，这样的体系是存在的。它建立在如下基础上：采用石磨研磨小麦种子，获取新鲜的全麦面粉，采用天然发酵，投入大笔的时间，运用严密的知识体系掌握整个过程、应对不计其数的突发情况。

如果你觉得这些想法已经够多、够不切实际了，我还有更多的想法没说呢。在理想情况下，一个全谷物的生产体系理应供应多个品种的小麦，而不只是培育胚乳超白而肥硕、麸皮较硬的单一品种。而且，这些小麦在食物链上的流转时间应远远短于当前的水平，这就需要当地的磨坊能够直接从附近的麦农那里采购小麦种子，使烘焙师能够得到最优品种的小麦磨制而成的新鲜面粉。

如果这样看问题，我们根本无法指望真正优质的全谷物面包能够被烤制出来。白面生产的工业体系已经彻底统领了食品行业的格局（就连最边沿的手工烘焙业也概莫能外），在这样的情况下，任何寻求重大改变的想法似乎都是一种奢望，或者说是怀旧情怀。要想烤出我心目中最理想的面包，我需要的不仅仅是更好的配方，而是一种截然不同的文明。

不过，一些彼此孤立的现象给我带来了一丝希望，激励着我继续坚持烘焙。第一个现象是，我注意到“100%全麦沃登软面包”在本地西夫韦超市的售价是 4.59 美元——不便宜。而戴维·米勒的面包无论是营养价值还是美味程度都远胜于沃登面包，且采用新鲜面粉、经过长时间的发酵制成。试想，如果这种面包在农贸市场的售价是 5.00 美元（只比 Hostess 公司的定价高 41 美分），会出现什么情况？或许工业面包体系就不会像它表面上看起来那样坚不可摧了，至少，米勒的面包能更好地满足消费者对全谷物面包的需求。在以白面为中心的经济中，要想让全谷物面粉及其生产技术为消费者接纳，势必要付出很高的成本。第二个现象是，湾区（Bay Area）有好几名最有天赋的手工烘焙师——包括唐缇烘焙坊的查德·罗伯逊、顶点面包房（Acme）的史蒂夫·沙利文（Steve Sullivan），以及克雷格·庞斯福德和迈克·扎科夫斯基（Mike Zakowski）——都在开发新的全谷物面包，其中很多款式都是 100% 的全谷物面包。由此可见，有一股力量正在潜滋暗长，或许一场文化复兴运动正在掀起涟漪。就连多年来公开敌视全谷物面包的美国面包师协会，都开始在邮件快讯中质疑白面的正统地位，将橄榄枝抛向了一些手工烘焙师，比如庞斯福德，这位辞职的美国面包师协会前董事长。

最后一个现象是，有零星的证据表明，地区性的全谷物经济或许正在遍地开花。新英格兰、太平洋西北地区（指美国西北部地区和加拿大西南部地区），乃至我家后院，都在涌现新的谷物种植者和磨粉师。这是一场席卷全国的运动，其原因在于，人们对本地食物的需求正日益高涨。我曾经采访过华盛顿州的一名小麦育种员，他正在培育适合磨制全谷物面粉、烘烤全谷物面包的小麦品种。他说，他正在密切关注全国各地新开展的地区性谷物项目。

接着，我听说奥克兰（Oakland）新开了一家企业，名为社区谷物公司（Community Grains），就在我家附近。该公司已开始销售由加利福尼亚州本地小麦制成的石磨面粉。我当时甚至不知道加利福尼亚州是产小麦的。不过，在 19 世纪，大型灌溉工程出现以前，小麦显然是一种重要的本地作物，因为它能在秋天种植，冬天由雨水灌溉。社区谷物公司销售的小麦由萨克拉门托河谷（Sacramento Valley）的一群农民种植，销售后则由伍德兰德（Woodland）的一家小公司——认证食品公司（Certified Food）磨制成粉。

我一听说社区谷物公司，就知道自己的烘焙修行中又多了一个参观学习的地方。作为一名白面包烘焙爱好者，我完全没有必要结识磨粉师，更不用说麦农了。当然，这是白面经济的一大好处：烘焙师可以专心致志地做面包，至于白面粉在进入自家店铺前经过了哪些流程，他完全可以忽略。但是，为了对全谷物面包有更好乃至更全面的认识，我需要再了解一些关于小麦和磨粉的知识。除非我自己开烘焙店，否则就需要寻找货源，购买上好、新鲜的全麦面粉。所以我定下了计划，准备去伍德兰德物色我需要的小麦。

乔·范德莱特是认证食品公司的老板、社区谷物公司的磨粉师，目前已有 80 多岁，但是从外表根本看不出来，因为他身体极为硬朗。范德莱特身高 6.3 英尺，一点也不弯腰驼背，生着一头银发，一双蓝色的眼睛闪烁着犀利的光，侧目斜视的眼神中透出一丝狡黠。范德莱特在荷兰长大，儿时经历过战争年代，战时忍饥挨饿地度过了好几年。他说话带有荷兰口音，举手投足间颇有欧洲贵族气质，这使他的性格有点儿咄咄逼人。20 世纪 50 年代，范德莱特漂洋过海，来到了明尼苏达州，为食品加工商阿彻丹尼尔斯米德兰公司（Archer Daniels Midland）担任谷物采购员。20 世纪 60 年代，他效力于蒙大拿磨粉公司（Montana Flour Mills Company），在六七十年代的制粉业兼并潮中，该公司被康尼格拉集团收购。可以说，乔·范德莱特就是在白面工业体系中摸爬滚打的“体制内人士”。

不过，到了20世纪80年代，他经历了一次人生的转型，至于这背后究竟隐藏着怎样的故事，他在讲述的过程中已经把其中的脉络打磨得很精细了。事情的经过是这样的：当时，一名澳大利亚磨粉师来到了范德莱特经营的工厂参观，这家制粉工厂隶属于蒙大拿磨粉公司，位于奥克兰，采用了高科技设备，生产条件极为优越，这让范德莱特引以为豪。“我们什么都有，我们有输送面粉的一整套气动系统，所有设施都是最先进的。结果那家伙直视着我的眼睛，问了一句，‘你有没有想过，你们磨出来的面粉有营养价值吗？’”范德莱特从没想过这个问题，但从那一刻起，“我再也不能对这个问题坐视不管了。”

“你知道，其实从我个人的事业发展来看，我已经很成功了。工作非常顺心，手下经营着世界上最先进的制粉厂，还是公司的白领。我拥有好几张信用卡，穿着上好的布克兄弟（Brooks Brothers，美国古老的男装品牌）西装。但是业内从来没有人提起过营养的问题。我们把产品中最有营养的部分扔进了垃圾桶！机器筛除的麦麸和胚芽最后都拿去喂养牲畜了。”

“那天晚上，我回到家跟妻子说，‘上帝啊，我们到底卖了些什么？我们卖的不是营养食品，只是胚乳罢了。你看我们对小麦种子都做了些什么！我们卖的是垃圾！这种做法实在是使不得’。”

“怎么说呢，那都是30年前的事了。从那以后我就一直在磨制全谷物面粉。”

1992年，范德莱特放弃了他在制粉公司的优厚职位，创立了一家公司，专门生产全谷物面粉。如今，认证食品公司在伍德兰德郊区经营着一家规模较大的制粉厂，工厂位于铁路沿线一家庞大的仓库建筑中。我软磨硬泡了好几个月，范德莱特才同意我去工厂采访；事实上，认证食品公司的制粉厂比“沃登面包”工厂门槛更高。不过，范德莱特最终还是发了善心，条件是我保证遵守一些“基本规则”，只不过他从来没有说明这些规则的具体内容。范德莱特对他的磨粉方法极为保密，他担心我把商业机密泄露给竞争对手（至少表面上看是这样）。

他的担心纯属多虑。只有同行才看得懂他那些精巧的钢铁机器究竟是怎么运转的。由于磨石和滚筒都封装在钢铁机器的内部，面粉则在密封的气动导管中输送，所以说，几乎所有制粉步骤都不是在人的眼皮底下完成的。范德莱特的操作方法有其独特之处，具体表现在，谷物会经过阶梯式的制粉流程，在整个工艺流程中，传统技术和现代技术都会派上用场——石磨磨制出来的全谷物面粉会经过滚筒式碾粉机和锤击式磨粉机进一步加工。（在锤击式磨粉机中，谷物会被摔打到粗糙的平面上，使之碎裂成更细小的颗粒。）由于采用了这些额外的步骤，认证食品公司生产出来的全谷物面粉比传统石磨面粉颗粒更细，同时避免了机器过热的风险，面粉的保质期也更长，因为不稳定的胚芽都被“封装”在了淀粉层内——不过具体是不是这个原因还有待科学证实。范德莱特全程陪同我参观了工厂，在一片机器的轰鸣声中，他告诉我，在他看来，认证食品公司的制粉工艺最重要的特性在于：“我们自始至终都不破坏谷物种子的完整性。”

“如果破坏了种子的完整性，势必会糟蹋面粉。一旦把麦麸与胚芽分离，那就全完了：胚芽会腐败，营养会流失。有一个事实你必须得认清楚——这一点你一定要记下来！——造物主创造出来的种子是一个完美的整体，它的各个组成部分在一个生命系统中是互补的。比方说，麦麸中的抗氧化剂会保护胚芽中的油不被氧化。但前提是它们是一个整体！种子的各个组成部分一旦被分离，就再也组合不到一起了，”说着，他指了指我的笔记本，“把这一点记下来。”

这就是生产优质全谷物面粉的关键所在。范德莱特说，也正因为如此，大型制粉厂永远也生产不出优质的全谷物面粉，因为他们的滚筒式碾粉机从一开始就会把种子的各个组成部分分离。而胚芽一旦离开抗氧化剂的保护，马上就会开始腐坏。范德莱特说，正因为如此，大多数大型制粉厂在调配全谷物面粉时，都会习惯性地将胚芽筛除。如果真是这样，那么现在市面上大多数所谓的全麦面粉其实根本就名不副实。我向他求证这个说法时，他带我去了控制室，他的首席工程师罗杰·贝恩（Roger Bane）就在那里。罗杰是范德莱特从通用面粉公司挖过来的，通用面粉公司前不久还在瓦列霍市（Vallejo）经营着一家制粉厂。罗杰证实了范德莱特的说法：“胚芽处理起来实在是太麻烦了，所以我们干脆直接把它丢掉不要。”令人头疼的胚芽或许只占小麦种子的一小部分，但却恰恰含有一系列弥足珍贵的营养物质——比如ω-3脂肪酸、维生素E、叶酸等等，小麦的独特风味和香味也主要来源于胚芽。（我联系了通用面粉公司，让对方给个说法，结果收到了一封未署名的电子邮件，上面说：“小麦粒的粉质胚乳包含三部分，根据法律规定，全麦面粉中必须包含这三部分。”尽管“胚芽的确会缩短面粉的保质期……全麦面粉中必须含有这种成分，我们的面粉也不例外”。）

我结束了认证食品公司的参观之旅，通过这次参观，我收获了两袋面粉，对于如何烤出更好的全谷物面包，也有了一些新的体会。对于范德莱特来说，一切都得从种子抓起，而种子是一个“完美的整体”。要想磨制出优质的全谷物面粉，磨粉师必须把种子视为一个整体，而不是把它割裂成胚芽、麦麸和胚乳这几部分。要把握这三者之间的复杂关系，了解发挥作用的生物系统。这个生物系统的职能在于，保护新小麦植株的胚，等到发芽的时机成熟，就将所有的营养供应给新的生命，为它的萌发保驾护航。这样的机制是显而易见的，但是怎样才能让它为我们所用，帮助我们生产出更好的面粉、烤焙出更好的面包，还有待进一步摸索。

参观期间，我问范德莱特会不会在磨粉前浸泡或者软化谷物。要知道，商业制粉厂一般会这么做，以便使麸皮更容易从种子上脱落。“从不！”他不假思索地大叫道。他说，浸泡种子会严重影响全谷物面粉的质量。麦麸一旦吸水，种子就会收到发芽的信号，在胚芽和麦麸中触发一系列化学反应。如果生产出来的全谷物面粉仍然含有胚芽成分，就会易于腐坏。（由于麦麸和胚芽在磨制白面粉的过程中会被去除，所以浸泡的步骤不会造成问题。）此时，休眠的酶会被激活。有些酶开始分解淀粉和蛋白质的聚合体，还有些酶则会释放被锁住的矿物质——这些变化都是为了给新生植株提供发芽所需的能量。磨粉师的职责是将种子保持在休眠状态，而不是使之进入发芽状态。

“也就是说，要想碾磨出优质的全谷物面粉，你必须得学会像种子一样思考，对不对？”我问道。听了我的话，他笑了。

“你真是个聪明的学生。”

也就是在这时，我终于恍然大悟：烘焙不也是一样的道理吗？烘焙师也得学会像种子一样思考，这样才能烤出既美味又蓬松的全谷物面包。只不过他的出发点应该和磨粉师稍有不同。烘焙师恰恰需要触发胚芽和麦麸中的化学反应。他需要淀粉酶将没有味道的淀粉团分解，生成有甜味的单糖，为面包增添风味，也为酵母提供养料。（烘焙师还得学会像酵母和细菌一样思考，这很考验脑力。）他需要蛋白酶将小麦蛋白分解成氨基酸和植酸，以释放被锁住的矿物质，为享用面包的我们，而不是待发芽的植株提供营养。水是触发这些反应的关键所在。

我曾经从一些资料中读到了关于“预浸泡”面粉的技巧（这也是一门已经失传的全谷物烘焙手艺），现在我知道这样做的逻辑到底是什么了：这是为了“蒙蔽”磨碎的种子，使之误以为发芽的时机已经成熟。于是，我做了一系列实验，没等发酵活动开始，就提前激发了面团中的酶活性。我开始在晚上和面，同时开始做酵种。直到第二天早晨才把酵种接种到面团上。等到酸面团培养基开始在预浸泡的面团上发挥作用时，它就会在面团中找到它所需的所有营养：充足的糖、氨基酸和矿物质。这样做的效果是我能够品尝出来的：隔夜的面团明显变甜了许多。烤出来的面包成色喜人，不仅口味得到改善，表皮也变得更加酥脆、美观（或许是因为参与焦糖化反应的糖和氨基酸变多了），囊心的持气能力也提高了许多。

不过面包的蓬松度远没有达到我心目中的理想水平。麦麸依然在破坏面筋结构，这要么是因为它的碎片太锋利，割破了气孔，要么是因为它太重，压塌了气孔，导致我做出来的面包囊心太紧实。我想到了一个略显古怪的点子：可以将麦麸从面包内部转移到外部，这样它就不会破坏囊心的面筋结构了。于是，在和面之前，我把颗粒最大的麦麸从面粉里筛除，筛除的部分大概占总体的10%。

实际上，我现在做的面粉相当于1850年左右的白面（或者说成色较白的面粉），那个时候，滚筒式碾粉机还没有问世。埃米尔·弗里安特所画的那种面包（也就是曾经给查德·罗伯逊带来灵感的面包）就是用这种面粉制成的。这种面粉里依然含有胚芽，也有麦麸，只不过是那种能通过普通筛网的小颗粒麦麸。但是我把筛除的大颗粒麦麸也保留下来了，专门放在了一个碗里，等到面团整完形后，就把这些麦麸碎片全都黏在了湿面团的表面。

功夫不负有心人：这次烤出来的面包不仅蓬松、美味，酥皮呈现出烤焦的成色，吃起来有麦麸的颗粒感——而且最重要的是，我做出来的依然是“100%全谷物”面包。这算不算是投机取巧？我不觉得：这块膨胀得很“高调”的面包中，含有全谷物面粉的所有成分。我觉得自己打破了全谷物烘焙的戈尔迪之结（Gordian knot，比喻艰巨或棘手的任务）。

只不过事后回想起来，我觉得自己肯定不是第一个想出这种方法的人。几个世纪以来，人们都在想方设法地烤焙出最蓬松的全谷物面包。在这个漫长的求索历程当中，肯定有许多烘焙师想到了同样的方法。就像预浸泡面粉的做法一样，适应效果如此好的方法，肯定已经有人捷足先登了。无论是我“发明”的技巧，还是其他类似的手法，都很有可能是传统全谷物烘焙文化的一部分，而这种文化在19世纪末随着滚筒式碾粉机的发明而受到冲击，走向了衰亡。

从那以后的几个星期，乃至几个月里，我在烘焙上的讲究减少了许多。平时烤面包主要还是用全谷物面粉，但是我已不再执迷于全谷物的比例或纯度。筛除的麦麸并不是每次都会加回面包里，有时候也会撒在花园中，用来驱除蛞蝓和蜗牛。我发现，有些商家也会像我这样，将全谷物面粉过筛。有些所谓的“提取率高”（high extraction）的面粉，就是将磨好的全谷物面粉部分筛除的产物。我对这种做法颇有感触，它代表着一种理性的折中姿态，是在100%全谷物和100%白面之间做出的妥协，也是对营养和美学的平衡。（毕竟，就算是100%的全谷物面粉，也含有75%的胚乳。）不过，即使是用这些面粉烤面包，我也会添加多种其他谷物，使面包的口感更丰富、更有层次感：有时候会加一点从乔·范德莱特那里搜刮来的裸麦，有时候会加一点查德·罗伯逊送来的紫黑麦，后来甚至还尝试了一种称为“Kernza”的实验面粉（非精制），它源自堪萨斯州萨莱纳市（Salina）的土地研究所培育的一个新品种的多年生谷物。多年生小麦田就像草坪一样，作物收割了之后还会自己生长，不需要每年播种，这对土地和农民都大有裨益，不过也还是有美中不足的地方。Kernza的口味非常独特，但是它的面筋含量不够，不足以单独撑起一块面包。

我对小麦、面粉、发酵和烘焙了解越深，对“好面包”的理解就越复杂，但是这并没有打消我寻找好面包的热忱。我在选购全谷物面包时，会寻找“石磨”“全谷物”这样的字眼①，还会查看成分表，确认全谷物面粉是不是排在第一位。此外，无论是选购白面包还是黑面包，我都会选择采用酸面团培养基发酵的面包；“酵种”这个词说的是同一个意思。只要面包中含有谷物和盐以外的其他成分，我都会敬而远之。

不过，我一有时间就会自己烤面包，我发现自己已经能游刃有余地随性发挥了，烤面包时再也不用看方子，而是用心观察面团的状态，感受它的质地，品尝它的口感，辨别它的气味，这个过程几乎不曾间断。而且我每天早晨都会看一看酵头，先用眼睛和鼻子分辨微生物的活跃程度，然后再给它们喂养几大汤匙的新鲜面粉和水。几个月前第一次接触烘焙时，我还不曾想过，烘焙竟是如此依赖感官和直觉的工作——而我竟会如此深陷其中，无法自拔，但结果，

① 这些字眼并不一定能保证什么：政府部门并不支持“石磨”这个提法，同时，不是石磨面粉不能说明全谷物面粉中是否包含胚芽。

事情就是发展到了这个地步。事实上，烘焙现在给我的感觉很像园艺，它是一种消遣，一种修行，我在这上面花费的时间比以前多了许多。

就我自己的经验看，一座花园能否打理妥帖，取决于两种截然不同却又彼此相关的因素——高超的观察力和想象力，这两种因素也与烘焙有很大的关系。首先，必须善于留心观察花园中的一切动向，无论是叶片的确切颜色还是土地的气息，所有的细节都不能放过。自己的亲身体验比书上的任何示范都更有意义。其次，必须拥有丰富的想象力，能够洞悉植物和土壤最需要什么，这样才有可能最大限度地发挥其生命力。烤面包也是一样的道理：烘焙师不仅要学会像种子一样思考，还要学会像酸面团培养基中的酵母和细菌那样思考。不要指望自己能掌控一切：烘焙牵涉太多的利益种群和不确定因素。（控制欲或许让人难以抗拒，但是这会导致田间只有单一品种的小麦，超市的货架上只有清一色的强化白面包。）一块好面包的背后，是高超灵巧的驾驭之术，这里驾驭的不仅仅是时间和气温，还包括多元化的生物种群和多方面的利益——其中包括我自己的利益，而我所谋求的，无非是既营养又可口的美食。我不是烘焙大师，也还算不上老手，但我制作的面包正变得越来越美味，越来越蓬松，而且我的进步从未停止。

第三章
邂逅属于你的小麦

那天上午，我去伍德兰德的制粉厂参观之前，特意拜访了一家农户，这家农户是社区谷物公司的小麦供应方之一。罗明格（Rominger）家族种植了大约 12 种作物，同时放牧羊群，农场和牧场加起来占地七千英亩（约合三千万平方米），位于温特斯镇（Winters）附近的一座肥沃而阴凉的谷地，距伍德兰德数英里之遥。罗明格家族将小麦作为轮作作物，每年 11 月赶在冬雨来临前播种，等到第二年 7 月酷热难耐的艳阳天里收割。

我以前还从来没有踏进过麦田。但是以麦田为主题的画作太常见了，以至第一眼看到真实的麦田时，心里就觉得亲切，这是一种莫名的亲切感。站在一片麦田里，你不由自主地就会想到勃鲁盖尔（Brueghel）、雷斯达尔（van Ruisdael）、凡·高这样的佛兰德斯画家。小麦本身与那个时代相比并没有多少改变——虽然在现代育种员的人工选育下，小麦植株变矮了，种子穗则更肥硕了，但是从远处看，麦浪翻滚的壮观景象还是令人震撼，让人感慨于大自然的馈赠和丰足。罗明格家族的小麦作物还有几个星期才到收割的时候，整个植株几乎已被阳光晒干成金色，不过走上前去细细看来，叶片上还有几丝绿意。

我拾起一株小麦。田埂边竖着一块木牌，上面写着，这个小麦品种叫作“红翼”（Red Wing）。乔·范德莱特后来给我的一包面粉就是用这种小麦制成的。近处有一株小麦看起来格外的金黄，也格外粗壮，虽然说很有美感，不过或许有点儿粗壮过头，像个健美运动员。麦穗上的种子以错综复杂的布局排列在麦秆周围，呈现出阶梯状的鲱鱼骨图案，每粒种子都有一棵针尖般的金色麦芒直指天空。我把麦穗放在掌心里揉了揉，轻飘飘的谷壳从籽粒上脱落下来，随风飘散了，只留下一小把种子。我把新鲜的籽粒放到嘴里咬了一口。籽粒现在还有点儿软，虽然不是太成熟，但已经带有麦香和甜味。这些小小的种子看似不起眼，实际上其内部别有一番天地，种子所蕴藏的可能性是难以想象的，其中潜藏着萌发一棵小麦植株所需要的一切。只要有足够的种子，加上制作面包的知识，你就基本上掌握了养大一个孩子所需要的一切。从这个意义上讲，发展一种文明所需要的一切也蕴含在种子和知识当中。

从我站着的地方，田野一直往西延伸到海岸山脉的青色山脊，一片片麦田闪着金色的光芒。再过几个星期，就要到收获的季节了，如果你在一年的这个时节站在麦田里，那么不难想象，展现在你眼前的，是神话般的景象：金色的阳光洒在大地上，金色的种子将其捕获，转化成芸芸众生赖以生存的食物。当然，这不是什么神话，只不过是带有传奇色彩的现实罢了。

第四篇
泥土：发酵的冷焰

“上帝创造了酵母和生面团。他对发酵的热衷不亚于对植物的深厚感情。”

——拉尔夫 · 沃尔多 · 爱默生

“部分腐败的味道可以成为一种激情，一种去拥抱似是而非的生活的朴实一面的激情。”

——哈罗德 · 麦吉

“不喝酒的诗人无法写出流传千古的诗篇。”

——贺拉斯

第一章
蔬菜发酵

大家可能没有想过，我们每天都与死亡擦肩而过！我说的不是汽车在迎面驶来时突然转向，也不是放置在婴儿车里的炸弹，而是成熟水果表皮上滋生的酵母菌。这些酵母菌在耐心地等待机会，一旦果皮胀开，它们就乘虚而入，分解甜美的果肉。还有那些在卷心菜叶上游弋的乳酸杆菌，也在虎视眈眈、不怀好意。同样，我们人类也一直面临这样的威胁，生活在微生物的无形阴影之中：汗津津的脚趾之间有短杆菌在繁殖，肠道的阴暗角落里潜伏着肠球菌。似乎在所有的生命体中，都寄生着可以分解该生命体的微生物。无论是真菌还是细菌，这些人类无法看见的微生物都会精准地找到合适的酶，然后一点一点地分解结构复杂的生命体，把它们（包括我们人类的身体）变成成分简单的食物，供自己与其他初级生命大快朵颐。

植物的细胞壁非常坚固，能阻挡微生物的分解作用。细胞壁是由纤维素或木质素构成，这些碳水化合物的结构非常复杂，大多数微生物无法渗透。我们人类赖以维持生命的屏障是各种各样的膜：首先当然是皮肤，皮肤下面是上皮细胞构成的更厚实的内膜。身体健康时，上皮细胞构成的这层膜能将大多数病菌拒之门外。我们的消化道表层也有一层“皮”。胃肠壁的表面覆盖着一层保护性黏液，由富含碳水化合物的酶蛋白构成，对细菌的攻击有较强的防御作用。小肠的肠壁如果展开，足以覆盖整个网球场。这些薄薄的膜为我们构建了一道道屏障，阻止细菌实现它们的终极目标：让我们的身体发酵。

我知道，这些内容不会让人食欲大振，在讨论烹饪的书里讲这些更会败坏你的胃口。做德国泡菜时，你可能不愿意仔细地研究卷心菜，但是有时候却又情不自禁。泡菜的臭味不时提醒我们，美味是腐坏的副产品。发酵是大自然最常用的一道工艺，可以将生命分解成其他生命可以再次利用的能量和原子，也让我们在生命历程中经常遭遇这种生死战。

⊙

> 此时此刻，地球让我深深地感到震撼！
> 它默默无闻，甘之如饴，
> 从难闻的腐臭中孕育出甘甜的美味，
> 它无怨无悔地默默旋转，历尽悠悠岁月、生老病死……
> 它赐给人类甘美的食材，接受人类留下的一片狼藉。

瓦尔特·惠特曼在他的诗歌“堆肥”中深情地讴歌地球。也正是由于地球的孕育与庇护，每一次发酵才能顺利完成。通过发酵，土壤培植出的葡萄可以酿成果酒，大麦可以酿造啤酒，卷心菜可以做成韩国泡菜，牛奶可以制作奶酪（还可以做酸奶和酸乳酒），大豆可以制作豆面酱（还可以做酱油、纳豆和豆豉），大米可以酿造米酒，猪肉可以制作熏火腿，蔬菜可以制作腌菜，这些制作工艺都需要精心控制腐败作用，分解植物的种子与果实或者动物的身体。腐败的过程总是在无声无息地进行着，不断地深入，慢慢地延伸，直到把发生腐败的生物（发酵培养基）彻底地分解，把它化为泥土，变成一钵腐殖质。这些发酵过程，大多数都是“尘归尘、土归土”的腐败变化，只不过被我们打断或者延迟了而已。事实上，帮助我们完成这些发酵过程的微生物，也就是细菌和真菌，本来就存在于土壤之中，只是被临时“借调”到地表世界，让它们点缀在树叶之上，进入牛奶之中，或者游离于种子和肉体之上。但是它们从土壤冒险进入宇宙之中，进入我们居住的由动植物构成的有形世界中，最终目的是要完成一个使命：为我们脚底下广袤的微生物世界寻觅食物。

所有的烹饪活动都是一种转化过程，客观公正地说，非常神奇，而发酵过程尤为神秘，令人震撼。一方面，这种转变十分显著：果汁变成果酒？转变成了一种能改变人们思维能力的液体？另一方面，距离路易斯·巴斯德[①]发现捣碎的葡萄在桶中冒泡时所蕴藏的秘密才过去155年。过去，人们总是非常肯定地说，发酵就是“沸腾”（“ferment”这个单词的本意就是“沸腾”），但是他们根本不清楚发酵过程是如何开始的，也不清楚这种沸腾为什么触摸起来感觉不到热。其他烹饪类型大多依靠外部能量（主要是加热）使食材发生转变，烹饪过程遵循物理规律和化学规律，处理的对象都是已经死亡的生物。

---

① 路易斯·巴斯德（1822—1895），法国微生物学家、化学家。他研究了微生物的类型、习性、营养、繁殖、作用等，奠定了工业微生物学和医学微生物学的基础，并开创了微生物生理学。1854年，经过多次实验，他发现，发酵液里有一种比酵母菌小得多的球状小体，它长大后就是酵母菌。——译者注

而发酵则不一样。发酵主要遵循生物规律，并且只有利用生物规律才能解释发酵从内部自我产生能量的机理。发酵过程不仅看上去充满活力，而且它本身就是一种生命活动，但是这些生命大多必须借助显微镜才能看见。难怪很多文化中都有主管发酵的神——否则怎么解释这种冷冰冰的“火焰”竟然能烹制出品种多样的美味佳肴呢？

⊙

说到这里，真正的发酵师肯定都会认为我过于强调发酵与死亡之间的联系，对这些微生物太苛刻，毕竟他们认为这些微生物大多是他们的益友和合作伙伴。他们会认为我深受巴斯德卫生观点的毒害，一提到微生物世界就认为是死亡威胁。实际上，路易斯·巴斯德在发现这些微生物之后，他本人的观点跟我们现在所持的观点有很多不同之处。但是在他去世之后却爆发了一场针对细菌的世纪大战，而且我们大多数人都主动或被动地参与了这场战争。我们动用各种手段，包括抗生素、洗手液、除臭剂、沸水、“巴斯德式”除菌法和联邦政府的规章制度，用来清除霉菌和细菌，目的是把疾病与死亡拒之门外。

我就是在这样的战争环境中长大的。母亲不断地向我灌输食物之中可能潜伏着霉菌、旋毛虫、肉毒杆菌以及无数不知名的细菌，让我感到恐怖不已。她在水槽下面、药箱里建起了反细菌战军火库，常备着来沙尔消毒剂、次氯酸钠、李斯特防腐剂和波淋菌素。蛋糕上只要有一点泛白，就足以判处其死刑；食品罐头上稍有不平整就会弃之如履，哪怕那个凹痕是因为摔到地上留下的。谁知道呢？说不定是肉毒杆菌引起的。扔掉是有些可惜，但是安全更重要啊！

现在，有一部分人提出要为霉菌和细菌正名。这些人有时自称是“后巴斯德人[①]”，尽管人数尚且不多，但是却在不断增加，构成了美国社会中一种非常奇特的亚文化。该文化群体有时被称作“发酵先锋组织”。考虑到他们狂热地投身于微生物研究，志愿打破常规尝试这些微生物，这个名称似乎非常合适。这些人认为食用没有经过巴氏消毒法处理的牛奶与乳酪是他们的正当权益，并愿意为之奋斗。他们专门利用各种“天然培养方法”来发酵各种食物与饮品，而且普遍认为人类需要重新商讨与“微观世界”（生物学家林恩·马古利斯提出的术语，指隐藏于我们身边与体内的微生物世界）的关系。对于他们而言，发酵不仅仅是准备、储藏食物的方法，而是已经发展成为一种政治与生态行为，是与细菌和真菌接洽的一种方法，是对我们共同进化的相互依存性的尊重，也可以帮助克服可能导致我们自我毁灭的细菌恐慌症。在他们眼中，一坛自制德国泡菜，似乎不仅仅是几种乳酸杆菌正在勤勉地发酵卷心菜中的糖分，而是关乎整个人类与自然界之间的关系。

桑多尔·卡茨是我的第一个泡菜老师。他是发酵先锋组织的一个带头人，可能也是美国最著名的发酵师，堪称发酵界的“苹果佬”约翰[②]。卡茨年龄在50岁左右，是一名作家、辩护律师、巡回教师，一副与其身份颇为相称的复古长相。他身高6英尺，一副懒洋洋的样子，满脸乱糟糟的络腮胡子，嘴唇上方留着19世纪美国比较流行的浓密的小胡子。这副长相很容易让人误以为他是参加过美国内战

① 我在阅读麻省理工学院人类学家希瑟·帕克森撰写的《后巴斯德文化：美国鲜奶乳酪微生物观》（《文化人类学》，23，2008年第1期：15–47）一文时第一次遇到这个称谓。该文妙趣横生，探讨鲜奶乳酪引起的辩论。

② 约翰·查普曼（John Chapman），外号“苹果佬”（Johnny Appleseed），是美国历史上苹果种植界的一位传奇人物。——译者注

的老兵。实际上，卡茨小时候生活在曼哈顿上西城，是吃着酸酸的莳萝泡菜长大的。后来，他到布朗学习历史。在田纳西乡间的一个“梦幻小镇”生活时，他必须想办法处理菜园的多余产品，因此学会了一些发酵技艺。1991年，卡茨接受艾滋病病毒检验时结果呈阳性，但是在此之后，他的身体一直很健康，精力也非常充沛，其原因要部分归因于他的饮食中含有大量的“生物活性”食物，即富含活性细菌的食物。

2003年，卡茨出版了他的第一部专著《天然发酵》(*Wild Fermentation*)。从此以后，他在全国巡讲，教人们制作各种泡菜、蜂蜜酒、啤酒、果酒、日本豆面酱、纳豆、丹贝、克瓦斯、克罗地亚杜松子酒、酵母面包、奥奇乳酸、克菲儿酸乳酒、干酪、酸奶、浓缩酸奶、泰吉蜜酒、果汁露酒、犹太烤香肠，以及我从未听说过的不知名发酵食品。但是，与约翰·查普曼借助苹果树传播斯韦登伯格教义一样，桑多尔·卡茨利用德国泡菜技术从事的也是福音传道工作——传播微生物福音。这两个人有相同的信念，希望能引导我们把目光投向一个隐形王国。他们努力传播前沿信息，帮助我们以全新的视角了解我们身边的自然世界。

只不过桑多尔是从泡菜入手的。我是在加利福尼亚州阿拉梅达市的一家保健食品店遇到桑多尔的。桑多尔在旧金山湾区进行了一个为期两周的巡回演讲。当时，他正在这家食品店举办一个研讨班。到阿拉梅达之后，他一边授课、访问泡菜师傅，一边参加一些专题讨论、“文化交流”及“技术共享”等活动，还在东湾领导了一个自行车游暨自酿酒品尝活动（该活动未引起媒体关注，只有其中发生的几次小事故被报道），并在弗里斯通县举行的第三届年度“泡菜节”上（后文有该活动详述）进行了主题发言。一个工作日的下午，

20 名踌躇满志的发酵师聚集到阿拉梅达。他们带着笔记本，围着餐桌，坐在餐馆里阳光明媚的窗户旁，而桑多尔一边制作泡菜，一边介绍“泡菜文化的复兴”。

“(制作泡菜)真的很简单。用刀或者刨子把卷心菜弄碎。大小都没问题，随便你。我认为这是切菜师傅的自由。”桑多尔朴实无华的语言风格立刻打动了我。他毫不矫揉造作，根本没有故作高深。如果说有缺点的话，那就是他把手头的活儿变得非常枯燥。桑多尔对任何问题都不愿意给出明确的回答，他总是说“嗯，是的，也可以说不是的”“既对也不对”“真的不一定”或者“每一次发酵过程都不一样”，还习惯性地耸耸肩。

我知道，桑多尔这种与众不同的态度反映了一种既切合实际又冷静豁达的观点。对于发酵而言，没有一成不变的“正确”方法。此外，细菌可以交换基因，细菌的特性我们还不甚明了，可以说，我们对整个微生物世界还知之甚少。鉴于这种情况，如果断言哪些东西是势在必行的，都是一种自以为是的行为。我在学习烤面包时明白了一个道理：对于人类而言，如果拥有适度的客体感受力(negative capability)，将有助于在工作中与细菌和真菌和谐相处。细菌培养的这些方法，你可以学习，甚至可以操纵，但永远不可能完全掌握、理解。从这一点看，发酵与园艺有很多相似之处。正如某位干酪制作师傅说的“尚未完全掌握的自然界”，这个说法很好地诠释了发酵工作的特点。每种酵母中都保留着现代文明无法理解的某个元素。

桑多尔在引导我们了解腌制法(严肃认真的发酵师用该术语表示所有蔬菜发酵，而不限于黄瓜)的具体细节时，偶尔会脱离方法介绍的主线，穿插说明发酵的政治、生态与哲学含义。他把这项工作看成一种“文化复兴”。他在这个表达中使用的“culture[①]”一词既指微生物的培养，又指人类的文化。这些饮食文化的复兴与微生物培养方法的复兴具有相互依存的关系。“ferment”一词也有两种含义：“某些概念会使人感到兴奋不已。我希望同时能为你们介绍一些有社会意义和政治意义的思想，让你们热血沸腾。”他传授的自制泡菜的技术还具有政治意义。这些技术有助于人们从食品公司手中夺回饮食结构控制权，摈弃有害我们身心健康的“无活性食物”（dead food）和“逐步趋同”的体验。掌握发酵技术还可能帮助我们摆脱消费主义的依赖性，重新建立地方饮食体系（因为我们可以全年享用地方风味的发酵食品），并再次享受“食材发生转变所带来的乐趣和奇迹”。

“细菌作为培养的产物，我们必须恢复它们的正面形象。细菌是我们的祖先和盟友。你们知道你们体内细菌的细胞数量比人体细胞的数量还要多吗？前者数量是后者的10倍！我们携带的DNA大多是细菌的DNA，而不是人类的DNA。这就引出了一个非常有趣的问题：我们到底是谁？”卡茨说，如果有外星人来到地球，他们只能认为我们地球人是一个超有机体，是由几百个物种组成的共生群体，而智人就是一个不知情的挂名负责人，是一种可移动的设备。“我们需要细菌，细菌也需要我们。”

好吧，那么微生物导致的疾病又是怎么回事呢？“不到1%的细菌会对我们的身心健康造成威胁，但是因此对其余99%的细菌宣战是毫无意义的。在我们杀灭的细菌中，有很多是在保护我们。”在21世纪这场杀灭细菌的战争中，我们大肆使用抗生素、对食物进行例

① “culture”一词既可指“（细菌、细胞组织等的）培养”，又可指“（特定民族、人民或社会团体的）文化；文明”。——译者注

行灭菌处理，其实破坏了我们肠道里的生态环境，反而有损我们的健康。“人类历史上第一次，必须有意识地补充体内的微生物系统，显得非常重要。”因此，细菌培养的复兴工作刻不容缓。桑多尔不辞辛苦地来教我们制作德国泡菜，就是希望我们把这种“入门级的发酵技术”作为复兴工作的起点。

⊙

对于现代文明杀灭细菌的这场战争，桑多尔·卡茨拒绝参战——他就是一名和平主义者。对于所有的微生物，无论是不是人们希望食物中含有的微生物，桑多尔都抱着一种非常宽容的态度，同时他也不苛求改善卫生状况。“我会用肥皂水清洗锅碗瓢盆，但是消毒就没有必要了。毕竟，人类最初使用这些器具的时候，也没有消毒。消毒的工作，乳酸会帮我们解决的。”

他详细解释了乳酸的作用原理。引起发酵作用的细菌是乳酸杆菌[①]野生株，未经处理的蔬菜中本来就有这些乳酸菌，包括肠膜明串珠菌、短乳杆菌和植物乳杆菌。这些细菌是喜盐厌氧生物，因此可以在泡菜师傅利用浓盐水为它们准备的密封性含盐生态环境中茁壮成长，还可以立刻进入工作状态，吞噬蔬菜中的糖分，迅速繁殖，并释放大量的乳酸（排放乳酸的目的是毒杀竞争对手）。

卡茨把德国泡菜比作一个森林生态系统。在泡菜中，各种细菌先后粉墨登场，然后改变泡菜中的环境，为后面的细菌创造有利的生存条件。在蔬菜发酵的过程中，接替登场的细菌，其耐酸能力都强于前一个细菌类型，直到泡菜的酸性达到最高值、整个环境被植

① 乳酸杆菌（Lactobacillus）是一种常见细菌，能把糖类（包括乳糖）转化成乳酸。“乳酸菌发酵”是主要由乳酸杆菌完成的发酵作用。

物乳杆菌所控制。植物乳杆菌就是泡菜生态系统中的参天大树，有特强的耐酸性。发酵产生的乳酸使泡菜具有强烈的气味，同时，由于几乎没有其他微生物可以存活于pH值如此低的环境中，因此泡菜不会变质。食物的安全保证来源于仍然存活于其中的细菌。“讲究卫生”的巴斯德人很难忍受这个概念，我觉得我母亲有可能永远不会接受。

桑多尔强调，氧气是发酵蔬菜的天敌，但是，即便最上层的卷心菜开始腐烂，也不会有问题。不过，他建议应该把这一层卷心菜去掉，以免霉菌的细丝深入泡菜中，利用能破坏果胶和纤维素的酶使泡菜烂掉。卡茨说，哪怕表面一层已经发霉，变得黏糊糊的，从下面挖出来的泡菜仍然会保持“完好”状态。他还告诉我们，在发酵过程中有时会产生“不新鲜的气味”，但是这些都无须担心。不过，有人会问，如果里面的蔬菜发出恶臭呢？比如，开始散发出动物尸体的臭味。桑多尔耸耸肩，说：“你得相信自己的感觉。”他让大家传看几个塑料杯，里面装着他从去年夏天开始就储藏在地下室木桶中的腌萝卜。这时候，我想起了我母亲。她只要怀疑食品已经变质，就会谨慎地扔掉表面有凹痕的罐头。桑多尔的腌萝卜散发出浓烈的、近乎恶臭的气味，充盈了整个商店，但是味道却很好：仍然是脆脆的，带有一点爽口的酸味。

⊙

在食品罐头问世、人们发明冰箱之前，发酵是人们储藏食物的主要方法。最初，发酵是在地上挖成的窖中完成的。在窖池的四周摆上树叶，然后放进各种各样的食材：蔬菜、肉类、鱼类、谷物、块茎、水果等。泥土能保持恒定低温，也许还含有某些可以帮助发酵的微生物。在这种条件下，乳酸菌发酵在几天之内就会开始，最终产生足够多的乳酸，能将食品保存几个月，有时甚至几年的时间。20世纪80年代，在斐济发现了一个废弃的发酵窖池，据估计有300多年历史。坑中的面包果已经变成酸臭的糊状，但是据报道“仍然处于可以食用的状况”。（你们先吃吧。）

至今，世界上还有多个地方仍然沿用窖池发酵法。我在中国见过人们把整颗卷心菜放到地窖中发酵，这种做法在匈牙利与波兰某些地区也较为常见。因纽特人仍然把鱼埋到北极冻原中，而在南太平洋地区，人们把木薯、芋头等淀粉含量高的块根类蔬菜埋到窖池中，周围放置香蕉树叶。不久前，我在冰岛有幸冒险品尝了一次臭鲨鱼肉（hákarl）。人们把鲨鱼肉埋到地下，直到几个月之后，鲨鱼肉形成纹理，并散发出熏眼睛的氨臭味，类似乳酪的强烈刺鼻气味。这种鲨鱼肉最初是出于实际需要（帮助人们过冬以免挨饿），但是现在却变成了人们珍爱的美食，至少深受冰岛居民的欢迎。正如人类学家告诉我们的，“腐败”是从文化的角度构建的概念。每当我读到类似观点时，我就会回想起吃过的腐烂鲨鱼肉，就会点头同意。

如今，窖池发酵在大多数人看来比较原始、奇特，而且不卫生。然而，埋在地下或洞穴中发酵成熟的乳酪，没有多大区别，但是人们却泰然处之，没有任何异议。那么，窖池发酵与用坛子发酵食物到底有多大区别呢？从“陶器”这个名称就可以看出，它跟泥土的关系极近，除了更洁净、更便于搬运之外，就没有多少不同之处。即使是现在，韩国人还会把韩国泡菜装到大小跟儿童体型相仿的坛子里，然后埋到后院地下，因为乳酸杆菌喜欢这种稳定、阴凉的环境。陶制坛子不时提醒我们：每一次发酵都是临时性地利用微生物和重力作用，从地球盗取或者说借用一些食物。大家都知道是谁从神那里盗取了火种为人类服务，但是有人知道谁是泡菜制作的英雄普罗米修斯吗？没有哪个神话能告诉我们答案，仅仅是因为发酵一堆蔬菜或谷物，与用火烧烤一只大型动物相比，似乎算不上是一种与自然抗争的英雄行为。（同时也没有那么多看点。）但是我们有理由为发酵进行辩解（桑多尔等人已经发出了这样的声音），因为掌握发酵技术与学会用火技能，两者对于人类作为一个物种取得成功所具有的意义旗鼓相当。

迄今为止，人类学家发现所有文化都会利用发酵技术制作食物。发酵是一种普遍的文化现象，仍然是一种重要的食品加工方法。即使是今天，全世界的食物在生产制造过程中用到发酵的比例多达三分之一，而且这些食物深受欢迎，尽管发酵在有很多种食物生产过程中发挥的作用并不广为人知。例如，咖啡、巧克力、香草精、面包、乳酪、果酒及啤酒、酸奶、番茄酱及大多数佐料、醋、酱油、日本豆面酱、某些茶品、咸牛肉及五香熏牛肉、意大利熏火腿和萨拉米香肠等，都依赖发酵技术。

发酵技术几乎涉及所有的美味。

我认为，其他文化对他们本民族的发酵食物（即便是臭鲨鱼肉这种在外人看来难以接受的食物）的感觉，可能也基本相同。发酵食物通常口味极重，深受所属文化的珍视。这个事实说明这些食物中的某种微生物特征能勾起人们的食欲，因此在很长一段时期中，某些细菌和真菌因为能产生最诱人的风味而被甄选出来。换言之，那些能诱导我们悉心研究其培养方法的微生物，如人们长期保存的酸面团酵头或乳酪发酵粉中的那些微生物，得以存活并蓬勃发展，在生物与文化共生的喧闹中，与我们一起趟过历史的长河。发酵食物中的某些微生物菌株，似乎在其他地方就无法存活，例如旧金山乳杆菌就仅存于酸面团培养基中。这是因为这些食物已经成为这些微生物可以栖身的唯一生态环境。它们赖以生存的基础，是人类持续性地渴求它们制造的风味，也就是说，文化与细菌培养之间形成了相互扶持的关系。

⊙

十年前，康奈尔大学一位名叫施泰因克劳斯（K. H. Steinkraus）的退休微生物学家、发酵专家，对全球范围的发酵食物进行了一次分门别类的调查。下文是他的一小部分研究成果：

乳酸发酵：德国泡菜，炖牛肉卷，腌制蔬菜，中国腌菜，马来西亚榴梿酱，韩国泡菜，俄罗斯克菲儿酸乳酒，印度达希酸奶，中东酸奶，埃及的“laban rayeb”“laban zeer”发酵乳，马来西亚的泰如酸奶，西方的乳酪，埃及的犹太烤香肠，希腊及土耳其的塔尔哈纳汤，墨西哥的玉米肉汤，加纳的发酵玉米，尼日利亚的姜片，菲律宾的“巴老巴老”及发酵泥鱼，酵母面包，斯里兰卡的薄煎饼，印度的蒸米饼，鹰嘴豆发糕及甜点，埃塞俄比亚的画眉草面包，苏丹的基斯拉薄饼，菲律宾的年糕，西方的香肠和泰国的猪肉发酵香肠。

碱性发酵：尼日利亚的达瓦达瓦发酵刺槐豆，科特迪瓦的发酵槐豆，非洲的发酵黄豆“iru”，由含油植物种子发酵形成的小菜“ogiri”，印度的豆制品科尼玛，日本的纳豆，泰国的发酵豆制品思乌阿–纳奥……

发酵食物不胜枚举，包括美味可口的胺酸发酵品（豆酱、鱼酱及佐料），发酵蔬菜蛋白质（丹贝及发酵花生饼），乙酸发酵品（醋、康普茶及椰果），当然还有各种发酵的酒。几乎所有文化（被征服之前的澳大利亚与北美被认为是该普遍现象的例外情况）都会采用发酵的方法，酿造出无数种酒，其中包括南美的印第安人吉开酒、埃及的布沙酒、埃塞俄比亚的泰吉蜜酒、肯尼亚的布萨酒、中国的老窖和日本米酒。施泰因克劳斯这份囊括各国精美食品的庞大目录，能让我们领略到人类与微生物文化多样性之间的深厚联系，让人了解文化与细菌培养相互依存的历史过程。同时，由于世界食品产业化进程热衷于趋同与消毒，这份目录也让人们对生物文化多样性的延续深感忧虑。

尽管发酵在人类文化历程中发挥了重要作用，我们也不能将发酵技术当作人类的一项发明，并因此沾沾自喜。发酵与火一样，是一个自然过程，是自然分解有机物质、实现能量循环的一个主要手段。施泰因克劳斯指出，如果没有发酵，“地球将成为永恒存在的巨型垃圾堆”，死去的生物将堆积如山，而活着的生物将饥肠辘辘。人类不是学习研究发酵技术为自己服务的唯一动物：想想松鼠埋藏橡树果（就是一种窖池发酵）或者鸟类利用嗉囊酸化种子，这些行为是不是有异曲同工之处？有的动物还喜爱发酵的重要副产品：酒精。尽管真的会酿酒的动物为数甚少（不过，有报道称，中国东部的猴子会储存一些鲜花与果实，再耐心地等待一些日子，让这些花果发酵，然后再尽情享受），但是有的动物会借助植物来完成这项工作。在马来西亚，笔尾树鼩每天都会来到伯特仑棕榈树旁，守在“专门为酵母菌提供栖息之地的花蕾”旁，惬意地啜饮上面汇聚的酒。棕榈树为鼩鼱准备美酒，而作为回报，鼩鼱在为饮用美酒而穿梭于灌木丛中的同时，帮助棕榈树授粉。这样，植物、动物与酵母菌通过这种高明的共同进化活动实现了共赢。

这个例子表明，发酵的作用远不止于食物储存，尽管食物储存是人类掌握发酵工艺的原动力（酒精是一种高效抗菌剂，本身就是一种重要的防腐剂）。考古学家认为，人类在掌握食物储存的可靠方法之前，不可能摆脱狩猎与采集，转而实现更为安稳的农耕生活。发酵（与盐腌、烟熏和干燥等其他储存技术一样）是保证食物安全的重要措施，使农耕人口安然度过收获季节以外的漫长时间，使他们在作物不可避免地歉收时不至于忍饥挨饿。不过，在我随后开始酿造啤酒时，我很快就得知（因为酿酒师一直强调）考古学界有人提出了一个新观点，认为人类开始农业耕作的原因，是为了使酒的供应得到可靠保证，而不是为了食用粮食。不管到底是哪个原因，掌握发酵技术与农业的出现（以及随后文明的产生）可能密切相关。

发明，或者说适应性变化过程的初始目的，与它的最终用途甚至最主要用途，常常并不一致。人们很快发现，各种食材的发酵，其意义不仅仅是为了延长存储时间，尽管这项功能本身也非常重要。发酵果汁不仅能灭杀其中的细菌，还能把果汁变成强效麻醉剂。经过发酵，很多食材的营养程度大幅度提升。在有些情况下，发酵过程还能产生全新的营养成分——啤酒、酱油及多种发酵谷物中合成的多种维生素B。纳豆由大豆发酵而成，表面黏滑，带有臭味，是深受日本人民喜爱的食品。纳豆能产生一种独特、有治疗效果的化合物——纳豆激酶。很多谷物发酵后能产生一些重要的氨基酸，如赖氨酸。人们相信，德国泡菜中含有具有抗癌作用的分解物质，包括萝卜硫素等多种异硫氰酸盐。（德国泡菜中还含有大量维生素C：库克船长在为期27个月的航程中，强制船员吃德国泡菜，因此船员没有患坏血病。）我在学习烤面包时了解到，发酵过程可以分解对营养吸收有干扰作用的化合物，如肌醇六磷酸，因此烤面包比小麦本身更有营养。发酵还可以分解某些植物中含有的有毒化合物。还记得我在冰岛尝过的鲨鱼肉吗？如果不是经过发酵的话，我肯定会生病（嗯，不仅仅是让我感到恶心）。这种鲨鱼没有肾脏，因此鱼肉中尿酸的毒性不断积累，但是在发酵过程中被去除了。草酸是另外一种反营养物质，见于某些蔬菜中，也可以在发酵过程中被分解。

发酵可以将身体可能无法充分吸收的蛋白质、脂肪和碳水化合物长链分解，将之转变成可以吸收的简单、安全的化合物，因此，食物的发酵实际上就是预消化过程。我们可以把泡菜坛看成不断冒泡的辅胃，在身体开始消化食物之前，就帮我们完成了大部分的工作。烹饪也同样如此，可以帮助身体节省能量。不过，发酵与烹饪有一点不同，它不需要燃烧木柴或化石燃料获取能量，而是利用微生物分解基质的新陈代谢过程，自己产生能量。发酵无须用电就可以轻松完成，这个特点深受环保人士、无政府主义者和石油峰值论者（这些人为美化我们所处的亚文化群做出了贡献）的欢迎。卡茨经常说："电冰箱的历史泡沫不会持续太久。"在这个泡沫破灭之后，你就会希望认识桑多尔·卡茨这样的人，希望了解植物乳杆菌这样的微生物。

发酵还可以增强食物的口味，这是给农业人口的一个特别恩赐。农业的出现大大限制了人类的饮食结构，常常只能食用为数不多的几种乏味的主食，其中大多数是碳水化合物。在全年时间里，味道较重的发酵食物，可以调剂人类单调的饮食，同时还可以补充主食往往无法提供的维生素、矿物质和植物化学成分。

发酵食物的味道常常会给人这样或那样的强烈感觉。卡茨在他的专著中说："在食物由新鲜变腐坏的过程中，我们有足够的空间，创造出一些诱人的美味。"果实在成熟过程中，口感与气味愈发浓郁，同样如此，许多其他食物在开始腐烂时，也会获得新的强烈的感官特质。为什么会这样呢？可能是出于同一个原因：人类的味蕾对单糖和氨基酸类的敏感程度，要强于复杂的碳水化合物和长链蛋白质。人类已经进化出一些味觉感受器，特别适合这些分子基本单位（鲜味）和简单的能量单元（甜味），因此，通过烹饪或者发酵，把食物分解成不可再分的基本成分，食用时就会产生愉悦的感受。

然而，有很多发酵形成的气味分子，却并不简单，或者不具有普遍的吸引力。是否因为分解食物的微生物与逐渐成熟的果实一样，其制造香味浓郁的化合物，仅仅是出于自身目的考虑呢？成熟果实产生浓郁的香味、形成强烈的味道，目的是希望吸引动物为其传播种子。致使果实与其他食物变质的微生物也会释放化学信号物质。这些化学信号物质，有的是为了驱除竞争对手，而其余的则是引诱剂。与植物种子一样，发酵微生物有时也需要外部因素帮助运送，尤其在某个食物源消耗殆尽之后更是如此。有些科学家认为，细菌和真菌也会产生有香味的信号式化合物，目的是吸引昆虫或动物把它们送到下一个腐败物那儿，以便饱餐一顿。

发酵食物味道千变万化。人们不免会感到好奇，这些味道与人类的各个文化之间有什么联系呢？与鲜味和甜味不同，发酵食物并非人们必然喜欢的那些非常简单的味道。恰恰相反，它们是“后天养成的嗜好”，意即我们往往必须克服天生就有的反感才会喜欢上这些味道，这个过程通常需要文化施加影响力，可能还需要从小就反复接触这些味道。说到另一种文化的发酵食品，男女老少都会习惯性用到“腐臭”或诸如此类的词加以形容。对于腐臭与异国风味，我们的反应大多是嗤之以鼻。这些食物，有很多都处于生物特征的边缘——濒临变质，因此人类文化会严加防范，要将它们拒之门外。

作为食物处理（把自然界的材料变成安全、有营养，可以长时间存储并且美味可口的食物）的方法，古老的发酵技术还有待改进。试想一下，现代食品科学中取得了哪些异曲同工的成果呢？走进超市，就能看到，在过道的两侧陈列着无数仿生食品，有真空包装罐头，冷冻食品，可以微波炉加热的主菜，大豆制成的素肉类食品，婴幼儿配方奶粉，辐照食品，五颜六色的维生素强化麦片，能量棒，果冻粉，棉花糖，真空密封调理食品，冷冻干燥食品，人工甜味剂，含纤维的人工甜味剂，人造黄油，果葡糖浆，低脂及脱脂奶酪，考恩植物蛋白，蛋糕粉，冷冻花生果酱三明治，不一而足。但是，如果把现代食品科学的这些发明与发酵产品相比，比如，与果酒、啤酒、奶酪、巧克力、酱油、咖啡、酸奶、腌制的橄榄、醋，各种泡菜以及腌制的肉类等相比的话，就会得出一个不言而喻的结论：几千年以来，我们虽然发明了各种各样的食物加工技术，但是无论在口感、多样性、安全性还是营养方面，这些技术都无法与微生物发酵相提并论。

但是，在现代产业化食品保存与加工方法的碾压下，我们餐桌上的生物活性食物几乎消失殆尽，只有酸奶等为数不多的食品中，还含有活性细菌或真菌。蔬菜往往是罐装或冷冻保存（或者新鲜上桌），而不是泡制；肉类腌制时使用的是化学制剂，而不是微生物和盐；我们仍然利用酵母发酵面包，但是酵母大多是人工培养而成的；连德国泡菜与韩国泡菜也要经过巴氏法消毒并真空包装，因此，在超市上架之前，食品中的细菌早就呜呼哀哉了。近些年来，大多数泡菜只不过是利用消毒过的醋酸处理后的产物，并不含有乳酸杆菌，因此，称之为泡菜其实名不副实。打开任何一本介绍食品腌制的现代食谱，几乎都找不到乳酸菌发酵的介绍。以前的泡制工艺，现在已经变成用醋腌渍这个简化程序了。尽管醋本身也是发酵的产物，但在大多数情况下，醋都经过了巴氏法消毒，成品中不含有微生物，而且，醋的酸性太强，也不适合大多数活性菌。

现代食品工业无法容忍细菌，除了酸奶以外，所有产品中的细菌都会面临层层绞杀的风险。在杀灭细菌的这场战争中，超市已经变身为又一个无菌战场，在它们眼中，天然发酵难登大雅之堂。当然，对食品安全万万不可掉以轻心，也正是出于这个原因，食品工业很自然地变成了巴斯德的拥趸，而不是不厌其烦地告诉你食品中哪些微生物对人体有益、哪些对人体有害。于是，在人类饮食中一度占有相当比例的生物活性食品，现在已经彻底没落，只有为数不多的手工腌制师傅，以及那些响应桑多尔·卡茨的倡导、报名参加“泡菜文化复兴”活动的人，才会自己动手尝试。

坚定的慢食主义者（Slow Foodie）迫切希望挽救这些濒临灭绝的饮食传统，希望品尝这些食品。发酵食品的没落，对这些慢食主义者来说意味着悲剧，而在大多数人眼中，这事却无关痛痒。不过，医学研究人员发现：要保持健康，饮食中微生物的含量必须有所增加，而不是减少；所谓的“西餐”，除了含有精制碳水化合物、脂肪和新奇的化学制剂以外，还有一个缺陷——缺少生物活性食物。这些研究人员认为，发酵食物有益于我们体内存活的大量微生物，而这些微生物在保持我们身心健康方面所起的作用，又远远超出我们的想象。灭绝食物中的细菌，有可能会损害我们的健康。这个结论令人震惊，也引起了人们的关注。

⊙

去年夏天，我在家尝试了桑多尔·卡茨介绍的几种泡菜制作方法，平生第一次独自探索发酵这个被后巴斯德世界遗忘的角落。我之所以决定从蔬菜入手，学习发酵知识，是因为蔬菜的发酵似乎最为简单，更重要的是，也最为安全。施泰因克劳斯这样的权威人物都在论著中说明，发酵蔬菜非常安全，即使“没学过微生物学和化学的人在受到污染的不卫生环境中制作的发酵蔬菜”也没有问题。（我的情况就与之类似。）美国农业部的一位科学家甚至公开声明，还没有食用发酵蔬菜致病的相关记录。

因此，我满怀信心，到杂货店买了一箱一夸脱（约0.94升）装的石头罐。买回来之后没有消毒，只是用烧开的自来水冲洗了一番。另外，我还从网上订购了一个7.5升的德国泡菜坛。在这个陶瓷制的坛子周围，有一个环形深槽，盖子就卡到这个槽里。在槽中注入一到两英寸（3~5厘米）深的水，就能形成气密室，可以阻止氧气进入坛中，同时还允许发酵产生的二氧化碳以气泡形式逸出。温馨提示：收到坛子后，我发现，7.5升的坛子太大了，足够用来为一个小型德国村庄的人准备泡菜。我在使用这个坛子时，足足装入了六大棵白菜，制作出来的泡菜足够我全家吃上几年。

准备好发酵容器之后，我去农贸市场买了大量可以制作泡菜的蔬菜。当然，白菜（包括大白菜和小白菜）是必须买的，此外还有黄瓜、胡萝卜、花椰菜、甜椒、辣椒、甜菜根、红萝卜、圆萝卜等。然后，又到超市买了几头蒜、生姜以及各种调料（杜松子、莳萝、芫荽、蒿籽、八角、黑胡椒）和一大盒海盐。

根据卡茨的介绍，蔬菜发酵有两种基本方法：白菜等带叶蔬菜，最好利用自身的汁液发酵，而其他蔬菜则需要添加浓盐水，把这些蔬菜完全浸没。盐水中盐的分量依据个人喜好，但是我参考的多个信息渠道都推荐使用5%的盐水，因此我采纳了这个建议。我把盐溶解到一锅热水中（每3杯[①]水放入约1盎司盐），然后加入各种调料[②]。等盐水冷却之后，我把蔬菜放到陶瓷坛子中（通常会加入蒜，有时还放入姜片），然后倒入盐水。卡茨说过，蔬菜必须完全浸没在盐水中，但是总有一些蔬菜会浮出液面，这样就会与氧气接触，就有可能腐烂。我尝试过多种办法，用过一个碟子、几个乒乓球、装有卵石的塑料袋、葡萄叶（用几片葡萄叶盖在蔬菜上，然后压上一些重物），终于把这些蔬菜压到液面以下。我读过有关介绍，说葡萄叶中含有鞣酸，可以抑制某些真菌，因此腌制的蔬菜更脆。（另外，樱桃或山葵的叶子也有同样效果。）

制作德国泡菜的程序稍微复杂一些。先把大白菜切成四等份，挖去中间较硬的部分，然后利用蔬果刨或刀将剩下的部分处理成丝状。我发现，使用刨子更为方便，而且蔬菜出汁更多更快。我想原因可能是因为刀口锋利，留下的切口小，因此不利于吸收盐分。把白菜丝放到家里最大的碗中，撒上适量的盐，然后五只手指一起，挤捏并轻轻地搓揉，直到手酸胀难忍为止。随后，在白菜上面放置重物（另取一只碗，在碗中放上石头；或者用腌菜坛子），把水分从白菜中挤出。大约20分钟后，盐从菜叶中析离的汁液就能淹没白菜丝。

抓几把白菜丝，连同汁液一起放入坛子中，铺成一层，尽可能紧密摆放。每铺一层，加入蒜和香料（我腌制的第一层中，放有杜松子、莳萝和芫荽），然后用力压实，排出空气。如果使用的是德国

① 在北美洲，烹调用语中的一杯合半品脱，约0.237升。——译者注

② 调料的选取没有定则，但是我多多少少也遵循了一些经典的“调味标准”：在腌圆萝卜和甜菜根时使用亚洲人的生姜、蒜、芫荽和八角，在腌花椰菜和胡萝卜时加入姜黄、桂皮和小豆蔻等印度香料，腌黄瓜和绿番茄时加入蒜、莳萝和胡椒粒。

泡菜坛，就有可能配有黏土烧制而成的较重的内盖。将内盖置于泡菜上，用力下压，直到所有泡菜都被浸没。然后将外盖置于坛口，并加水密封。将坛子放到厨房，方便你在开始几天观察（或倾听）坛中动静。

在我咨询桑多尔·卡茨与其他美国发酵友时，他们所介绍的韩国泡菜制作方法，与德国泡菜的制作方法只是略有不同，但是韩国人的正宗做法却大不相同。桑多尔也知道自己制作的韩国泡菜并不地道，但是他处之泰然，并给自己的作品冠名为“德式韩国泡菜”。我决定先尝试这种制作方法。首先，我用一把锋利的菜刀，将小白菜的头部切成一英寸（约 2.5 厘米）厚的圆形。除了盐以外，我还加入了足量的红辣椒粉，把白菜染成红色，然后再加入大量的蒜茸和姜末，以及若干新鲜辣椒。此外，又加了一些白萝卜和苹果薄片，和一把葱。容器可以选用泡菜坛或普通玻璃罐，但是要留有排气口。不过，我发现，在制作韩国泡菜时，有无气密室并不重要，原因可能是辣椒和蒜对细菌有较强的抑制作用，使真菌无法蓬勃生长。（据我了解，韩国人在制作泡菜时，先把小白菜浸没到盐中，泡制一夜时间。然后将白菜头部清洗干净，再将红辣椒、蒜和生姜研碎、制成酱，涂抹到一片片的菜叶上。）

几天之后，直到那年秋天结束，我家厨房的台子上都摆着瓶瓶罐罐，里面装有各种正在发酵的蔬菜。除了德国泡菜、韩国泡菜之外，我还泡制了花椰菜、胡萝卜、黄瓜、甜菜杆、甜菜根、韭葱头、蒜头、圆萝卜和红萝卜。随着盐水中泡制的蔬菜颜色越来越艳丽，而盐水也逐渐染上蔬菜的颜色，这些瓶瓶罐罐也极为漂亮。看着这些，我不由想起装有热带鱼的鱼缸。有的坛子就同那些鱼缸一样，也会“噗噗”冒泡。在泡制了三天之后，德国泡菜坛开始有动静了，每几分钟就会冒出一个气泡，汩汩有声，就像是漫画片中洪亮的男中音。发酵开始了！这时候，就需要把坛子搬到阴凉的地下室中，这样可以延缓发酵过程。

⊙

那么，在这些厚实的棕色陶瓷容器中，到底在发生什么变化呢？微生物完成的烹饪是个循序渐进的缓慢过程，我们无法看见——除了偶尔会冒泡、陶罐的盖子会鼓起以外，我们看不到什么显著变化。但是，在这些容器之中，确实发生了一些显著变化。这些变化是由我引起的，而我所做的，只不过是把一些失去生命力的植物处理成细丝，然后加入一些盐而已。虽然这些行为比较简单，但是却营造了一个非常特别的环境——新的生命正在其中繁殖的生态环境。（从这个角度看，泡菜坛与鱼缸极为相似，只不过在泡菜坛中存活的是微生物。）但是，神奇之处在于，在这个生态龛中，生命繁殖是通过自生的形式完成的。我没有为它添加培养基[①]，但是从冒泡频率不断加快这个情况来看，我制作的这坛德国泡菜充满了活性。从一开始，发酵过程必不可少的细菌就潜伏在白菜叶上，耐心地等待条件成熟（潮湿，隔绝空气，盐分，菜叶上有方便入侵的破损部位），然后有条不紊地开展破旧立新的工作。

至于说泡菜坛中具体有哪些微生物在辛勤工作，这个问题很难回答。温度、地点以及天意都会导致答案有所不同。但是，微生物

---

① 但是添加培养基也是可以的：有些老式泡菜制作方法要求在盐水中添加乳清（一种含有大量乳酸杆菌的液体）。有一次，我舀出一勺漂浮在酸奶瓶上部的清亮液体，试着加入泡菜中。结果，我发现，发酵过程似乎加快了。但是，有必要赶时间吗？

学家告诉我，在我制作的第一批发酵蔬菜中，酵素可能是肠杆菌。这些细菌无处不在，广泛存在于土壤内部、植物表面等多种环境中。他们还告诉我，肠杆菌非常适应的一种环境是动物的肠道（从这类细菌的名字就能看出来），有的肠杆菌是致病菌（例如，沙门氏菌和大肠杆菌）。这些知识让我有些担心，同时告诫自己不可过早品尝那些德国泡菜。

酸化程序由肠杆菌启动。随后不久，肠膜明串珠菌就接手继续实施酸化。在我这坛德国泡菜的自然发酵过程中，有几种乳酸杆菌将占据重要地位，其中肠膜明串珠菌排在首位。野草占据一块土地之后就会疯狂生长，肠膜明串珠菌也同样如此，在很多情况下都能蓬勃发展，其中包括咸、甜，部分有氧及低酸性等发酵初期的常见环境。与众多乳酸菌一样，肠膜明串珠菌也能把糖转变成乳酸、乙酸和二氧化碳（从我的泡菜坛中逸出的气泡就是二氧化碳）。二氧化碳把剩余的氧气从这个生态系中带走，为强烈厌氧微生物滋生创造了条件，同时还能防止蔬菜腐烂、变色。

所有微生物都在努力创造一个适合自己、排斥竞争对手的环境。乳酸杆菌为实现这个目标，制造了大量的酸，迅速降低环境的pH值。但是，这些肠膜明串珠菌在酸化居住环境时，没有加以节制，致使自己的老巢也污秽不堪。（看到这种情况，大家会想起谁呢？）但是，微生物酵素喜好的环境各不相同。肠膜明串珠菌的一个疏忽，却为自己的继任者——适应能力更强的其他乳酸杆菌，营造了一个舒适的生存环境。这些继任者，例如植物乳杆菌，具有更强的耐酸性。

三周之后，我第一次打开泡菜坛的盖子，查看发酵情况。我并不清楚，正在坛子中扩展地盘的是哪些家伙。结果，从浅红色泡菜中飘出来的气味，把我熏得差点儿栽跟头。太难闻了！说它是“化粪池的气味”，一点儿也不夸张。鉴于这样难闻的气味，我不由得犹豫起来。还要尝这些德国泡菜吗？我一边努力回想桑多尔·卡茨对这种气味毫不在乎的样子，一边捏着鼻子尝了尝。我发现，这些泡菜并不是很难吃，我也没有感到恶心。我不禁松了口气，但是，仅仅是不难吃而已，对于食物而言，这个门槛似乎有点儿低了。朱蒂丝也在一旁附和，要我赶快把坛子搬出去。一个念头油然而生。我是不是应该把这一批泡菜全部扔掉，重新制作一批呢？

但是，我觉得不能草率行事，得先咨询一下桑多尔·卡茨。卡茨建议我再等等看。他说，有的泡菜似乎必须经历“一个发臭的过程”。在这个过程中，某些难闻的微生物会临时性地大量滋生。有些细菌在发酵蔬菜时会“降解硫酸盐”，它们获得能量的手段是把硫转化为硫化氢，而硫化氢会散发出臭鸡蛋的气味。卡茨说，我的泡菜中肯定有一些这样的细菌，但是，这些降解硫酸盐的细菌，最终会被其他更温和的细菌替代。十有八九，我的泡菜正在经历这样一个过程。

卡茨的话没错。一个月之后，我壮着胆子，再次打开泡菜坛。臭味没有了。无论当时是哪种细菌作祟，现在都已经被植物乳杆菌取而代之了。在所有的发酵蔬菜中，最终胜出的几乎都是耐酸性的植物乳杆菌。植物乳杆菌粉墨登场之后，你的泡菜就脱离险境了。泡菜中的酸性足以杀死所有致病细菌和不需要的细菌。植物乳杆菌在细菌王国建立了低pH值的稳固政权，使泡菜可以保存数月，乃至数年，而不会变质。

不过，坦白地说，这些德国泡菜的状况并不是特别好。虽然化粪池的恶臭消失了，但是在白菜周围又长出了浅灰色的须状霉斑，这令我忐忑不安。我遵循卡茨的建议，努力抑制住发自内心的，甚至是本能的厌恶，小心翼翼地抹掉这些霉斑。但是，这些霉斑肯定不是刚刚长出来的，因为泡菜已经远不如以前那么脆了。某些丝状真菌已经把纤细的卷须深深地扎到泡菜中，释放出可以分解植物细胞壁的酶，把细胞壁慢慢地变成烂糊状。先前就有人告诫过我，在夏天制作德国泡菜，常常会得到这样的结果，因此，德国人传统上都是利用深秋成熟的白菜来制作泡菜。

我在制作韩国泡菜（或者说德式韩国泡菜）时，运气要好得多。在发酵了一个月之后，泡菜仍然很脆，辛辣中带有酸味和生姜的味道，非常可口。而莳萝泡菜中的黄瓜味道很正，但是颜色稍稍有点发白，嚼劲也略有欠缺。用印度香料泡制的胡萝卜和花椰菜非常成功。胡萝卜表面稍微有点儿发黏，但几乎感觉不到。（可能是酵母菌留下的粉衣导致的。这是在温暖天气制作泡菜时需要解决的另一个难题。）而最让我满意的当属甜菜杆泡菜。在发酵了两周之后，甜菜杆还是非常脆嫩，呈现深红色，在芫荽和杜松子的映衬下，颜色十分艳丽。泡好后，味道非常不错，与鸡蛋一起搭配吃更为可口。

蔬菜腌制曾经是一种工艺极为简单的烹饪方法（把时令蔬菜切好，加上食盐，再等上几周时间即可），但是却能产生不可思议的效果：那些常见的微生物悄然而至，彻底地改变蔬菜，制造出全新的独特风味。但是，真要泡制出美味的泡菜，却并不是如此简单。你可以调整温度与盐分，在一定程度上引导或管理这些微生物，但是却不能完全控制它们。因此，我在和一些严谨的泡菜师傅交流时，他们大多认为，泡菜手艺并不适合控制欲非常强烈的那些人。

亚历克斯·郝斯温是一位本地手工泡菜师。他告诉我："你尽可能为发酵创造条件，但是最终，你还得学会放手，让那些微生物履行它们的职责。"我接触过的发酵师，都认为自己是在和别的物种进行合作，而是保持一种放松和真诚的心态。面对神秘性、怀疑和不确定性，他们坦然处之，而不是刻意追求准则或者探究原因，这样的态度对于掌握泡菜技术是有利的。他们相信自己的感觉，而不是酸度计。而且，他们也偶尔制作出不满意的泡菜，但是他们会耸耸肩，懊悔地苦笑，然后毫无怨言地把这些泡菜扔掉。

⊙

“生物活性食物”无疑是一种委婉的表达，因为发酵食物中含有大量活性细菌和真菌。吃早饭时，“生物活性”听上去比“细菌”更能引起人们的食欲。同理，“水洗奶酪”与“覆盖一层细菌和真菌生物膜的奶酪”指的是同一事物，但是前者更容易被人们接受。在大快朵颐、享受自制的“生物活性”泡菜时，我想到一个问题：在我吃这些蔬菜的同时，有无数微生物进入我的体内，然后它们会干什么呢？在我的肠道深处，本来就有一些微生物。那么，这两群微生物很可能会在我的肠道里会师。我尽量往好的方面想，但是我也不知道这样的会师能产生什么样的好结果。

对于这个问题，我在陪同桑多尔·卡茨出席第三届“泡菜节”时，找到了一些有强烈暗示作用的奇怪线索。那是春天一个阳光明媚的周末，我们来到了加利福尼亚州的弗里斯通。“泡菜节”的会址设在一所小学的操场上，场地里临时搭建了帐篷、舞台和货摊。大约有 1000 人聚集在这里，庆祝发酵食品的美味、神奇以及他们深信不疑的保健作用。在人群中，还混杂有一些身着奇装异服的人，他们年龄不同，人数众多。桑多尔·卡茨无疑是大会的名人，他不时停下来为人签名或者与人合影。如果希望购买康普茶母膜（由真菌和细菌构成，有黏稠感，用来发酵康普茶这种古老的中国苏打茶），

或者想购买用来自制丹贝、纳豆、克瓦斯或克菲儿酸乳酒（所有这些，会场里都有免费品尝的样品）的培养基，这儿肯定能让你得偿所愿。平生第一次，我在知情的情况下，吃下种类如此繁多的真菌和细菌。品尝活动一直进行得非常顺利，除了纳豆。这种拔丝豆制品表面黏黏糊糊，散发出一种腐臭的气味，令人恶心。

在一家书摊前，我发现了一本个人出版的书。书很厚，书名毫不避讳，就叫作《适合早餐的细菌：有益健康的益生菌》。看到这个书名，我眼前一亮，于是买了一本。该书的作者是宾夕法尼亚州的一位药剂师。他在书中不厌其烦地介绍了发酵食品与"益生菌"的无数保健作用。益生菌是某些有益于人体的细菌，大多是乳酸杆菌，常见于发酵食品之中。书中罗列了这些"益虫"及其副产品的各种丰功伟绩，包括促进消化、抑制炎症、"训练"免疫系统、预防胃肠道癌症等等。

我发现，书中列举了大量经过同行评议的研究，对这些观点表示支持，对于多个文化认同的"发酵食品有特殊的保健作用"的这个说法也给予了信任。（罗马人利用生物活性食品治疗各种小毛病，而孔子认为延年益寿的关键是每顿饭都应佐以"姜"这种发酵调味品。）然而，某些支持发酵的中坚分子则走得更远。他们认为生物活性食物是治疗多种毛病的灵药。无论这些毛病与"肠道健康"是否有关系，从艾滋病、糖尿病到各种心理问题，这些食物都有疗效。在这次活动中，一位妇女在与我交流时声称，她利用鲜奶和德国泡菜治好了孩子的自闭症。有人推荐肠道和心理综合征饮食疗法，说该饮食疗法对包括自闭症和注意力缺陷障碍在内的各种疾病都有效果。还有人举办了一场主题为"肠漏综合征"的讲座，指出这种疾病的病因是结肠中滋生了"太多"损害健康的微生物，这些害虫会破坏上皮组织的阻隔作用，使各种毒素进入血液，造成各种各样的危险。同这些人交谈，听着他们热情洋溢的长篇大论，我不由得想起《米德镇的春天》（*Middlemarch*）中的卡索邦博士，他深信自己发现了“破解所有神话的钥匙”。对于这里的发酵迷而言，健康（包括身体健康和心理健康）的钥匙，就是乳酸发酵的泡菜。

起初，我推测这里就是伪科学骗术的一个温床，催生的是一个个拙劣的骗局。连桑多尔·卡茨都小心翼翼，尽量与发酵先锋组织的偏激言辞保持距离。有一次，他公开声明：“我认为康普茶不可能治愈糖尿病。”在他出版的第一部专著《天然发酵》中，卡茨告诉人们，在他自我治疗艾滋病的过程中，包含大量发酵食物的饮食结构起到了重要作用。结果，众多病人对他的话深信不疑，卡茨深感压力，因此在他的新作《发酵艺术》中郑重声明：“尽管我希望生物活性食物对艾滋病有治疗作用，但实际情况并非如此。”但是，卡茨也敦请我注意一个事实：有大量科研人员在研究发酵食品的肠道保健作用，以及肠道健康对身心健康的重要意义，而且人数还在急剧增加。他说：“我认为这个事实会让你大吃一惊。”

我采纳了他的建议，做了一番调查，而调查结果也真的让我大为吃惊。在卡茨的指导下，我开始阅读相关文献，与研究“肠道微生物群[①]”（或者叫作“微生物区系”）的科研人员交流。肠道微生物群，从本质上看，是指驻留在肠道中的大量生物（细菌、真菌、原始细菌、病毒和原生动物等）构成的群体。近期研究发现，这些生物体对人体的影响极大。在某个领域有所发现时，该领域的科学家有时会比其他领域的科学家更为兴奋。在专业环境中，人们热衷于

---

① 生物学家用“微生物群”（microbiota）一词表示微生物群体，用“微生物组”（microbiome）表示这些微生物的共同基因组。

创新性假设、早期突破与诺贝尔奖，从而营造了一种充满可能性、令人振奋的氛围。在发现微生物对人体的影响之后，从事“微生物生态学”研究的科学家们，在接受我的采访时也都激动不已。其中一位说，他们深信，他们“对于健康及人类与其他物种关系的认知正处于发生根本性转变的临界点”，而发酵（包括体内与体外的发酵过程）是这一新认知的核心内容。

从路易斯·巴斯德发现细菌之后的几十年时间里，医学研究的重点就是细菌的致病作用。驻留在我们体内与体表的细菌，要么被认为是无害的“共生体”（从本质上讲，就是占我们便宜），要么就是必须加以防范的病原菌。科学家们在研究这些微生物时，往往是逐一研究，而不是作为群体加以研究。造成这种现象的原因，一方面是简单化研究方式已经成为根深蒂固的习惯性做法，另一方面是受到可采用研究工具的限制影响。科学家自然地把注意力集中到他们可以看见的细菌身上，也就是可以在培养皿中培养的为数不多的细菌个体。他们发现，培养皿中的细菌，有的对人体有益，有的则有害。但是，我们发现，周围的人对细菌持有的总的立场，可以用战争来比喻，而在那场战争中，人们精心挑选了抗生素作为武器。

但是实际上，驻留在我们肠道里的细菌，绝大多数无法在培养皿里成长，现在的研究人员将这种现象称作“培养皿显著异常”（the great plate anomaly）。而当时的研究人员没有意识到，他们所采用的研究方法并不正确。这种方法现在被称为“停车场式”研究，意指人们丢了车钥匙之后习惯于在路灯下寻找，不是因为那是丢钥匙的地方，而是因为在路灯下可以看得很清楚。培养皿起到了路灯的作用。但是，在21世纪早期，研究人员发明了基因“批量”排序技术，因此可以逐一登记土壤（或者海水、粪便）样品中所有的DNA，也就是说，科学研究一下子找到了更宽更强的光束，足以照亮整个停车场。这个条件得到满足之后，人们发现，在人体的肠道里，还有大量其他的物种，正在从事着我们意料不到的各种活动。

微生物学家惊奇地发现，人体中的细胞，有90%都不是人体自身的细胞，而是组成这些微生物的细胞（其中大多数驻留在人体的肠道中），而我们身体携带的DNA有99%都属于这些微生物。一些接受过进化生物学专业培训的科学家，开始从一个全新的角度，在黑暗中摸索，把人类个体作为某种超有机体（即由大量共同进化、相互依存的物种构成的群落）加以研究。战争这个比喻就变得意义不大了，因此，微生物学家又从生态学家那儿借用了新的喻体。

我们必须清楚，尽管新的研究工具功能强大，但是我们体内的微生物世界，在很大程度上，仍然是个未知领域，对这个世界的探索活动才刚刚开始。但是，科学家已经确定，人体肠道里的细菌实际上构成了一个生态系统，一个由多个物种构成的复杂群落，而这个生态系统所从事的活动，远不止四处游荡、帮助我们分解食物或者致使我们生病。

在我们的肠道里，大约有500种不同的微生物，包含无数的菌系，总重达1 000克左右。那么，这些微生物到底在干什么呢？进化论给出了第一个重要线索。对于这些微生物中的大多数种类而言，它们得以生存的前提条件是作为寄主的我们得以生存，因此，它们想方设法，要让我们能够健康地生存下去。事实上，“我们”和“它们”这两个称呼很快就会显得有些奇怪。近期，几名微生物学家在他们发表在《微生物学与分子生物学评论》的文章[①]中论断：我们必须把健康看作“通过人类组成的微生物群的集体属性”，即整个群落的机能，而不是某个个体的机能。

也许，我们肠道里的微生物最重要的功能是保持肠壁即上皮组织的健康。肠壁是一种膜，有一个网球场那么大，功能与皮肤或呼吸系统相似，调节人体与体外世界的关系。在整个生命历程中，有多达60吨的食物从胃肠道经过，因此肠道与外部世界的接触注定充满危险。这些危险，有很大一部分是由肠道微生物群来处理的，而且在大多数情况下，处理效果非常理想。比如，结肠中的微生物酵母菌可以把食物中难以消化的碳水化合物（即纤维），分解成有机酸，而有机酸是肠壁所需的最重要的营养来源。（大多数组织从体内循环的血液中获取营养，而肠壁则不同。肠壁获取的营养大多为结肠内发酵的副产品。）某些有机酸，如丁酸，是肠道细胞所需的优质养分，据称有助于预防消化道癌症。

此外，其他的肠道细菌进化出附着于上皮组织内表面的能力，可以把大肠杆菌和沙门氏菌等致病菌株排挤出去，防止它们破坏肠壁。在肠道里有很多这样的病原菌，但是，如果它们无法从肠道进入血液，就不会使人致病。有些人对有毒食物更为敏感，最主要的原因可能不是因为他们摄入了有损健康的微生物，而是因为他们的上皮组织不能阻止这些有害微生物逃离（还因为他们的免疫系统整体健康情况不佳）。维持肠壁的健康与完整是肠道细菌做出的最重要贡献之一。

作为比较稳定的生态群落，肠道里的微生物与我们有着共同的

① 康特尼 · J. 罗宾逊等，《从结构到功能》。

利益，并肩作战，防止外部微生物入侵和繁殖。出于这个目的，有的肠道微生物生产出某些抗菌化合物，还有一些则通过释放可以激活或平息某些防御系统的化学信号，帮助管理、训练我们体内的免疫系统。不过，再讨论“我们”的免疫系统或者“我们”自身的利益，已经没有多少意义了。作为一个整体，微生物群构成了人体内最大的也是非常重要的一个防御器官①。

人们感兴趣的一个问题是，人体为什么要借助细菌实现所有这些重要功能，而不是自己进化形成呢？有一套理论认为，因为微生物进化速度远比“高等动物”快，所以可以对环境变化，包括威胁与机会，做出更快、更灵敏的反应。细菌反应灵敏，基因和DNA片段可以相互交换，任意取舍，就像我们使用的工具一样。如果环境中出现了新的毒素或食物源，这种能力就派得上用场了，微生物群可以迅速做出反应，选择所需的合适基因，与新毒素进行搏斗或者吞食新的食物。

不久前，不列颠哥伦比亚省维多利亚大学的简·亨德里克进行了一项非常有趣的研究。研究报告称，日本人肠道里常见的一种细菌，能产生一种可以消化海藻的罕见酶，但是其他人群体内的相同细菌却几乎不具备这个特点。研究人员证实，这种酶的基因编码最初来源于海藻里一种叫作Zobellia Galactanivorans的常见海洋细菌。显然，Bacteroides Plebeius这种肠道驻留细菌从食用的海藻中拾取了这个有用的基因，把它纳入了自己的基因组，并保留下来，因此大

① 人体其他位置（如口腔、皮肤、鼻道、阴道等）的细菌群落各不相同，但是在构建防御体系这方面是一致的。例如，在阴道中，有多种乳酸杆菌可以发酵糖原（阴道壁分泌的一种糖），产生的乳酸使pH值保持较低水平，防止阴道受到病原菌的侵扰。

多数日本人在食用海藻后可以充分吸收其中的营养[1]。毫无疑问，科学家很快还会发现其他例子，证明体内微生物群可以调节人体与自然界之间的关系，并且加快我们的适应能力。实际上，微生物组可以大幅扩展我们的基因组，使我们获取各种所需能力，而无须自行进化。

因此，从进化的角度来看，我们与微生物结成同盟，是非常有意义的。毕竟，微生物与我们人类相比，生化竞争的各种技艺更为娴熟。在复杂得多的细胞生物登台之前，细菌已经完成了20亿年的自然选择活动了。进化过程中已知的重要新陈代谢技巧，包括发酵、光合作用等，几乎全部是由细菌在这20亿年内发展形成的。（林恩·马古利斯一直是人类研究微生物组的积极倡导者，直到2011年去世。她认为，在随后的漫长岁月中，生化领域最重要的新发现仅限于蛇毒、植物幻觉剂和大脑皮层，其中大脑皮层的发现尤为重要。）细菌最了不起的地方在于，它们可以与其他生物合作，在其他生物的体表、体内甚至细胞内定居，同时，作为寄居在其他生物体的回报，它们为其他生物提供各种新陈代谢服务。[2]

⊙

研究人员已经确定了肠道驻留细菌为寄主提供的几种服务，但显然这些细菌同时还做出了别的贡献。一直以来，我们往往认为细菌就是破坏者，但实际上，同其他酵素一样，细菌同时还是极为重

① 简·亨德里克等，“碳水化合物活性酶从海洋细菌向日本人肠道微生物群的迁移”，《自然》464（2010）：908–12。

② 马古利斯推测，在细菌进驻植物与动物细胞的进化原种、贡献出自身的新陈代谢技术之后，光合作用与动物的细胞新陈代谢作用就开始了；而这些入侵的细菌，最终变成了植物细胞中的叶绿体和动物细胞中的线粒体。

要的创造者。除了分泌有机酸以外，肠道细菌还能制造一些重要的维生素（包括维生素K和若干种维生素B）、消化所需的酶，以及大量具有生物活性的其他化合物。科学家正在逐渐了解这些化合物，他们发现，其中一些化合物会对中枢神经系统产生作用，能抑制我们的食欲，限制我们对脂肪储存的管控机制。

该微生物群还可能对我们调节体重产生重要影响。人们早就发现，如果给牲畜喂食抗生素，在不增加饲料的基础上，牲畜的体重增加得更快。尽管还不清楚其中的机理，但是人们逐渐发现了一些新的有趣线索。圣路易斯华盛顿大学的一些研究人员发现，在肥胖个体（包括老鼠和人）与纤瘦个体的肠道中，大量滋生的细菌种类大不相同，而且，这些不同种类的肠道细菌，其代谢食物的能力有强有弱。这就说明，我们从定量食物中获取的能量可能有多有少，这取决于寄生在肠道里的微生物种类。那么，改变肠道细菌的构成，是否有可能引起体重变化呢？这是有可能的：研究人员发现，他们把肥硕老鼠肠道里的细菌移植到无菌鼠体内之后，与接受瘦弱老鼠体内细菌的无菌鼠相比，前者体重增加的速度几乎加快了一倍。[①]还有些研究人员发现，某些肠道微生物，例如，幽门螺杆菌，可以调节控制食欲的荷尔蒙分泌。

细菌是否有可能还会影响心理功能与情绪呢？我在弗里斯通遇到的那些发酵友中，就有人这样认为，而且人们也不像以前那样，认为这个观点非常荒谬了。不久前，爱尔兰的一项研究发现，在给

---

① 彼得 · J. 特恩博等，“能量获取能力增强导致肥胖的肠道微生物组”，《自然》444（2006）：1027–31；彼得 · J. 特恩博等，“一肥一瘦双胞胎肠道中的核心微生物组”，《自然》457（2009）：480–84；彼得 · J. 特恩博等，“人体微生物组工程”，《自然》449（2007）：804–10。

老鼠的食物中加入某些发酵食物中含有的某种益生菌（鼠李糖乳杆菌JB–1）后，老鼠大脑中的某些神经传递素含量发生了改变，老鼠的精神压力与情绪发生了明显的变化。①某些肠道细菌影响心理功能的具体原因尚不清楚，但是研究人员发现，切断连接肠道与大脑的迷走神经，就能阻止这种影响。有了这些研究，你也许会想，培养人体的微生物群，通过改变其构成来改善我们身体健康，乃至心理健康，这个目标在未来是否有可能实现呢？②

⊙

但是，当前以及在过去至少几十年的时间内，我们并没有努力践行这个目标，反而不折不扣地背道而驰：我们肆无忌惮地扰乱体内的微生物群落，对此举可能引发的危险毫无察觉。在过去 100 年

---

① 某些酸奶中含有这种益生菌。（J. A. 布拉沃等，“乳酸菌株摄入通过迷走神经对老鼠的情绪行为及中央 γ–氨基丁酸受体表达的调节作用”，《美国科学院院报》，第 108 卷，第 38 期[2011]：16050–55。）

② 人们早就发现，自闭症与精神分裂症患者常常伴有肠胃功能紊乱，而近期研究表明，他们可能还会发生微生物区系异常表现。的确，关联性跟因果关系不同，因为产生关联性之后，我们无法确定谁因谁果。但是，有越来越多的证据表明，我们体内的某些微生物出于自身利益考虑，可以影响我们的行为。全世界超过十亿人体内有弓形虫寄生。人们发现，这种寄生生物可以导致老鼠发生自我毁灭的神经质行为。这种寄生生物通常驻留在老鼠的大脑里，在感染老鼠之后，就会增加寄主体内多巴胺的含量，诱使寄主毫无顾忌地到处闲逛，因此被猫注意到的可能性大大增加。同时，这些老鼠会被猫的小便吸引，而在正常情况下，它们闻到猫尿的气味后，要么逃之夭夭，要么害怕得不敢动弹。人们把这种现象命名为“猫的致命诱惑”。弓形虫通过这个办法，诱使猫吃掉老鼠，以实现感染猫、完成自身再生循环的目的。对于人而言，感染弓形虫，往往与精神分裂症、强迫性神经症、注意力不集中、反应迟钝、遭遇车祸可能性增加等有关联性。（豪斯 · K. 帕特里克等，“猫的气息诱使感染弓形虫的老鼠性兴奋的途径”，《公共科学图书馆 · 综合》第 6 卷，第 8 期（2011 年 8 月）：e23277；艾利西亚 · 本森等，“肠道共生细菌抵御人类病原体弓形虫的免疫应答”，《细胞、宿主与微生物》，第 6 卷，第 2 期[2009]：187–96。）

的时间里，由于广谱抗生素、“讲究卫生”的巴斯德饮食制度、强烈敌视细菌的现代饮食体系，人体微生物群遭遇重重压力，因此发生了十分显著的变化。自农业占据主导地位、改变人类饮食结构与生活方式以来，已有10 000年了。但是，人体微生物群在这10 000年内里发生的变化，也比不上过去100年发生的变化。现在，我们才开始意识到这些变化对我们的健康造成的影响。

在我们出生时，细菌就开始寄居到我们体内，并且一生一世伴随着我们。而有的人，从出生那一刻起，肠道微生物区系就会发生有害变化。出生前，我们的身体是无菌的，但是在阴道分娩的过程中，婴儿会接触大量细菌，而且这些细菌会立刻进入婴儿体内定居下来。剖腹产分娩过程则卫生得多，但是通过这种方式分娩的婴儿，需要较长的时间才能让细菌在肠道中定居，而且细菌的种类也不可能如阴道分娩的婴儿那样丰富。人们观察到剖腹产分娩的儿童发生过敏、哮喘和肥胖的比例更高，有的研究人员认为，原因可能就在于此。

此外，我们还想方设法为婴儿所处的环境消毒，这个做法也可能会破坏婴儿体内的微生物群。现代人广为接受的“卫生假说”认为，为使免疫系统得到正常发展，婴儿接触细菌的机会必须增加，而非减少，以便婴儿区分良莠。根据这个理论，如果缺失这种训练，身体可能会把无害的蛋白质误以为是致命威胁，并因此做出相应的反应。在发达国家，过敏、哮喘以及自身免疫疾病的发病率急剧上升，而奇怪的是，在养殖场这种细菌大量滋生的环境（有的人认为这是个非常危险的环境）中长大的儿童，患哮喘的比例却较低，而且大多数人的免疫系统功能更强。[①]利用“卫生假说”理论，就能解释这个奇怪的现象。

发达国家的儿童，在18岁之前，使用了平均10~20个疗程的抗生素。目前，研究人员已经开始认识到这些抗生素对微生物群落的影响[②]。同农田里使用的杀虫剂一样，抗生素至少在短期内“可以发挥作用”。但是，一旦你拓宽视野，不再紧盯着“敌对物种”，就会发现这些“非精确打击武器”给周围的环境也造成了附带伤害，例如，在使用杀虫剂时，还会破坏土壤的微生物群落。微生物产生抗体等影响人体健康的问题随之而来。此外，土壤的肥力及帮助植物抵抗疾病的能力遭到了破坏，因为毒素降低了群落的生物多样性，因此损伤了群落的复原力。肠道里的情况也与之相同。人们努力地

---

① 2000年到2002年，研究人员针对5个欧洲国家的近15 000名儿童开展了PARSIFAL（预防过敏——与养殖业及人智型生活方式有关的致敏危险因素）研究，比较了鲁道夫·斯坦纳的华德福学校的学生及在养殖场生活的儿童与对照组中患哮喘、过敏与湿疹患者的比例。在养殖场生活的儿童（经常接触灰尘、微生物和牲畜）与华德福学校的学生（经常食用发酵蔬菜，很少使用抗生素与退烧药），过敏性疾病的发病率较低。道威斯等，“妊娠期接触养殖场环境可能预防哮喘”，《欧洲呼吸杂志》，32（2008）：603–11；埃格等，“妊娠期接触养殖场环境与先天免疫的受体表达及学龄儿童特应性致敏的关联性”，《过敏症与临床免疫学》，117（2006）：817–23；埃尔文等，“与养殖业及人智型生活方式相关的儿童过敏症与特应性致敏研究”，《变态反应学》，61（2006）：414–21；迈克尔·帕尔金、戴维·斯特查恩，“养殖生活方式的哪些方面导致儿童过敏症的反向关联性？”《过敏症与临床免疫学》，117（2006）：1374–81。[弗洛伊斯特鲁普等，“斯坦纳学校儿童过敏症与致敏研究”，《过敏症与临床免疫学》，117（2006）：59–66。]

② 马丁·布拉塞尔，“抗生素滥用：不要杀死有益菌”，《自然》，476（2011）：393–94。

施加管控、建立秩序，结果却造成更加混乱无序的局面。①

当然，我们还得考虑饮食这个因素。饮食首先在我们的肠道里建立微生物群落，然后还要履行维护的职责，因此，饮食可能是最重要的一个因素。哺乳是饮食的第一个环节，对肠道微生物区系的影响作用令人意料不到。母亲的乳头上有乳酸菌群落，而最近的研究发现，母乳中也包含一些细菌，可能对微生物在婴儿肠道内建群有帮助作用。但是，母乳对婴儿体内微生物群的最重要贡献，可能是帮助“合适”的细菌，从一开始就占据统治地位。母乳中含有某些叫作低聚糖的复杂碳水化合物，婴儿体内因缺少所需的酶而无法消化。多年以来，这个发现让营养学家困惑不已。进化论认为，母乳中所有成分都应该对哺育婴儿有利，否则，自然选择会把这种成分看成是浪费母亲的宝贵资源，因此将之抛弃。那么，母乳为什么会产生婴儿无法代谢的营养素呢？原来，低聚糖的喂食对象不是婴儿，而是婴儿肠道里的微生物：在饮食中添加低聚糖，可以保证在那些坏家伙立足之前，让某些优选的细菌，尤其是婴儿双歧杆菌，能够迅速繁殖，并稳住阵脚②。

母乳是自然精心挑选的最完美食品。从母乳那里，我们可以得

---

① 我们可以想一想幽门螺杆菌的一连串遭遇。这种细菌一度常见于胃中。长期以来，人们一直认为幽门螺杆菌是导致胃溃疡的病原菌，因此不断使用抗生素杀灭。现在，幽门螺杆菌已经比较罕见了。美国儿童在接受幽门螺杆菌检查时，只有不到百分之十的人显示阳性。直到最近，研究人员才发现，幽门螺杆菌同时还对人体有益：帮助调节胃酸和饥饿素。饥饿素是影响食欲的一种重要荷尔蒙。使用抗生素灭杀幽门螺杆菌的人，体重会增加，原因可能是幽门螺杆菌不再帮助他们调节食欲。参见马丁·布拉塞尔，“我们是谁？内源微生物与人类疾病的生态平衡”，《欧洲分子生物组织报告》，第 7 卷，第 10 期（2006）：956–60。

② 安吉拉·奇夫可维奇，布鲁斯·杰尔曼等，“母乳低聚糖组及其对婴儿胃肠道菌群的影响”，《美国国家科学院院刊》，第 107 卷，增刊 1（2011）：4653–58。

出很多启迪，其中两个事实尤为重要：细菌是优质食物，为细菌提供营养与给婴儿喂食同样重要。借用科学的术语来表示，就是说饮食既应包含“益生菌”（有益菌），还需包含“促益生菌”（为有益菌提供的优质食物）。但是，在20世纪大部分时间里，我们这些生活在发达国家的人并没有遵循这两大原则。

不仅如此，我们还是“反细菌论者”。我们通过食品消毒，处心积虑地杀灭饮食中的细菌，还通过食品加工，把纤维素剔除在外，而纤维素恰恰是对微生物群最有益处的饮食成分。除酸奶以外，几乎所有的生物活性食物都从我们的餐桌上消失了。仅举一例。大多数发酵蔬菜都富含植物乳杆菌。从史前时期开始，这种细菌就与它寄居的蔬菜一起，被人类广泛食用。但是，所谓的西餐，注重的是精制的碳水化合物与深度加工的食品，摈弃了新鲜蔬菜，对发酵更是抱有不共戴天的敌意：保存食物不是通过培养其中的细菌来实现的，而是杀死这些细菌，结果使我们的肠道细菌无法得到发酵所需的大多数有利条件。

匹斯堡大学的胃肠病专家斯蒂芬·欧吉菲告诉我：“西餐的最大问题在于，它仅仅满足了上消化道的需要，却忽视了肠道的需要。经过加工之后，所有食物都极易吸收，所以什么都没留给下消化道。其实，保持健康的一个关键是大肠里的发酵活动。”我们的饮食含有丰富的脂肪与精制碳水化合物，能为身体提供大量能量，但是其中缺少纤维素，所以我们的肠道与驻留在肠道里的微生物只能忍饥挨饿。欧吉菲等众多专家认为，吃西餐的人，经常患有各种各样的肠道疾病，根本原因有可能就在于饮食结构的这种不平衡性。人类饮食已经发生了变化，不再为整个超有机体提供养分，而是仅限于满足人类自己。我们摄取食物，是为了满足一个个体的需要，但实际上，我们需要为数以亿计的个体提供营养。

而且，这些做法引起的麻烦可能还远不止肠道疾病。一百多年来，医学逐渐发现，西餐与历史上首次发现的一系列慢性病之间存在千丝万缕的联系。心脏病、中风、肥胖症、癌症、II型糖尿病等慢性病，是西方最主要的致命因素。长期食用西餐的人口中，这些疾病的发病率居高不下。人们至今仍然争论不休的话题，是这种饮食结构的破坏性为什么会如此之强：是因为西餐中含有饱和脂肪、精制碳水化合物或者胆固醇等“有害的”营养素，还是因为其中缺少纤维素或 ω–3 脂肪酸等“有益的”营养素。

无论饮食中是否含有这些营养素，都有可能导致这种或那种慢性病。但是最近，有的研究人员开始猜测，西餐可能会间接导致全身性问题。同时，他们怀疑，即使不能说所有的严重慢性病都有相似的病因，至少也可以认为，对大多数慢性病而言，情况可能确实如此。虽然还没有人敢使用“饮食与慢性病大统一理论”这样野心勃勃的说法，但是有多个学科的科学家似乎正在努力朝这个方向发展。这套理论关注的是炎症这个概念，因为人体微生物群可能在炎症反应中扮演了重要角色。

越来越多的医学研究人员正在提出一个概念，认为炎症是很多（如果不是大多数）慢性病的共同特征。炎症是人体在遇到危险或察觉到危险时，免疫系统做出的持续性增强反应。例如，动脉里堆积形成的空斑。人们一度以为这是饮食中饱和脂肪与胆固醇引起的，但是现在，人们怀疑这是一种炎症反应，是动脉在尝试自我愈合。有“代谢综合征”的人常常伴有各种炎症表现。代谢综合征是一种复杂的异常现象，使人容易患心血管疾病、II型糖尿病和癌症。美国 50 岁以上人口中，有 44% 的人受到代谢综合征的侵扰。如此众多的器官、系统和人口都产生炎症反应，其可能的根源是什么呢？某个理论（到目前为止还未得到科学验证）认为，炎症反应源自肠道，是肠道里的微生物群，更具体地说，是肠壁的微生物群出了问题。因为肠道上皮组织的完整性遭到破坏之后，各种细菌、内毒素与蛋白质就可能进入血液之中，导致身体的免疫系统做出反应，从而形成炎症。炎症会影响整个机体，而且可能一直不消退，时间一长，就有可能导致一种或多种与饮食有关联性的慢性病。

无论如何，至少该理论支持这种观点。对我而言，这套理论一点儿都不荒谬，不过，这也许是因为我与这些发酵友们相处的时间较长吧。这些人认为，康普茶可以治疗糖尿病，乃至所有令人痛苦的疾病。显然，这是不可能的。但是，已经有相当多的人认为，饮食中应当增加生物活性食物的成分，儿童食物更是如此，这种观点已经势不可当，而且愈演愈烈。想想在过去十年间，有多少人挺身而出，从事这方面的研究。人们已经发现，随着发酵食物或者营养剂摄入的益生菌（有益菌）可以发挥非常显著的作用，其中包括：镇定免疫系统、消减炎症[①]，加快儿童感冒痊愈并缓解病情[②]，缓解腹泻[③]与肠道易激综合征[④]，减弱哮喘等过

---

① E. 埃索洛里等，“益生菌对肠道感染与炎症有治疗作用吗？”《肠病学》50（增刊）3（2002）：iii54–iii59。

② 格雷格 · J. 莱尔等，“益生菌对儿童感冒及流感类似症状发生率与持续时间的作用”，《儿科学》124 第 2 期（2009）：e172–79。

③ 弗里斯 · 迈克尔，菲利普 · 马托，“益生菌与促益生菌对腹泻的疗效”，《营养学杂志》137 第 3 期（2007）：803S–11s。

④ E. M. 奎格利，“益生菌对肠道易激综合征的疗效”，《临床消化病杂志》42 增刊第 2 期（2008）：S85–90。

敏反应[①]，刺激免疫反应[②]，可能降低某些癌症发生的概率[③]，缓解焦虑[④]，预防酵母菌感染[⑤]，降低牛体内大肠杆菌 0157:H7 数量[⑥]与鸡体内沙门氏菌数量[⑦]，以及改善肠道上皮组织的健康状况与功能性[⑧]。

在微生物群与发酵食物领域，仍然有许多问题需要探索。科学家仍不清楚发酵食物中的益生菌是如何达到这些效果的。在肠道里永久驻留的益生菌只是少数。有些益生菌，尤其是植物乳杆菌，进入肠道后，会附着到上皮组织上，将各种病原体排挤掉，因此有益于肠壁健康。而其他益生菌，似乎只是肠道微生物群落的临时成员，但是，跟游客一样，它们也会在微生物群中留下自己的标志，做出有价值的贡献，提供有益的基因或质粒。基因是一种具有生物活性的化学物质，携带外部微生物环境的某些“信息”。这些临时成员似乎会对长期驻留的益生菌产生某种刺激，激励它们更有效地抵御病

① 索尼亚·迈克尔，“益生菌对过敏性疾病的作用”，《过敏症、哮喘与临床免疫学——加拿大过敏症、哮喘与免疫学学会官方杂志》5 第 1 期（2009）：5。

② 克里斯蒂亚诺·帕格尼尼等，“益生菌通过刺激上皮组织先天免疫系统促进肠道健康”，《美国国家科学院院刊》107 第 1 期（2010）：454–59。

③ 朱玛娜·塞卡里等，“发酵牛奶、益生菌培养与结肠癌”，《营养与癌症》49 第 1 期（2004）：14–24。

④ 克尔·马苏迪等，“益生菌制剂（瑞士乳杆菌 R0052 与长双歧杆菌 R0175）对健康志愿者的良性心理疗效”，《肠道微生物学》2 第 4 期（2011）：256–61。

⑤ M. E. 法拉格斯等，“益生菌用于治疗女性细菌性阴道疾病”，《临床微生物学与传染病学》13 第 7 期（2007）：657–64。

⑥ M. M. 布拉西尔斯等，“大肠杆菌 0157:H7 感染流行与饲养场以乳酸菌属微生物直接发酵饲料喂养牛肉的品质”，《食品防护杂志》66 第 5 期（2003）：748–54。

⑦ 范柯伊利等，“下蛋鸡泄殖腔与阴道分离乳杆菌识别及益生菌用于控制格特内杆菌可能方法界定”，《应用微生物学杂志》102 第 4 期（2007）：1095–106。

⑧ 丹尼埃尔·科里多尼等，“益生菌通过 TNF 机制对实验性回肠炎中肠道上皮组织透过性的调节”，《公共科学图书馆·综合》7 第 7 期（2012）：e42067。

原菌的入侵。近期，一系列的论文证实，哪怕细菌仅仅是穿肠而过，也会造成驻留肠道细菌的基因表达（有时候是基因组）发生变化，使这些细菌学到新的代谢能力[①]。

微生物区系作为整体，能发挥感官的作用，使身体获取环境的最新信息，以及处理这些信息所需的新工具。约尔·基蒙斯是亚历山大疾病防控中心的营养学家和流行病学家。他告诉我们："肠道里的细菌不断获取环境的信息，并且会做出反应。这些细菌就像是分子做成的镜子，随时反映世界的变化情况。而且，它们可以快速进化，因此，可以帮助人体对环境的变化做出反应。"

显然，在这些领域仍然有大量不解之谜，但是人们似乎有正当的理由食用生物活性食物，尤其是发酵蔬菜[②]。这是因为，除发酵过程可以邀请大量益生菌（包括植物乳杆菌这些明星）来人体参加盛会以外，蔬菜本身也携带大量益生元，可以为人体内的细菌提供营养。所以，看到我一直在忙着制作泡菜，想方设法制作出美味可口的德国泡菜和韩国泡菜，你也无须惊讶。人类食用发酵食品已有数千年历史，因此这些食品应该已经与人体生物特征形成了完美契合。数千年来，我们和这些发酵食品共同进化。发酵食品不仅指其中的蔬菜，还包括其中的大量微生物，特别是植物乳杆菌这样的微生物。我们知道，植物乳杆菌可能是个无名英雄，一直为人类的健

---

① 克里斯·斯迈利等，"生态学促成与人体微生物组相关基因交换的整体网络"，《自然》480（2011）：241–44；玛丽亚·塞西莉亚·阿里亚斯等，"植物体内淀粉分解所需糖苷水解酶由真核细胞向肠道细菌的转变"，《可移动基因元件》2 第 2 期（2012）：81–87。

② 疾病防控中心的基蒙斯认为，最好的做法可能是自家发酵蔬菜："最理想的做法是，自己在家里发酵蔬菜，培养所需的细菌，因为（这些本地菌株）最能反映你的居住环境。"

康默默地做出贡献。

这些食品非常复杂，与人体有着纠缠不清的关系，因此不难理解，人们竟然耗费了如此长的时间，才有所了解、有所重视。之所以如此，是因为这种复杂性非常难以理解。肠道微生物群与土壤的微生物群极为相似，也是生物成分极为复杂的发酵环境，特别难以理解。肠道微生物群包含大量不讨人喜欢的部分，而西方科学的简单化研究方法更适合以个体（病原体、可变因素、要素等等）为研究对象，而不是群体，因此一直对肠道微生物群视而不见。这种状况直到不久前才得以改观。此外，我们对系统或器官的外观已经形成概念（包括审美概念），而肠道微生物群与这些概念全然不符。我们还是要正视肠道微生物群。生活在我们肠道的这一千克重的微生物，看上去并没有什么了不起，但是，如果我们觉得恶心的话，那就真的于事无补了。

第二章
动物发酵

我认识一位威尔士的乳牛场工人，他与儿子经营一家乳牛场，生产一种非常可口的切达干酪。有一天，这位乳牛场工人告诉我，“所有因素”都会影响到干酪的质量与味道，连“挤奶工的心情”都很重要。刚开始，我以为这只不过是个夸张的说法，但是一番追问之后，我发现他说的是真话。“其实很简单。如果挤奶工心平气和的话，奶牛就会很安静，而不会在挤奶间排泄那么多的粪便。这样，挤出来的牛奶可能更清洁一些。所以，妇女挤出来的牛奶，质量总是要好一些。”

从他的这番话里，我捕捉到了一些闻所未闻的信息，其中，牛奶中竟然可能有粪便，这个信息让我尤为不安。这位朋友制作的切达干酪，是一种有机鲜奶奶酪。但是他对卫生的态度似乎有些漫不经心，我不由得有点儿担心。他的意思是说，没错，你不希望牛奶里有哪怕一点粪便，但是牛奶不可能做到那么干净，乳牛场的实情就是这样。这可不是人们希望得到的结果。奶酪制作商都推崇鲜奶奶酪，其中一个原因就是鲜奶中有各种各样的细菌，因此制成的奶酪口感饱满。以前，我有没有想过这些美味从何而来吗？

在巴斯德主义与后巴斯德主义之间愈演愈烈的冲突中，鲜奶奶酪可能已经成为最激烈的竞技场了。朋友关于粪便与牛奶的这番坦率的言辞，有可能会招致卫生保健部门全力打击他的那个小乳牛场，因此，在本书中，我没有给出这位朋友的姓名。利用生物活性制作德国泡菜与韩国泡菜的人，根本无须担心巴斯德卫道者们对自己袭击检查，但是，在当今这个世界，销售鲜奶和鲜奶奶酪的人，无论有没有干坏事，都会心有余悸——在细菌歼灭战中，他们肯定会首当其冲。鲜奶奶酪制造商是食品和药物管理局袭击检查的对象，届时，荷枪实弹的特警就会不期而至，把一桶一桶的新鲜牛奶倒掉。

1908 年，芝加哥首先规定牛奶必须消毒，于是，牛奶成为按照法律要求，必须接受“巴氏消毒”的第一种重要食品。希望重新商讨人类与微观世界相互关系的人，与公共卫生部门（巴斯德发现致病细菌的隐秘王国，为该部门行使权力奠定了基础）的世界观发生了冲突，而牛奶和奶酪就毫无悬念地成为双方争夺的滩头阵地。

事实上，双方在争论时都能提出有说服力的证据，但同时，他们对自己辩论中存在的严重缺陷却都视而不见。比如，巴斯德人迅速指出，我们开始给牛奶消毒（即把牛奶加热至 63 摄氏度，持续 30 分钟，或者加热至 72 摄氏度，持续 16 秒，以便杀死细菌）的理由非常简单：很多人因为饮用未消毒牛奶而死于非命。牛奶富含糖分（如乳糖）和蛋白质（如酪蛋白），是细菌滋生的理想环境，因此成了 19 世纪肺结核与伤寒的主要传播媒介。从这个意义上看，巴氏消毒法挽救了无数人的生命。

后巴斯德人对此给出的回应是：当时的情况确实如此。在 19 世纪的大城市，牛奶严重污染的情况并不奇怪。当时，牛奶在储存与运输过程中无法冷藏，因此，通常的做法是把奶牛运到城市挤奶，而不是直接在农村挤奶。因此，这些奶牛被关在阴暗的地下室里，吃的饲料是啤酒厂的废料，而挤奶工则是患有传染病的穷人。这样的牛奶没毒才怪！但是，巴氏消毒法是利用工业方法解决工业问题的应急措施。如果奶牛喂养得当，管理到位，就无须采用这种权宜之计。

巴斯德人反驳道：但是，即使今天，大多数奶牛再次回到养殖场生活，产出的牛奶仍然有可能受到一些致病细菌污染，包括大肠杆菌 0157:H7 和李斯特菌等（新的）致命细菌。事实上，未消毒牛奶以及用未消毒牛奶制成的奶酪，每年还会使一些人丧命，同时还会让更多的人染上疾病。既然某项技术已经证实可以保证牛奶的安全，为什么还要冒险呢？

对于这个问题，后巴斯德人给出了回答：巴氏消毒法并不能保证食物的安全，食用经过巴氏法消毒的奶酪及其他奶制品，还是会有人生病。牛奶与奶酪经过消毒后仍有可能受到污染，而且这种情况还经常发生。此外，乳牛场工人知道牛奶出厂后会被消毒，而且还会与其他乳牛场出产的牛奶混到一起，就会失去搞好卫生的动力，因此，巴氏消毒的管理体系使乳制品业的卫生状况更加糟糕。

如今，后巴斯德人还可以引用卫生假设理论来证明自己的观点。这个理由似乎是他们犀利的论据，尽管其本身也存在未被确认的弱点。根据卫生假设理论，主要问题不在于牛奶中含有的细菌（他们已有心理准备，敢于承认牛奶中确有细菌），而在于我们这些牛奶消费者的免疫系统会受到损害——由于巴斯德人处理不当，经年使用抗生素、给食品消毒、给婴儿生活环境消毒，致使我们的免疫系统受到损害（这一点无须说明吧？）。巴斯德人谋求对微生物世界的绝对控制，结果导致了新的危险，耐抗生素细菌与新的致命性病原体就是明证。

后巴斯德人希望人们相信，正确的解决办法在于微生物本身，在于以更健康、更容忍的方式对待微生物，而不是靠技术手段。他们引用人们的研究成果证明，从小喝未消毒奶的儿童与其他儿童相比，明显更健康，发生过敏与哮喘的比例要低得多。[1]有些喝未消毒奶的儿童，居住环境里有大肠杆菌和李斯特菌等大量致命病原体，但是他们却安然无恙。后巴斯德人进一步指出，防御牛奶中有害细菌的最好办法，不是巴氏消毒法的雷霆手段，而是各种“有益”细菌的对抗作用。但是，在使用巴氏消毒法时，这些有益细菌也会遭到无差别的杀灭。牛奶与奶酪是复杂的生态系统，至少有一定程度的自我保护和自我管理能力。

⊙

我在随后的研究与学习中发现，后巴斯德人的这个主张一点儿也不荒唐。诺伊拉·马塞兰诺修女是一位微生物学家，善于制作奶酪，经常自称是一名后巴斯德人（但是她同时告诫我在提到她时慎用这个词，她的这种心理我后来才明白）。事实上，诺伊拉修女之所以重返教室，钻研微生物学（当时，她 30 多岁，在奶酪制作方面已颇有成就），原因之一就是希望用科学的方法检验后巴斯德人的这个主张。

人们在书刊杂志或广播节目中介绍诺伊拉修女时，总是把她称作“奶酪修女”。从 20 世纪 70 年代后期以来，她一直在制作一种康涅狄格风味的圣耐克泰尔奶酪。诺伊拉是蕾珍娜劳迪斯修道院的一名修女。该修道院属于本笃会隐修会，位于里奇菲尔德县一个叫作伯利恒的乡村小镇，因此，诺伊拉修女把自己制作的奶酪命名为伯

---

① 帕金，斯特罗恩，《养殖场生活方式的哪些方面》。

利恒。这是一种由真菌催熟、利用未消毒奶制作的半硬奶酪，制作过程中采用的那些古老的奶酪制作技术，至少从17世纪开始，就盛行于法国奥弗涅地区，是某些家庭或村庄的不宣之秘。诺伊拉一直在尝试利用修道院多余的牛奶制作奶酪，但是她发现，靠书本中学到的知识，无法掌握奶酪制作技艺。因此，1977年，法国第三代奶酪师莉迪·扎维丝拉克，应蕾珍娜劳迪斯修道院院长的邀请访问该修道院，诺伊拉修女趁机学会了这些技术。

诺伊拉回忆说："因此，我请求一位法国老太太教我。"莉迪来访时，答应了她的请求。（不过，莉迪当时还比较年轻。）自古以来，修道院的修士们就一直致力于完善、保护传统的食品制作技术，而很多传统技术需要利用发酵，因此，莉迪心甘情愿地把她家传的圣耐克泰尔奶酪制作方法，传授给了诺伊拉修女与该修道院。

在这个传承了几百年的食物制作方法中，有好几个地方肯定会让美国卫生检查员大发雷霆，其中，该制作方法需要使用未消毒奶，这可能只不过是微不足道的小问题罢了。是的，凝结牛奶时使用的旧木桶和奥弗涅工匠利用山毛榉木做的凝乳搅拌浆（有两个伸出的部分，形成十字架状），更是让卫生检查员无法容忍。在美国，制作奶酪必须使用不锈钢桶和不锈钢工具。不锈钢易于清洗、消毒，因此是巴斯德人青睐的材料。不锈钢器具在用力擦洗之后，机器压制的光滑表面熠熠生辉，使人一看就觉得清洁卫生。与之相反，木头具有所有天然材料的缺陷，表面坑坑洼洼，凹凸不平，细菌很容易藏身其中。的确，诺伊拉修女用来制作奶酪的木桶内表面，总是覆盖着一层白色的东西——乳固体与细菌构成的生物膜。即使消毒，木桶也不可能无菌，而且，圣耐克泰尔奶酪制作方法的某些环节，还要求不消毒：莉迪告诉诺伊拉，在制作下一批奶酪之前，木桶只能用水轻轻冲洗。

因此，1985 年，在鲜奶奶酪涉嫌致使 29 名加利福尼亚人丧生的悲剧发生之后，州卫生检查员要求诺伊拉修女停止使用木桶，代之以不锈钢桶。

诺伊拉修女认为，她使用的木桶和搅拌桨不仅是珍稀古董，而且是这项传统奶酪制作工艺的必需工具。木头的确会容留细菌，但实际上这是好事。在她看来，这些细菌不是污染物，而“更像是生面团培养基”。因此，诺伊拉修女设计了一个实验，演示给这位卫生检查员看。她利用相同的未消毒奶，制作了两个批次的奶酪，其中一批利用木桶盛装，另一批则使用不锈钢桶。然后，她有意识地给两个批次的奶酪接种了大肠杆菌。

接下来发生的事令人大惑不解，至少巴斯德人无法理解。从制作工艺一开始就使用不锈钢桶的奶酪，大肠杆菌含量非常高，而在用木桶制成的奶酪中，大肠杆菌含量接近于零。木桶中的“有益细菌”（其中大多是乳酸菌）在竞争中胜过了大肠杆菌，使大肠杆菌无法在这个环境中存活，这种情形与诺伊拉修女的预料毫无二致。跟我制作的德国泡菜一样，有益的细菌释放出酸，把有害细菌驱赶了出去。鲜奶奶酪中的微生物群落真的实现了自我管控。

诺伊拉修女雄辩地表明了自己的观点：人们在用传统的方法制作圣耐克泰尔奶酪这样的食品时，不自觉地践行了一种民间微生物学方法，这种方法经过数代人的尝试与失败，终于修成正果，可以保证做出来的食品于人无害。木头与其中驻留的细菌是这套工艺中必不可少的组成部分，而且，令人啼笑皆非的是，如果使用更卫生的材料，反而不能保证食品不受污染。

看到这个简洁巧妙的小实验得出的结果，卫生检查员退让了一步，不再反对诺伊拉修女使用木桶。如今，20 多年过去了，诺伊拉修女仍然在用木桶制作奶酪。

诺伊拉修女因此成为后巴斯德人的英雄。修道院把她送到康涅狄格大学学习，帮助她更好地捍卫自己制作的奶酪，以免受到病原体与公共卫生部门的侵扰。于是，在她的身上，修女的习惯与微生物学的博士学位相辅相成，形成了一道牢不可破的防线，至少食品和药物管理局觉得，对于诺伊拉修女，还是不招惹为妙，尽管该部门对于其他的鲜奶奶酪制作人员大多非常苛刻。不久前，我到修道院向她学习奶酪制作技术。但是，在提到未消毒牛奶时，没想到她的观点却是非常含糊。

“人们觉得我是未消毒牛奶的坚定捍卫者，其实也不完全如此。”她拿着那把赫赫有名的木质搅拌桨，教我把洁白的凝乳轻轻地拢成一团，一边跟我说道：“人们都说，我们的祖父母们喝那些未消毒奶，一直平安无事，我们为什么不行呢？因为你与祖父母不一样，现在的细菌也与那时候的细菌不一样，有的毒性大大增强了。我们面对的现实跟以前完全不同。所以，我们可不能认为鲜奶奶酪必然卫生。制作时一定要小心。”

诺伊拉修女的意思是说，很多后巴斯德人实际上是把自己假想成巴斯德之前的人，是在重温一个生物属性并不如此复杂的时代——那时候，人们的抵抗力比现在强，细菌也不像现在这样猖獗。我们必须考虑历史因素，包括巴斯德卫生消毒方法对免疫系统与微观世界的影响力。[①]传统的奶酪制作技术没有改变，仍然具有一定的防护功能，但是美国的奶酪文化底蕴还不是非常深厚，不是所有人

① 人们之所以越来越无法抵抗病原体，可能还有其他一些原因：人口老化。此外，化学疗法和免疫抑制剂破坏了很多人的免疫系统。

都真正掌握了这些技术。

我和诺伊拉修女一起，在奶酪制作间里忙活着。所谓的“制作间”，就是修道院里一间低矮的厨房，位于一栋木板房的后面，里面加了几个水池和一个装牛奶的大桶。因此，把这间厨房称为“制作间”，似乎有点儿言过其实。制作间的后面是牧场，周围有篱笆，修道院的荷兰白带牛正懒洋洋地躺在那里，就像是一个个大号的奥利奥曲奇饼。当天晚上，我住在修道院里的仓库里，躺在楼上一个狭小的单间里的一张狭小的床上，翻来覆去无法入睡。仓库里面住着为数不多的修道院留宿人员——祭坛助手、实习修士和来访的客人。修女们除了工作（到园子里打理蔬菜，到牲口棚里照料牲口，到作坊里收拾柴火、裁剪皮革或者熨烫衣服，或者到乳牛场制作奶酪）以外，她们不可以与男性接触。当天一早，我在观看弥撒仪式时发现了诺伊拉修女。当时她和许多修女一起，正在栅栏后面轻声地吟唱。我从来没有听到过如此轻灵飘逸的音乐。那一排栅栏，则象征着她们与男性没有任何联系，与外界完全隔绝。

尽管修道院的生活就像你想象的那样安静严肃、管理严格，但是从诺伊拉修女身上根本看不到这些。相反，她最喜欢做的事情就是制造幽默，而她灿烂的笑容也极具感染力。在奶酪制作间里，人们经常开玩笑，有的玩笑甚至相当粗鄙。除了服装与包头巾（修女们在工作时可以穿蓝色劳动布做的一种特殊服装），根本看不出她是一名修女。

诺伊拉出生于波士顿市城外的一个意大利大家庭（她的哥哥与他人一起组建了50年代的怀旧乐队“沙啦啦”）。1969年（当时，60年代反主流文化的狂热达到最高点），诺伊拉就读于沙拉劳伦斯学院，并在那儿度过了艰难的一年，随后，她开始探求更有同情心、组织性更强的环境。1970年，诺伊拉听从朋友的建议，造访了蕾珍娜劳迪斯修道院，并于三年后进修道院当了一名见习修女——从此开始了漫长的修女生涯。

我第一次见到诺伊拉修女，觉得她似乎并不怎么信奉宗教，而是一位世俗女性。但是，我很快发现，她坚信耶稣留下了很多神迹，坚信这些神迹随处可见，包括牛奶桶中与显微镜下。她告诉我，很多人都知道的一些神迹还与发酵有关系。与面包和果酒的制作过程一样，由普普通通的材料转变成奶酪这种异乎寻常的食物，是一种超然的过程。说到这些的时候，她非常激动，眼睛都闪闪发光。

有一次，她说："我一直不明白，圣餐中为什么没有奶酪？"起初，我以为她在开玩笑，但是她非常严肃。她认为，如果把奶酪作为圣餐，意义是果酒与面包所无法比拟的。"奶酪让人们思考死亡的问题，而正视死亡是培养信仰必不可少的环节。"

我非常清楚，诺伊拉修女的意思不是指食物中毒的死亡威胁，但是我在奶酪制作间和地窖花了很长时间，才真正弄明白她这番诚挚的话语中所要表达的真实含义。

⊙

向诺伊拉修女学习奶酪制作技术，或者从美国日益庞大的手工制作奶酪的大军中另选一位拜师学习，这两种方法各有利弊。前者的优势在于，诺伊拉的方法完全属于"旧大陆"，学习时可以抽丝剥茧，直接触及核心要素。诺伊拉修女没有使用巴氏消毒法和不锈钢器具，而且专门依赖自然界中发现的细菌和真菌，从不添加任何商业用发酵剂，这种做法在现代的奶酪制作中几乎是闻所未闻。但是，我觉得这又会带来一个问题：诺伊拉修女的方法游离于主流方法之外，而且有着很大不同，因此根本不能代表当代的奶酪制作方法，甚至不能代表手工制作方法。不过，这还有一个极大的好处：我拜访的奶酪制作师大多只同意我现场观看，而且还要求我先通过消毒室，穿上厚厚的防护服，但是在我提出亲自动手搅拌凝乳时，诺伊拉修女却欣然接受了。

做弥撒是修道院生活的中心内容，每天 7 次，其中一次是在午夜。制作奶酪的工作被精心地编排进这样的生活节奏之中。6 点钟的晨祷之后，修道院 5 头奶牛挤出来的牛奶就被运到奶酪间，倒进木桶中时还是温热的。在 8 点钟的弥撒快开始时，诺伊拉修女把两小瓶凝乳倒进木桶中，帮助牛奶凝结。随后，她和其他修女开始做弥撒。就在她们吟唱格里高里圣歌、领受圣餐时，那个装满牛奶的木桶中开始发生神奇而复杂的变化。

未消毒牛奶与木桶表面的乳酸菌开始疯狂繁殖，大量吞噬乳糖，分解出乳酸。牛奶的pH值不断降低，牛奶变得越来越酸，这样的环境不适合某些不受欢迎的菌株，包括可能已经混入牛奶的大肠杆菌。逐渐酸化的环境还有利于凝乳发挥神奇的作用，把液态牛奶变成滑滑的白色凝胶。十点半，诺伊拉修女做完弥撒回到奶酪间。她把食指伸进牛奶，在凝胶状牛奶的表面划出一道小口子。一两个小时之前，牛奶还完全是液体状态，现在，却变得像块松软的豆腐，而且表面还闪闪发光。对于我遇到的大部分奶酪制作师来说，包括诺伊拉修女，这是奇迹发生的时刻。

凝乳是这个神奇变化的催化剂。凝乳非常奇特，人们甚至把它看作一个神话。凝乳取自动物幼崽的胃部（这是千真万确的），是在牛、绵羊或山羊等幼崽第一胃的胃黏膜上产生的，其中含有凝乳酶。动物幼崽胃中的这种凝乳酶，可以凝结母乳，因此会减缓母乳吸收过程，同时还会重新排列奶中的蛋白质，帮助幼体消化。婴儿喝母乳出现不适，父母轻抚背部帮助他打嗝时，从他吐出来的东西上就能看到凝乳酶的作用。

人们猜测，凝乳酶发挥作用的这个过程是某个牧人在几千年前发现的。当时，这个牧人杀死了一只反刍动物幼崽。在打开这个动物的胃部时，他发现了一块块牛奶凝块。也有可能是这位古代牧人把动物幼崽的胃当作容器，用来储存、携带牛奶。结果，牛奶接触到胃黏膜中的凝乳，就变成了奶酪状。不管味道如何，这样“处理”的牛奶与鲜奶相比，有非常明显的好处，对于尚未掌握冷藏技术的游牧民族来说更是如此。由于凝结的牛奶脱去了大多数的水分，因此便于携带。再加上在动物胃中进行了酸化处理，保质时间比新鲜牛奶更长。

这些猜测说明，奶酪与其说是一项发明，不如说是一个重大发现。与其他的发酵过程一样，奶酪制作是一种“生物模拟”技术——是对自然发生的生物过程的模仿。当然，利用动物胃凝结的牛奶，远谈不上完美，在口感、外观与保存期等方面都有改进的余地。但是，与其他发酵过程一样，奶酪从一开始就是人类得到的一种恩惠：一种容易腐败的食材在经过加工之后，比原先更容易消化，更有营养，更不易变质，而且更美味可口。

值得注意的是，时至今日，人们还经常从动物幼崽的胃黏膜中提取凝乳①。凝乳需要酸性环境，才能有效发挥神奇的凝结作用。在制作奶酪时，酸性不是胃酸提供的，而是通过细菌发酵得到的。就像泡菜一样，周围环境与“培养基”中到处都是所需的细菌——在

① 如今，很多人在制作奶酪时，会使用“植物性凝乳”，即通过遗传工程技术处理的细菌、霉菌或酵母菌所产生的凝乳酶。

奶酪制作中，“培养基”就是未消毒奶。但是，巴氏消毒法会彻底破坏牛奶的生物特征。因此，为了使牛奶酸化并增强口味，消毒牛奶中需要重新注入培养的乳酸菌。在制作奶酪时首先破坏牛奶的生物特征，有一些好处：制作者可以决定加入哪些细菌，而且制作过程中不易出现意想不到的情况（法国人将奶酪制作失败称为“accidents de fromages”）。因此，这种做法现在成了发酵的通用规则，而不只是制作奶酪时是如此。大多数人在酿造啤酒或果酒时，也会采用同样的做法，杀死原有的细菌和酵母菌，然后再加入需要的品种。但是，鲜奶奶酪与其他天然发酵食品的拥趸认为，通过这种方法控制发酵过程，也要付出一些代价，制作出来的食品品尝起来不会有丰富的口感。

比如，我们可以从鲜奶奶酪中品尝出某个地方的特有风味。诺伊拉修女在为学位论文收集资料时，驱车跑遍了法国农村，收集各种鲜奶奶酪外层硬皮上的微生物样本。她深入地研究了白地霉。我从未听说过这种真菌，后来才知道，我吃下肚子里的白地霉可不少：在卡盟贝尔和布里等真菌发酵的奶酪表面，通常有一些毛茸茸的白醭（法国人把它叫作“jolie robe”，意思是“漂亮衣服”），就是这种霉菌形成的。诺伊拉修女利用基因排列技术，对样品进行了比较，发现白地霉菌株具有“多个品种”。她还发现，同一种霉菌的不同菌株，利用牛奶中不同的养分发酵，就会产生不同的化学副产品，使奶酪具有不同的味道。她断定，法国奶酪品种如此繁多（戴高乐曾经感叹：“你怎么治理一个拥有246种奶酪的国家？”这句话一度广为流传），至少其中一些品种是由各种各样的微生物造成的。

也就是说，地方风味（法语表达为“terroir”）不仅受本地气候与土壤影响，还会因该地域的细菌与真菌不同而各具特色。诺伊拉修女甚至认为细菌的这种生物多样性是民族传承的一部分内容。她告诉我："人们知道保护濒临灭绝的白犀牛具有积极意义，但是，要说服人们保护闻所未闻的某个真菌品种，就要困难得多。"——不过，在她看来，两者的重要性毫无二致。伊塔洛·卡尔维诺在《帕洛马先生》(*Palomar*)一书中写道：

> 每一种奶酪都代表横亘在不同天空下面的一片不同的绿色牧场。在诺曼底，由于每晚的潮水，草地上堆积着一层厚厚的海盐，而在和风旭日的普罗旺斯地区，草地上却是芬芳浓郁；在农村各地，人们饲养的动物各不相同，饲养棚舍与活动习性也各具特点；各种奶酪制作方法也是代代相传，秘而不宣。奶酪制作间就像一个博物馆。我们眼中看到的所有东西都有文明的痕迹，文明赋之以形，同时又赖以为继。

当天傍晚，在修道院那个狭小的实验室中，诺伊拉修女为我详细地解释了"地方风味"这个难以捉摸的概念。她认为，一个地区的独特风味，归因于自然和文化之间存在千丝万缕、难以梳理的紧密联系。很明显，牛奶的品质（奶牛是什么品种？吃的是什么草？天气怎么样？[①]）会影响奶酪的味道，但是，制作师最微不足道的技术细节也不容忽视。尽管我们往往会认为这些技术细节是人类文化的结果，而不是自然的产物，但是这些技术细节对奶酪风味的影响，是通过微生物才得以实现的，也就是说，需要借助自然的力量。因此，桶中的温度，各个步骤的间隔时间，切割牛奶凝块的工具，压制奶酪的模具形状，压力大小，添加食盐的数量，地窖的湿度，甚

① 另一位奶酪制作师告诉我，如果天气寒冷，幼崽需要更多能量才能保持体温，因此，这个时候的母乳中，脂肪的含量会增加。

至在奶酪成熟过程中铺设在下面的干草的类型，等等，所有这些细节内容都会决定是哪些微生物占据优势，从而决定奶酪成品的感官品质。（比如，黑麦秸秆会产生什么影响？诺伊拉修女解释说，黑麦草有利于粉红聚端孢菌的成长。粉红聚端孢菌是“霉菌之花”，可以使奶酪的外皮上带有一抹粉红，这是法国人引以为豪的特色。）

“奶酪就是一个生态系统，”诺伊拉修女说，“而奶酪制作师技术的作用，就像可以确定哪些物种得以存活的自然选择力量。”正是因为这些技术，所以制作出来的不是金山奶酪或者勒布罗匈奶酪，而是具有圣耐克泰尔奶酪的独特风味、香气和纹理。从这个意义上看，奶酪与酵母面包培养基更为相似，只不过奶酪中的微生物群落更复杂、存活得更长久。事实上，在我们食用时，奶酪中的培养菌仍然是活性的，而面包中的早就被烤死了。

莉迪把奶酪制作技术传授给诺伊拉修女后就离开了，等她两年之后再次回到修道院时，她吃惊地发现，在康涅狄格州制作的圣耐克泰尔奶酪，其硬皮上的真菌与在奥弗涅成熟的圣耐克泰尔奶酪上的真菌一模一样，甚至也都含有粉红聚端孢菌。那么，是不是莉迪第一次来访时，她的身体在不经意间携带了这些法国特有的微生物呢？诺伊拉修女认为，这不大可能。

“所有的物种都无处不在”，她指的是生态环境中的各种真菌和细菌，“但是我们的技术可以做出取舍”，决定哪些种类可以大量生长。不过，这种文化选择的说法不是与地方风味的概念相悖吗？其实不然，除非你把地方风味的概念局限于自然的本地表现。但是，地域概念的含义远非一块土地那么简单，还包括这片土地上生活的人和他们的传统，所以人们下意识偏好的微生物会给奶酪添加人们喜欢的口感与香味，并因此进一步赢得人们的欢心。这些极具特色的品质（在发酵食物中似乎更为常见[①]），至少有一部分是得益于微生物与人之间的这种互惠关系——发酵所表现出来的自然与文化之间的关系。所以，在构成某个地区独特味道的元素中，除了土壤、气候、植物群、传统、技术和故事等，还应该添加一个：人类喜爱的微生物特征。

⊙

在确认牛奶已经充分凝结之后，诺伊拉修女邀请我把手指伸进去，轻轻地把果冻一样纯净洁白的牛奶凝块搅拌成碎块。和我一起完成这项工作的是史蒂芬妮·凯西蒂。史蒂芬妮是位见习修女，进修道院的时间最晚。她 30 岁，身材高挑，长着一双褐色的大眼睛。史蒂芬妮负责照料奶牛，前不久开始在奶酪制作间打下手。我们面对面站在木桶两边，弯下腰，把双手伸进去，把仍然热乎的洁白的牛奶凝块搅拌成豌豆大小。奶酪制作方法要求凝块保持与奶牛体温相同的温度，因此，诺伊拉修女不时在木桶内侧淋一些热水，防止木桶冷却。等到凝块都很均匀，而且大小合适之后，史蒂芬妮从钉子上取下木质搅拌桨，沿着桶壁小心地插进去，然后把这些搅碎的凝块聚拢到一起。

这些凝块似乎彼此并不排斥。这是因为凝乳中的凝乳酶分解了一定量的某种酪蛋白，而这种酪蛋白的作用就像碰碰车，可以使分子不断发生碰撞并弹开，然后以溶液的形式分散开。酪蛋白不再彼此碰撞后，就黏到一起，形成一种可以限制脂肪与水分流失的网状结构，因此，牛奶开始凝固。这样处理凝块，目的是以轻柔的方式

---

① 人们认为能表现地方特色的很多食物（例如果酒和奶酪）都是发酵而成的，原因可能就在于此。

脱去水分，同时尽可能避免脂肪随之流失。

牛奶凝块带有一股甜味，而且很纯净，但是味道有点淡，没有奶酪的味道，却更像是温热的鲜牛奶。但是在这平淡的味道掩饰下，随着凝块形成、被打碎的过程不断循环，这些凝块的内部结构正在发生强烈的变化。制作成熟奶酪所需的所有微生物DNA已经齐备，并且开始完成各自的发酵任务了。在温热的牛奶中，乳酸菌疯狂繁殖，把乳糖转变成乳酸，增添各种味道，同时降低pH值。在这个过程中，我似乎都能闻到酸味越来越浓。奶酪的酸化过程将持续几周时间，直到真菌（此时，牛奶已经含有孢子形式的真菌）接手，在奶酪表皮中开始第二轮的逆向发酵过程。但这是后话了。

在用木质搅拌桨把小凝块随意地堆积到一起之后，史蒂芬妮拿起一只平底锅去舀乳清，然后用手掌向下挤压这堆凝块。我也跟她一起趴在桶上，用尽可能缓慢的动作轻柔地挤压，以免破坏宝贵的乳脂。

在挤压凝块时，诺伊拉修女对我们说："Restez là。"她解释说，莉迪在挤压凝块时，她母亲也会这样说，意思是"别慌"，在挤压时动作要尽可能地轻柔。耐心不够的话会出问题，不仅会挤出脂肪，还会使牛奶团（奶酪内部结构）变得强韧。（因此，在制作奶酪时，制作者的心情很重要。）我觉得手腕与腰部的肌肉开始酸胀，但是我咬咬牙，继续挤压，动作尽可能地缓慢小心。诺伊拉修女每周都要完成几次这样的工作，在干了几十年之后，腕管受到了损伤，做了几次小手术才恢复过来。

最后，诺伊拉修女宣布凝块揉好了。此时，雪白的凝块堆在桶底，有三英寸厚，上面还留有一点浅黄色的酸酸的乳清。终于可以直起腰了，感觉真好。但是，好景不长，又该切凝块了。史蒂芬妮递给我一把长刀。她让我沿凝块纵横边三等分点的位置切，先自上而下，再前后、左右切。切好后，我们用双手抄起白色的凝块，放进模子里堆起来。模子是用木头或白色塑料做成的圆柱体，大小跟馅饼烤盘差不多，底部有形成某种图案的孔洞。在我把凝块塞进模子里并不时地翻转时，诺伊拉修女更加急切地喊着“Restez là”。乳清变成一股细流，从孔洞中留出。凝块现在紧密地挤到一起，外表与质地更接近于奶酪了，只不过仍然是纯白色，而且没什么味道。我们在凝块暴露的表面撒了点食盐。

这些圆饼状的新鲜牛奶凝块叫作“生奶酪”。令人难以置信的是，接近 50 加仑的牛奶才做成了 3 块生奶酪。接着，我们把生奶酪叠到一起，放进压榨机。压榨机是一个木头做的古老装置，上面有一个很大的钢制螺旋，可以用手动的方式逐渐加压，压榨出奶酪中剩余的水分。随后，我们把生奶酪留在压榨机里过夜，让残留的最后一点乳清流出来，到第二天早晨，漂洗之后再搬到“地窖”中。生奶酪将在地窖中放上两个月的时间，慢慢地发酵成熟。

⊙

> 奶酪是发酵成熟的牛奶……是适合人类的美味——发酵得越成熟就越霸气，到最后的成熟阶段，几乎都需要独占一个房间。
>
> ——爱德华 · 布尼亚德（1878—1939），《美食家之友》

与其他发酵过程（蔬菜、谷物或葡萄的发酵）相比，新鲜牛奶变为成熟奶酪的发酵过程，取决于哺乳动物、细菌、真菌等共同完成的极为复杂的过程，涉及的物种分属多个生物类别。也许，我应该说“这些发酵过程”，因为发酵成熟间里的发酵过程与牛奶桶中的发酵过程大相径庭，转变的方向正好相反。

牛奶桶中的发酵，大多是厌氧性细菌把乳糖转变成乳酸，而牛奶团中（无空气的奶酪内部）经过人们精心安排而继续进行的发酵过程，是这些细菌产生的酶把脂肪、蛋白质和糖类分解成结构简单、通常更加可口的分子。但是，奶酪制作师把凝乳做成一定形状之后，牛奶就变成了新的东西：内部是牛奶团，外部是刚刚形成的外皮。从生物特征来看，外皮构成了一个新的环境（含有空气和水分，但是不再潮湿），而这个环境会选择新的微生物种类：需氧菌。需氧微生物的孢子本来就存在（“所有的物种都无处不在”）于牛奶中、空气中、地窖的石壁和泥土地面上。因此，几个小时之内，从一些喜爱酸和空气的真菌演化而成的这群新微生物，就开始在奶酪裸露的外皮中定居下来。

站在修道院的“地窖”中，就有可能观察到这些物种似乎随着时间推移而更替的过程。地窖其实仅仅是地下室中用墙隔成的一个十平方英尺的角落，里面装有空调，可以常年保持地窖那样的温度和湿度。墙的内壁上有高高的储物橱。储物橱用木头做成，装有纱门，橱架上摆放着两个月的奶酪产品，按照制作时间的先后顺序排列。在每块奶酪的侧面，有蓝色墨水写的制作日期与制作人姓名缩写。从昨天完成的白白胖胖的奶酪饼开始，我可以看到奶酪从刚刚开始发酵到发酵成熟的整个过程，看到闪闪发亮的白色外皮逐渐变成灰色，慢慢地形成斑点，体积变小，直至成为布满褶皱的、散发出臭气的灰褐色圣耐克泰尔奶酪。经过两个月的时间，奶酪已经发酵成熟，可以食用了。

在这 8 个星期的时间里，奶酪的外皮里发生了一定秩序的腐败。

随着连续几轮的分解活动，一个物种会吞食另一个物种的排泄物，与此同时，又为下一个物种的生存创造了条件，经常还会为其准备好食物。在这些真菌中，大多数你都知之甚详，而且在过去有充分的理由对其恨之入骨：正是这些霉菌，使洁白的面包长出蓝色的霉点，使成熟的西红柿长出毛茸茸的白色霉斑，使梨不断膨胀腐烂、变成褐色。奶酪制作师们至少在一定程度上，学会了管理并导引这些常见的天然物种，使它们以大体上可以预测的方式进行活动。

诺伊拉修女领着我在地窖里观看了真菌生生死死的各个阶段。第二天，新鲜奶酪上就长出了一层酵母菌（主要是德巴利酵母和球拟酵母），但是必须借助显微镜才能看见。此外还有一些肉眼无法看见的细菌群落，例如乳脂链球菌，正在不断地把乳糖转变成乳酸，而乳酸是后期真菌的食物。到了第六天，在毛霉菌这种真菌的作用下，奶酪长满了纤细的白色菌丝。毛霉菌，法国人有时把它称作“bête noire”，这种真菌一旦出现在布里奶酪或者卡门贝尔奶酪中就会引起灾难，但是却深受圣耐克泰尔奶酪与萨瓦多姆奶酪的欢迎。到了第九天，毛霉菌产生孢子（在显微镜下可以看到），一大片仿佛雏菊种子壳的黑色微生物在奶酪外皮里定居，使洁白的奶酪变成浅褐色。此时，奶酪看上去似乎是失去了青春期的天真，身上还有岁月留下的几个难看的伤疤。能看出来，由于水分不断蒸发，奶酪的体积有所缩小。

在黑色毛霉菌菌丝的阴影里，白地霉（这是深受诺伊拉修女喜爱的真菌）的菌株正在发酵乳酸，长出自己的菌丝，但是肉眼无法看见这些菌丝。圣马塞兰奶酪会覆盖一层白色、毛茸茸的东西（“漂亮衣服”），就是白地霉（有的美国奶酪制作师把白地霉简称为“Geo”）引起的。真菌会产生一些功能强大的酶，可以分解各种脂肪与蛋白质，同时增强奶酪的口味，并释放出有强烈气味的化合物，其中包括充斥地窖的一股淡淡的氨的气味。诺伊拉修女极为重视白地霉，学位论文就是以白地霉为主题的。她说，人们已经证实，白地霉分泌的酶可以让塑料穿孔。白地霉的某些菌株，似乎还可以抑制李斯特菌，使其难以在奶酪中存活。

白地霉分解乳酸，产生氨，因此可以中和奶酪外皮的酸碱度，使整个生态环境发生改变，适合随后涌来的一波波细菌和真菌。真菌把菌丝伸进奶酪内部，就好像是在耕耘。它们在奶酪外皮中挖出一些微小的通道，方便其他需氧菌（如青霉菌）深入奶酪内部，为奶酪增添新的味道与香气。这些渗透活动会使外皮逐渐变厚，其中的微生物数量与种类也急剧增加。很快，外皮上就会堆积一层“真菌残骸”（死亡真菌的孢子与身体），并散发出一种霉味，就好像没有妥善打理的阴暗地窖里的气味。到了第十三天，粉红聚端孢菌开始给奶酪外皮点缀一块一块的粉红色菌斑，使圣耐克泰尔奶酪呈现出紫色。此时，外皮中的酸碱度已经中和了，为短杆菌等棒形菌提供了适宜的居住环境，并且有利于奶酪在发酵成熟的过程中形成强烈的香味。

在圣耐克泰尔奶酪发酵成熟的两个月里这样的过程一直持续。每个物种都会改变奶酪外皮的生态环境，为后续的物种创造条件。（诺伊拉修女在论文中详细介绍了这个可以预测的生态更替过程。）与此同时，每种微生物还会释放特殊的酶，每种酶都是一种量身定做的分子武器，可以把某种脂肪或糖类分解成氨基酸、肽或酯，为发酵中的奶酪添加某种风味或香气。只需几周时间，生态更替过程就能达到顶峰，建立相当稳定的真菌和细菌群落。对于这个微生物群落，科学界还知之甚少。不过，诺伊拉修女接触的一些微生物学家，正在积极探索奶酪外皮生态系统，希望了解各物种之间的竞争与合作，希望了解在所谓的“群体感应”（quorum sensing）过程中，这些微生物之间如何开展交流，保护自己的势力范围（进而保护势力范围中的奶酪）不受侵扰。

牛奶变质后，表皮上会生成干燥鳞片，但是诺伊拉修女却告诉我，这是一个充满活力的生态群落。她的这番话让我领略到了奶酪的神奇之处：我们的祖先通过巧妙的部署，以腐败对付腐败，以真菌对抗真菌，先阻止然后又保护分解过程，使牛奶不可避免的腐败过程得以延缓，留出足够的时间供我们品尝美味的奶酪。他们是如何找到引导牛奶分解过程的这个神奇方法的呢？其他的发酵过程也遵循“以子之矛攻子之盾”这个通用原则，但是，与果酒、啤酒或发酵甜菜不同，成熟奶酪的香味使我们永远无法忘记腐败在制作过程中所起的作用。

⊙

在奶酪成熟期间，奶酪表皮中生死交替的各种真菌一直在努力工作，勤勤恳恳地中和它们所处的环境。真菌对加快奶酪成熟速度起到的重要推动作用主要表现在两个方面。首先，奶酪内部与表皮的pH值之间存在差异，因此会形成“梯度”，即不平衡，这样，表皮中产生的带有浓郁气味的化合物，就会被吸引到奶酪内部深处。经过这种由外至内的成熟过程，奶酪就不会索然无味了。与此同时，外皮的pH值不断上升，这种情况深受扩展短杆菌的喜爱。短杆菌大约在第三周出现，标志是奶酪外皮浮现出明显的浅橙色。但是我们无须观察就会知道短杆菌有没有出现，因为这种臭名昭著的真菌是导致臭奶酪散发臭味的主要原因。正是因为含有短杆菌，再加上同属棒状杆菌系的少量其他细菌，某些奶酪必须独处一室，以免臭气污染其他奶酪。

圣耐克泰尔奶酪中含有适量的短杆菌，因此在完全成熟之后，会散发出马厩特有的气味。但是，在水洗奶酪（埃波瓦斯、林堡、塔雷吉欧以及美国一些奶酪新品种，如红鹰、维尼密尔）中，短杆菌才能大量繁殖，为这些奶酪带来它们特有的浓郁气味（这种气味有时还会把其他奶酪赶出制作间）。外皮浸洗通常使用盐水（有时用果酒或啤酒），目的是为短杆菌创造最佳生存环境。这样，短杆菌本身就可以改变环境，使其更加适合或者不适合某些人的口味。有的人喜爱短杆菌的气味，有的人可以逐渐适应，有的人却极不适应，闻到这种气味就会作呕。还有一些人，对这种气味既爱又恨。

“我很喜欢你的这个说法。”在我尽可能小心地提到奶酪中的臭味时，诺伊拉修女说。我发现，没有多少奶酪制作师愿意讨论厌恶这个话题，至少不愿意和记者一起探讨。但是诺伊拉修女至少在一定程度上乐意讨论奶酪制作中不那么优雅的一面。

一天下午，我们一起爬上小山坡，缓步朝她的实验室走去。在路上，诺伊拉修女说：“奶酪与生活的阴暗面有着密不可分的联系。”她跟我谈起她认识的一位法国奶酪师。这位奶酪师是上萨瓦的一名修道士，名叫弗里尔·纳森艾尔。他制作的一种叫作“泰弥”的奶酪带有浓烈的刺鼻气味。有一次，诺伊拉问他根据什么判断泰弥是否发酵成熟了。“你把奶酪翻过来，闻一闻底部的气味，”弗里尔·纳森艾尔告诉她，如果能闻到奶牛的气味就说明发酵成熟了。他怕诺伊拉没有听懂，又补充道：“奶牛的臀部。”

我一下子恍然大悟，“马厩的气味”，奶酪贩子经常用来赞扬某些臭奶酪的这个词，原来是粪肥的委婉表达。（切！）奶牛这些农场动物的粪便肯定不会气味芬芳，至少这些动物在牧场吃草时排出的粪便并不会香气诱人。但是，我敢说，有的奶酪给人的联想更让人无法接受。水洗奶酪散发出各种各样的气味，人们经常用不同部位的人体气味来形容。有位法国诗人把某些奶酪的气味描述成“pieds de Dieu”（上帝的脚）。别忘了：显赫人物的脚臭味，仍然是脚臭味。

诺伊拉修女还跟我谈到她另外一个会制作奶酪的朋友。他叫詹姆斯·斯蒂尔维根，一位居住在法国的美国人。对于奶酪气味的问题，他的观点非常坦率。诺伊拉修女和斯蒂尔维根进行过一次交流，讨论为什么描述果酒的词汇比描述奶酪的词汇更加丰富、更加细致入微。斯蒂尔维根说，人们讨论果酒时经常使用一些生动的比喻（例如，把果酒比作某些水果和鲜花），而说到奶酪的味道时通常是一些模糊宽泛的表达，“比如，‘嗯，不错！’‘很好！’‘太棒了！’”。

他认为：“如果我们开诚布公地讨论奶酪给我们的暗示，我们就会发现可说的内容为什么会这么少。奶酪会让我们联想到哪些内容呢？阴暗潮湿的地下室，各种霉菌、霉变与伞菌，脏兮兮的洗衣房与中学衣帽间，消化过程及内脏中的发酵，与香奈儿香水差之千里的雄山羊……总之，奶酪会让我们想起自然界的一些内容，也会让我们想到我们身体上某个部位，会让我们产生一种说不清甚至会觉得厌恶的感觉。不过，即便如此，奶酪仍然深受我们喜爱。”不久前，诺伊拉修女在撰文讨论奶酪硬皮的微生物特征时，在手稿的结尾部分引用了斯蒂尔维根的这个观点，不过她不确定编辑会不会把它删掉。

斯蒂尔维根的这番话意味深长，说明奶酪与人类通过烹饪或者发酵得到的其他食物相比，既有相似点，又有不同之处。在准备食物时，无论是用火、用水还是利用微生物的作用，都是要在味道、气味或外观上赋予食材更有意义的暗示。层层铺设的比喻和暗示，可以使语言丰富多彩，也让我们感到愉悦，同样，我们在饮食方面也希望进行比喻，不仅希望获取更多营养，还希望领略更多的内涵，也可以说是在心灵上得到更多的营养。可是，奶酪制作师利用牛奶制成的奶酪，通过气味形成的比喻越生动，就与那些不雅的场所越接近，让我们联想到上流社会不愿涉足的地方。

但是问题在于：我们能不去这些不雅场所吗？奶酪师们在制作出香甜可口、散发阵阵清香的莫泽雷勒奶酪之后，他们没有就此裹足不前，而是把目光投向了似乎不怎么讲究卫生的、用未消毒奶发酵成熟的卡门贝尔奶酪，又是因为什么呢？

与其他哺乳动物相比，我们人类很早以前就疏离了嗅觉。自从人类直立行走以来，眼睛的地位就超过了鼻子。因此，人类禁锢了通过鼻子获取的大量感官资料，同时，描述气味的词语相比较而言非常单薄、宽泛（诸如“嗯，不错！”）。这个观点，至少弗洛伊德是认可的。人类自古以来就坚持的一项重要工作是与其他所有动物保持距离，而直立行走使我们可以凌驾高度不及我们的动物和地球之上（或者至少是可以居高临下地俯视），因此我们禁锢的当然是这些动物和泥土的气味。但是，保持距离的做法需要付出代价。那些仍然用四条腿行走的哺乳动物如此痴迷于这些气味，是因为这些气味中包含一些让它们无法抗拒的信息，而这些信息，以两条腿行走的高高在上的人类是无法获取的。弗洛伊德从未说过，气味刺鼻的奶酪会让我们放弃直立行走。但是可以想象，斯蒂尔维根很有可能真的这样认为。

当然，奶酪具有某种气味的说法是一种比喻。不过，实际情况也可能并非如此。在研究那些使奶酪产生刺鼻气味的细菌时，我惊奇地发现，这些细菌（至少在某些情况下）与使我们人体散发汗臭味的那些细菌有密切的联系。比如，短杆菌。短杆菌不仅可以生活在水洗奶酪这个又咸又湿的环境中，在人类腋下与脚趾缝的汗液中，同样也生活得非常惬意。（短杆菌躲在阴暗的角落里扬扬自得：我让你散发出“上帝的脚臭味”。）短杆菌本身具有甜味，我们也闻不到它有臭味。你以为你在闻汗液的气味，但你闻到的气味，实际上是短杆菌在发酵你身体的过程中产生的代谢副产品的气味。在你的身体上，也不仅仅是脚趾头与胳肢窝[①]正在发酵。因此，以臭奶酪暗示人体，有可能具有实际意义，而不仅仅是比喻；意思是“甲就是乙”，而不仅仅是说“甲代表乙”，只不过“甲”是以食物的形式出现而已。某些奶酪中正在发生的活动不仅会使我们联想到身体，从某种意义上说，它就是我们的身体，或者至少可以说是在身体表面和内部进行的发酵活动。

你可能会认为，与美国人相比，法国人更容易接受这些概念，更容易接受这些奶酪。事实上，有些法国人认为，美国人难以接受未消毒奶制作的奶酪（与消毒牛奶制成的奶酪相比往往臭味更浓）这个事实，进一步证实了我们美国人在世俗事务方面遵循的清教主义。法国社会学家皮埃尔·博伊萨德对未消毒奶制作的卡门贝尔奶酪大加赞赏，认为它是“动物生产的活性物质，使我们不断联想到身体、肉体上的愉悦，性的满足以及所有禁忌内容”。美国政府明令禁止人们利用未消毒奶制作卡门贝尔奶酪[②]，只能解释为“潜藏的清

① 参见307页介绍人体阴道中发酵过程的脚注。

② 根据现行的规章制度，未消毒奶制作的奶酪至少发酵60天才可以在美国销售。但是，如果卡门贝尔奶酪发酵那么长的时间，肯定早已液化，而且臭不可闻，因此你根本不会品尝。该规定的理论基础是发酵成熟过程应该使奶酪更为安全，但是从目前情况看，这一理论并无科学依据。

教士义钻了食品卫生的空子卷土重来”，而不是因为受到李斯特菌或者沙门氏菌等的威胁。

当然，我没有跟诺伊拉修女讲过这些内容。我没找到合适的机会……好吧，我承认，其实是因为我不知道如何开口。政府禁止未消毒奶制作的奶酪的根本原因是否是因为性压抑？怎么好问一位修女这样的问题呢？

不过，在离开修道院之前，我的确询问诺伊拉修女能否帮我联系吉姆·斯蒂尔维根，或者为我推荐他的作品。在她的描述中，斯蒂尔维根既是位奶酪制作师，又是一位哲学家。他有没有著书立说，介绍奶酪引发他对性与死亡的思考呢？他有没有开微博呢？

“不，就这样吧。我觉得人们可能还无法接受吉姆的观点。”

⊙

我离开修道院开车回家，副驾驶座位上放着诺伊拉修女送我的一块厚厚的发酵成熟的圣耐克泰尔奶酪。奶酪香气浓郁，还散发着热气。我想，法国人说的话对不对呢？奶酪的刺鼻气味有时让我们觉得厌恶，是不是因为性压抑呢？是不是出于禁忌呢？奶酪成熟时，似乎确实会散发出人体或动物身体的气味。不过，这些气味不是都在本质上与性有关。我们在考虑“身体”时，当然会考虑性的问题，但是我们不也考虑死亡的问题吗？我想，是否有可能与弗洛伊德的理论相反，有的时候，雪茄就是雪茄，厌恶也就是厌恶吧。

回到家后，我开始搜寻有关厌恶的文献资料。在过去几十年里，这个主题吸引了不少颇有影响力的思想家。他们分布于多个学科，包括心理学（保罗·罗津），哲学（奥里尔·科尔奈），甚至法学（威廉·伊恩·米勒）。我发现，厌恶是人类的一种基本情绪。只要提到人类情绪，就必然谈及厌恶，实际上，厌恶是人类特有的情绪。（尽管你可能会怀疑，我们怎么能如此确信呢？）1872年，达尔文在他的著作《人类与动物的情绪表达》一书中就讨论了厌恶这个主题。他认为厌恶是人们对刺激味觉[“taste”（味道）一词来源于中世纪法语中的“desgouster”，即“distaste”]的事物的一种反应，根本原因是拒绝危险食物的生理必然性。

保罗·罗津在达尔文的理论上有所发展。他认为，厌恶情绪的根源是“对通过口腔摄入刺激性物体的可能性的反感”。因此，对于杂食动物而言，厌恶是规避不断出现的摄取有毒物质这种危险的重要工具。但是，很早以前，厌恶情绪就被人类其他的更高级的能力（例如道德）吸收借鉴，因此，对于某些违反道德的行为我们会感到厌恶。罗津认为，“规避身体伤害的方法转变成了规避心灵伤害的方法”。

厌恶作为人类独有的情绪，还有助于我们与自然保持距离，是文明进程中的重要组成部分。罗津指出，使我们觉得自己仍然是动物的所有事物都会引发厌恶的感觉，包括身体分泌物①、性行为和死亡。他认为，死亡是引发厌恶情绪的一项最重要的内容。

“令人厌恶的典型臭味是腐败的气味，”他指出，“腐败的气味就是死亡的气味。”因此，厌恶可以理解为对死亡恐惧的抗拒。恐惧也恰好是我们人类特有的一种情绪。②罗津说，在“厌恶敏感性”的心理测试中得分高的人，在死亡恐惧的测试中也会得分高。

腐败令我们反感，原因是腐败会让我们想到自己的终极命运，想到我们身体这种高贵体面、复杂精细的生命形式，被分解成杂乱

---

① 眼泪不适合该规则，是个例外情况。眼泪是人类特有的分泌物，并不令人厌恶。

② 当然，对正在腐败的物体、尸体和粪便的反感有一个适应值，因为这些东西经常驻留病原菌。

无序的一摊污泥，逐渐腐烂，散发出臭气，并最终回归地球，变成蛆虫的食物。腐败过程中完成分解工作的是细菌和真菌，它们所采用的方法就是发酵。奇怪的是，令我们厌恶的是分解过程本身，而不是分解过程的最终结果：人们对正在腐败的血肉感到恶心，对骷髅却并不反感。

分解的过程与最终结果会让我们感到厌恶，对于这一点，罗津已经给出了充分的解释。那么，我们为什么还会对这些过程与结果产生兴趣呢？毫无疑问，这是有悖常理的。但是，如果厌恶实际上是人们与其他动物划清界限的一种方法，那么，如果我们故意地置身于会引发厌恶的情境，就可以加强这种差异性。也许，厌恶这种反应是对自己的一种吹捧，例如，皱皱鼻子是优越性与有教养的明晰标志，因此我们“热衷于”厌恶这种体验。

我很想知道斯蒂尔维根对这个问题有什么样的看法。因此，在搜集厌恶这方面的资料时，我特意上网查询了他的观点。诺伊拉修女告诉我他没有发表著作时，引起了我的注意（我觉得有点儿不正常）。即使斯蒂尔维根想要藏拙，似乎也做不到不露锋芒。我搜索了他的名字，没找到任何书名和网址，却在脸谱网上找到了一个网页，上面留有一个网址。瞧，屏幕上一下子弹出几个大字：“奶酪、性、死亡与疯狂”。在这些字下面的照片上，一个系着围裙的人正在搅拌铜桶中的牛奶。在旁边的一张照片上，是一块特别丑陋的奶酪，黄色的奶酪正从破碎的外壳慢慢地流出来。[①]

这是个半法语半英语的网站，充斥着关于性、死亡和奶酪的各种狂热概念。用斯蒂尔维根的话说，这些概念，“自然也没有完全掌

① 2012 年 8 月，我准备再次访问斯蒂尔维根的网站，但是链接已经无效了。

握”。我觉得这是适合所有发酵过程的一个非常好的定义。（即使不适合人类的全部活动。）接下来，斯蒂尔维根把奶酪描述成“一部肉体受难剧，奶酪的整个生命周期（通常比我们的寿命短）都在展现新生儿、青少年、成年人和老年人的所有特点”。奶酪就是肉体，注定要承受肉体的所有荣辱。我点击了主页上的“吸引与排斥”标题，然后看到作者用下面这篇语调慷慨激昂、思想过于成熟、语法不够严谨的文字，对奶酪进行了阐释：

“我们身体的性感区和排泄区，是从洁净、通风的外部通向未经勘测、未加控制的有机体内部的通道，显著特点是具有吸引—排斥不定性。奶酪也同样具有这种不定性：不断发酵、制造堆肥的地狱般的微观世界，是一个沸腾的庇护所，容留那些没有人情味的微生物……

“奶酪和性，两者都对我们有极大的吸引力。因此，两个体验区都鼓励我们超越自己的极限，测试、发现并摒弃我们的矜持，把极限、欲望、善恶、吸引力与丑陋的理解与原则对立起来。这个发现的发展方向是由简单、纯洁转向复杂、肮脏，由形式规范的、令人尊重的美学转向无形的、摈弃与堕落的美学。”

嘘——

斯蒂尔维根凭借一己之力，就把酒神狄俄尼索斯从他藏身 3 500 年之久的果酒世界拉了出来，把他带进了奶酪世界。（奇怪的是，酒神对奶酪世界似乎也非常适应。）斯蒂尔维根与诺伊拉修女都有远大抱负，希望在人类事务中彰显奶酪的意义。但诺伊拉修女认为，斯蒂尔维根的作品还不会为世人所接受，我也知道她的理由所在。斯蒂尔维根的网站十分疯狂，表现出离经叛道的才智，上面还有一些异乎传统的奶酪照片，偶尔还有一些法国出版物的摘录文字（其中包括一个法国人关于人类体味的研究，认为成年女性体味更像百索维浓酒，而成年男性的体味更像水洗奶酪）。我觉得“奶酪、性、死亡与疯狂”这些表达不够严谨，而且过于偏激，因此我马上从网站退出了，然后继续研读弗洛伊德的著作。此时，我第一次发现弗洛伊德的观点竟然如此温和、正常。

的确，弗洛伊德没有具体谈到奶酪，但是他对厌恶的理解同样发人深省。弗洛伊德认为，厌恶是一种“反应形式”，目的是避免我们沉湎于文明竭力压抑的各种欲望。我们被引起厌恶感的事物吸引，是因为厌恶遮掩下的内容对我们有强烈的吸引力。他指出，儿童看到粪便，一点儿也不会感到恶心，相反，他们还会感兴趣。随着他们逐渐融入社会，他们学会了感到恶心。因此，厌恶就是藏在心底深处的一种禁忌，针对的是文明必须压抑的各种欲望。

但是，禁忌总是会被打破的，在个人或社会都不会因此受到严重伤害时更是如此。利用散发（粪便或性的）气味的奶酪故意涉猎禁忌的欲望，是相对安全的。甚至散发死亡气味的奶酪（例如，瓦什寨奶酪在发酵成熟后，就完全分解成没有固定形状的淤泥状），也有可能带来另类的愉悦感。这是因为，在等待我们所有人的最终发酵非常可怕，以至我们不敢想象。装在盘子里的奶酪，就像哥特传说和恐怖电影一样，能提前让我们稍稍感受这种腐烂过程。品尝这些奶酪，就是准确地体验我们最害怕的死亡过程，因此会让我们产生强烈的愉悦感。

⊙

弗洛伊德认为，厌恶是一种借助文化后天学会的反应。他的这个观点无疑是正确的。人类学家有大量的证据证明，尽管厌恶情绪是一种人类共相，但是在一个文化中会导致厌恶情绪的具体事物，在另一个文化中则未必如此。奶酪就是最典型的例子。大多数美国人直到不久之前，还觉得刺鼻的法国奶酪令人反感。在约十年前红鹰奶酪面市时，美国境内制作的水洗奶酪也只有区区几种而已。克劳德·列维–斯特劳斯在他的论著中写道：1944 年，美军在诺曼底登陆后，摧毁了好几家牛奶场，原因是这几家牛奶场生产的卡门贝尔奶酪散发臭味，美军认为制作原料是人的尸体。唉！

很多亚洲人反感所有奶酪，认为臭奶酪尤为恶心，无法想象臭奶酪竟然可以食用。想一想亚洲也有一些美味臭不可闻，你就不会认为东方人的嗅觉比我们西方人灵敏。例如，日本珍品纳豆。这种发酵过的黏糊糊的大豆，散发出垃圾的刺鼻气味。还有很多东南亚国家用来调味的鱼酱油。人们把死鱼放到赤道附近的烈日下暴晒，这些死鱼就会腐败成一堆烂泥，散发出恶臭味，还会分泌出一种液体。鱼酱油就是用这种液体制作而成的。中国人爱吃的“臭豆腐”，就是把豆腐块放到腐败蔬菜渗出的陈年黑色液体中浸泡制成的。臭豆腐非常臭，不能登堂入室，因此通常只能作为街头小吃，但是，即使在空旷场所烹制，臭豆腐散发出来的臭气也会充盈城市的整个街区。

不久前，我有机会在上海品尝了一次臭豆腐。臭豆腐的臭无疑是腐败形成的气味，至少在我闻起来，它比我吃过的所有奶酪都更恶心。（奇怪的是，一旦你憋住气把臭豆腐吃进嘴里，就会觉得它确实很美味。我四处奔波，胃里充斥着各个地方的细菌，因此，臭豆腐里的那些形形色色的本地细菌，要想在我的胃里定居下来，我肯定它们得费一番力气。）亚洲人在吃过罗克福尔这类味道浓烈的奶酪之后，肯定会信誓旦旦地说，变质的牛奶比变质大豆恶心得多，因为奶酪中的动物脂肪会涂满嘴巴，各种味道消散得很慢。他们认为，臭豆腐更胜一筹，是因为臭豆腐的味道（他们声称“更为浓烈”）消散得很快。但是，如果某种食物的味道你肯定会喜欢的话，余味消散快这个特点又怎么能构成卖点呢？

争论哪种文化里的美味更令人恶心，不会有什么实际意义。这里之所以讨论这个话题，是因为很多文化都会把某种气味浓烈的食品视若珍品，而其他文化却避之唯恐不及。在有些地方，这类文化特有的食品之所以赫赫有名，原因在于其辣味，而不是臭味，比如墨西哥或者印度的红辣椒。但是，这些标志性食物中有很多（如果不是大多数的话）是得益于发酵，比如纳豆、臭豆腐、奶酪、鱼酱油、德国泡菜、韩国泡菜等。同样奇怪的是，很多热衷于这些气味浓烈的发酵物（或辛辣食品）的人，经常因为来自其他文化的人觉得这些食物难以下咽而乐不可支。食物为人类做出的另一个贡献，是帮助人们形成小圈子——我们都爱吃臭鲨鱼肉。这种自我定义的方法可以取得成功，原因可能是其他人觉得这些食物无法下咽或者令人恶心。厌恶可以用来区分人与其他动物，同样，也有助于区分不同文化。

食物中含有腐败植物或者动物臀部的臭味时，当然可以充分利用文化的力量，让人们克服抗拒心理，心甘情愿地食用。可以后天培养某种口味的道理就在于此。文化可以诱发厌恶情绪，就有可能在适当的时候帮助我们克服这种情绪。文化无往不利，在自我界定或者自我防卫的时候更是如此。

不久前，韩国有很多幼儿园小朋友参观首尔泡菜博物馆，我观摩了这次活动。首尔有两所泡菜博物馆，而在整个韩国泡菜博物馆的数量更多。馆中有立体模型，表现了几名妇女向白菜叶中撒香料的情形，还有泡菜瓮这些展品。安排学校学生参观泡菜博物馆，是要以这种温和的方式，向他们灌输这种国菜文化，让他们了解泡菜历史，亲自动手制作泡菜。一位讲解员告诉我："孩子们不会天生就喜欢吃韩国泡菜。"也就是说，他们必须通过学习喜欢上泡菜。为什么呢？就是要让他们成长为纯粹的韩国人。香甜的红樱桃无法完成这项使命。要有助于锻造文化认同感，就不能是随处可见的普通食物，而必须是后天培养的口味。毫无疑问，发酵食物经常被用来完成这项任务，而且赢得了人们的充分信任，肯定就是这个原因。

发酵食物首先得适合我们的口味，然后才能形成自己的味道。

⊙

在我第一次访问蕾珍娜劳迪斯修道院期间，诺伊拉修女邀请我参加早晨的弥撒仪式。举行弥撒仪式的房子坐落在一个比修道院高的山坡上，周围树木掩映。从外面看，这栋老房子就像一个朴素的新英格兰式的马厩，但是进到内部就会发现，这是一个气势恢宏的大教堂，用木头建造而成，室内光线充沛。我远远地坐在后排座位上。在祭坛旁边，一位瘦瘦的年轻司铎正在主持仪式。透过祭坛后面的黑色栅栏，我看到了诺伊拉、斯蒂芬妮和其他修女。她们身着松垂的黑色衣服，俩俩一起，缓步走向栅栏上的小窗口，从伊恩神父那儿领圣餐。她们先把圣饼放进嘴里，然后从他的杯子里喝一口酒。

现在，我由衷地赞成诺伊拉修女可能有悖教义的观点，也认为奶酪应该与果酒和面包一样，在圣餐中占有一席之地。在象征身体这个方面，奶酪与面包相比可能只强不弱：很明显，奶酪能给我们更尖锐、更深刻的提醒，使我们想起肉体必将死亡。"跟奶酪有关的所有内容都能让我们想起死亡，"诺伊拉修女告诉我，"奶酪发酵成熟的地窖就像教堂地下室，还散发出腐烂的气味。”不过，你也能想象，早期的神父可能是出于什么原因，才拒绝把奶酪加入圣餐当中吧。也许是因为奶酪太容易使人想到肉体了。毕竟，弥撒不仅是涉及生命形式转换与死亡的仪式，同时还是颂扬超然性的仪式。

那天早晨，伊恩神父布道的主题刚好就是发酵。当天的经文是耶稣与伪善者的对话。耶稣对《旧约全书》中的约是什么态度？伊恩神父说，耶稣没有打算简单地拒绝接受。耶稣告诉伪善者：“一直喝陈酒的人，都不想喝新酒。”传统就像一瓶陈酒，愈陈愈香，人们不会扔掉。但是，基督的福音的确引入了一些新的变革性内容。伊恩神父把这个变革过程比作发酵。两者采用的方法是一样的，“发酵在分解小麦、葡萄汁或者牛奶凝块的过程中会释放能量，而耶稣说过，他对约的阐释与启示是向人们传达约，为约赋予生命力，促进约发生变化……”

伊恩神父认为，耶稣之所以打破《旧约全书》，是为了创立《新约全书》，因此他把耶稣比作真菌。我不清楚他有多大决心推动这个类比。不过，如果《旧约全书》已经是一瓶美味的陈年老酒，那为什么还要重新发酵呢？然而，把宗教信仰比作某种发酵过程——把自然界或者日常生活的基本内容转变成更强大、更有意义、更具有象征性的某个事物，在我看来，似乎是非常恰当的。伊恩神父在布道结束时说的话一点儿不错，这个比喻教我们“把旧的东西，包括地球上生长的果实和人类双手劳作的成果，转变成新的东西”。在伊恩神父身后做弥撒的人群中，我勉强能辨认出诺伊拉修女的轮廓。她戴着修女头巾，正在缓缓点头。

第三章
酒精发酵

但是，如果教皇真的接受了诺伊拉修女的建议，准备把可口的臭奶酪安排进圣餐仪式的话，我希望被取而代之的不会是果酒。发酵把植物糖分转变成酒，赋予我们一种能改变知觉体验的液体，这种奇迹可以为所有信仰奠定基础。在基督利用果酒使信徒相信自己的存在之前，果酒（或者啤酒、蜂蜜酒）在宗教仪式中发挥重要作用已经有几百年时间了。很多文化都相信，酒可以把人们带到（上帝或先祖的）神圣国度，这个信条的缘由不难想象。在无法做出科学解释的时代，神的恩赐是这种神奇转化的唯一解释，这些异乎寻常的感知与幻觉所揭示的也只能是一个令人惊讶的事实：另一个活力四射、光怪陆离的世界惊鸿一现，莫名其妙地进入了我们的视野。

在人类利用发酵得到的所有食物中，酒是最古老也是最受欢迎的。在有文字记载的整个历史时期，甚至在此之前相当长的一段时间里，除了少数文化以外，绝大多数文化都把酒作为一种食品。如果说牛奶和发酵蔬菜使各种文化泾渭分明的话，果汁、蜂蜜或者谷物发酵的酒则把所有文化融合到了一起。每年，人们都会生产大约两百亿升的酒（包括果酒、啤酒和蒸馏酒），意味着所有人，无论男女老少，都能分到大约3升酒。而所有的这些酒精，都是酿酒酵母通过发酵制造的。酿酒酵母是一种单细胞酵母菌，深棕色的身体微微闪着光。你还能想出哪种生物，也给我们制造了如此多的酒精吗？而且，这个数据还不包括用作燃料或者其他工业用途的酒精（工业用酒精大多被称作乙醇），此外，在掉落或裂开的果实、潮湿的种子和树液中，酿酒酵母还会自发地完成发酵过程，产生的酒精大多被动物享用，所以也没有被统计到这个数据中。

很多动物跟我们人类一样，嗜好喝酒。罗纳德·西格尔是《陶醉：致幻物质的全球狂潮》一书的作者，加利福尼亚大学洛杉矶分校的精神药理学家。罗纳德认为，昆虫喜欢发酵果实与树液给它们带来的微微醉意，[①]鸟类与蝙蝠也同样如此，有时甚至不惜冒一定的安全风险。据称，有的动物因为喝得烂醉，竟然在飞行时掉落下来。树鼩会从棕榈树长出的花瓣上啜饮发酵的花蜜。在马来西亚的丛林中，榴梿果掉到地上后很快就会变质，"一堆丛林野兽"，包括野猪、鹿、貘、老虎、犀牛（还有人类），就会一拥而上，扑向含有酒精的腐烂果实，有时还会发生一场争斗。大象充分发挥自己的聪明才智，确保能得到大量的酒把自己喝醉。据印度媒体报道，它们要么就着发酵的水果饱食一餐（随后"就会懒洋洋的，走路摇摇晃晃"），或者直接冲进它们怀疑藏有酒的房屋里。

在实验室的实验中，有的动物会喝酒超量，有时甚至会因此丧命。猩猩进入没有防范措施的酒吧后，从头到尾都会烂醉如泥。但

① 黑腹果蝇把酒精用作药物，用来自我治疗。在酒精的毒性作用下，黑腹果蝇肠道里有致命危险的小寄生蜂会将内脏由肛门排出，从而中毒身亡。内尔·F. 米兰等，"果蝇摄入酒精以自我治疗血液寄生虫病"，《当代生物学》，第22卷，第6期（2012）：488–93。

是，有些动物非常明智，喝酒时能加以控制，适可而止。在敞开供应的情况下，老鼠的酒量与很多人相当：在晚饭前它们会聚集到一起来一杯鸡尾酒，睡觉前小酌一番，每三四天还会举办一场喧闹的宴会，喝得酩酊大醉。除了老鼠，还有其他几种动物，都喜欢集体畅饮，而不是独自小酌，这是因为喝醉之后预防被捕食的能力减弱，三五成群能提高安全系数。

一位名叫罗伯特·达德里的生物学家提出了“醉猴假说”，分析我们钟爱饮酒的进化原因。植物果实是我们的始祖灵长类动物的主要食物。成熟果实表面破损之后，表皮上的酵母菌就开始发酵果肉中的糖分，在这个过程中会产生乙醇。乙醇分子很轻，具有挥发性，在空气中可以飘浮一段距离。乙醇的气味对某些动物有强烈的吸引力。这些动物就能循着空气中的乙醇分子，很方便地找到营养程度达到巅峰的果实。根据该理论，喜欢酒精气味与味道的动物就能获得更多的食物，因此其后代就更加繁荣兴旺。

不过，酒精具有毒性。酵母菌产生酒精的首要原因，是阻止其他生物争抢食物。由于大多数微生物对酒精的耐力比不上酵母，因此，大量制造酒精是酵母菌污染本地食物供应源的高明手段，与儿童舔湿盘子中的所有曲奇，从而使其他人无法分享的做法很相似。但是，酒精这种毒素同时含有丰富的能量（可用作汽车燃料，不是吗？），而自然是不会允许任何能源长期闲置的。最终，有些生物肯定会获得解毒与代谢酒精的能力。这些生物也终于取得了成功。大多数脊椎动物的新陈代谢作用都可以解除乙醇的毒性，把乙醇用作能量的来源。人体肝脏中的酶，有十分之一是专门代谢酒精的。

从自然界自动生产的这些酒精可以看出，酒精发酵与面包和奶酪的制作一样，与其说是人类的发明，还不如说是一个偶然发现。蜂巢中的蜂蜜滴到树上的孔洞中，再有一些雨水流进来，冲淡了发酵的蜂蜜，就形成了蜂蜜酒。或者，把禾本科植物（大麦或小麦的野生始祖）种子粉碎和上水后就会发酵，最后形成啤酒。如果有人胆敢饮用这些新奇的东西，就会产生“新奇而诱人的感觉”（某位研究酒精的考古学家这样评价），还会回来进一步品尝，而且会受到启发，发挥自己的聪明才智，努力掌握这项技术。但是，尽管生成酒精相当容易，但是我发现，要制作出高质量的酒就会困难得多。

⊙

我第一次尝试发酵酒时，年仅10岁。我的目的不是制作果酒供自己饮用，因为我不像大多数孩子那样喜欢酒的味道。不过，我的父母喜欢喝酒，他们可能会欣赏我做的这番努力。其实，我的主要目的是从事化学研究。从小，我就对于化学变化有着浓厚的兴趣，以前我就做过一些变废为宝的尝试。事实上，我第一次尝试这些神奇变化要追溯到好几年之前。当时，我有一个惊奇的发现：一块不起眼的木炭，如果施加足够的热与压力，最后会变成钻石。想到用这个方法就能制造钻石，我激动不已。

那还是20世纪60年代早期的事情。在当时，有的船只还靠煤炉提供动力，我偶尔能在沙滩上发现一块块黑色的闪闪发亮的无烟煤。我想，一定有什么办法可以加快钻石的形成过程。据我估计，我家功力最大的能量源就是一盏伸展轴强光灯了。这盏灯似乎技术含量很高，光线非常强，而且聚光性很好。于是，我把一块木炭放到灯下，让灯光直射到木炭上，全天候连续不停地照射。每天早晨，我都会检查木炭，看看我的钻石原料的表面有没有变亮一些，或者颜色变得暗淡一些。

我在尝试用葡萄汁酿造果酒时，似乎更为成功。某一年9月，我们房屋周围的野生葡萄获得了大丰收。大串大串的深紫色葡萄，长得非常密集，表面有一层绒毛，把葡萄藤都压得直不起来。我摘了几串熟透了的葡萄，放进母亲用来搅拌冷冻浓缩橙汁的红色塑料搅拌器。搅拌器顶部有一个同样红色的塑料螺旋盖。我用马铃薯绞碎机，把葡萄连皮带籽一起搅碎，装到这个搅拌器中。我的计划是制作红酒。我不记得当时有没有放酵母，好像没有。但是，我绝对把盖子旋紧了，然后把容器放在客厅的咖啡桌上，方便我观察。

很明显，我没有全程密切观察。因为我不记得塑料搅拌器什么时候开始鼓起，也不记得随着二氧化碳的累积搅拌器越来越鼓，直至变得像一幅漫画的整个过程。结果，有一天深夜，我和父母一起回家。我们打开灯，结果发现，在客厅的白色墙壁与天花板上，到处都溅上了深紫色的污点。有的仅仅是紫色的污渍，有的下面还拖着不规则的葡萄皮，就像潮湿的五彩纸屑黏在墙面上。果蝇欢快地到处飞舞，整个客厅里充满一股强烈的异味，好像是果酒的气味。在50年后的今天，这段痛苦的记忆仍然非常清晰！

⊙

柏拉图说："过去，很多人陶醉于花蜜，那是因为果酒还没有发明出来。"他说的花蜜其实是蜂蜜酒，或者叫发酵花蜜。蜂蜜酿制的酒可能是人类有意发酵的第一种含酒精饮料。（在书中看到古人爱喝花蜜，我们可以很肯定地认为，他们说的是发酵花蜜。）酒精发酵需要糖分，而甜甜的花蜜是蜜蜂提炼蜂蜜的原料，也是自然界含量最为丰富、最容易获得的糖分来源，至少在农业出现之前是如此。然而在蜂巢中，花蜜完全浸润在糖分中，所有生物，包括酵母菌，都不能生存。无论哪种微生物落入其中，体内的水分都会立刻被流体静压吸走。当然，这也是蜜蜂最希望的一种情况。但是，我（在桑多尔·卡茨的著作中）读到，蜂蜜一旦用水稀释，就会立刻发酵。

我很想知道制作蜂蜜酒是否真的非常简单，而且，如果蜂蜜酒不难制作的话，我很想品尝这种最早期的酒精饮料到底是什么味道。我的朋友威尔·罗杰斯在邻近小镇饲养蜜蜂，因此蜂蜜我唾手可得。不知道对我来说，这是幸事还是不幸。我每次去看他，他几乎都会送我一品脱蜂蜜，让我带回家。如今，在我的储藏室里，有一个储物架上已经挤满了坛坛罐罐的蜂蜜。威尔送给我的是一种非常普通但是非常美味的蜂蜜，是用各种各样的显花植物提炼出来的。在我们东湾，一年四季，每个月都有植物开花。

我拿出一个一加仑装的罐子，装上水，用来稀释威尔送给我的蜂蜜。蜂蜜重一磅左右，加入水与蜂蜜的比例为4：1。然后，我给罐子装上了气塞。这是一个软木塞，上面连有一截弯曲的塑料管。在塑料管弯曲的部位留有一些水，这样，氧气无法进入罐子中，但是二氧化碳却可以从罐中逸出。我每天都会检查这个罐子，看它是否在“滋滋”冒泡，是否有气泡逸出。但是，这罐淡黄色的液体似乎毫无生机，和伸展灯照射的木炭块毫无二致。

威尔建议我添加一些酵母，让它发酵。“橡木桶”的发酵友就是这样做的。“橡木桶”是本地一个家庭酿酒用品店，我的气塞就是从那儿买来的。听了他的建议，我有些心动。但是，与桑多尔·卡茨打过交道之后，我觉得利用本地酵母菌实现天然发酵的想法很有道理，因此，我给他发了封邮件，寻求他的建议。

桑多尔在回信中说：“如果要我给出不同建议的话，那么我认为最好先把盖子打开，让稀释过的蜂蜜在空气中暴露几天，同时要经常搅拌。等到产生明显的气泡之后，再加上气塞。”这个建议让我觉得通风似乎能刺激酵母菌，难道酵母菌的孢子在空气中或者就在蜂蜜里？

我希望诱发的酿酒酵母，具有一个异乎寻常的特点。这种微生物在有氧和无氧环境下都能充分发挥作用，但是根据所处条件，会运用完全不同的代谢途径。从进化的角度看，这种双轨新陈代谢是酿酒酵母培养的新技能。在大约八百万年前，显花植物（及其果实）尚未出现，酵母菌的始祖完全依靠有氧新陈代谢模式产生能量。有氧新陈代谢效率很高，所有的酵母菌都具有这个特点。但是，被子植物粉墨登场之后，酿酒酵母获得了新的代谢机能，可以在果实内部或花蜜深处等无空气条件下存活，而且一旦进入果实或花蜜内部，就可以将糖分转变成酒精。因此，酿酒酵母在竞争中获得了巨大优势。尽管这种新的代谢途径在产生能量方面效率偏低（产生的酒精燃烧后有大量残余），但是同时，这种代谢途径又具有相当大的优势：不仅大大拓展了酿酒酵母的生境，使竞争对手中毒，而且还能使自己受到某些高等动物的青睐，尤其是我们人类的青睐[①]。桑多尔就是根据酿酒酵母的这个特点，为我提出了上面的建议。

因为通过有氧代谢，酿酒酵母从食物中获得的能量最多，所以接触氧气是启动发酵过程的一个好办法。于是，我开始酿造第二批蜂蜜酒。先用 4 倍的水稀释蜂蜜，再把它放到厨房的台子上，不加盖子，放置几天。我通过阅读相关文献得知，酿造蜂蜜酒时，人们经常添加各种药草和香料。为了让蜂蜜酒带有一点儿酸味，人们会加入一些鞣酸。此外，还会加一些酵母菌所需的养分。于是，我在

① 在发酵用的糖分耗尽之后，酿酒酵母可以启用一种酶。借助这种酶，酿酒酵母可以凭借自己生产的乙醇维持生命。这是酿酒酵母的另一种了不起的能力。

碗里加入了一片桂叶、几粒小豆蔻、一个八角和几茶匙红茶。[过去，添加了这些药草与香料的蜂蜜酒被称作“香味蜂蜜酒”（metheglin）。]此外，因为担心里面没有野生酵母菌，我还从花园里摘了一颗熟透得胀开的无花果，放了进去。我想，这颗无花果里肯定有大量野生酵母菌。

我每次从这碗蜂蜜旁边经过时，都会用一把木勺子，使劲搅拌这罐蜂蜜，想方设法再引入一点空气。大约一周之后，我注意到液面上冒起了小气泡。一天一天过去了，气泡慢慢地变大，同时，也越来越猛烈了。能闻到一丝微弱的酒精味之后，我把蜂蜜倒进罐子，塞上气塞。第二天，我就看到一个大大的二氧化碳气泡，从气塞弯管的水中钻了出来。发酵开始了！我感到异常开心。

罐子里热闹的场面大约维持了一周时间。每隔几分钟，就会冒出一个气泡，然后沉静下来，很有节奏。如果晃一晃罐子，在接下来几个小时里，罐子里会充满生机，但随后，发酵活动又会恢复到原来的节奏，并且稳定下来。终于到了可以品尝的时间了。我拔掉气塞，往酒杯中倒了一些。杯中的酒色泽金黄，稍稍有点儿混浊，就像一杯没有过滤的浅色苹果汁。

我能闻到酒味和香料的芳香。酒在舌头上微微冒泡，味道就像热饮葡萄酒，甜甜的，有几分醇厚。看来，这就是香味蜂蜜酒的味道。我觉得挺好的。真的不错。只不过，好像有点儿太甜了，根本没有办法喝。肯定是因为这些野生酵母菌还没有完全发酵蜂蜜中的全部糖分，就先放弃了。

很明显，野生酵母菌经常这样干。野生酵母菌发酵的液态糖中，最多只会含有5%的酒精。“橡木桶”的年轻售货员凯尔·阿尔卡拉告诉我，酒精含量一到这个水平，酵母菌就会“撂挑子”。5%的酒精

（即10个酒精纯度）简直是自然界中发酵饮料的标准纯度。动物很少发生酒精中毒的问题，原因可能就在这里。此外，蜂蜜是酵母菌难以攻克的堡垒，这是因为蜂蜜里含有各种各样的抗菌化合物，可以防止蜂蜜变质。站在蜜蜂的立场来看，蜂蜜发酵就是变质。凯尔建议我，在制作下一批蜂蜜酒时，可以试试香槟酒酵母。他还卖给我一包。他说："我把它叫作'嗜杀酵母'。无论你用它来发酵什么，它都能干得很好。"

我对香槟酒酵母很好奇，也想试试。不过，坦白地说，在我制作蜂蜜酒时，这些本地野生酵母菌不讲任何条件，默默无闻地独立工作，为我无偿制作了一罐蜂蜜酒（这可是贝奥武夫[①]的必然之选），因此，它给我留下了极好的印象。这罐蜂蜜酒的酒精纯度确实较低，但是含酒精饮料都是这样。还没喝完杯中的酒，我就感到有点儿兴奋，感到一种柔和而愉快的轻松。这杯酒对于"橡木桶"的店员们来说没什么了不起，但却是我第一次亲手酿制的（不包括孩提时溅射到客厅天花板上的那些葡萄酒），因此我颇有成就感。

⊙

学会制作蜂蜜酒这样的食物，对于我们的祖先来说是一个进步，具有不可估量的意义。酒精不仅具有令人兴奋的特点（这个特点的确毁誉参半，但总的说来还是利大于弊，可以算是上天的恩赐。在这里我们暂且不讨论），还为早期的人类做出了大量的贡献。蜂蜜酒、啤酒和果酒含有酒精，能杀死这些饮品中的所有病原体（而且有的酒，例如啤酒，在酿造时还需煮沸，因此也能杀菌），所以比直

① 贝奥武夫（Beowulf），是北欧世界众口相传的英雄，在相继斩杀了三大怪兽后，获得了北欧英雄的不朽荣耀！——译者注

接饮用水更安全。因为酿酒工艺本身的原因，这些酒与原材料相比，营养更加丰富，不易变质，而且口感增强。很多发酵食品都具有这个特点。我用来发酵蜂蜜水的酵母菌还能产生维生素（B族维生素）、矿物质（硒、铬、铜）和蛋白质（各种酵母菌本身就是蛋白质）。有的人类学家认为，啤酒酿造工艺与种植业差不多同时出现；狩猎和采集可以保证饮食的多样性，而在农业早期，饮食则转为谷类和植物块茎的单一结构，因此营养有所下降，而酿造啤酒可以弥补这一缺陷。例如，啤酒中的B族维生素和矿物质，就可以弥补饮食结构中肉类的不足。

对于古代的人来说，酒精本身就有助于他们获得幸福，还能帮助他们保持健康。酒精富含热量和营养成分。与从不饮酒或者饮酒过量的人相比，饮酒适量（5%的蜂蜜酒就足以担当此任）的人寿命更长，多种疾病的发病率更低。造成这种情况的确切原因还有待探明，但是科学界现在一致认为，适量饮酒（无论是哪种酒）可以预防心脏病、中风、II型糖尿病、关节炎、痴呆和多种癌症的发生。相较于适度饮酒的人，滴酒不沾的人生病的概率更高，寿命也可能会短一些。

酒精对多种疾病有很强的疗效，在人类历史的大部分时间里，都是药典中最重要的药，几乎就是包治百病的灵药。酒精可以缓解压力，还可以消除疼痛，因此在历史上的大多数时间里都是人类最主要的镇痛剂和麻醉剂。（鸦片种植的最早时间可能是公元前3400年左右。）此外，很多植物性药物（例如鸦片）的化学成分十分牢固，需要利用酒精作为溶剂，才能为我们所用。事实上，在啤酒与果酒中添加各种对精神有影响的植物（包括鸦片和苦艾），曾经是一种常见做法。但是如今，除了仍然在啤酒中添加啤酒花以外，这个古老传统已经销声匿迹了。①

酿酒酵母为我们人类做出了巨大的贡献。如果这种酵母肉眼可见的话，人们可能会觉得，它比狗更有理由成为人类最亲密的朋友。一些研究进化理论的生物学家认为，酿酒酵母是人类驯化的第一个物种。他们利用DNA分析的方法，建立了酿酒酵母的进化树。从图中可以看出，一万多年前，由于受到人类选择的作用，酿酒酵母的几个（也可能只有一个）野生始祖分成了几种各不相同的菌系。在人类开始制作蜂蜜酒和果酒、酿造啤酒和清酒、烤制面包时，这些酵母菌进化成不同的品种，以充分利用人类这些活动带来的新机遇，即各种各样的生态龛，包括麦芽浆、稀释蜂蜜、葡萄渣等。几千年之后，酿酒酵母的各种菌系在自身特点、酒精生产（及酒精耐受）能力和口味等方面大不相同。引导这些酵母菌进化的"人工选择"过程，与人类把野狼转变成各种狗的过程极为相似，只不过前者发生的时间更早，而且是在不知不觉中完成的。

有些研究案例显示，酿酒酵母似乎与其他种类的酵母菌进行了杂交，目的是获取所需基因，充分利用人类的发酵活动。我们把讨论的范围放宽一些，考虑在寒冷条件下，利用麦芽浆发酵而成的色泽较淡、泡沫丰富的各种啤酒。气温低于15摄氏度时，酿酒酵母的大多数菌株都会潜伏起来。但是，有一年冬天，居住在巴伐利亚州的人们尝试在地窖里发酵啤酒，结果发现有一个新的酵母菌株在这种条件下长势旺盛。（现在，我们知道这是巴斯德酵母。）如今，人

① 在15世纪，德国的法律规定，啤酒花是唯一被允许的啤酒添加剂。有的现代啤酒酿酒师认为，这是人类在反对毒品的早期战争中取得的一次令人遗憾的胜利。在这之前，有些对精神有影响的植物一度被允许添加到啤酒中。而啤酒花是一种与大麻有远亲关系的镇静剂，与这些植物相比，它的药效相当温和。

们利用新的工具，对这种胃口极好的拉格啤酒酵母进行了基因分析，发现它体内有些基因来自有远亲关系的真贝酵母。接着，人们追踪到了巴塔哥尼亚，并在那儿的某种树皮上找到了真贝酵母[①]。于是，研究人员提出了一个假说：在哥伦布航海之后不久，这种耐寒酵母菌通过运木船或者酿酒桶来到了欧洲。这样看来，与西红柿、土豆和红辣椒一样，拉格啤酒是新大陆给旧大陆的又一个礼物，是“哥伦布大交换”（Columbian Exchange）的部分内容。

酿酒酵母表现出了非凡的创造力，可以充分利用人们对酒精的欲望，而且在不同批次的啤酒中不断传承下去。有的菌株通过在发酵酒精的容器或用来搅拌的木质工具上定居，使自己得以传承。在非洲有些地区，“酿酒搅拌棒”（brewing sticks）是珍贵的财产，因为人们认为神奇的发酵就是从用它搅拌麦芽浆开始的。的确，它就跟诺伊拉修女的木质搅拌桨十分相似，能够促使发酵活动启动。其他酵母菌（例如发酵麦芽啤酒的酵母菌）进化之后，可以漂浮到发酵液体的上部。因为酿酒师经常会从这一批啤酒的上部舀出一些酵母菌，用来开始下一批次的发酵，因此，它们更有希望搭个便车，前往下一场盛宴。大量酵母菌会聚集成团，然后附着到上升的二氧化碳气泡，漂到液面上，从而顺利实现自己的目的。当然，气泡这种运输工具也是它们自己制造的。

但是，酿酒酵母制造酒精分子，本来的目的是使敌人中毒，结果却发现（当然是无意识地），这些分子还可以把强大无比、富有创造力、经常走南闯北的智人，变成共同进化的合作伙伴。这个发现无疑为酿酒酵母提供了最为重要的进化方法。人类对酒精的欲望，

① 迭戈·利布金德等，“微生物驯化与拉格啤酒酵母野生基因血统的识别”，《美国科学院院报》，第108卷，第35期（2011）：14539–44。

变成了酿酒酵母的可乘之机。为了给酿酒酵母提供大量的液态培养基，我们重新配置地球表面的耕作面积，种植了无数的谷物和水果。在这个过程中生产出的海量可发酵糖分，足以维系这个极有事业心的真菌家族。

20世纪80年代，宾夕法尼亚大学一位名叫所罗门·卡茨的人类学家提出了一个引人注目的理论。他认为，人类之所以从狩猎与采集转而从事农业并定居下来，动机不是为了得到粮食，而是希望保证稳定的酒精供应。换言之，啤酒的出现早于面包。卡茨推断，人类喜欢上啤酒之后，靠收集种子、果实和蜂蜜来酿酒的做法无法满足他们的需要。这个假说很难证明，但是似乎颇有道理。早期农业面临工作量大和饮食结构简单的缺陷。与之相比，通过狩猎采集来获取食物，所需的时间与精力显然要少得多，但是人们却放弃了这种相对轻松的生活方式。卡茨的假说显然有助于解释其中的原因。在自然环境下，稳定的粮食供应比可发酵糖分更容易保证，因为糖分往往比较稀少，而且不易发现。森林中的蜂蜜有限，在这仅有的一些资源旁边，还有蜜蜂在严加防范。要保证全年都有足够的可发酵糖分供应，从事农业可能是唯一途径。酵母菌DNA分析结果表明，人类栽培菌株的历史至少不晚于谷类栽培，甚至更早。

对南美洲古人类骨骼进行的碳同位素分析，为啤酒早于面包的这个假说给出了一个令人浮想联翩的新证据。尽管早在公元前6000年以前，人类就开始种植玉米，但是对当时的人骨进行研究之后发现，没有证据证明他们的饮食中含有玉米蛋白质。这就说明，他们所种植的玉米在被食用时，不是以固体食物的形成，而是含酒精饮料。因为玉米酿制的酒中几乎不含蛋白质，所以在骨头中不会留下蛋白质的痕迹。看来，印第安人最初是把玉米制作成饮料的，后期才开始直接食用。

但是，现在的人无法得知他们当时是怎么把一堆玉米或者其他谷物变成酒精的。我们学习酿造啤酒的时候，都会为人们当初发明这些方法时表现出的创造力而惊叹不已。与酿造蜂蜜酒或者各种果酒相比，啤酒的酿造过程复杂得多，涉及很多步骤。查尔斯·班福斯是加利福尼亚州大学戴维斯分校的一名酿造学教授，受到过安海斯–布希基金会资助。他在上课时，喜欢先开个小玩笑："你们知道耶稣为什么表演把水变成果酒的神迹吗？那是因为啤酒要难变得多！"

玉米仁与很多禾本科植物的种子一样，也含有大量糖分，但是这些糖分的存在形式会被酿酒酵母加以利用。这些糖分被碳水化合物的长链紧密地捆在一起，小型酵母菌无法把它们分开。植物在发芽时需要种子中的糖分，因此，在发芽之前，种子必须保护这些珍贵的糖分，防止微生物破坏它。碳水化合物的长链可以有效地满足这种需要。但是某些酶可以把这些长链分解成简单的糖，然后进一步分解。最早的啤酒酿酒师发现，人类唾液中含有的一种酶，即唾液淀粉酶，就有这种能力。于是，他们先把玉米和其他种子嚼碎，利用唾液把它们混到一起，再吐到容器中，于是，这些种子糊很快就会发酵。（当时的人们对酒的欲望肯定非常强烈！）现在，南美洲的一些本地人还依靠这种咀嚼的方法，酿造吉开酒——这是一种含有玉米和唾液的啤酒。

毫无疑问，人们觉得这种方法不好。最终，我们的祖先找到了一种更好的方法，代替这种靠咀嚼谷物释放糖分的方法。他们发现，在加水磨碎之前，如果先让种子稍稍发出一点芽，麦芽浆就会含有发酵所需的足够糖分。这种方法叫作麦芽制造法，从本质上看，就是哄骗种子释放出自己的淀粉酶，把自身含有的碳水化合物分解成糖分，为（其实并没有长出来的）新植株提供营养。在酿造啤酒时，先让潮湿的谷物种子（通常是大麦，因为大麦中可发酵糖分与酶的含量很高）发芽。几天之后，酶被释放出来，并开始分解藏在种子中的碳水化合物，这时，将这些种子放到窑中烘干，用高温杀死大麦胚芽。

后来，这些麦芽制造师还发现，如果调整窑中烘烤的时间与温度，就可以利用褐变反应（例如美拉德反应、焦糖化反应等），调控啤酒的口感、香味和色泽。“橡木桶”长长的中央过道两侧，排列着一个个木质储藏箱，玻璃窗里展示了各种各样的麦芽。这些烘烤过的大麦种子色泽各异，从浅黄色到深褐色，应有尽有。它们散发出不同的香味，包括葡萄干、咖啡、巧克力、鲜面包、烤得很老的吐司、饼干、太妃糖、泥炭熏烤和焦糖的诱人香味。把常见的几乎没什么味道的禾本植物种子简单加工，就能制造出如此丰富的口味和香气，的确令人叹为观止。

⊙

但是，随着后期研究的不断深入，我发现酿造啤酒的方法千奇百怪，麦芽法仅仅是其中一种罢了。而且，不同的酒花，根据菌株的不同，也能产生不同的口感（辛辣味、果味、药草味、草味、泥土味、鲜花味、柑橘味或者冬青的味道）。而酵母菌可以增强或减弱啤酒中的甜味、苦味、果味或辛辣味。此外，发酵温度和时间也很重要。在 10 摄氏度以下，发酵 45 天的拉格啤酒口感新鲜、色泽较淡、泡沫丰富，而在室温下发酵 14 天的麦芽啤酒则更为柔和、醇厚。我第一次踏进“橡木桶”的大门，在看到制作啤酒要做出这么多的选择之后，我不由得目瞪口呆，接着掉头就走，什么也没买。

仅仅是啤酒而已，竟然如此麻烦！

第二次，我在“橡木桶”买了一个啤酒酿造材料包，并且在艾萨克的帮助下，酿造出第一批啤酒。我们选择了英式淡麦芽啤酒。材料包中包含了所有的必需材料，有麦芽（适合英式淡麦芽啤酒的水晶麦芽）、啤酒花（马格努姆、斯特林和卡斯卡特）、香醅料（卡拉威麦芽）和一袋啤酒装瓶时需要的浓糖溶液，因此，我们所有的问题都迎刃而解。但是，在买来的工具包中，麦芽是一种液态提取液（把大麦芽碾碎，用热水浸泡，变成“麦芽汁”，然后蒸发而成的一种甜甜的黑色糖浆），而酒花是一些浅绿色的小丸子。在凯尔为我打包时，我不由得想，利用材料包酿造啤酒是不是一种作弊行为啊？

一个星期六，我和艾萨克一起，利用一个下午的时间酿造啤酒。我发现，即使使用了材料包，酿造啤酒也非常有意思。艾萨克 18 岁，对啤酒有着浓厚的兴趣，在酿造过程中表现得非常认真。我和艾萨克都不精通酒精发酵，而且，酿造啤酒是属于“少儿不宜”的活动，所以我们的行为多多少少有些非法，但是，这一切都无伤大雅。自家酿造啤酒，往往父子一同上阵，这也是人们乐此不疲的一个重要原因。酿造啤酒时需要两个人，其中至少有一个人身强力壮（可以把 5 加仑的酿造锅和沉重的玻璃瓶端起来倾倒），满足这两个条件，才能很好地开展合作。在并肩工作时，你和一个青少年的对话就会轻松愉快。不过，艾萨克的母亲却不以为然。在和艾萨克合作的过程中，我听到了很多跟啤酒有关的内容，比我希望了解的都多，有的是酿造啤酒方面的信息，而跟喝啤酒有关的内容则更多。

根据“橡木桶”商店的方法，我们先用一个 5 加仑的锅烧开自来水，再倒进麦芽提取液，然后再加入马格努姆啤酒花，以增加啤酒的苦味。艾萨克用擀面杖把装在平纹布袋里的香酯料碾碎，然后把袋子放到锅中。袋子悬浮在迅速沸腾的麦芽汁中，就像一个大茶叶包。30分钟时间一到，我们就把斯特林啤酒花加到锅中。再过一个小时，我们把锅端下来，加入第三种啤酒花，也就是卡斯卡特啤酒花，目的是增添香味。我们把这锅水冷却到室温，通过一个过滤器倒进一个5加仑的玻璃瓶，再把酵母扔进去。整个过程，从头到尾，耗时两个多小时。坦白地说，跟利用现成材料制作蛋糕有点儿相似。现成材料有可能做出一个非常满意的蛋糕，但是，无论这个蛋糕多么美味可口，你敢说是你“自家制作”的吗？

不过，第二天早晨，我和艾萨克下到地下室查看瓶中的情况时，眼前的情形让我们异常兴奋。一夜之间，这一大瓶色泽与蜂蜜相似的液体，就发生了显著的变化，变得充满活力。厚厚一层脂沫浮在啤酒的表面，就像是长出了一个硕大的泡沫脑袋。透过玻璃瓶，我们能看到褐色的麦芽汁内部在缓缓翻腾，仿佛慢速播放的天气系统动态图。气塞中的那一小汪水正在疯狂地冒着泡，散发出英国酒吧那种潮湿的酵母气味，非常好闻。我对酵母菌和它们喜爱糖分的习性已经知之甚详，但是，看到地下室的这幅情景，我仍然情不自禁感叹酵母菌的魔力。

几天之后，发酵的势头有所缓解，房间里仍然充盈着从气塞中溜出来的香味，但是气泡的数量已经非常稀少了。麦芽汁也不像以前那么快地翻腾了，在玻璃瓶底部堆起了一些酵母菌和其他废物形成的灰白色冷却残渣。（几个世纪以来，英国不断为啤酒酿造做贡献。也正是因为历时几百年的沉积，古英语才能创造出如此丰富、浅显通俗的酿造术语：“冷却残渣”“麦芽汁”“添加酵母”“麦芽”“麦芽浆桶”，还有我喜欢的“喷射热水”。）根据原料包使用说明，我们可以在两周之后装瓶，因此，一个周六的上午，我和艾萨克一起，把玻璃瓶抬到我家后门廊，利用虹吸管，小心翼翼地把啤酒吸到一个个酒瓶中，然后用金属盖封装。瓶中预先放了原料包中的那包浓糖溶液，让啤酒在瓶中完成最后的发酵。在瓶盖的限制下，酵母菌产生的二氧化碳会形成气泡，分散在啤酒中。两周后，啤酒就可以饮用了。

我们酿造的英式麦芽啤酒非常不错。我是指，以我酿造啤酒的水平而言，它的味道相当好了，喝起来有啤酒的味道。艾萨克的品鉴能力比我强。他说："气泡还不够丰富，而且，啤酒花少放一点就好了。"相对于英式啤酒，我们的淡啤酒苦味略重了些，啤酒花的味道和气味都很明显。我们放了两整盒啤酒花，我都怀疑啤酒中还有残余的啤酒花。但是，随着时间的推移，啤酒越来越完美，酒花越发芳醇，麦芽味也越来越强烈。经过瓶中一个月的"预处理"之后，我觉得这些波兰淡啤酒已经酿好了，于是拿了一瓶冰镇的去"橡木桶"，找凯尔·阿尔卡拉进行专业评估。凯尔是位年轻敬业的酿酒师，脑后梳一束长长的棕色马尾辫，粗壮的前臂上有哥特式异教徒文身。他倒了一杯啤酒，先闻了闻，再对着灯光端详了一番，抿一小口，然后就盯着那杯啤酒，看了很长时间。

"第一次试吗？"凯尔的声音很低沉，但是透着友好，"应该说很不错。"他再次把啤酒端到鼻子前面，深深地吸了一口气。"但是，我最后感到有一点点不对劲。你感觉到了吗？闻起来有股新鲜的邦迪气味。对，就是这个味。"我也品了一小口，觉得他说的没错。酒中带有一股淡淡的化学制剂的气味，使人想到邦迪创可贴。"这是氯酚的气味。我想你在发酵时温度稍稍高了一点。哪怕略高几度都会有这种气味。"

⊙

有意思的是，适当的比喻竟然能彻底地改变食品的味道，让人觉得这种食品更加美味或者更加难吃。后来，我在品尝波兰啤酒时总是会想到邦迪。也许，把我们第一次酿造的啤酒叫作“强生淡啤酒”可能更为贴切吧。不过，我没有泄气。8 月份酿造的第一批啤酒的确有瑕疵，但是我把它抛之脑后，在那年冬天又开始酿造第二批。这一次要好多了，没有一丝医院的气息。但是，因为使用了配好的原料包，我仍然受到了“贝蒂妙厨”式问题的烦扰。因此，后来我真的有可能从头开始，自己动手酿造啤酒时，就迫不及待地抓住了这个机会。

有人告诉我，我的朋友肖恩 · 麦凯对自酿啤酒非常痴迷。肖恩 · 麦凯是位精神病医生，他的儿子是艾萨克的中学同学。我已经有几年没见过他了，但是我知道，他喜欢修修补补，捣鼓一些机械设备，都快到痴迷的地步了（他还喜欢弹吉他，因此用一些报废零件自制了功放和扬声器）。我听说他在自家的后院修建了一个酿造间，于是立刻给他打电话，请求在他下一次酿酒时担任他的助手。我确定肖恩 · 麦凯不会使用任何原料包。

肖恩 · 麦凯明显具有科学家那样的狂热。一个星期天的早晨，他连蓬乱的头发都没来得及梳理，就带我参观他的后院。他那双铁青色的眼睛里，闪烁着亲力亲为的激情。肖恩的几个十几岁的儿子早就对父亲的酿酒大业失去了兴趣，因此，看到又有人急迫地希望学习酿酒技术，这位酿酒迷感到异常高兴。在他后院搭建的批屋中，肖恩用钢铁搭起了一个高高的棚架，上面或高或低地放着各种形状的壶。这些壶的下面都有一个丙烷加热器，并且都连通到一个透明的塑料管上。塑料管上还有各种阀门和龙头。现场还能看到温度计、湿度计、装有消毒剂的罐子、水泵、过滤器、漏斗、各种玻璃瓶、气塞和装有丙烷的桶。我突然觉得，肖恩通过研究啤酒酿造，把自己在工程技术上的天赋与脑化学方面的职业兴趣有机地结合到了一起，同时找到了对这种职业兴趣加以有益改造的有效方法。

借助某种异常精妙的酿造软件，肖恩效仿爱尔兰的一种传统麦芽啤酒，设计了一个啤酒配方。出于某些不确定的原因，他把这个配方叫作“洪堡–斯宾格”。随着他在笔记本电脑中键入各种参数（麦芽、啤酒花和酵母菌的类型，温度，时间），软件就清楚地显示出啤酒成品在麦芽含量、甜度、苦度［以国际苦味值（IBU）计量］、原“麦汁浓度”及发酵终点“麦汁浓度”（溶解的固体含量）和酒精度等方面的情况。肖恩的整个方法（包括软件、计量体系和严格的消毒程序）与桑多尔·卡茨的截然不同。显然，肖恩根本不希望用自然发酵的方法酿造啤酒。

肖恩前一天就在“橡木桶”挑选了所需材料：各种各样的麦芽。在这些麦芽中，主料是一种叫作“玛丽斯奥特”的英式麦芽，辅料是少量的维多利麦芽、毕思琪麦芽、卡拉红麦芽（用来上色），以及几盎司烤过的大麦（即没有发芽的大麦）。至于啤酒花（肖恩自豪地展示了在后院篱笆旁边种植的啤酒花），我们准备利用美国戈尔丁给啤酒增添苦味（不能太苦，因为爱尔兰麦芽啤酒的苦味远低于英式啤酒），同时利用威廉麦特啤酒花增添香味。此外，我们还打算把这批啤酒一分为二，分别添加不同的酵母菌株：英式酵母菌和苏格兰酵母菌。肖恩建议我搬一瓶回家，放到地下室发酵，这样，我们就可以比较不同酵母菌在啤酒中的效果。这是（或者说类似于）一种对照实验。

要从头开始酿造啤酒，或者说进行“全麦芽”酿造，第一步是用热水（尚未沸腾）浸泡麦芽。在把碾碎的麦芽放到水中之前，我先品尝了一些。令人想不到的是，这些麦芽味道非常好，甘甜中带有坚果的味道，但是含有非常丰富的纤维素，就像早餐食用的高纤维麦片。浸泡了一个小时之后，酶把麦芽中的碳水化合物分解成易于发酵的糖分。我们站在麦芽浆桶（底部装有格栅的不锈钢桶）周围，观察浸泡在热水中的麦芽。肖恩问我至今为止有哪些酿造经历。对于我盲人摸象般的酿造经历，他没有表现出任何轻蔑之意，而是告诉我，开始时他也有类似经历。作为一位精神病医生，同时还是加拿大人，肖恩如此彬彬有礼的做派让我肃然起敬。

虽然浸泡程序使酿造工艺的时间增加了一两个小时，但是这道工序是我可以完成的。第二步是在泡熟的麦芽上喷洒热水，这项工作我也能胜任。肖恩打开麦芽浆桶底部的阀门，让带甜味的褐色浸泡液流进第二只桶中，然后，端起第三只桶，用开水从上往下浇到麦芽上，目的是将麦芽上所剩无几的糖分淋洗下来。开水从麦芽中流过，等到从底部的龙头淌出来时，仍然是温热的，不过颜色变成了明亮的黄褐色，还散发着香味。我再次尝了尝那些麦芽，几乎是索然无味了。

到这一步，甘甜的褐色麦芽汁就准备好了——总共有 13 加仑。肖恩在一个玻璃试管中倒进几盎司麦芽汁，然后又放进去一个比重计。比重计就像一个体积庞大的温度计，漂在液面上，可以测量麦芽汁的浓度，即“麦汁浓度”：溶解在液体中的糖的含量。麦汁浓度可以帮助酿酒师清楚地预计成品啤酒中的酒精含量。此时，比重计两侧的刻度表示“原麦汁浓度”为 10.50，正好跟软件预计的浓度相同。（根据这个软件，麦汁浓度降到 10.14 时，发酵就已经完成了。）

肖恩表示对这个读数很满意。接着，他在麦芽汁中插入一个铜质螺旋管，再把螺旋管连接到一个冷水管上。这个系统的作用是快速降低麦芽汁的温度。以最快的速度给麦芽汁降温，可以把细菌污染的危险降至最低。（添加含有抗生素的啤酒花也可以预防污染。）

在各个步骤的间隙，我们主要的工作就是四处查看锅中沸腾的情况，因此有很多聊天的时间。（当然也可以小酌一番，不过，当时是周日的上午，因此，我们还是选择喝咖啡。）我和肖恩谈了很多话题，谈到了家庭、工作和酿酒以外的发酵活动。他询问我的这本书的情况。我跟他说了我的基本思路，告诉他书中介绍的四个基本要素，与人们发明的把天然食材转变成美味佳肴的主要方法一一对应。

"那么，啤酒该放入哪个部分呢？"泥土。我解释说，发酵所利用的基本原理，与土壤中微生物完成的分解与创造过程是一样的。但是，我突然发现，实际上，啤酒酿造与所有四个部分都有关联。大麦首先要在火上加热，麦芽要放到水中煮，还要利用空气为经过发酵的啤酒充满二氧化碳。啤酒是包含所有四个要素的食物。我发现，这是啤酒理应给我们的一个启迪。

45 分钟之后，麦芽汁的温度降到了我们期望的 25 摄氏度。我们把麦芽汁分成两份，倒进两个大瓶子中，然后分别加入英式酵母菌和苏格兰酵母菌。为了给酵母菌透气，我们使劲地摇晃大瓶子，直到麦芽汁开始产生泡沫。然后，我们塞上气塞。从浸泡麦芽开始，近 5 个小时之后，我们完工了。我和肖恩抬起一个瓶子，放到我的汽车上。

⊙

在回家的路上，我一只手握着方向盘，另一只手扶着瓶子的瓶颈部。我突然想到了酿酒酵母。整个上午，我们一直小心翼翼，所有工作都是围绕这个肉眼看不到的单细胞生物。到目前为止，我听到好几位酿酒师都说酿酒酵母是“人类最亲密的朋友”。但是，我们在周末花了5个小时，就是为这种生物营造一个和谐安定的生活环境（一大瓶甘甜的褐色麦芽汁），因此，我觉得，如果说我、肖恩还有所有的发酵师是“酵母最亲密的朋友”，也同样贴切。

“共同进化”这个提法十分有道理，意味着合作双方都因为相互关系而发生改变。不难证明，由于我们人类根据酵母菌发酵各种培养基、生产出数量不等的酒精或二氧化碳的能力对酵母菌加以选择，因此，人类对酒（还有面包）的欲望帮助这些真菌重新确定了进化路径。但是，要让我们和这种酵母菌之间的关系符合共同进化的条件，这种改变必须是相互的。那么，我们能证明酿酒酵母也改变了我们人类吗？

我觉得我们是可以证明这个命题的。在我们改变酿酒酵母基因组的同时，酿酒酵母也在改变我们的基因组。为了大量利用酒精的能量（当然，还有酒精的其他用途），我们的祖先进化出可以解除酒精毒性的代谢途径。即使在今天，也不是所有的人都具有所需的基因。有的民族，因为肝脏不能产生所需的酶，所以代谢酒精的难度大于其他民族。对他们来说，酒精仍然算是有毒物质。不过，几乎可以肯定的是，自从我们人类大量饮酒以来，可以代谢酒精的基因携带者在总人口中的比例有所增加。与之相似，在牛奶供应充足的地方，例如北欧，成年后可以消化乳糖的人数也增加了。新的食物来源，需要特殊的基因才能加以利用。在这两个例子中，携带这种特殊基因的人，其后代人数比其他人多。

然而，酒精给我们人类带来的变化还不限于人类基因或者人体肝脏。在人类文化这个层面，酿酒酵母造成的影响可能更为深远，因为某种原因更难以清楚地描述。由于有利的文化习俗和价值观最终会影响繁殖成效，并因此在我们的基因上留下标记，所以很难清楚界定基因趋于稳定、文化随之改变（反之亦然）的准确时间。我们还没有完全了解，编写一部关于人类社会性、宗教信仰或富有诗意的想象力等重要品质的综合性自然史，需要包括哪些内容。但是，如果我们真的需要动手编写一部的话，酿酒酵母（以及能生产人类所需重要麻醉剂的其他几种酵母）将毫无疑问是主要角色。我们发展成现在这种状况，这种小小的酵母菌居功至伟。

酒可能是人类社会交往中最重要的麻醉品。酒的生产需要进行合作，消费时通常也是呼朋唤友、一起分享。古苏美尔人的绘画中有人们喝啤酒的描述，从中可以看到，人们三五成群，利用吸管从同一个细颈瓶啜饮。（早期啤酒的表面通常有厚厚一层死酵母菌、泡沫和漂浮的微生物残骸，因此人们通常用吸管啜饮。）人类学家告诉我们，在某些文化中，饮酒已成为一种社交礼仪。并且，与猎杀大型动物然后放到火上烹饪这种做法类似，饮酒有助于提升社会凝聚力。

的确，醉酒也可能导致侵略行为和反社会行为，因此很多文化对饮酒做出了周密的规定。尽管有些自相矛盾，但是，酒精的某些特性导致人们需要制定这些规则，这也是酒精为人类走向社会化做出的另一个贡献。

在归纳酒精对我们乃至全人类产生的影响时，我们需要解决的一个难题就是这种矛盾性：几乎所有关于酒精的说法都说得通，但是反过来说也没有错。酒精既能使人充满暴力，又能使人温顺听话；既能使人热情洋溢，又能使人漠不关心；既能使人口若悬河，又能使人闷不吭声；既能使人情绪高涨，又能使人沮丧消沉；既能使人精神焕发，又能使人昏昏欲睡；既能使人能言善辩，又能使人愚蠢可笑[①]。也许是因为酒精能影响多种神经通路，因此其效果因人而异，因群体而异，甚至因文化而异，具有显著的可塑性。《酒：当今世界最喜爱的药物》一书作者，英国人格里菲斯·爱德华兹说："不同文化中的酒后行为方式可能大不相同。"（说得非常好！）

爱德华兹认为，这种可塑性是酒被广泛用于娱乐消遣活动中的原因："无论是在玻利维亚，还是在塔西提岛，酒精中毒受到了所在文化明确的谴责、禁止。"如果把酒与其他毒品（例如，摇头丸或快克可卡因）进行比较，我们就能很清楚地看出来，与其他毒品相比，社会可以更为有效地引导和规范人们对酒精的反应，使酒更好地发挥社交功能，同时降低酒的危险性。

⊙

因此，如果编写一部人类社交活动的自然史，就必须把酒精的复杂性带来的影响纳入考虑范围。我觉得宗教信仰的自然史也同样需要如此。考古学家帕特里克·麦戈文认为："只需对古代世界或现代世界稍加研究，我们就能发现，人类祭拜神灵或者祖先的活动中都会用到酒精饮料，包括圣餐中的果酒、苏美尔人祭献给女神宁卡斯的啤酒、北欧海盗的蜂蜜酒以及亚马孙河或非洲部落的清药酒。"无论是在庄严肃穆的宗教仪式（例如圣餐）中，还是在极度狂热的宗教活动（例如祭拜狄俄尼索斯的仪式，犹太教普林节的庆祝活动等）中，酒一直是神灵存在的证据，是通往神域的途径，喝酒

① 贺拉斯在咏怀一个有45年历史的酒桶（可追溯至他出生的那一年）时，对酒的这种可塑性就有所暗示："无论你盛装的是牢骚还是欢笑，无论你包容的是争斗、疯狂爱情还是安静祥和的睡眠，你就是你，忠实的酒桶。"

也是举行宗教仪式的一种模式。根据宗教这种尤为特别的信仰，在我们可以感知的物质世界之后、之上或之内，存在着精神的第二世界。毫无疑问，这些信仰或多或少都得益于酒精中毒的体验。如今，我们仍然会举杯庆祝。如果不是乞求超自然的力量，那我们碰杯的动作又有什么意义呢？水或者牛奶不能实现这个目的，原因也就在于此。

在《宗教体验之种种》一书中，威廉·詹姆斯认为，酒是宗教体验的中心内容。“酒对人类的影响，毫无疑问应归因于酒可以刺激人类天性中的那些神秘能力。”詹姆斯说，“在清醒的时候，这些能力都会被冰冷的事实与直截了当的批评扼杀殆尽。清醒的状态会削弱、歧视并拒绝这些能力。而醉酒状态则拓展、联合并接受这些能力。事实上，酒就是个高效刺激物，使人类接受这些能力。”

也许，詹姆斯对于酒的作用过于乐观，而对酒的破坏能力又过于轻描淡写了。古希腊人祭拜酒神狄俄尼索斯，但是他们也一直清楚酒的这种矛盾性，了解酒有可能把我们变成天使，也有可能把我们变成野兽，酒赐给我们的可能是祝福，也可能是诅咒。矛盾性实际上已经触及狄俄尼索斯膜拜的实质。[①]古典学者瓦特·奥托在《狄俄尼索斯》一书中说，“果酒是一个奇迹”，但是，人们在膜拜狄俄尼索斯的仪式上喝得酩酊大醉，使整个仪式蜕变成一种疯狂的活动，这本身就充满矛盾性。这是因为，酒本身就兼具“创造的能力和破坏的能力”（引自尼采的话）。

结果，奥托自己最终也没能摆脱狄俄尼索斯的魔咒，他在书中说：“酒神拥有尘世的所有力量：生殖、养育与醉酒的狂欢，无穷无

---

① 狄俄尼索斯因为给人类带来果酒而被奉为酒神，但是，狄俄尼索斯获得赞誉，还因为他赐给人类啤酒和蜂蜜。

尽地赋予生机，以及一生当中必须经历的撕裂般的疼痛、临死时的苍白脸色与寂静无声的夜晚。”（看到这些句子，你可能会想到，狄俄尼索斯的狂欢并没有美好的结局，狂欢者在喝醉后回到酒神的身边，将他生吞活剥了。）“酒神就是狂欢的化身，萦绕在每一次怀孕、出生的过程之中，狂热不羁，随时准备迈向毁灭与死亡。”

再来一杯？

狄俄尼索斯给我们带来的葡萄酒，必然消融阿波罗光芒四射、庄严肃穆的荣耀，使毁灭与创造、物质与精神、生与死之间清晰的界线变得晦涩不明，也使得荣耀的概念变得模糊不清。狄俄尼索斯的吸引力掌握了“尘世的力量”，使我们又回归为一钵黄土。然而，创造的过程正是始于这一钵黄土，在这一片死寂的大地上长出美丽的鲜花（存在形式！），新的生命从腐败的泥土中孕育而出。

我心潮澎湃，在《狄俄尼索斯》书页的空白处潦草地写下我的感悟：“就像发酵一样。”古希腊人无法通过科学方法理解发酵过程（等到路易斯·巴斯德发现引起发酵现象的微生物后，科学才能解释这一现象），但是在我看来，他们对发酵的理解同样深刻。他们把葡萄捣碎放入大瓮中，观察浅黑色的葡萄汁在他们归因于狄俄尼索斯的转化力作用下，开始沸腾、呼吸，开始孕育生命。他们在饮用通过这种神奇力量酿成的葡萄酒时，感受到这股转化的力量对他们思想和肉体的作用，仿佛这种液体正在发酵自己：把注意力从肉体转向精神，着重强调每天的体验，用新的眼光看待司空见惯的事物（新的隐喻）。狄俄尼索斯式的发酵魔力一度为自然和人类灵魂所共有，两者相辅相成、互为诱因。

尼采认为狄俄尼索斯式的酒精中毒是“自然压倒了心灵”，但是，对尼采来说，乃至古希腊人，酒精中毒并非简单的小事或者单纯的放纵，而是某种创造力的源泉。这个观点使我产生了撰写第三部自然史——诗歌自然史的想法。在这部自然史中，酿酒酵母必将写下华丽的篇章。

几个世纪以来，诗人一直在致力于告诉我们一个事实：喝酒能引发隐喻。两千年前，贺拉斯说："不喝酒的诗人无法写出流传千古的诗篇。"我们为什么不愿意相信这些诗人的话呢？也许是因为我们接受了笛卡尔的理念，认为酒是一种单细胞酵母菌的产物，与人类的意识及艺术不可能有任何关系。受这一理念的束缚，我们认为：物质就是物质，精神就是精神，两者不可混为一谈。

尼采说："艺术的存在，所有美学活动或美学感知的存在，都必须在生理上具备某个先决条件：醉酒。"人们可能会提出不同看法：尼采是在打比喻，他所说的醉酒是指一种精神状态，未必一定真要喝酒。我们承认，我们可以通过其他的、非化学的方法，实现这种异乎寻常的意识状态。[1]但是，我们总是使用这个词（醉酒）来打比喻，这又是为什么呢？也许是因为醉酒是这种异常意识状态的模式，或者模式之一（梦应该是另一种模式）。而且，实现这种异常意识的最快、最直接的途径就是醉酒，而在人类历史的大多数时间里，醉酒最容易的方式就是饮用酿酒酵母生产的酒精。

拉尔夫·沃尔多·爱默生认为，诗歌"不仅是人类的才智，还有花蜜熏陶的才智"。换言之，在狄俄尼索斯的精神打破了阿波罗对理性思维的枷锁之后，新的感知与隐喻就应运而生了。"人们在旅途中迷路后，会把缰绳放开，靠马的本能来找到归路。我们也一样，应该信任酿酒酵母，让这些神圣的生物带着我们周游这个世界。"缰绳

---

① 或者至少是非外部化学方法。沉思、禁食、冒险或体力透支都会对意识产生影响，谁能知道其中的原理呢？

很重要，甚至必不可少（就像诗歌的音步一样），但是，如果诗人没有动物的这种本能，就不会写下精妙之作。“能够刺激这种本能的任何方式，都会为我们开辟新的通途，让我们走向自然……诗人热爱果酒、蜂蜜酒、致幻剂、咖啡、茶、鸦片、檀香和烟草的香味以及其他令动物兴奋的所有东西，也是由于这个原因。”诗人要用诗歌的修辞来表现日常生活，对他们来说，酒精这样的东西就是个非常有效的工具。

塞缪尔·泰勒·柯尔律治是爱默生年轻时候的偶像，有服用毒品的习惯。柯尔律治曾经描述过某种他称为“次级想象”的心理活动。他认为，次级想象是某些诗歌创作的源泉。他在书中说，次级想象是“为了重新创造而进行溶解、扩散和消除”的能力。这个概念是指通过心理扭曲的方法对普通认知获得的已知事实进行想象，可以在任何艺术形式（包括抽象画和爵士乐即兴表演）中构建浪漫主义。如果不参考醉酒的体验，柯尔律治的转换想象概念真的可以理解吗？[①]至少诗人们认为，无论是通过绽放的鲜花还是通过肉眼不可见的微生物，只要让我们为自然所倾倒，都有助于突破陈腐的看法，形成新的视角。酿酒酵母对诗人的想象到底做出了多少贡献，我们可能无法精确统计，但是可以肯定的是，这些酵母做出的贡献一定不小。不是吗？

① 关于浪漫的想象与醉酒方面的内容，可参见戴维·兰森的重要论著《关于毒品》（明尼阿波利斯：明尼苏达大学，1995），以及他于1999年4月29日在弗吉尼亚大学做的“赫斯家族演讲”。还可参考我的《植物的欲望》（纽约：兰登书屋，2001）一书。在该书介绍大麻的章节中，我讨论了植物毒品与艺术的关系。

⊙

说了这么多醉酒的内容，我很想尝一尝我的自酿啤酒了。但是，我的爱尔兰麦芽啤酒还在地下室发酵呢。测了麦汁浓度（10.18）之后，我知道还得再等几天。（要想酿造出美味的啤酒，矢志不渝的耐心等待是关键。）我手头上可以喝的酒是那坛天然蜂蜜酒。上周，我重新发酵了那坛酒，希望降低甜度，同时提高酒精度。香槟酒酵母是酿酒酵母的一个菌株，多年来，因为它的超强生命力、酒精耐力和异常强的二氧化碳生产能力（二氧化碳对于制作香槟酒来说非常重要），因此在自然选择中得以生存下来。之前，凯尔警告我，装麦芽汁时必须使用牢固的弹簧瓶盖或者香槟酒专用酒瓶，因为香槟酒酵母有可能把普通啤酒瓶的瓶盖冲掉。

我的地下室里已经发生过一次爆炸。在爱尔兰麦芽啤酒发酵的第二天晚上，午夜时候我被响亮的爆炸声惊醒。我们这个城市在夜间经常会响起各种莫名其妙的声音，偶尔还会发生地震，因此，我当时并没有多想。但是，等我第二天早晨到地下室查看的时候，发现整个瓶口都炸掉了。气塞不见了，我听到的爆炸声肯定是气塞碰到天花板发出的声音。大量燕麦片色的泡沫正从瓶颈慢慢地冒出来，正上方的白色天花板上溅射的褐色的麦芽汁，留下了不规则的斑。我暗暗提醒自己，一定要告诉父母，这次跟我上次制造的爆炸没有多少不同。

两周前，我在低酒精度天然蜂蜜酒中撒上了嗜杀酵母。由于发酵现在是在密封环境下进行，看不到气泡从气塞中通过，因此，没有办法探明瓶中的情况。但是，我推测，真要发生什么的话，现在已经发生了，因此，我冷藏了一瓶。等我打开弹簧瓶盖时，瓶子发出了悦耳的声音——砰！一小股冷气逸出，然后蜂蜜酒开始冒泡，漫过瓶口。把酒倒进酒杯时，我就感觉香槟酒酵母已经发挥作用了：酒的颜色淡了一些，但是变烈了很多。通过测量最终浓度，我计算出酒精度已经上升并超过 13% 了。

蜂蜜酒中几乎不含水分，泡沫非常丰富。味道真的有点像香槟酒，但显然又有所不同：酒中有明显的蜂蜜味，有无花果、甜香料的味道，还有一些我以前没有注意到的味道，应该是花的香味。这样的酒，已经超出寻常的酒，应该说味道相当好。而且，酒劲儿还很大。这杯酒还没见底（杯底残余一些白色粉末状香槟酒酵母），我就感觉到全身上下涌起一股暖流，一丝醉意仿佛早春的和风轻轻拂过，真是无与伦比的感觉。但是接下来，无论怎么喝，你就再也不会有这样的感觉了。

其实，你还是你，坐在厨房的桌子边没动，一切都没有变化，但是，你会觉得所有的东西都略有不同，看上去有点儿模糊，似乎变大了。通过喝酒来振奋精神，不一定能给我们带来一些真正有价值的东西，或者说值得留存至酒醒后加以考虑的东西，但是它确实会帮助我们摆脱世俗的束缚，以更丰富的视角来观察生活，尽管这种作用不会持续很长时间。

我翻来覆去地考虑柯尔律治的那番话，把想象看成“为了重新创造而进行溶解、扩散和消除”的某种心理基本法则。很明显，柯尔律治讨论的是酒精使人兴奋这个话题。但是，按照柯尔律治的理解，想象与发酵过程之间有什么联系呢？这两者之间的联系，柯尔律治好像没有看出来（你能看出来吗？），现在却猛地出现在我的脑海中。发酵这种生物能力，其目的与想象的目的毫无二致。作为创造新事物的必要前提，通过“溶解、扩散和消除”已有的东西，改变自然界中的普通材料。除此以外，发酵还有别的目的吗？因此，发酵就是自然界的次级想象。

嗨，前面我告诉过你，我刚刚在喝酒。现在头脑清醒多了，但是，即便如此，我也很疑惑，不知道这中间是否有什么东西，比如说隐喻，值得我们反复推敲。我们可以这样想：酵母菌分解简单植物糖的基本成分，创造出非常有用的东西（更复杂，象征意义更丰富），同样，柯尔律治的次级想象也可以分解普通体验或意识的基本内容，以便创造出有想象力、象征意义更丰富的事物：宛若烈性葡萄酒的诗歌，而在此之前，创作成果是普通果汁——散文。不过，想象与发酵这两种现象并不仅仅是彼此相似、没有交集。实际上，两者确实形成了交集：酒精在两种现象中都发挥了重要作用，在生物发酵中是最终产品，在想象力发酵中是主要的催化剂。酵母菌利用糖分生产酒精，与之相似，酒精会对普通意识发生作用。酒精使我们兴奋［所以喝醉酒的人说：I'm pickled（我头都喝大了）。"Pickled"的意思是"腌制的"（食物），在口语中可表示"醉的"］，让我们产生……嗯，哪些想法呢？啊呀，五花八门，什么都有。大多数蠢不可及，漏洞百出，很快就会被忘记。但是，酒精引起的心理发酵偶尔也会冒出一个神奇的气泡，帮我们想出一个好主意或者给我们一个暗示。

比如，上面这些想法就是我酒后想到的，现在写下来作为一个重要证据吧。

后 记

手心中的滋味

一

两周后的星期天上午，我把那坛洪堡斯宾格酒搬回肖恩家，然后和他一起，把这10加仑的酒分装到酒瓶中。肖恩还不嫌麻烦，从网上找了一个维多利亚英式啤酒的标签，然后利用图形软件，把代表原产酿酒师姓名的那些字母，逐像素换成代表我们自酿啤酒的缩写字母。

我们利用虹吸管，小心翼翼地把这些新鲜的啤酒吸进啤酒瓶，然后加盖密封。这时，我不由得想，这些啤酒是否卫生啊？两个俗务缠身的成年人，百忙中挤出时间，利用两个周末，制造出只需几美元就能轻松搞定的东西。（如今，超市中也可能出售优质的“手工”啤酒。）我们辛辛苦苦酿造的啤酒，质量可能根本比不上商场出售的那些啤酒，那么，为什么我们还要费这番周折呢？

如果说自酿啤酒（或者自己烘烤面包，或者自己发酵德国泡菜或酸奶）纯粹是为了实践，理由并不充分。是为了省钱吗？每天自己做饭肯定能省钱，自制面包也有可能省钱，但是自酿啤酒需要花钱购买设备，因此产量必须足够大才会划算。那么，我们到底是为什么呢？我想，一个原因是验明自己是否可以完成这项工作，但是，在制作出第一批质量可以接受的啤酒之后，这个理由就会使你失去动力。不过，如果你真的取得了第一次成功，你就会发现，你现在可以送给他人非常特别的礼物——自酿啤酒（或自制泡菜、面包）。在制作这些食品的每一个动作背后，都显而易见地凝聚着你的慷慨大方。这时，你会感到更加由衷的满足。

此外，在学习日常生活中某个东西的制作过程时，如果突然发现竟然远非想象的那么简单（或者复杂），你会觉得这是一大乐事。的确，我可以从书本中找到酿造方法，也可以参观啤酒厂，观察酿造过程，但是，要想更深入地了解，就只能通过自己动手，全身心体会复杂工艺的细节、方法和原理。这样，你最后得到的就不是抽象概念或者书本知识，而是切实无疑的第一手知识。我觉得这是一种形象具体的知识。比如说，你用鼻子闻一闻，或者用手指摸一摸，就知道生面团是需要再揉一次，还是已经可以上炉子烤了。学会亲手烘烤面包或酿造啤酒后，在幸运地碰到一杯优质啤酒或者一片美味面包时，就可以更深入地欣赏（这种感觉太爽了！），而不会认为这道美味理所当然，也不会装腔作势、胡乱评论。

而且，学会这些知识后，我们可以暂时摆脱我们习以为常的身份，不再专门生产某一种产品（为了谋生在市场上出售的商品），也不再被动地消费其他产品。我发现，这个变化能给我们带来更大的乐趣。在我们赖以谋生的产品是抽象的文字、想法和“服务”时，如果有机会生产一些有意义的物质产品，生产一些直接有助于你

（以及亲朋好友）维持身体需要的东西，那么你就更会欣然接受，乐意投入少量（甚至大量）时间。在当今社会，只要不在睡觉，我们就把大量时间用在看电视这样毫无意义（至少可以说意义不大）的活动上，而恰恰就在这个历史时刻，我们对各种亲力亲为活动产生了尤为浓厚的兴趣。我认为这不是巧合。看电视时，我们五种感官的其他四种以及整个右脑就会觉得无所事事，而亲力亲为活动就能很好地缓解这种感觉，因此是治疗这种茫然无措感的良药。

自己动手，总会让人觉得朝着自力更生、无所不能的境界迈进了一步，即便只是小小的一步。人们总是说，所有人都自己烤面包、酿啤酒，效率会非常低。从常规意义上看，可能确实如此。而说到效率，专业化却有明显优势。正是因为专业化，查德·罗伯逊可以凭烤面包谋生，而我可以靠写作糊口。的确，我们不管产品是谁生产的，直接买来以满足日常需要，这是一种既省钱又省事的做法，但是，这种生活方式需要付出一些代价，尤其在增强能力与提升独立性方面更是无所作为。我们重视能力和独立性等美德，而这些美德，除了有可能暗示现代消费者资本主义存在某些问题以外，与现代消费者资本主义所强调的效率绝对没有任何关系。

在经济学家眼中，我们担任了多重角色，而“消费者”毫无疑问是其中最谈不上高尚的一个。“消费者”一词意味着索取，而不是付出。这个角色否认了依从关系，在全球经济的环境中，还在一定程度上意味着对我们所消费产品来源的无知。该产品是谁生产的？产地在哪儿？生产材料是什么？是如何生产的？从经济与生态的角度看，我们与处于远方、我们依赖其供应食物的那些人之间的联系，已经变得十分疏远、脆弱，因此我们无法了解这些产品，也无法了解这些产品与我们，乃至与整个世界之间的关系。难怪人们会认为，一瓶啤酒不过是一件“产品”而已，是由一家企业、一家工厂在某个地方生产出来的。的确，在这种情况下，人们产生这样的想法完全合乎情理！

酿造啤酒、制作奶酪、烤面包、炖猪前胛，目的是强力提醒自己这些食物不仅仅是产品，甚至不能算是简单的“实物”。实际上，大多数在市场上作为产品出售的商品，代表的是人们之间错综复杂的相互关系，同时也是我们自己与我们仍然赖以生存的其他物种之间的关系。饮食以特殊的方式使我们与自然界建立了某些联系，但是，由于工业经济体制复杂模糊的供应链，我们逐渐把这些联系抛之脑后。自己酿造啤酒，足以让我想起，瓶中啤酒的原产地不是某家工厂，而是大自然，是野外翻涌麦浪的麦田，在棚架上蔓延的啤酒花藤，和默默地发酵糖分的微生物。这瓶啤酒是植物、动物和真菌等三界精心安排、团结协作的产物。偶尔亲自动手，不仅仅是摆弄摆弄大麦，闻一闻啤酒花及酵母的芳香，同时还是一种仪式，是值得回味的周末活动。

只要我们想起这些关系，眼前的世界就会变得熠熠生辉（同时也更加纤毫毕现）。漫长的进化时间可以把这些关系一一展现在我们眼前，而周日邻家小院里几个小时的活动也能让我们管中窥豹。我的脑海里呈现出麦苗（大麦）、酿酒人（智人）和神奇真菌（酿酒酵母）三者之间的关系：他们相互配合，创造出令人醉醺醺的新分子，当然还有通过发酵从麦粒中萃取出的其他神奇化合物，因此，当啤酒在我们舌尖流淌时，我们会情不自禁地想到很多东西，想到新鲜面包、巧克力、坚果、饼干和葡萄干。（偶尔还会想起邦迪。）同所有我们称之为烹饪的转换形式一样，发酵也是改变自然的一种方式，除了给我们带来食物以外，还使我们的生活绚丽多彩、富有意义。

二

通过半正式的厨艺学习，我勉强掌握了一些烹饪方法。在随后的一年左右时间里，有的烹饪方法在不知不觉中进入了我的日常生活，有的只是在特定场合才会使用，还有的则已经淡忘了。有的东西学会了之后，你的兴趣就结束了，而有的东西学完之后，你会发现非常适合你的性情，与日常生活的节奏非常吻合，于是你就会乐此不疲。结果如此不同，实在是非常奇妙。动手做一些新的尝试，也是加深对自身的了解。人们乐意下厨，这也是原因之一。

在所有的烹饪方法中，我体会到焖是最费时间也是最适合长期使用的。我们可以练习刀功，（克服切洋葱时的畏惧心理，）尝试着把菜市场上能买到的所有食材扔进焖锅中慢火焖煮。这种烹饪方法改变了我们的饮食，尤其适合寒冷季节。下班回家后的晚饭，在不久之前还是颇为棘手的问题，现在只需在周日利用半天的时间就可以轻松搞定了：把一堆堆的洋葱、胡萝卜和芹菜切成细丁，用文火慢慢地焖；同时，切一小刀肉，上好色；接着，所有东西一起，加上果酒、原汤或者水，焖上几个小时，期间无须看管。这样，不仅几个工作日的晚饭问题得到了解决，而且与以前周二、周三的晚饭相比，现在的饭菜要可口得多，使人食欲大开（而且成本不高）。

我必须承认，我在烧烤方面拥有不错的技术，树立了一定的信心（但愿这个说法不会有损“烧烤”一词的神圣性），是得益于和烧烤大师们相处的那些时间。有时，我甚至会用木柴做晚饭。我会花一些时间，把一根根木柴烧得红红的，然后在上面放上肉或鱼。在用火做饭时，我通常会比以前更小心，做出来的菜也更嫩更有味道，因此，多花点时间也是值得的。但是，在工作日做晚饭时，由于时间紧，所以我还是会打开燃气烧烤炉，用大火快速烤熟肉片。

但是，我们每年都会在秋天进行一次烤全猪活动，这是我在北卡度过的那段时光留给我的意想不到的传统。在遇到埃德·米切尔和琼斯一家之前，我从来没有想过会在前院整烤动物，更不用说为之忙乎不停了。而现在，我却乐此不疲，尽管整个过程有很多人参与。其中，朱蒂丝、艾萨克、萨曼和老朋友杰克·希特（一位业余烧烤大师）都发挥了重要作用，另外，在文火慢烤的漫漫长夜中，还有一些人会主动上门照料炭火。11 月初，我会从尼卡西奥的农户马克·帕斯特纳克那儿联系一头猪，然后在一个周五的早晨，和杰克或者萨曼一起开车，把猪运回来。到了下午，我先把猪肉调好味，生起柴火，然后和杰克一起，把猪抬到烧烤坑上，开始长达 24 小时的烧烤工作。

烧烤坑已经进行了几次改造，加装了结实的铸铁烤架，还装了一个半球形钢制框架（这是妹夫查克·亚当斯送给我的，虽然他自己的饮食习惯遵守犹太教的教规）。我们在这个框架周围裹上厚实的锡箔和油画布，做成一个密封性极好的炉子。这样，虽然整个结构看上去像是老土的宇宙飞船停在院子里，但是隔热性非常好，几个小时都不用添加木炭。（当然，我们也不反对在夜间使用一些“金思福特”烧烤木炭，这样我们能多睡几个小时。）我们在烧烤炉的温度计上连接了五六个探头，监测烧烤坑与猪肉的温度，把炉温控制在 200 华氏度以下。周六，我们还会准备配菜和主食（卷心菜丝、米饭、蚕豆和玉米面包）。这时候，亲友邻居们闻到烧烤的烟味和诱人的肉香，都会蜂拥而至。一整天，院子里都人来人往，好不热闹。

通常到了周六傍晚，温度计的读数显示猪肉的内部温度接近 190 华氏度，说明已经烤熟了。客人们也刚好到齐了。大家围成一团，我们把盖子打开。可以看出来，猪的体型明显小了不少，但是呈现出漂亮的颜色，同时散发出阵阵的香味。接下来，好戏上场了。杰克把猪肉拆下来，在木质大砧板上切块、调味，而我则施展从埃德·米切尔那儿学来的技术，把肉皮放到燃气烧烤炉上，翻来覆去地烤。随后奇迹发生了。突然之间，那一片片强韧的肉皮变成褐色，近乎透明，表面上冒起一个个泡。脆皮烤好了！我们把热腾腾的猪肉和美味的肉皮混到一起，让大伙儿自己做三明治。那美味的三明治，真的令人难以忘怀！

整个活动工程特别浩大，每年我们都发誓这是最后一次，但是这个传统至今也没有结束，估计还将继续进行下去。当初，我们是抱着尝试的目的，而现在这项活动已经变成了一个传统，而传统历时越久，就越难抛弃。夏天还没过完，人们就开始打听下一次烤全猪的活动时间了。他们已经习惯了，在等着那一天到来呢。对于朱蒂丝来说，这项活动最有意义的地方不是招待客人，而是大伙儿一起，为举行一个特别活动齐心协力地做前期准备工作。而对于我来说，烤全猪不仅意味着与杰克等人一起忙活烧烤、从那位农场主那里买猪，还意味着与更多亲友欢聚一堂，意味着与烧烤文化的亲密接触。

在公共场合烧烤一整只动物，总会给人宗教仪式那种庄严肃穆的感觉。之所以有这种感觉，可能是因为动物有强烈的提示作用，让我们在吃肉时联想到祭献，也有可能是因为五六十个人围在一起烧烤、分享同一头猪，这样的场景比较震撼人心。人们聚集到一起，形成一个关系融洽的集体，虽然仅仅持续了一个夜晚，但是有力地证明了烹饪的号召力。难道不是吗？在威尔逊的那个下午，埃德·米切尔就说了这样的一番话：“这道菜蕴含深刻的意义。不过，不要问我到底有什么意义。”

我和艾萨克商量，我们自己酿制啤酒，为明年的烤全猪做准备。也许，时间上来得及吧。但是坦率地说，我们可能要等到艾萨克偶尔从学校回家时，才有机会自酿啤酒。不过前几天，在打开冰箱拿啤酒时，我没有拿“内华达山”啤酒，却径直拿起了我自酿的“波伦”牌淡啤。我一下子意识到，我们酿制啤酒的技术有了长进。（尽管我们酿造的洪堡斯宾格酒，味道不是很好。我和肖恩认为是啤酒花放得不够，因此麦芽发酵不充分。）而且，尽管我只是偶尔动手酿造啤酒，但是我对啤酒有了更深刻的理解，知道好啤酒是什么样的，因此比以前更喜欢喝品质上佳的啤酒了。

显而易见，烤面包已经在我的生活中永远占据了一席之地。尽管不是天天如此，但是每个月我总会烤几次，而且每次都感到身心愉悦。这种情况，我在以前想都没有想过。我发现，待在家里面写作时，烤面包这项活动很容易融入节拍。每工作 45 分钟，我就会站起来，翻一翻面团（再闻闻气味，然后尝尝味道）。烤面包更容易让人感受到家的温馨，因此到了周六，我就会烤上几片，来朋友时就用来招待客人，没有客人时就我们自己吃。酵头像宠物那样，每天都需要悉心照料、喂食，因此，很长一段时间里，这项工作让我觉得束手束脚的。不过，前不久，我学会了冬眠储存法，可以让酵头连续冬眠几个星期的时间也不会出问题。先给酵头喂上大量的食物，过一两个小时之后，再加入足够多的面粉，把酵头变成干干的面粉团，然后丢进冰箱，就再也不用管它了。准备做面包时，提前几天把酵头从面团里挖出来，每天喂食、搅拌两次，使酵头“苏醒”过来。我每次从冰箱里拿出酵头时，看到它灰蒙蒙的，没有一点生机，还散发出酸味，就觉得酵母真的死掉了。但是，在悉心照料几天之后，酵头又开始冒泡，气味也变成了苹果的芳香，于是，我又重新操起了面包师的行当。酵头竟然可以以这样的方式多次使用，这让我长了见识。桑多尔 · 卡茨使用“文化复兴”（cultural revival，语义双关，亦可指“酵母菌复苏”）这个意味深长的术语来表示这个过程。与此同时，我做面包的水平也越来越高，但是看到烤炉里面包膨胀得很厉害的样子，我依然会异常开心。

三

我学会了利用微生物将天然材料变成美食的多种方法，每个方法都意味着与世界相处的不同方式，有的比较和谐，还有些则不是非常友好。烧烤师傅们在公共场合表现他们用火烹饪动物的技艺，厨师则在家里的锅灶中把各种芬芳的植物调制成美味佳肴。在我的生活中，这两种烹饪方式各司其职，前一种用于一些特殊场合，而后一种则用于普通场合。不过，我得承认，在所有这些烹饪方式中，最令我感兴趣的还是发酵。

这也许是因为发酵与园林艺术有很多相似之处，与我的性格非常吻合。与园艺师一样，酿酒师、面包师、泡菜师和奶酪师的工作都像是与自然之间的生动对话，把带有利益诉求的各种生物做成餐桌上的美味。要成功地掌握这些烹饪技术，就必须了解并尊重这些生物的利益诉求。我们能走多远，完全取决于我们与这些生物在利益诉求方面的一致程度。桑多尔 · 卡茨、诺伊拉修女、查德 · 罗伯逊以及所有我结识的发酵友都告诉我，技巧永远只能起到部分或者暂时的作用。我曾经赞誉一位奥克兰酿酒师酿制的黑啤，但是他却回答道：“兄弟，酿造这些啤酒的不是我，而是酵母菌。我的工作只是把酵母菌喂养好。我把这个活儿干好之后，它们会完成其余的工作。”

但是，从另一种意义上也能看出来，发酵是需要协作完成的工作。为了完成这项工作，我接触的发酵友非常多，远不止前文中提到的那些人。这些酿酒师、奶酪师、泡菜师和面包师们，人数众多，就像无数的酵母菌与乳酸杆菌，平时在默默无闻地工作着，在我决心向他们学习技艺时，他们似乎一下子就出现在我面前了。（所有的物种都无处不在。）每一种发酵艺术都要依赖于微生物文化与人类文化，这两种亚文化缺一不可。我本来以为，现代食物链的工业化生产（及巴氏消毒法）早就已经击垮这两种文化，但事实上，它们依然充满活力，潜伏在我们身边，就在我们眼皮子底下。一旦条件合适，或者在人们产生疑虑之时，它们就会卷土重来。

在我看来，人们自发形成各种团体，不时地聚集到一起从事这种毫无意义的活动，其中最大的乐趣可能就在于此吧。我发现，发酵发烧友通常都非常乐意分享他们的知识、配方和酵头，原因可能是因为他们从微生物身上学会了谦逊，也可能是因为他们知道，所有文化必须依赖于一代一代的历时性传承，才能得以维系。原因还可能是因为，当今时代食品行业实行批量生产、工业化消毒，这些后巴斯德人觉得自己不属于主流，因此产生了一种孤独感吧。

如今，食品口味与饮食体验的趋同性如同野草一般，疯狂地在全球范围无差别地蔓延。自己发酵食品，是代表自己的各种感官，也是代表无数的微生物，对这一状况表示抗议。尽管这种抗议反应并不显著，但是态度尤为坚决。同时，当今的经济希望我们一直被动地消费标准化生产的商品，而不希望我们自己制作能表达自己思想、反映地域特色的食品，因此，自己发酵食品，也是一种独立宣言，因为每个人制作的淡啤、酵母面包或者韩国泡菜，与其他人制作的口味都不会相同。

但是，在自己发酵食品这项活动所引发的各种关系中，最为重要的毫无疑问是两类人之间的关系：一方面是我们主动选择从事这项活动的人，另一方面是那些因此有机会吃到我们制作的食品、获取营养，并且在一切顺利时感到愉悦的人。我发现，烹饪的意义在于建立联系，可以让我们与不同的物种、时代、文化（人类文化与微生物文化）建立联系，而最重要的还是让我们与其他人建立联系。在我看来，人类的宽宏大量，其最美丽的表现形式之一就是烹饪。同时我还发现，烹饪这种极为有意义的活动还能反映人们之间的亲密关系。

我为学习厨艺拜访了很多人，李贤姬是其中最令人难以忘却的老师之一。当时，我希望学习制作传统韩国泡菜，因此奔赴首尔附近的一个小城，拜访了这位韩国妇女。这次访问非常短暂，仅仅几个小时时间，但是现在回想起来，它在激发烹饪兴趣方面给我的帮助却一点也不小。在开始之前，李贤姬通过翻译告诉我，韩国泡菜的制作方法千变万化，而她要教我的仅仅是其中一种方法，是她的母亲、祖母以前使用的方法。

在我来之前，李贤姬已经完成了大部分的准备工作。大白菜已经腌制了一夜，红辣椒、蒜和姜也已经捣碎、搅拌成稠稠的调味酱。我们剩下的工作，就是将鲜红的辣椒酱仔细地涂抹到大白菜的叶子上。大白菜叶子仍然保持完整，涂抹时要逐片叶子进行，确保每颗大白菜里里外外都不能遗漏。涂抹好之后，再将菜叶归拢成原先的模样。最后，把涂抹得鲜红的整颗大白菜包扎成椒盐卷饼的形状，再小心地放到泡菜瓮的底部。等瓮装满之后，把它搬进后院的小批屋中，埋到地底下。

在 11 月份那个寒冷的下午，我们并排跪坐在草席上，一起忙活着。李贤姬告诉我，从传统上，韩国人对食物味道就有“舌尖上的滋味”和“手心中的滋味”这样的区分。手心中的滋味？我不由得对翻译的话产生了疑虑。但是，李贤姬一边和我一起，有条不紊地将作料轻轻地涂抹到菜叶上，一边详细地跟我解释这两者之间的区别，于是，这个概念在我的大脑里慢慢形成了一个模糊的轮廓。

舌尖上的滋味，是食物分子与味蕾接触后发生的化学现象，简单明了，所有食物都会引起这种现象。舌尖上的滋味容易实现，食品科学家或者生产商为了增强食品的吸引力，可以稳妥地制造出这种味道。李贤姬说：“麦当劳就可以产生舌尖上的滋味。”

而手心中的滋味则远不止于味道，它指的是复杂得多的饮食体验，其中明显地包含了食品制作人的鲜明特色：在食品准备过程中融入的关注、思想和癖好。李贤姬认为，手心中的滋味无法作假，而我们不嫌麻烦，一片一片地涂抹菜叶，然后把一颗颗大白菜包扎起来，整整齐齐地放进泡菜瓮中，也正是出于这个原因。我一下子明白了。手心中的滋味，其实就是爱的滋味！

附 录

烹饪四例

以下是四道基本菜肴的做法，与本书介绍的四个烹饪形式一一对应：用文火慢烤的猪前胛，用锅烹制的苏格（sugo）（即伯伦亚酱），全麦面包和德国泡菜。这些烹饪方法，有的是从厨师那儿学来的，有的是学过之后经过我修改的。我在学习过程中，人们告诉我："烹饪方法从来都不是一成不变的。"我觉得这是一种告诫，也是一种鼓励。烹饪方法涉及的内容很广，似乎像法律一样具有约束力，但事实上，这里给出的四个烹饪法应该被看成一系列的草案或者笔记。所有四个烹饪法都经过专业检验人员的测试，因此，你在第一次尝试时，可以放心地沿用其中给出的各个细节与步骤。但是学会之后，你可以自由调整、即兴修改，因为这些方法可以有无穷的变化，做出不同的美味佳肴，而失败的风险却非常小。我经常沿用这些方法或者对这些方法稍加修改，但真的做菜时，却只是偶尔瞄一眼烹饪法文字说明。因此，这些烹饪法不断发生变化、不断改进。这才是使用烹饪法的正确方法。只有这样，它们最终才会真正为你所掌握。

（一）火——烤猪前胛

有效烹饪时间：40 分钟

总耗时：4~6 小时（从给猪肉调味开始）

猪前胛处理用料

犹太盐 2 茶匙

砂糖 2 茶匙

猪前胛一块，5~6 磅重，最好连皮带骨（可以购买“波士顿猪前胛”）

山胡桃木片（可代之以其他木片）2 把

一次性铝箔浅盘 1 个

烟熏箱 1 个（参见“备注”）

香醋调味酱用料

苹果醋 2 杯

水 1 杯

袋装红糖 1/4 杯

精细海盐 23/4 茶匙

干辣椒 4 茶匙

新制黑胡椒粉 1 茶匙

猪肉处理

取一只小碗，充分拌匀盐和糖。提前一至三天，将盐糖混合物撒到整块猪前胛上。盐和糖需覆盖猪肉的各个面，分量不可太少，但也无须用完拌好的 1/4 杯盐糖混合物。(根据经验，每磅肉加 2 茶匙盐糖混合物，效果比较好。)如果你运气不错，买到了带皮前胛，则需在肉皮上切十字花刀，间距为一英寸左右。尽量在刀口中撒一些盐糖混合物。再将猪肉裸露冷藏。准备烧烤时取出放置，使其达到室温。

准备一只燃气烧烤炉用于烟熏。将木片放入水中浸泡约 30 分钟，备用。在烧烤炉不会直接受热的部位，将一个一次性浅盘放到烹饪炉排下方，使其直接置于烧烤格栅或者火山石之上(视你选用的烧烤炉而定)。在浅盘中加入半盘水，用于接纳油滴、保持炉内潮湿。将烹饪炉排放回到炉上。调节火候，使烧烤炉内部温度保持在 200~300 华氏度。将油滴盘下方的灶头关闭，其余灶头打开。擦干木片上的水分，放入烟熏箱中。在将肉放到烧烤炉之前，提前几分钟将烟熏箱直接置于热源之上。(烹饪过程早期，烟熏效果最佳。)将前胛放到烧烤炉上，使其位于油滴盘正上方，肉皮或者肥肉朝上。

盖上烧烤炉，将猪前胛烤 4~6 小时。所需时间取决于肉块大小、烧烤炉功率及烹饪温度。调低温度，烧烤效果更好，但是烹饪时间会延长。无论选用哪种温度，都需不时查看，确保温度不会高出 300 华氏度或者低于 200 华氏度。在猪肉内部温度达到 195 华氏度时，应该已经烤熟了。在猪前胛的温度迅速上升，然后在 150 华氏度停留很长时间(有时可达几个小时)时，无须担心。这个现象称作“stall”。此时需保持耐心，等待温度升到 195 华氏度后，查看肉块是否已经松软，用餐叉就可以拆分。如果无法拆分，再烤 30 分钟。

此时，猪肉应该已经变成深褐色了。查看这块前胛的表面，看是否有些部位已经烤得很脆、颜色发暗(即深棕色部位。如果是带皮前胛，深色部分已经烤成脆皮了)。否则，将温度调高至 500 华氏度，并保持几分钟。（此时需小心，以免烤煳。）将猪肉从烤炉上移走，放置至少 20~30 分钟。

制作香醋调味酱

取一只中等大小的碗，放入醋、水、糖、盐、辣椒干和黑胡椒，搅拌，使糖和盐溶解，备用。

用餐叉将猪前胛（连同脆皮）拆分开，或者用剁肉刀切成大块。在肉中拌入大量香醋烧烤调味酱，调整调味品用量，保证酱汁足够酸（醋）、咸。剩余酱汁装到罐中，放到桌上。调好的猪肉与软面包一起上桌。此外，还可以准备凉拌生菜丝、蚕豆和米饭，就着烤肉吃。

注意：如果没有烟熏箱，可以自己制作一个。拿一个细长的浅口铝盘，盖上锡箔纸，然后在铝盘上四处打眼。

演变：烤猪前胛的亚洲做法稍有不同。以下方法根据戴维·常所提供烹饪法演变而成，其中出汁的做法改编自席尔瓦·布拉克特提供的方法。猪前胛的烤制与上述方法相同，但不用香醋烧烤调味酱，改用出汁加姜葱做成的蘸酱。蘸酱需提前几个小时制作，以便入味。

亚洲蘸酱

出汁用料

海带（7 英寸海带三根，日本市场有售）1/2 盎司

凉水 6 杯

鲣鱼削节（即鲣鱼干，日本市场有售）1 盎司

干香菇 1 个（选用）

酱汁用料

出汁 2 杯（根据下文中做法说明制作，冷却备用）

葱花 1/4 杯

芫荽 1/4 杯，切成大段

米醋（亦可选用苹果醋或梅子醋）1/4 杯

酱油 3 茶匙

姜末（选用 2 英寸大小的姜，剁碎）2 茶匙

味啉 2 茶匙

麻油 1/2 茶匙

辣椒干少量（选用）

制作出汁

取中型深平底锅，将海带用水浸泡 1~2 小时。

将平底锅置于燃气灶上，大火加热。在水开始冒泡但尚未沸腾时，用钳子夹出海带并丢弃。将鲣节放入汤中搅拌，煮沸。调成小火，炖 1 分钟。从灶上移开，搁置 10 分钟。

取内衬有粗棉布的滤网，将汤汁过滤到一只大碗中，并挤压鲣鱼干，尽量挤干其中的汁液。保留汤汁，丢弃鲣鱼干。在汤汁冷却时，可在其中添加一个干香菇。将鲣鱼汤放入冰箱冷藏一周，或冷藏至颜色开始变暗。

制作蘸酱

将出汁、葱、芫荽、醋、酱油、姜、味啉、芝麻油和辣椒干放入一只中型碗中，拌匀。根据口味添加醋、酱油和辣椒干。放置几小时使蘸酱入味。

将猪前胛撕（或切）成小块，与米饭、比布莴苣叶（或其他品种的莴苣叶）一起上桌。请客人用莴苣叶将猪肉与米饭包裹成卷，吃时可蘸酱汁。

（二）水——苏格肉酱加意大利面

苏格是一种经典的意大利肉酱，有的地区称作波伦亚酱或者瑞谷酱。以下是萨曼·努斯拉特提供的苏格酱做法。苏格肉酱中不含大量的动物蛋白质，所以乍一看似乎不像是焖炖食物，但是基本制作方法仍然是炖：洋葱、胡萝卜和芹菜切成丁；肉要上色；汤烧开后用小火炖很长时间。苏格酱这个做法需要耗时几个小时，因此我通常会一次做很多，然后装一部分放冰箱冷冻。萨曼介绍的这个做法要使用猪肉和牛肉，但代之以鸡肉、鸭肉、兔肉、野味等其他肉也可以。

有效烹饪时间：约 3 小时

总耗时：5~7 小时

香料包用料

丁香 3 粒

1 英寸长肉桂枝 1 根

黑胡椒粒 1 茶匙

刺柏果 1 茶匙

众香籽粒 1/2 茶匙

新研磨的肉豆蔻末 1/4 茶匙

苏格酱用料

纯橄榄油（非特级初榨）2 杯

去骨猪前胛 3 磅（如有可能，请肉商在绞肉机上装小孔直径为 3/8 英寸的圆刀，将肉粗绞一遍）

牛肉或小牛肉（牛颈肉或牛腿肉等适合焖炖的肉块均可）3 磅，粗绞一遍

干红葡萄酒 1 瓶（750 毫升）

中等大小红洋葱 4 只（约 2 磅），去皮

中等大小胡萝卜 3 只（约 12 盎司），去皮

中等大小芹菜杆 3 根（约 8 盎司），清洗干净

番茄酱 1 杯

帕尔马干酪皮（可选）

桂叶 4 片

3 英寸长橙皮 1 片

3 英寸长柠檬皮 1 片

牛肉汤或鸡汤（最好自家配置）3~4 杯

盐适量

全脂牛奶 3~4 杯

配食

熟意大利面

黄油

意大利干酪

制作香料包

将丁香、肉桂、黑胡椒粒、刺柏果、众香籽粒和肉豆蔻末混合，用粗棉布和线包扎；备用。

制作苏格酱

取一口大锅或炒锅，调大火，加入橄榄油。橄榄油的量以正好覆盖锅底为宜。（通常，锅越大越好。）分批次加工猪肉，一次加入三分之一至一半的量，以免锅内猪肉挤成一团。（否则，就不是油煎，而是蒸煮了。）油煎时用木勺翻动肉块，直至猪肉发出嘶嘶声，颜色转为金黄。（此时不可加入调味品，因为盐会吸附水分，使猪肉无法上色。）用漏勺将猪肉盛进大碗中，猪肉熬出的荤油留在锅中。

以同样方式继续煎制剩余的猪肉和牛肉，如果需要，可向锅中加油至覆盖锅底。（如果出现煳锅，可在煎完一批次猪肉之后，向锅中加入少量红葡萄酒，用以溶解煳锅底，再用木勺刮干净。将刮起的煳锅底放入装肉的碗中，将锅擦干净，加入橄榄油，继续给肉上色。）

在给肉上色的同时，制作一份soffritto。用刀或食品加工机将洋葱、胡萝卜和芹菜分别切碎。这些蔬菜应切得足够碎，使酱做好之后，各种材料无法辨认。（如果使用食品加工机，在处理时需不时停机，将碗沿蔬菜刮下，确保所有蔬菜切得大小均匀。芹菜与洋葱切碎后会产生大量水分，在制作之前要倒掉或吸干这些水分。）

在牛肉处理完毕之后，在锅中加油至1/4英寸深。（由于soffritto的做法接近于油煎，因此需要大量的橄榄油，所需量大约为$1\frac{1}{2}$杯。）将切碎的蔬菜倒入锅中，调成中火烹制约50分钟，使蔬菜完全变色、变软，期间需不断翻动蔬菜以免煳锅。蔬菜一开始会冒热气，随后会嗞嗞作响。在快要烧煳时，加盐若干、一勺水或原汤，关火。

在soffritto制作好（必须有足够耐心）之后，倒入干红葡萄酒，以去除煳锅底。在葡萄酒慢慢沸腾时，用木勺刮起黏着在锅底、非常可口的碎末。等葡萄酒越烧越少、其中的酒精烧干后，立即倒入上好色的猪肉和牛肉，以及香料包、番茄酱、帕尔马干酪皮（可选）、桂叶、橙皮（柠檬皮），再加入约3杯原汤。加盐调味。然后将锅烧开，加入约3杯牛奶，以刚好漫过猪肉和牛肉为宜。继续加热，使锅内保持沸腾。约30~40分钟后，牛奶开始分解，呈现出诱人的颜色。此时，可品尝酱汁的味道，调整咸味、酸味、甜味、油腻程度和黏稠程度。如果需要增加酸味，则添加葡萄酒。如果觉得清淡无味，则添加番茄酱，以增加酸甜的味道。如果不够油腻或者觉得肉不够嫩，可加入一点牛奶。如果汤味不厚，可添加原汤。

将火调至最小，使锅内保持沸腾，持续2~4小时，直到猪肉和牛肉酥软入味。同时，需不时撇去浮油，并经常翻动。在锅中添加剩余的牛奶、原汤或水，使汤汁的液面始终处于快要漫过肉块的深度（但不可完完全全浸没肉块）同时，继续品尝味道。但是在苏格酱烹制结束前至少30分钟时间内，不宜添加其他食材，以确保所有材料都能入味。

在苏格酱达到预期目标之后，用勺子将浮油撇去，取出香料包、帕尔马干酪皮、桂叶、橙皮和柠檬皮。再次品尝味道，确定是否需要加盐。

上桌

上桌时配以意大利面。煮意大利面时间不宜过长，使面条保留嚼劲。在面中加几勺黄油，搅拌均匀。再在苏格酱表面盖上厚厚一层磨碎的帕尔马干酪。本制作方法工序复杂，但一次制作的数量较多，可供多次食用。

（三）空气——全麦乡村面包

该全麦乡村面包制作方法是以查德·罗伯逊在《唐缇面包》中的介绍为基础修改而成。查德介绍的方法使用白面，只要代之以全麦面粉，就可以做出美味可口的全麦面包。但是，采用本书介绍的方法，做出来的面包会更松软可口。本方法要求75%的全麦面粉，该比例也可根据个人喜好稍作调整。根据面包制作的习惯，计量时不采用体积，而采用重量。在按照本方法制作面包时，你需要准备一只精确到克的电子天平。注意：需提前至少一周准备酵头。按以下方法制作两个面包。

有效时间：约70分钟

总耗时：5~10天

酵头用料

石磨全麦面粉50克，此外喂养酵头也需使用石磨全麦面粉（至少150克）

未漂白的普通面粉50克，此外喂养酵头也需使用普通面粉（至少150克）

温自来水100克，此外喂养酵头也需使用温自来水

酵母用料

石磨全麦面粉 100 克

未漂白的普通面粉 100 克

温自来水 200 克

酵头 30~35 克（制作酵头所需材料见上文）

面包用料

石磨全麦面粉 600 克

未漂白的普通面粉 250 克（可用高蛋白质面包粉），此外还需多准备一些普通面粉，在揉面时撒于案台表面

黑麦粉或粗黑麦粉 150 克

温自来水（约 80 华氏度）900 克

速效酵母或快速发酵粉 $3\frac{1}{2}$ 克或 $1\frac{1}{8}$ 茶匙（或者 $1\frac{1}{4}$ 盎司袋装酵母半袋），加入 50 克温自来水拌匀。此项非必需，可选用

犹太盐或精制海盐 25 克

米粉，用以撒于发面盆表面，此项非必需，可选用

制作酵头

取一只小玻璃或塑料容器（透明容器有助于观察微生物的动态），加入全麦面粉与普通面粉各 50 克，充分拌匀。加水搅拌，使面粉全部变成均匀糊状。把面糊暴露于空气之中，每天至少搅拌一次或随时搅拌。搅拌时需用力，持续约 30 秒时间。如果面糊变得干涩，需向其中添加温水，保持均匀糊状。空气中、地板上和手上都有天然酵母菌与细菌，它们会吞食面粉中的糖分，并开始发酵。

看到有微生物活动的迹象（如面糊表面鼓起、内部冒起气泡，

或者散发出啤酒、发酵物或成熟水果的气味，这些变化持续时间可能长达一周）之后，需每天喂养酵头：挖去约80%的酵头，在剩余的面糊中加入新鲜面粉和水（约50克全麦面粉、50克普通面粉和100克温水），使面糊总量保持不变。搅拌均匀。等再次发生变化（如冒泡）时，将酵头盖上并置于温暖的室温环境中。如果短时间内不做面包，可将酵头冷藏或冷冻。冷藏或冷冻时需先喂养酵头，将酵头在室温下放置一两个小时，然后再添加足量面粉（全麦面粉与普通面粉对半），吸取酵头中的水分，把酵头揉成球形，然后冷藏或者冷冻。如果再次使用酵头，需提前几天把酵头置于室温下，使酵头恢复活性。同时，每天喂养酵头两次。喂养时，先去掉80%的酵头，再加入水与面粉，数量与上述喂养方法相同，直至酵头完全恢复活性。

制作酵母

酵母制作需在烘烤面包的前一天晚上完成。取一只玻璃碗，将全麦面粉与普通面粉加水拌匀。加入2茶匙酵头并充分搅拌。用毛巾盖上，于通风处放置一夜。

制作面包

在烘烤面包的前一天晚上，“浸泡”全麦面粉、普通面粉和黑麦面粉：取一只大碗，将全麦面粉、普通面粉和黑麦面粉放入其中，拌匀，加850克水，用锅铲或手充分搅拌，使面团中不含有干面块。（建议添加一个步骤：使用全麦面粉与黑麦面粉时，用面筛将较大的麸皮筛出，装于一只小碗中，以备后用。）用保鲜膜密封装面团的碗，并于通风处放置一夜。该步骤的目的是使全麦面粉在发酵开始前彻底潮湿，这样做的好处是软化麸皮（做出的面包更为蓬松）、促使淀粉分解为糖分（使面包的口味更好、颜色更深）。

第二天早晨，取一勺酵母放入温水之中，以查看酵母的状况。如果酵母浮于水面，则一切顺利。如果酵母沉于水底，为保险起见，可能需要在酵母中添加发酵粉——用 50 克温水化开 $3\frac{1}{2}$ 克（$1\frac{1}{8}$ 茶匙）快速发酵粉，过几分钟后，倒进盛装酵母的碗中。此时，酵母似乎非常潮湿，变成稠稠的均匀面糊状。但是无须担心。

将一半酵母倒入装有湿面团的碗中，其余的酵母留作酵头，供下次使用。（如果使用商场购买的发酵粉，在添加发酵粉之前，取出一半酵母。）充分拌匀面团，然后静置至少 20 分钟，至多 45 分钟。

同时，取一只水杯，用剩余的 50 克温自来水化开食盐。在面团静置预定时间之后，加入盐水，并用手充分拌匀。

基础发酵

该步骤所需时间取决于周围温度与酵头的活性，大约为 4~5 小时。每 45~60 分钟，需将碗中面团翻动一次：翻动前将操作手弄湿，然后把手沿发面盆侧壁伸到面团下部，将面团底部翻上来，拉伸，然后折叠到面团顶部；再将碗转动四分之一圈。重复上述操作，使碗至少转动一圈。抻面可以增加筋度，而且有利于空气进入面团。观察发酵过程中的气泡，并不断闻气味、尝味道。如果面团摸上去蓬松鼓胀、内聚力增强（此时，面团凝到一起，不附着于碗壁），闻起来有天然发酵物的淡淡酸味，就说明已经发酵充分，可以切割、整形了。如果面团有明显的酸味，则应结束基础发酵，进入下一步骤。

切割

整形之前，在案台上撒上面粉，再将面团倒到案台上。用塑料切面刀将面团分成大小相仿的两半。在手上涂抹手粉，双手配合切面刀，在案台上翻滚面团，把面团变成表面有一定张力的球形。用毛巾盖住这两个球形面团，静置 20 分钟。

整形

静置之后，球形面团会稍稍变扁。利用切面刀，把其中一个翻转过来。用手指捏住面团远离身体的边缘朝外拉伸，然后向内折叠于面团上部。以同样方法处理面团离身体最近的边缘及其他边缘。这时候，面前的面团应该近似成长方体形状。随后，依次捏住各个角，拉伸后折叠。接着，用手拢住面团，不断朝外转动，使面团变成结实的短圆柱体，让折叠接口部位朝下。

如果预先筛分过全麦面粉，现在可把筛出保留的麸皮撒到盘子或平底焙锅上，然后将面团从上面轻轻地滚动，让麸皮附着到面团表面。取一只大碗，碗底撒上米粉或者剩余的麸皮，将面团底朝上置于碗中。（如果有发酵藤篮，可用来代替大碗。）以同样方法处理另一只面团，并将该面团置于另一只碗中。

二次发酵

用毛巾盖住两只碗，于温暖环境中静置 2~3 小时，使面团再次膨胀。（另一种做法是将整形后的面团放入冰箱，冷藏几个小时或者一夜。该做法所需发酵时间变长，但是口味更佳。冷藏后无须二次发酵，只需在烘焙之前，取出面团，于室温环境放置一个小时左右即可。）

烘焙

将荷兰烤箱（大的陶瓷焙盘或组合万用锅也可）的内锅锅底与锅盖置于烤箱中央烤架上，预热至500华氏度。

戴上厨房隔热手套，小心地将内锅锅底从炉中取出，安装到炉面上。翻转大碗（或发酵藤篮），把二次发酵的面团倒进内锅。如果面团掉下后位置不正，会自行调整到合适位置，因此也无须担心。接下来，用单刃剃须刀片（或金属薄片）在面团顶部刻画图案。图案可任意选择，但刻画时需果断，不能随意更改。然后，将内锅锅盖从烤箱中取下，盖到内锅上面，以起到密封作用。再将整个内锅放入烤炉中，将温度调低至450华氏度，计时器设定为20分钟。

20分钟后，揭开锅盖。面包的体积应该增加了一倍，呈现淡褐色或棕黄色。关上烤炉，让面包在不盖锅盖的情况下再烤23~25分钟。此时，面包表面，尤其是刻画的部位，应该已经变成深褐色，有零星黑色斑点。将内锅从炉上端下，戴上手套，配合锅铲，把面包从内锅中取出。轻轻拍打面包底部（颜色应该已经变成深色），如果发出空洞的敲击声，就说明面包做得很成功。如果面包底部颜色较浅，拍打也没有发出敲击声，则需将面包放回烤箱，再烤5分钟。

将面包置于架子上冷却几小时。全麦面包做好后第二天的味道最佳，装入纸袋（不可用塑料袋）中可储存几天时间。

（四）泥土——德国泡菜

有效时间：1小时

总耗时：1~2周，或更长时间

该方法由桑多尔·卡茨的德国泡菜（或者说是“德式韩国泡菜”）制作方法演变而成，与其说是一种正式的烹饪方法，不如说是发酵卷心菜的一个典型方法。该方法可制作多种泡菜。如果添加刺柏果、葛缕子籽和芫荽，则制作的是一种老式泡菜；如果添加生姜、蒜和辣椒，则更像是韩国泡菜。不论是制作哪种泡菜，都需添加香料——香料可以抑制霉菌。

卷心菜4磅（除了卷心菜以外，还可添加苹果、洋葱、白萝卜、胡萝卜等蔬菜瓜果）

精制海盐6~8茶匙

香料（制作老式泡菜时可加刺柏果$1\frac{1}{2}$茶匙、芫荽籽1茶匙或葛缕子籽1茶匙，或者根据自己喜好添加任意量的各种香料）

带盖广口玻璃瓶或陶瓷容器（1/2至1加仑）1个，或者1加仑装容器2至3个，或德国泡菜坛1个

用刀切或用手撕，将卷心菜处理成约1/4英寸宽的条状，装入一只很大的钵或盆中。用蔬果刨处理卷心菜效果最佳。如果添加其他蔬果，需处理成与卷心菜宽度相当的条状，再装入钵中。胡萝卜等形状特异的蔬菜，用结实的刨丝器处理最为便利。切口越不平整，与盐的接触面就越大，因此效果就越好。

在卷心菜等蔬果中加盐（每磅蔬果添加1/2~2茶匙盐），用手搅拌，使盐与菜叶充分拌匀，同时用手挤捏卷心菜，捶击蔬果。（最好先按照每磅蔬果1茶匙的量加入精制海盐，然后根据需要添加半茶匙或1茶匙。）几分钟之内，盐就会吸取菜叶中的水分。继续挤捏、搓揉并捶击，加快吸水过程。也可以在蔬菜上放置重物挤压水分。

等菜叶非常潮湿、像吸了水的海绵那样之后，尝一尝卷心菜的味道。卷心菜应该有咸味，但不可太咸。如果味道太咸，添加卷心菜，或用水快速漂洗，去掉一些盐分。如果不够咸或者水分出得不多，则添加食盐。如果使用香料，此时可将香料加入，然后拌匀。

将处理好的蔬菜倒进带盖玻璃坛或泡菜瓮（至少有八杯的容量）中，压实。确保挤压出所有空气，而且液面完全漫过蔬菜。（如果没有大容器，可使用2个或3个1夸脱容量的小容器。）压实的蔬菜与坛口之间至少需留有3英寸空隙。用拳头使劲挤压蔬菜，使蔬菜浸没在液体之中。在密封坛口之前，在盖子与蔬菜之间放置一个小玻璃坛或陶罐，或者不会与泡菜发生反应的物体，把蔬菜压到液面以下。比较好的做法是在两者之间放置装有石头或者乒乓球的塑料袋，或者在卷心菜丝上面放置一片卷心菜、无花果或者葡萄的大叶子，然后用干净的石头或其他不会发生反应的重物压到这片叶子上面。此时，泡菜里的液体应该足够多，可以覆盖蔬菜，否则，可稍稍添加一点水。（如果生长环境合适、储存得当，卷心菜的细胞中可以排出水分。）暴露于空气之中的蔬菜都会腐烂。如果泡菜表面生霉，需要把霉刮去，并扔掉颜色变浅的泡菜。泡菜可能会散发出体育馆更衣室那样的霉味，但是不应该有腐败的气味。在开头几天，将泡菜储存于室温环境下，理想温度为65~75华氏度，然后搬到地下室等阴凉处。这样就可以了：蔬菜将自动发酵，发酵所需的微生物已经占据菜叶表面了。

如果制作泡菜时使用密封玻璃容器，每过几天都需要放气减压。开始几天里，泡菜会冒出大量气泡，此时更需要减压。如果使用的是带金属螺盖的玻璃瓶，瓶盖鼓起就说明瓶内压力在不断增加，此时需要稍稍打开瓶盖，将气体发出，然后再次盖紧。带翻盖的老式玻璃罐，只要把金属锁扣扣好即可，因为气体可以沿着橡胶垫片排出，给罐子减压。使用最为方便的是泡菜专用陶罐。这种陶罐可以在网上购置，有各种尺寸。罐上设置有水阀，可以释放气泡，同时阻止空气进入罐内。发酵过程中，如果水从罐中漏出，卷心菜等蔬菜没有全部浸没在液体中，需随时取一杯水，溶入 1/2 茶匙精制海盐，加入罐中。盐水需添加充足，确保泡菜浸没。

泡菜需腌制多长时间呢？答案并不确定，取决于周围温度、盐的用量以及本地微生物的特点。腌制一周之后品尝一次，两周之后再品尝一次，随后每周都品尝一次。在感觉泡菜足够酸、脆之后，将泡菜放入冰箱冷藏，使发酵中断。

演变

如需制作韩国泡菜，则用大白菜和白萝卜代替卷心菜。将大白菜切成半英寸宽的环状，白萝卜切成 1/4 英寸的环形。将制作德国泡菜的香料替换成：

蒜 4 瓣，剁碎或碾碎（蒜的用量可依据口味增加）
4 英寸长鲜姜 1 块，切片（姜的用量可依据口味增加）
辣椒粉 2 茶匙（辣椒粉的用量可依据口味增加）
芫荽籽 2 茶匙（或新鲜芫荽叶半把，切成大段）
小洋葱 4 个

其余步骤与制作德国泡菜相同。

致 谢

本书主要介绍我学习烹饪的过程。承蒙众多良师益友慷慨无私、不厌其烦地倾囊相授，在此向他们表示感谢。

在学习用火烹饪的技艺时，我深感荣幸，有机会聆听烧烤大师埃德·米歇尔的教诲。同时，我还跟随另外几位烹饪大师，学习了烟熏技术。弗朗西斯·马尔曼在得克萨斯讲授的几次课发人深省，艾莉丝·沃特斯让我领略了她对烧烤的激情（以及不间断翻烤手法），比托尔·阿圭伦茨允许我参观他的厨房重地，在此向他们一一表示感谢。我还跟随杰克·希特、迈克·以马利与查克·亚当斯，掌握了大量烧烤技术。此外，我在西班牙期间，莉萨·阿本德尽心尽力地为我提供了向导、翻译和陪同服务，唐·巴伯对我西班牙之旅得以成行给予了鼓励，也向他们表示谢意。南部食品联盟的约翰·埃奇无私地分享了他在烧烤方面的知识，并动用业内关系为我提供了帮助。乔·派托斯基为我介绍的得克萨斯人户外烧烤令我难以忘怀，北卡来罗纳的格雷格·哈顿给我的接待热情洋溢，彼得·卡明斯基介绍了他对烧烤与猪肉的深刻理解，“厨房修女”达维娅·尼尔森给了我慷慨无私的指导，他们的帮助让我不胜感激。

理查德·兰厄姆在他的开拓性论著中阐述了烹饪使人区别于其他动物的道理。在学习烹饪的过程中，他的论著从始至终都对我起到了指导作用，同时，他还在百忙中挤出时间为我解说“烹饪假说”，从而为我完成本章，乃至全书，提供了极大的帮助。

萨曼·努斯拉特不仅是位杰出的厨师，我发现她同时还是位优秀的老师。我当时师从萨曼学习用锅烹饪（人们提到“烹饪”时，通常指用锅烹饪）的决定的确十分明智。她对我完成本书的帮助，不仅仅是教给我几道菜的做法、与我分享烹饪的酸甜苦辣，还在于她为我引荐烧烤师、面包师、发酵师等烹饪好手，陪我一起学习，及时给出建议，并不断鼓励我。亚莫莉·施韦特纳也热情邀请我到Boulett’s Larder餐厅，并走进了她的厨房。她不仅向我传授了炖煮方面的宝贵经验，还详细地向我介绍了每种配料的作用。席尔瓦·三岛·布拉克特无私地教我制作一种神奇的汤（日本人称之为“清汤”）。市场调研公司NPD的哈利·巴尔泽尔让我明白了美国人对饮食的理解，这些知识突破了厨房的范围，可算作我接受的研究生课程。马克·克伦斯基加深了我对食盐的理解，杰里·贝托兰德加强了我对味道的把握，而理查德·威尔可使我对饮食的仪式程序有了更深刻的了解。我与琼·戴伊·古索和珍妮·弗拉芒进行过交流，阅读过她们的著作，对于我了解厨房中性别之争，她们给予了至关重要的帮助。

在撰写本书时，我完成的一项非常重要的工作是结识查德·罗伯逊，跟随他学习唐缇面包最简单的制作方法。查德认为，对于烘焙艺术应当持一种一丝不苟、永不妥协、永不故步自封的态度。无论是厨艺学习还是其他方面，查德都是我值得学习的榜样。唐缇面包店的面包师小山田和内森·杨科非常热情、慷慨无私，与他们的合作令我无比愉悦。基斯·朱斯托和约瑟夫·范德莱特与我分享了谷物研磨的秘密（说到谷物研磨的经营，经营磨坊的人往往守口如瓶），以及加工优质面粉的诀窍。感谢理查德·伯顿和戴夫·米勒盛情邀请我参观他们的面包房。此外，我还要感谢伯克利市“爱客米”的斯蒂夫·沙利文、圣拉斐尔市“庞斯福德小屋”的克雷格·庞斯福德以及索诺玛县农贸市场蓓克面包房（the Bejkr）的迈克·扎科夫斯基。社区谷物公司的鲍勃·克莱因（和奥利维托）同意我走进他的“Grain Trust”，他的邀请促成我第一次“品尝全麦面包”（wheat tasting）。莫妮卡·斯比勒、戴维·R. 雅各布斯和斯蒂夫·琼斯向我传授了他们在全麦研磨方面的精湛技艺与营养方面的高深见解。谷物研究人员大卫·奇利亚与拉塞尔·琼斯向我介绍了种子的各种知识。格伦·罗伯茨、乔恩·法比昂、R. 卡尔·霍斯尼以及彼得·莱茵哈特把他们掌握的专业知识倾囊相授。艾米丽·比勒不厌其烦地解答了我关于酵头发酵的无数问题。理查德·曼宁和伊凡·艾森伯格的努力使我增长了知识，对小麦及其他植物有了更深刻的了解。罗明格尔一家不仅热情邀请我参观他们的农场，而且做出了一个大胆的决定：让我驾驶他们的联合收割机，亲手收割了几垄小麦。我要感谢伯克利的同事、生物学家迈克尔·艾森，他积极主动地在实验室里为我做的酵头完成了基因族排序工作。遗憾的是我对排序结果不甚了了。厨师丹尼尔·派特森、香水制作师曼迪·阿福特尔和神经系统科学家戈登·M. 谢泼德对我进行了嗅觉训练，并启发我完成了几次有益的试验。

在众多发酵师的引导下，我探索了大量不为我所知的领域，在此我要感谢他们，尤其是桑德尔·卡茨、干酪制作师诺伊拉修女以及多位专业与业余酿酒师：谢恩·马凯、威尔·罗杰斯、亚当·拉蒙诺和凯尔·阿尔卡拉。此外，我还要感谢安德特的苏杨·斯坎伦、巴里纳加牧场的马西娅·巴里纳加与“女牛仔”奶制品厂的苏·康利。这几位奶酪制作师花费了大量时间，无私地分享了他们的知识，尽管我最终在书中没有介绍他们，但是他们对本书的影响仍然充斥字里行间。亚历克斯·豪兹文为我讲述了他的经历，安排我参与“培养腌渍”泡菜厂的工作，使我的泡菜知识在理论与实践两个方面都有了长足的进步。在韩国，农场主、“慢食运动”负责人金炳洙引领我对传统的发酵技术做了深入的了解，李贤姬为我介绍了韩国泡菜的制作方法，并让深入地了解了“手心中的滋味”所代表的含义，使我获益匪浅。在研究发酵技术时，一群慷慨大方、知识渊博的学术型发酵师，为我开展了微生物学和食品科学的速成教学，在他们当中，有让我一次次大开眼界的布鲁斯·乔曼、堪称真菌好朋友的帕特里克·布朗、引导我遨游乳酸杆菌王国的玛利亚·马科以及干酪皮研究先驱蕾切尔·达顿。我还要感谢Momofuko牛奶吧的发酵师大卫·常与丹尼尔·菲尔德。我不认识伯克哈特·比尔格，但我猜测他私下里肯定是发酵方面的发烧友。他在《纽约人》发表的讨论发酵技术的文章，对我大有裨益。CDC的约尔·基蒙斯不仅引导我了解微生物组，使我深受启发，同时还在其他方面给予了我大量帮助。

在完成本书时，还有一位老师的教益是不可或缺的。他就是哈罗德·麦吉。厨师们一致认为，遇到烹饪科学的任何难题，哈罗德都可以帮你解答。我无数次求助于哈罗德。结果，我无论在化学、物理还是微生物学领域遇到头疼的难题，他总可以轻易地帮我找出答案，而且他的解答深入浅出，令我茅塞顿开。他的著作《论食物与烹饪》出版之后，我就爱不释手，而在此之前，我从未读过任何烹饪科学方面的著作。

我在完成附录中四道菜做法时，才发现这项工作难度非常大。对于这四道菜的做法，吉尔·圣彼得罗进行了反复测试与修改。感谢吉尔对我的宽容和她所采取的补救措施。在她的帮助下，对这四道菜做法的介绍应该是明白无误、可以沿用了。

回到伯克利之后，我在研究过程中有幸得到了玛利亚·沃兰的帮助。玛利亚是位才华横溢的记者、作家。在我完成本书过程中，她使出了新闻工作者的浑身解数，为我提供各种帮助。哪怕我的要求非常笼统粗略，她也总能找到我所需要的研究论文、统计数据或信息来源。她还完成了书稿的事实查证工作，帮我改正了无数错误，使我避免出洋相。此外，她还准确得当地纠正了文字方面的各类问题。正是由于她的奉献精神和幽默风趣，探索烹饪科学的艰辛变得如此美妙、令人愉悦。在研究过程中给予我帮助的还有新闻学院的伊莱萨·格伦白尼，和担任我的助教的两名学生：特里萨·齐因和米歇尔·康斯坦汀诺夫斯基。感谢新闻学院欣然准假，感谢约翰·S与詹姆斯·L. 奈特基金十年来对研究的支持。特别感谢史蒂文·巴克莱的有益建议与坚定支持。史蒂文及其位于佩塔卢马市的团队非常优秀，在写作余暇，与他们的交流令人感到轻松愉快。

本书是我完成的第七本书。我的第一本著作，《第二自然》，是22年前出版的。现在，回头再读第一本书中的致谢部分，我非常高兴地发现，在那本书致谢中出现过的姓名，再次出现在本书当中。这说明我的同事、好友以及我所爱的人，从我开始写作时就已经伸出援助之手。多年来，与我合作过的编辑只有一位——安·葛道夫。或许还有头脑更为灵敏、支持力度更大、才华更为出众的编辑吧，但是我不会予以考虑，因为在我看来，安就是最好的编辑，她已经成为我的亲密好友。我很庆幸，经纪人方面的情况也同样如此。在我整个职业生涯中，阿曼达·厄本一直担任我的经纪人。事无巨细，只要她做出的决定，都会让人欣然接受。迄今为止，我在写作方面所取得的成绩都得益于她们两位的帮助。企鹅出版集团的特雷西·洛克、萨拉·休斯敦、林赛·维纶、本·普拉特和赖安·查普曼，以及ICM的利兹·法雷尔、莫利·阿特拉斯和麦琪·绍瑟德，他们在各自的领域都是出类拔萃的精英，在此向他们表示诚挚的谢意。

马克·埃德蒙森和格雷·马尔佐拉蒂是我的老朋友。他们认真阅读了我的每一本作品，每次都展开讨论，提出改进意见。他们既是富有洞察力的读者，又是矢志不渝的好友，这对于我来说可谓幸事。我的老朋友，迈克尔·施瓦茨，再次提出了宝贵意见；在启示点（Inspiration Point）和迈克·丹纳一起散步时，我花了很长时间，与他交流了准备写进书里的那些想法。虽然这些想法远未成熟，但是迈克认真地倾听我的介绍，并进行了深入的思考。

但是，我的第一个同时也最忠实的读者，还得算朱蒂丝·贝尔泽——哪怕是她一个人认为书稿没有问题了，我都会毫不犹豫地交稿。她不仅是我生活中挚爱的伴侣，同时还是我不可或缺的编辑、顾问、咨询师和烹饪合作伙伴。我忙于写作，而她从事绘画，两者紧密地交织在一起，相辅相成。如果当年我们没有相识相爱，进而同心同德，哪怕我能完成这些著作，我也无法想象这些著作会成为什么样！

我之所以深信烹饪对于人类有着重要意义，这得归功于我的母亲——考姬·普兰。我小时候，她每天要给四个孩子（其中有三个是素食主义者）做饭，而现在，只要有可能，她仍然会给我们四人、我们的妻子或丈夫，以及她的11个孙子孙女，做上一顿好吃的。我们无法忘记，每次在准备一顿大餐、然后大家一起大快朵颐时，她总是一副无与伦比的幸福模样。母亲一直激励着我，让我对烹饪乐此不疲。

最后，我得感谢艾萨克。我第一本著作出版不久，艾萨克就走进了我们的生活。从此以后，我的每一本著作中都留下了他的痕迹，而这一本里他的影响尤为突出。艾萨克可能自己也没有意识到，他的食物鉴赏水平与厨艺日益见长，也促使我对食物的理解愈加深刻。我撰写本书的这些日子，正好是艾萨克高中毕业、准备外出求学的时间。因此，我们无法像以前那样，经常地围在一起吃饭了。如果我在书中提到的家宴带有浪漫色彩的话，那是因为当我们一家三口一起下厨，然后一起坐到桌边收获那份愉悦时，我们觉得生活是如此的甜蜜！可能我们的家宴未必都是那么甜蜜，但是至少过去几年里确实如此。我衷心感谢让我们收获甜蜜的那些家宴！

迈克尔·波伦

于加州大学伯克利分校